U0098747

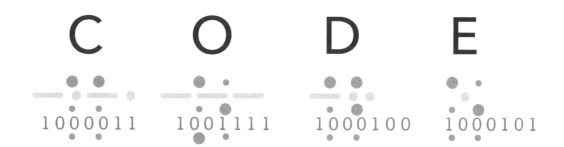

CODE

1000011　1001111　1000100　1000101

隱藏在電腦軟硬體底下的秘密

［第二版］

Authorized translation from the English language edition, entitled CODE: THE HIDDEN LANGUAGE OF COMPUTER HARDWARE AND SOFTWARE, 2nd Edition, by Charles Petzold, published by Pearson Education, Inc, Copyright © 2023.

All rights reserved. No part of this book may be reproduced or transmitted in any form or by any means, electronic or mechanical, including photocopying, recording or by any information storage retrieval system, without permission from Pearson Education, Inc.

CHINESE TRADITIONAL language edition published by GOTOP INFORMATION INC, Copyright © 2023.

目錄

關於作者

Charles Petzold 也是《*The Annotated Turing: A Guided Tour through Alan Turing's Historic Paper on Computability and the Turing Machine*》（帶註釋的圖靈：艾倫‧圖靈關於可計算性和圖靈機之歷史性論文的導覽）（Wiley, 2008）一書的作者。他還撰寫了許多其他的書籍，但大多是關於為 Microsoft Windows 撰寫應用程式，而且現在都已經過時了。他與妻子 Deirdre Sinnott（歷史學家和小說家），以及兩隻名叫 Honey 和 Heidi 的貓一同住在紐約市。他的網站是 www.charlespetzold.com。

第二版序

本書第一版於 1999 年 9 月出版。我非常高興地發現，我終於寫了一本永遠不需要修改的書！這與我的第一本書形成鮮明的對比，後者是關於為 Microsoft Windows 編寫應用程式的書。那本書在短短十年內經歷了五個版本。我的第二本書是關於 OS/2 Presentation Manager（這是什麼？），很快就過時了。但我確信，本書將永遠存在。

我對本書的最初想法是，先從非常簡單的概念開始，再慢慢地對數位電腦（digital computer）的工作原理建構非常深刻的知識。透過知識的穩健發展，我將使用設計和製造電腦之工程師的語言和符號，儘量少用隱喻、類比和愚蠢的插圖。我還有一個非常聰明的伎倆：我會用古老的技術來呈現普遍的原則，假設這些古老的技術已經很古老了，而且永遠不會退流行（never get older）。就好像我在寫一本關於內燃機（internal combustion engine）的書，但卻是以福特 T 型車（Ford Model T）為基礎。

我仍然認為我的做法是正確的，但我在一些細節上是錯誤的。隨著歲月的流逝，本書開始呈現出老態。一些文化參考資料變得陳舊。電話和手指取代了鍵盤和滑鼠。網際網路（internet）在 1999 年當然存在，但它與現在的樣子完全不同了。Unicode——用於統一表示世界上所有語言和表情符號（emojis）的文字編碼——在第一版中只用了不到一頁的篇幅。而 JavaScript，這種在 web 上已經普遍存在的程式設計語言，根本就沒有被提及。

這些問題或許很容易解決，但第一版的另一個方面仍然困擾著我。我想呈現實際 CPU——中央處理單元（central processing unit），它是電腦的大腦、心臟和靈魂——的工作原理，但第一版並沒有完全做到。儘管我覺得已經接近這一關鍵突破，但後來我放棄了。讀者似乎沒有抱怨，但對我來說，這是一個明顯的缺陷。

這一缺陷在第二版中得到了糾正。這就是為什麼它多了大約 70 頁。是的，這是一段較長的旅程，但如果你能和我一起翻閱第二版的書頁，我們將更深入地瞭解 CPU 的內部結構。我不知道這對你來說是否會是一次更愉快的經歷。如果你覺得自己快要淹死了，請浮出水面上來透透氣。但如果你讀完了第 24 章，你應該感到非常自豪，並且你會很高興知道，這本書的其餘部分是輕而易舉的。

配套網站

本書的第一版在電路圖中使用紅色來表示電的流向。第二版也是如此，但這些電路的工作原理現在也同時在一個名為 CodeHiddenLanguage.com 的新網站上以更具圖形互動的方式進行了說明。

在本書的各頁中，你偶爾會想起這個網站，但我們還使用了一個特殊的圖示，你會在本段的空白處看到它。此後，每當你看到該圖示（通常伴隨著電路圖）時，你都可以在網站上探索電路的工作原理（對於那些想知道技術背景的人來說：我使用 HTML5 的 canvas 元素在 JavaScript 中編寫了這些 web 圖形）。

CodeHiddenLanguage.com 網站的使用是完全免費的。沒有付費牆（paywall），你所看到的唯一廣告是本書自己的。在一些例子中，該網站使用 cookie，但僅會在你的電腦上儲存一些資訊。該網站不會追蹤你或做任何邪惡的事情。

我還將使用該網站來澄清或更正書中的內容。

致謝

本書只有我一個人的名字出現在封面上；但協助過本書的其他人同樣不可或缺。

我特別想感謝執行主編（Executive Editor）海茲·亨伯特（Haze Humbert），她出人意料地向我提出第二版的可行性，而這恰好是我準備好這樣做的時刻。我於 2021 年 1 月開始工作，她巧妙地引導我們度過了這場磨難，即使本書已經過了截止日幾個月，而且我需要做出一些保證，表明我還沒有完全放棄。

第一版的專案編輯（project editor）是凱薩琳·阿特金斯（Kathleen Atkins），她也理解我想要做什麼，並提供了許多愉快的合作時間。我當時的經紀人（agent）是克勞黛特·摩爾（Claudette Moore），她也看到了這樣一本書的價值，並說服了微軟出版社（Microsoft Press）出版了它。

第一版的技術編輯（technical editor）是吉姆·福克斯（Jim Fuchs），我記得他發現了許多令人尷尬的錯誤。對於第二版，技術審閱者（technical reviewers）馬克·西曼（Mark Seemann）和拉里·奧布萊恩（Larry O'Brien）也發現了一些問題，並幫助我使這些書頁變得更好。

我以為我在幾十年前就已經弄清楚了 compose 和 comprise 之間的區別，但顯然我沒有。糾正這樣的錯誤是核稿編輯（copy editor）史考特·費斯塔（Scout Festa）的寶貴貢獻。我一直依賴於核稿編輯的好意，他們經常是匿名的陌生人，但他們與語言的不精確和濫用進行了不懈的鬥爭。

本書中若還出現任何錯誤都是我的責任。

我想再次感謝第一版 beta 版讀者：謝里爾·坎特（Sheryl Canter）、楊·伊斯特倫德（Jan Eastlund）、已故的彼得·戈德曼（Peter Goldeman），以及林恩·馬加爾斯克（Lynn Magalska）和迪爾德麗·辛諾特（Deirdre Sinnott，後來成為我的妻子）。

第一版中的大量插圖是已故的喬爾·潘肖（Joel Panchot）的作品，據我所知，他為自己在本書中所做的工作感到自豪。他的許多插圖仍然存在，但由於需要額外的電路圖，為了保持一致性，我重做了所有電路（更多技術背景：這些插圖是我用 C# 編寫的程式產生的，該程式使用 SkiaSharp 圖形庫產生可縮放向量圖形（Scalable Vector Graphics 或 SVG）檔案。在高階內容製作人特蕾西·克魯姆（Tracey Croom）的指導下，SVG 的內容被轉換為封裝式（Encapsulated）PostScript，以便使用 Adobe InDesign 來設置書頁）。

最後

我想把這本書獻給我生命中最重要的兩位女性。

我的母親與可能會摧毀弱者的逆境對抗。她為我的生活提供了堅定的方向，從未讓我退縮。在撰寫這本書的過程中，我們慶祝了她的 95 歲（也是最後一個）生日。

我的妻子迪爾德麗·辛諾特（Deirdre Sinnott）一直是必不可或缺的，並繼續讓我為她的成就、她的支持和她的愛感到自豪。

還有第一版的讀者，你們的善意反饋非常令人滿意。

查爾斯·佩佐爾德（Charles Petzold）

2022 年 5 月 9 日

第一章

最好的朋友

你今年 10 歲。你最好的朋友就住在街對面。你們臥室的窗戶剛好彼此相對。每天晚上，在你父母宣佈就寢時間後，你們仍然需要彼此交換想法、觀察、秘密、八卦、笑話和夢想。沒有人能責怪你。畢竟，交流的衝動是人的本性。

當你臥室裡的燈還亮著時，你和你最好的朋友可以從窗戶互相揮手，並使用廣泛的手勢和基本的肢體語言，傳達一兩個想法。但更複雜的交流似乎很困難，一旦父母下令「熄燈！」，就有必要採取更隱蔽的解決方案。

如何交流？如果你有幸在 10 歲的年紀擁有一支手機，或許可以試著打一通秘密電話或是傳一則無聲的簡訊。但如果你的父母習慣在睡前沒收手機，甚至關閉 Wi-Fi，該怎麼辦？沒有電子通訊的臥室確實是一個非常孤立的房間。

然而，你和你最好的朋友所擁有的是手電筒。每個人都知道，手電筒的發明是為了讓孩子在床罩下閱讀書籍；手電筒似乎也非常適合在天黑後進行交流。手電筒當然很安靜，而且光線具有很強的方向性，應該不會從臥室的門縫底下漏出來提醒多疑的人。

可以讓手電筒說話嗎？當然值得一試。你在一年級的時候就學會如何在紙上書寫字母和單字，所以將這些知識轉移到手電筒上似乎是合理的。你所要做的就是，站在你的窗戶前，用手電筒的光線畫出字母。字母 O 的話，你可以打開手電筒，在空中掃一圈，然後關掉手電筒。字母 I 的話，你可以劃一條垂直線。但你很快發現，這種方法是一場災難。當你看到你朋友的手電筒在空中畫出圈和線時，你發現要在你的頭腦中把多個筆畫組合在一起實在太難了。這些光線構成的圈圈和斜線實在是不夠精確。

也許你曾經看過一部電影，其中兩個水手在海上用閃爍的燈光互相示意。在另一部電影中，一個間諜擺動一面鏡子，將陽光反射到另一個間諜被囚禁的房間裡。也許這就是解決方案。因此，你首先要設計一個簡單的技巧：字母表（alphabet）中的每個字母對應手電筒的閃爍次數。字母 A 閃爍 1 次，字母 B 閃爍 2 次，字母 C 閃爍 3 次，依此類推，字母 Z 閃爍 26 次。而 BAD 這個單字則是閃爍 2 次、閃爍 1 次、閃爍 4 次，字母之間有些許停頓，所以你不會把這 7 次閃爍誤認為字母 G。你會在兩個單字之間停頓更長的時間。

這似乎很有希望。好消息是，你不再需要在空中揮舞手電筒；你需要做的就是，指向目標並快速按開關。壞消息是，你嘗試發送的第一則消息 "How are you?"（你好嗎？）總共需要讓手電筒閃爍 131 次！此外，你忘記了標點符號，因此你不知道問號需要閃爍多少次。

但已經很接近了。你想，以前一定有人遇到過這個問題，你是絕對正確的。透過去圖書館或網路搜索，你會發現一個神奇的發明，稱為摩爾斯代碼（Morse code）。這正是你一直在尋找的，但你現在必須重新學習如何「書寫」字母表中的所有字母。

區別在於：在你發明的系統中，字母表中的每個字母都有一定的閃爍次數，從 A 的閃爍 1 次到 Z 的閃爍 26 次。在摩爾斯代碼中，你有兩種閃爍——短時間的閃爍（short blinks）和長時間的閃爍（long blinks）。當然，這使得摩爾斯代碼更加複雜，但在實際使用時，它的效率非常高。這句 "How are you?" 現在不需要閃爍 131 次，只需要閃爍 32 次（有些時間短，有些時間長），其中包括問號的摩爾斯代碼。

在討論摩爾斯代碼的工作原理時，人們不會說「短時間的閃爍」和「長時間的閃爍」。相反，他們會說「點」（dots）和「劃」（dashes），因為這是在印刷頁面上顯示摩爾斯代碼的便捷方式。在摩爾斯代碼中，字母表的每個字母都會對應著一串點和劃，如下表所示。

雖然摩爾斯代碼與電腦毫無關係，但熟悉代碼的本質是深入了解隱藏在電腦軟硬體底下之秘密和內部結構的必要前提。

本書中，代碼（code）這個詞通常是指在人與人之間、人與電腦之間或電腦內部傳輸資訊的一個系統。

A	•—	J	•———	S	•••
B	—•••	K	—•—	T	—
C	—•—•	L	•—••	U	••—
D	—••	M	——	V	•••—
E	•	N	—•	W	•——
F	••—•	O	———	X	—••—
G	——•	P	•——•	Y	—•——
H	••••	Q	——•—	Z	——••
I	••	R	•—•		

代碼讓你得以進行交流。有時代碼是秘密的,但大多數代碼並不是。事實上,大多數代碼必須被充分瞭解,因為它們是人類交流的基礎。

我們用嘴所發出的聲音構成了一種代碼,任何能夠聽到我們的聲音並瞭解我們所說之語言的人,都可以瞭解這種代碼。我們將此種代碼稱為「口語」(spoken word)或「語音」(speech)。

在聾人群體中,各種手語(sign languages)使用手和手臂來形成動作(movements)和手勢(gestures),以傳達單字的個別字母或者整個單字和概念。北美最常見的兩個系統是美國手語(American Sign Language 或 ASL),它是 19 世紀初在美國聾人學校開發的,以及*魁北克手語*(*Langue des signes Québécoise* 或 LSQ),它是法國手語(French sign language)的變體。

我們用另一種代碼來表示紙上或其他媒體上的言辭(words),稱為「書面文字」(written word)或「文字」(text)。文字可以用手書寫(written)或鍵入(keyed),然後列印在報紙、雜誌和書籍上,或以數位方式顯示在各種裝置上。在許多語言中,語音和文字之間存在很強的對應關係。例如,在英語中,字母和字母串(或多或少)對應於口語聲音。

對於視力受損的人來說,可以用點字(Braille)來代替書面文字,點字使用了一個凸點(raised dots)系統,該系統與字母、字母串和整個單字相對應(我將在第 3 章中更詳細地討論點字)。

當口語必須非常快速地轉錄(transcribed)成文字時,速記(stenography)或簡寫(shorthand)就很有用。在法庭上或者為電視新聞或體育節目產生即時隱藏字幕

（closed captioning）時，速記員（stenographers）會使用帶有簡化鍵盤的速記機（stenotype machine），鍵盤上有與文字相對應的代碼。

我們使用各種不同的代碼來相互交流，因為有些代碼比其他代碼更為方便。口語（spoken word）的代碼不能保存在紙上，因此使用書面文字（written word）的代碼。在黑暗中透過語音或紙張在遠處默默地交換資訊是不可能的。因此，摩爾斯代碼是一個方便的替代方案。如果一個代碼能達到其他代碼無法達到的目的，那麼該代碼就很有用。

正如我們將看到的，電腦中還使用了各種類型的代碼來保存和傳遞文字、數字、聲音、音樂、圖片和電影，以及電腦本身的指令。電腦無法輕鬆處理人類代碼（human codes），因為電腦無法精確複製人類使用眼睛、耳朵、嘴巴和手指的方式。教電腦說話很難，讓它們瞭解語音更難。

但已經取得了很大進展。電腦現在已能夠捕捉、保存、操作和呈現人類交流中使用之多種類型的資訊，包括視覺（文字和圖片）、聽覺（口語、聲音和音樂）或兩者的組合（動畫和電影）。所有這些類型的資訊都需要自己的代碼。

甚至你剛才看到的摩爾斯代碼列表本身也是一種代碼。該表列出的每個字母都是由一系列的點和劃來表示。然而，我們實際上不能發送點和劃。使用手電筒發送摩爾斯代碼時，這些點和劃跟閃爍相對應。

使用手電筒發送摩爾斯代碼時，需要打開手電筒開關，對於「點」，需要短時間打開手電筒開關，對於「劃」，需要打開手電筒開關較長的時間。例如，要發送 A，你需要短時間打開手電筒，然後打開手電筒開關較長的時間，接著在發送下一個字符之前停頓一下。按照慣例，「劃」的長度應約為「點」的三倍。接收端的人看到短閃爍和長閃爍，便知道這是 A。

摩爾斯代碼的「點」和「劃」之間的停頓時間至關重要。例如，當你發送 A 時，「點」和「劃」之間的停頓時間，大約等於一個「點」的長度。同一單字中的字母則由較長的停頓時間分隔，該停頓時間大約等於一個「劃」的長度。例如，下面是「hello」的摩爾斯代碼，它說明了字母之間的停頓情況：

●●●●　　●　　●━●●　　●━●●　　━　━　━

單字之間由大約兩個「劃」的長度分隔。下面是「hi there」的代碼：

●●●●　　●●　　　　▬▬▬　　●●●●　　●　　●●▬▬●　　●

手電筒維持打開的時間長度並不固定。它們都與「點」的長度有關，這取決於手電筒開關被觸發的速度，以及摩爾斯代碼發送者記住特定字母之代碼的速度。一個快速發送者的「劃」可能與慢速發送者的「點」長度相同。這個小問題可能會讓閱讀摩爾斯代碼變得困難，但是在一兩個字母之後，接收端的人通常可以分辨出什麼是「點」，什麼是「劃」。

首先，摩爾斯代碼的定義——我所說的**定義**是指「點和劃的各種序列」與字母表中字母的對應關係——看起來就像電腦鍵盤的佈局一樣隨機。然而，仔細觀察，情況並非完全如此。較簡單和較短的代碼被分配給字母表中較常用的字母，例如 E 和 T。Scrabble（拼字遊戲）的玩家和 *Wheel of Fortune*（命運之輪）的粉絲可能會立即注意到這一點。不太常見的字母，如 Q 和 Z（在 Scrabble 中可讓你獲得 10 點，而且很少出現在 *Wheel of Fortune* 的謎題中）有較長的代碼。

幾乎每個人多少都知道一些摩爾斯代碼。三個「點」、三個「劃」和三個「點」代表國際求救信號 SOS。SOS 並非任何東西的縮寫——它只是一個易於記憶的摩爾斯代碼序列（Morse code sequence）。在第二次世界大戰期間，英國廣播公司的一些無線電廣播以貝多芬的第五交響曲片段——登登登，凳（BAH, BAH, BAH, BAHMMMMM）——作為節目的前奏，貝多芬在創作音樂當時並不知道它有一天會成為 V（代表勝利）的摩爾斯代碼。

摩爾斯代碼的一個缺點是，它不區分字母的大小寫。但除了表示字母之外，摩爾斯代碼還包括數字代碼（使用五個一組的「點」和「劃」序列）：

1	●▬▬▬▬	6	▬●●●●
2	●●▬▬▬	7	▬▬●●●
3	●●●▬▬	8	▬▬▬●●
4	●●●●▬	9	▬▬▬▬●
5	●●●●●	0	▬▬▬▬▬

這些數字代碼至少比字母代碼更有序一些。大多數標點符號使用五、六或七個一組的「點」和「劃」序列：

.	●━●━●━	'	●━━━━●
,	━━●●━━	(	━●━━●
?	●●━━●●	)	━●━━●━
:	━━━●●●	=	━●●●━
;	━●━●━●	+	●━●━●
-	━●●●●━	$	●●●━●●━
/	━●●━●	¶	●━●━●●
"	●━●●━●	_	●●━━●━

其他代碼是為一些歐洲語言的重音字母和特殊用途的簡寫序列而定義的。SOS 代碼就是這樣一種簡寫序列（shorthand sequence）：它應該被連續發送，三個字母之間只有一個「點」的停頓。

你將發現，如果你有一個專門為此目的製作的手電筒，你和你的朋友發送摩爾斯代碼會容易得多。除了一般的滑動開關（slider switch），這些手電筒還包括一個按鈕開關（pushbutton switch），你只需按下並鬆開它，即可打開和關閉手電筒。透過一些練習，你或許能夠達到每分鐘 5 或 10 個單字的發送和接收速度 —— 仍然比語音的速度（大約每分鐘 100 個單字）慢得多，但肯定夠了。

當你和朋友最終記住了摩爾斯代碼時（因為這是你能熟練地發送和接收摩爾斯代碼的唯一方法），你也可以用它來代替正常的語音。為了達到最大的速度，你將「點」發音為 dih（或 dit 代表字母的最後一個「點」），將「劃」發音為 dah，例如 dih-dih-dih-dah（滴 - 滴 - 滴 - 答）表示 V。就像摩爾斯代碼將書面語言簡化為「點」和「劃」一樣，口語版本的代碼將語音簡化為兩個元音（two vowel sounds）。

這裡的關鍵字是「兩」（two）。兩種類型的閃爍，兩種元音，兩種不同的東西，真的，可以透過適當的組合來傳達所有類型的資訊。

第二章

代碼與組合

摩爾斯代碼（Morse code）是 1837 年左右由撒母耳·芬利·布里斯·摩爾斯（Samuel Finley Breese Morse，1791-1872）發明的，我們將在本書後面適時地介紹它。後來有人對它做了進一步的發展，最著名的是阿爾弗雷德·維爾（Alfred Vail，1807-1859），並演變成了幾種不同的版本。本書中描述的系統更正式之名稱為國際摩爾斯代碼（International Morse code）。

摩爾斯代碼的發明與電報的發明密切相關，我將在本書後面更詳細地研究電報。正如摩爾斯代碼（Morse code）對代碼（codes）的本質提供了很好的介紹，電報包括了可以模擬電腦運作的硬體。

大多數人發現摩爾斯代碼的發送比接收更容易。即使你沒有記住摩爾斯代碼，你也可以輕易地使用你在上一章看到之按字母順序排列的表格：

A	●━	J	●━━━	S	●●●
B	━●●●	K	━●━	T	━
C	━●━●	L	●━●●	U	●●━
D	━●●	M	━━	V	●●●━
E	●	N	━●	W	●━━
F	●●━●	O	━━━	X	━●●━
G	━━●	P	●━━●	Y	━●━━
H	●●●●	Q	━━●━	Z	━━●●
I	●●	R	●━●		

接收摩爾斯代碼並將其翻譯回單字，比發送要困難得多，也更耗時，因為你必須反向工作才能找出對應於特定代碼（「點」和「劃」序列）的字母。如果你沒有記住代碼，並且收到「劃 - 點 - 劃 - 劃」（dash-dot-dash-dash），則必須逐字母地瀏覽表格，然後你最終才能發現它是字母 Y。

問題是，儘管我們有一個表格提供如下的轉換：

字母表中的字母 → 摩爾斯代碼的「點」和「劃」

但我們沒有一個可以反向轉換的表格：

摩爾斯代碼的「點」和「劃」 → 字母表中的字母

在學習摩爾斯代碼的早期階段，這樣的表格肯定會很方便。但我們如何構建它並不明顯。這些「點」和「劃」中沒有任何內容可以按字母順序排列。

所以讓我們忘記字母順序。也許組織代碼的更好方法是根據它們有多少個「點」和「劃」來對它們進行分組。例如，僅包含一個「點」或一個「劃」的摩爾斯代碼序列（Morse code sequence）只能表示兩個字母，即 E 和 T：

•	E
━	T

兩個「點」或「劃」的組合提供了另外四個字母——I、A、N 和 M：

••	I
•━	A

━•	N
━━	M

三個「點」或「劃」的模式為我們提供了另外八個字母：

•••	S
••━	U
•━•	R
•━━	W

━••	D
━•━	K
━━•	G
━━━	O

最後（如果我們想在處理數字和標點符號之前停下來），四個點和劃的序列提供了另外 16 個字符：

●●●●	H	━●●●	B
●●●━	V	━●●━	X
●●━●	F	━●━●	C
●●━━	Ü	━●━━	Y
●━●●	L	━━●●	Z
●━●━	Ä	━━●━	Q
●━━●	P	━━━●	Ö
●━━━	J	━━━━	Ş

總之，這四張表包含 2 加 4 加 8 加 16 個代碼，總共 30 個字母，比拉丁字母表（Latin alphabet）中的 26 個字母多 4 個。因此，你會注意到最後一個表格中的 4 個代碼用於重音字母：三個具有上加變音符（umlauts），一個具有下加變音符（cedilla）。

當有人向你發送摩爾斯代碼時，這四張表當然會有所幫助。收到特定字母的代碼後，你就知道它有多少個「點」和「劃」，而你至少可以去正確的表格查找。每張表格都以有條不紊的方式組織，從左上角的全「點」代碼（all-dots code）開始，到右下角的全「劃」代碼（all-dashes code）結束。

你能看出這四張表的大小有什麼規律嗎？每張表的代碼數量是其前張表的兩倍。這是有道理的：每張表包含，前張表中所有代碼前綴一個「點」，以及前張表中所有代碼前綴一個「劃」。

我們可以總結出一個有趣的規律：

點和劃的數量	代碼的數量
1	2
2	4
3	8
4	16

這四張表中，每一張表的代碼數量都是其前一張表的兩倍，因此，如果第一張表有
2 個代碼，則第二張表有 2×2 個代碼，而第三張表有 2×2×2 個代碼。所以總結的呈
現方式變為：

點和劃的數量	代碼的數量
1	2
2	2 × 2
3	2 × 2 × 2
4	2 × 2 × 2 × 2

當我們看到一個自乘的數字，我們可以用指數（exponents）來表示次方數
（powers）。例如，2×2×2×2 可以寫成 2^4（*2 的 4 次方*）。數字 2、4、8 和 16 都是
2 的次方，因為你可以透過將 2 自乘來計算它們。所以總結的呈現方式變為：

點和劃的數量	代碼的數量
1	2^1
2	2^2
3	2^3
4	2^4

這張表已經變得非常簡單。代碼的數量就是 2 的「點和劃數量」次方：

$$代碼的數量 = 2^{點和劃的數量}$$

2 的次方（powers of 2）在代碼中經常出現，特別是在本書中。你會在下一章看到另
一個例子。

為了使解碼摩爾斯代碼的過程更加容易，你可能需要繪製大型樹狀圖。

此圖顯示了由每個特定的連續「點」和「劃」序列所產生的字母。要解碼一個特定
序列，請將你的視線按照箭頭從左到右移動。例如，假設你想知道哪個字母對應於
「點 - 劃 - 點」（dot-dash-dot）代碼。從左邊開始，選擇「點」；然後繼續沿著箭頭
向右移動，選擇「劃」，然後選擇另一個「點」。所以是字母 R，它就顯示在第三個
「點」的旁邊。

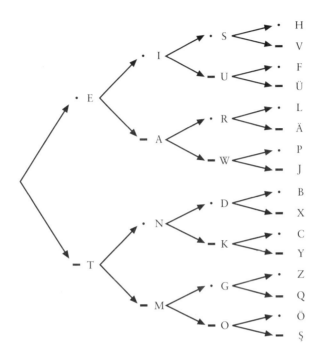

仔細想想，構建這樣一張表對定義摩爾斯代碼來說可能是必要的。首先，它可以確保你不會犯將相同的代碼用於兩個不同字母的愚蠢錯誤！其次，你可以放心使用所有可能的代碼，而不會讓點和劃的序列變得過長。

冒著將此表擴展到超出印刷頁面之外的風險，我們可以繼續使用五個一組的「點」和「劃」代碼。恰好五個一組的「點」和「劃」序列為我們提供了 32（2×2×2×2×2 或 2^5）個額外的代碼。通常，對於在摩爾斯代碼中定義的 10 個數字和 16 個標點符號來說這已經夠了，儘管這些數字是用五個一組的「點」和「劃」編碼的，但事實上許多使用五個一組之「點」和「劃」序列編碼的其他代碼，所表示的是重音字母，而不是標點符號。

要包含所有標點符號，系統必須擴展為六個一組的「點」和「劃」，這為我們提供了 64（2×2×2×2×2×2 或 2^6）個額外的代碼，總計 2+4+8+16+32+64 或 126 個字符。這對摩爾斯代碼來說是多餘的，它留下了許多未被定義的較長代碼，在此環境中使用的代碼不代表任何東西。如果你正在接收摩爾斯代碼，並且你得到的是一個未定義的代碼，你可以非常確定，有人弄錯了。

因為我們夠聰明，可以發展出這個小公式，

$$代碼的數量 = 2^{點和劃的數量}$$

我們可以繼續研究使用更長的序列能夠得到的代碼數量：

點和劃的數量	代碼的數量
1	$2^1 = 2$
2	$2^2 = 4$
3	$2^3 = 8$
4	$2^4 = 16$
5	$2^5 = 32$
6	$2^6 = 64$
7	$2^7 = 128$
8	$2^8 = 256$
9	$2^9 = 512$
10	$2^{10} = 1024$

幸運的是，我們不必實際寫出所有可能的代碼來確定會有多少個。我們所要做的就是一遍又一遍地將 2 乘以 2。

摩爾斯代碼被認為是二進位的（*binary*，字面意思是二個一組），因為代碼只由兩個東西組成──「點」和「劃」。這類似於硬幣，它只能落在正面或反面。投擲十次的硬幣可以有 1024 個不同的正面和反面的序列。

二進位物件（例如硬幣）和二進位代碼（例如摩爾斯代碼）的組合總是由二的次方（powers of two）來描述。二（two）是本書中一個非常重要的數字。

第三章

點字與二進位代碼

撒母耳‧摩爾斯（Samuel Morse）並不是第一個成功將書面語言（written language）的字母翻譯成可解譯代碼（interpretable code）的人。他也不是第一個「因為代碼的名稱而不是因為自己」被人們記住的人。事實上，這個榮譽應該還給一個法國盲人少年，他比摩爾斯晚 18 歲出生，但成就卻早得多。人們對他的生平知之甚少，但所知道的是一個引人入勝的故事。

路易‧布萊葉（Louis Braille）於 1809 年出生於法國庫夫賴（Coupvray, France），距巴黎以東僅 25 英里。他的父親是一名馬具製造商。在他三歲的時候——不應該在父親的工作室裡玩耍的年齡——不小心把一個尖銳的工具插進了眼睛。他的傷口被感染，而且擴散到他的另一隻眼睛，使他完全失明。在那個年代，大多數遭受這樣命運的人，註定要過著無知和貧窮的生活，但小路易的智慧和對學習的渴望很快就得到了認可。在村裡的牧師和一名教師的干預下，他先是和其他孩子一起在村裡上學，然後在 10 歲時被送到巴黎的皇家青少年盲人學校。

ullstein bild Dtl/Getty Images

盲童教育的主要障礙是他們無法獲得無障礙的閱讀材料。瓦朗坦‧阿維（Valentin Haüy，1745-1822）是巴黎皇家青少年盲人學校的創辦人，他發明一種在紙上壓印字母的系統，字體大而圓，可以透過觸摸來閱讀。但這個系統非常難用，用這種方法製作的書籍也很少。

視力正常的阿維被困在一個模式中。對他來說，A 就是 A，字母 A 必須看起來（或感覺）像 A（如果給他一支手電筒來交流，他可能會嘗試在空中畫出字母，就像我們在發現效果不太好之前所做的那樣）。阿維可能沒有意識到，一種與壓印字母完全不同的代碼可能更適合視力不佳的人。

另一種代碼的起源，來自一個意想不到的源頭。1815 年，法國陸軍上尉查爾斯·巴比爾（Charles Barbier）設計了一種書寫系統，後來被稱為「夜曲」（écriture nocturne）或「夜間書寫」（night writing）。該系統在厚重的紙張上使用凸起的圓點圖案，目的是讓士兵們在需要噤聲時於黑暗中相互傳遞筆記。士兵們可以用類似錐子的尖筆把這些點戳進紙的背面。然後可以用手指讀取凸起的點。

路易·布萊葉在 12 歲時就熟悉了巴比爾的系統。他喜歡使用凸起的點，不僅因為手指易於閱讀，還因為它很容易書寫。教室裡配備了紙和尖筆的學生，實際上可以做筆記並把它讀回來。布萊葉孜孜不倦地努力改進這一系統，並在三年內（15 歲時）提出了自己的系統，其基本原理至今仍在使用。多年來，該系統僅在校內為人所知，但它逐漸進入世界其他地區。1835 年，路易·布萊葉感染了肺結核，最終在他 43 歲生日後不久，即 1852 年，死於肺結核。

今日，有各種版本的點字系統（Braille system）與有聲讀物競爭，為盲人提供書面文字，但點字仍然是一個無價的系統，也是盲人和聾啞人閱讀的唯一途徑。近幾十年來，隨著電梯和自動提款機使用點字，公眾對點字變得越來越熟悉。

本章中，我將要做的是剖析點字代碼（Braille code）並向你展示它的運作原理。你實際上不需要學習點字或記住任何東西。本練習的唯一目的是進一步瞭解代碼的本質。

在點字中，一般書面語言中使用的每個符號（特別是字母、數字和標點符號）會被編碼成 2×3 單元格中一或多個凸起的點。單元格中的點通常被編號成 1 到 6：

於是開發了特殊的打字機，將點字壓印到紙上，如今，可由電腦驅動的壓印機（embossers）來完成這項工作。

因為壓印本書這幾頁內容的點字非常昂貴，所以我使用了一種在印刷頁面上顯示點字的常用表示法。在此表示法中，單元格中的六個點都會被顯示出來。大圓點表示單元格中紙張凸起的部分。小圓點表示單元格中沒有凸起的部分。例如，在如下的點字中

圓點 1、3 和 5 是凸起的，圓點 2、4 和 6 則沒有凸起。

此刻，我們應該感興趣的是，這些圓點是二進位的。一個特定的圓點要嘛是未凸起，要嘛是凸起的。這意味著，我們可以將所學到之關於摩爾斯代碼與二進位組合的知識應用到點字上。我們知道有六個圓點，每個圓點可以是未凸起的，也可以是凸起的，所以六個未凸起和凸起之圓點的組合總數為 $2 \times 2 \times 2 \times 2 \times 2 \times 2$，或 2^6，或 64。

因此，點字系統能夠表示 64 個獨一無二的代碼。如下所示——全部 64 個：

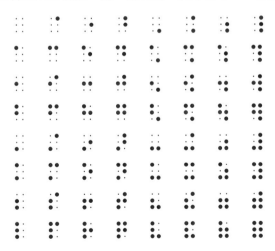

沒有必要在點字中使用所有 64 個代碼，但 64 絕對是六點模式（six-dot pattern）的上限。

現在開始剖析點字的代碼，讓我們看一下基本的小寫字母表：

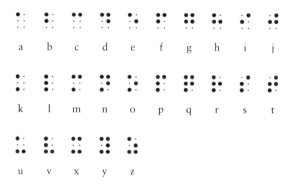

例如，點字中的片語 "you and me" 如下所示：

請注意，單字中每個字母的單元格由一點空間隔開；單字之間則使用較大的空間（基本上是一個沒有凸起圓點的單元格）隔開。

這是路易·布萊葉所設計之點字的基礎，或者至少適用於拉丁字母。路易·布萊葉還為帶有重音符號的字母設計了代碼，這在法語中很常見。請注意，沒有 w 的代碼，古典法語中並未使用 w（別擔心，這個字母最終會出現的）。此刻，64 個可能的代碼中只有 25 個被考慮在內。

仔細檢查後，你將在 25 個小寫字母的點字代碼（Braille codes）中發現一個模式。第一列（字母 a 到 j）僅使用單元格中的前四個圓點——點 1、2、4 和 5。第二列（字母 k 到 t）複製了第一列，只是圓點 3 被凸起了。第三列（u 到 z）是相同的，只是圓點 3 和 6 被凸起了。

路易·布萊葉最初將他的系統設計為用手打孔。他知道這可能不是很精確，因此他以一種減少歧義的方式，巧妙地定義了 25 個小寫字母。例如，在 64 個可能的點字代碼中，有 6 個代碼具有一個凸起的圓點。但其中只有一個用於小寫字母 a。64 個代碼中有四個代碼具有兩個垂直相鄰的圓點，但同樣只使用一個用於字母 b。有三個代碼具有兩個水平相鄰的圓點，但只有一個用於 c。

路易·布萊葉實際定義的是一組獨特的形狀，這些形狀可以在頁面上稍微移動，但仍然具有相同的含義。*a* 是一個凸起的圓點，*b* 是垂直相鄰的兩個圓點，*c* 是水平相鄰的兩個圓點，依此類推。

代碼通常容易出錯。編寫代碼時（例如，當使用點字的學生在紙上標記圓點時）發生錯誤稱為 編碼錯誤（*encoding* error）。讀取代碼時出現錯誤稱為 解碼錯誤（*decoding* error）。此外，還可能存在傳輸錯誤（*transmission* errors）——例如，當包含點字的頁面以某種方式損壞時。

更複雜的代碼通常包含各種類型的內置糾錯功能（built-in error correction）。從這個意義上說，最初由路易·布萊葉定義的點字是一種複雜的編碼（coding）系統：它使用冗餘（redundancy）來允許圓點的打孔和讀取可以稍微不精確。

自路易·布萊葉的時代以來，點字代碼以各種方式得到了擴展，包括用於記錄數學和音樂的系統。目前，在出版的英文文本（English text）中最常用的系統稱為 2 級點字（Grade 2 Braille）。2 級點字使用了許多縮寫，以減少紙張的使用並加快閱讀速度。例如，如果字母代碼單獨出現，則代表常用單字。以下三列（包括「已完成的」第三列）可以看到這些單字代碼：

(none)	but	can	do	every	from	go	have	(none)	just
knowledge	like	more	not	(none)	people	quite	rather	so	that
us	very	it	you	as	and	for	of	the	with

因此，片語 "you and me" 若用 2 級點字會被寫成這樣：

到目前為止，我已經描述了 31 個代碼 —— 單字之間的無凸點空間（no-raised-dots space）、以及字母和單字的三列（每列十個）代碼。我們仍然沒有接近理論上可用的 64 個代碼。正如我們將看到的，在 2 級點字中，沒有浪費任何東西。

字母 a 到 j 的代碼可以與「有凸點的」（raised dot）6 組合在一起。這些代碼主要用於單字中字母的縮寫，還包括 w 和另一個單字縮寫：

ch	gh	sh	th	wh	ed	er	ou	ow	w
									（或「will」）

例如，單字 "about" 若用 2 級點字會被寫成這樣：

下一步將引入一些潛在的模糊性，這在路易・布萊葉的原始構想中是不存在的。字母 a 到 j 的代碼也可以有效地降低為僅使用圓點 2、3、5 和 6。這些代碼代表一些標點符號和縮寫，具體取決於前後文：

ea	bb	cc	dis	en	to	gg	his	in	was
,	;	:	.	en	!	()	"	in	"

這些代碼中的前四個分別是逗號、分號、冒號和句點。請注意，左括號和右括號使用相同的代碼，但左引號和右引號使用的是兩個不同的代碼。因為這些代碼可能會被誤認為是 a 到 j 的字母，所以它們只有在較長的前後文中與其他字母一起才有意義。

到目前為止，我們已經有了 51 個代碼。以下六個代碼使用了圓點 3、4、5 和 6 的各種未使用的組合，來表示縮寫和一些額外的標點符號：

st	ing	ble	ar	'	com
/		#			-

"ble" 的代碼非常重要，因為當它不是單字的一部分時，這意味著後面的代碼應該被解釋為數字。這些數字代碼與字母 a 到 j 的代碼相同：

1	2	3	4	5	6	7	8	9	0

因此，這個代碼序列

代表數字 256。

最後，再七個代碼，我們才會達到 64 的上限。它們分別是：

第一個代碼（圓點 4 是凸起的）被用作重音指示符（accent indicator）。其他的代碼用作某些縮寫的前綴，也用於其他一些目的：當圓點 4 和 6 是凸起的時（第五個代碼），它是一個數字的小數點（numeric decimal point）或強調指示符（emphasis indicator），具體取決於前後文（context）。當圓點 5 和 6 是凸起的時（第六個代碼），它是一個字母指示符（letter indicator），用於平衡數字指示符（number indicator）。

最後（如果你一直想知道點字是如何對大寫字母進行編碼的），我們還有凸起的圓點 6——大寫指示符（capital indicator）——可用。這表示後面的字母是大寫的。例如，我們可以將此系統之原始創建者的名稱寫為

此序列以一個大寫字母指示符開頭，後面跟著字母 l，縮寫 ou，字母 i 和 s，一個空格，另一個大寫指示符，以及字母 b、r、a、i、l、l 和 e（在實際使用中，這個名字可以透過取消最後兩個不發音的字母，或者透過將其拼成 "brl"，而變得更加縮略）。

總之，我們已經看到六個二進位元素（圓點）如何產生 64 個可能的代碼。碰巧的是，這 64 個代碼中的許多代碼會根據其前後文執行雙重任務。特別有趣的是，數字指示符（number indicator）以及撤銷（undoes）數字指示符的字母指示符（letter indicator）。這些代碼改變了它們後面之代碼的含義——從字母到數字，從數字回到字母。諸如此類的代碼通常稱為優先代碼（*precedence* codes）或移位代碼（*shift* codes）。它們會更改所有後續代碼的含義，直到移位被撤銷。

移位代碼類似於按住電腦鍵盤上的 Shift 鍵，之所以這樣命名，是因為老式打字機上的等效鍵會移動機械裝置以鍵入大寫字母。

點字大寫字母指示符（Braille capital indicator）意味著隨後的字母（而且只有隨後的字母）應該是大寫而不是小寫。諸如此類代碼稱為**轉義代碼**（*escape* code）。轉義代碼可以讓你「規避」（escape）代碼的正常解釋，並以不同的方式解釋它。當書面語言（written languages）用二進位代碼（binary codes）表示時，移位代碼和轉義代碼很常見，但它們可能會帶來複雜性，因為如果不知道之前出現哪些代碼，就無法自行解釋單個代碼。

早在 1855 年，一些點字的倡導者就開始以另一排的兩個圓點來擴展這個系統。八圓點點字（Eight-dot Braille）已被用於一些特殊用途，例如音樂、速記和日語漢字字符。因為它將具唯一性之代碼（unique codes）的數量增加到 2^8 或 256，所以它在某些電腦應用程式中也很方便，使得小寫和大寫字母、數字和標點符號皆擁有具唯一性的代碼，而無須擔心移位和轉義代碼。

第四章

手電筒的工作原理

手電筒可用於許多任務，其中最明顯的兩個就是在被窩裡閱讀和發送經編碼的訊息。普通的家用手電筒也可以在關於電（electricity）這種無處不在的東西之教育展示中扮演重要的角色。

電是一種神奇的現象，它既能普遍發揮作用，又在很大程度上保持神秘，就算對於那些假裝知道它是如何工作的人來說，也是如此。幸運的是，我們只需要瞭解幾個基本概念，就可以理解電腦內部是如何使用電的。

手電筒無疑是大多數家庭中可以看到的較簡單電器之一。拆卸一支典型的手電筒，你會發現它由一個或多個電池、一個燈泡、一個開關、一些金屬片和一個將所有東西固定在一起的外殼組成。

如今，大多數手電筒使用的是發光二極體（light-emitting diode 或 LED），但舊型燈泡的一個優點是，你可以看到玻璃燈泡內部：

這被稱為白熾燈泡（*incandescent* lightbulb）。大多數美國人認為白熾燈泡是由湯瑪斯·愛迪生（Thomas Edison）發明的，而英國人則相當肯定約瑟夫·斯萬（Joseph Swan）要對此事負責。事實上，在愛迪生或斯萬參與之前，許多其他科學家和發明家都取得了關鍵的進展。

燈泡內部是鎢（tungsten）製成的燈絲（filament），燈絲通電時會發光。燈泡內填充了惰性氣體，以防止鎢在變熱時燃燒起來。該燈絲的兩端連接到細線，而細線連接到燈泡的管狀底座和底部的尖端。

除了電池和燈泡，你可以把所有東西都仍掉，自己做一支簡潔的手電筒。你還需要一些短的絕緣線（剝去兩端的絕緣層）和足夠的手，來將所有東西固定在一起：

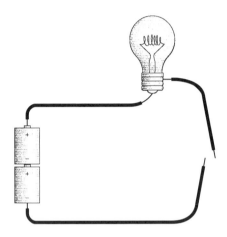

請注意圖右側導線的兩端是鬆開的。這就是我們的開關。假設電池是好的，燈泡沒有燒壞，把鬆開的兩端碰在一起就會點亮燈炮：

本書使用紅色來表示電流通過電線並點亮了燈泡。

我們在這裡構建的是一個簡單的電路（electrical circuit），首先要注意的是，**電路是一個環**（*circle*）。只有當從電池到電線到燈泡到開關，再回到電池的路徑是連續的，燈泡才會亮起來。這個電路中的任何斷路都會導致燈泡熄滅。開關（switch）的用途是控制此過程。

電路的環形性質暗示有東西在電路中移動，也許就像水在管道中流動一樣。「水和管道」（water and pipes）的比喻，在解釋電的工作原理時很常見，但最終它會失效，因為所有類比都有其極限。電在這個宇宙中是獨一無二的，我們必須以自己的方式面對它。

瞭解電的工作原理的一種方法稱為**電子理論**（*electron theory*），它將電解釋為電子的運動（movement of electrons）。

正如我們所知，所有物質——（通常是）我們可以看到和感覺到的東西——都是由稱為原子（atoms）的極小東西組成的。每個原子都是由三種粒子（particles）組成；這些粒子分別被稱為中子（neutrons）、質子（protons）和電子（electrons）。有時一個原子被描繪成一個小太陽系（solar system），中子和質子被結合成一個原子核（nucleus），電子圍繞原子核旋轉，就像圍繞太陽的行星一樣，但這是一個過時的模型。

原子中的電子數通常與質子數相同。但在某些情況下，電子可以從原子中脫離。電（electricity）就是這樣發生的。

電子（*electron*）和**電**（*electricity*）這兩個單字都源自古希臘語單字 ηλεκτρον（*elektron*），奇怪的是，它在希臘語中是「琥珀」（amber）的意思，是一種玻璃狀的硬化樹液。古希臘人嘗試用羊毛摩擦琥珀，這會產生我們現在稱之為**靜電**（*static electricity*）的東西。在琥珀上摩擦羊毛會導致羊毛從琥珀中拾取電子。羊毛最後的電子數會比質子數多，而琥珀最終的電子數會比質子數少。在更現代的實驗中，地毯會從鞋底拾取電子。

質子和電子具有稱為**電荷**（*charge*）的特性。質子被稱為帶有正（＋）電荷，電子被稱為帶有負（－）電荷，但這些符號並不代表算術意義上的加號和負號，或者質子具有電子所沒有的東西。符號 ＋ 和 － 僅表示質子和電子在某種程度上是相反的。這種相反的特性體現在質子和電子的相互關聯上。

當質子和電子以相等的數量同時存在時，它們是最快樂、最穩定的。質子數和電子數的不平衡將試圖自我糾正。當地毯從你的鞋子上拾取電子，而你觸摸東西並感覺到火花，最終一切都會變得均勻。靜電的火花是電子通過一條相當迂迴的路線從地毯穿過你的身體，回到你的鞋子。

靜電不僅限於手指觸摸門把時產生的小火花。在暴風雨期間，雲層底部積聚電子，而雲層頂部失去電；最終，這種不平衡透過一道閃電得以消除。閃電是許多電子從一個地方非常快速移動到另一個地方的現象。

手電筒電路中的電流顯然比火花或閃電要好得多。光線穩定而持續地燃燒，因為電子不僅是從一個地方跳到另一個地方。當電路中的一個原子將一個電子丟失給附近的另一個原子時，它會從相鄰原子中抓取另一個電子，而後者又會從另一個相鄰原子中抓取一個電子，依此類推。電路中的電流是電子從原子到原子的傳遞。

這並不會自行發生。我們不能只是給任何一堆舊東西裝上電線，就指望會有電。我們需要一些東西來推動電子在電路中的運動。回顧我們的簡易手電筒圖，我們可以有把握地假設，開始讓電子運動的不是電線，也不是燈泡，所以可能是電池。

手電筒中使用的電池通常是圓柱形的，並根據尺寸標記為 D、C、A、AA 或 AAA。電池的平整端標有減號（–）；另一端有一個小突起，標有加號（＋）。

電池透過化學反應產生電力。選擇電池中的化學物質，以便它們之間的反應在標有減號的電池一側（稱為負端或陽極）產生多餘電子（spare electrons），並在電池的另一側（正端或陰極）需要額外的電子。透過這種方式，化學能被轉換為電能。

手電筒中使用的電池會產生約 1.5 伏特的電力。我很快就會討論這意味著什麼。

除非有某種方式可以把多餘電子從電池的負端帶走並送回正端，否則化學反應無法進行。這就需要有一個連接電池兩端的電路。電子以逆時針的方向在此電路中移動：

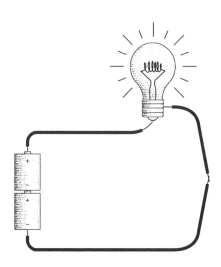

如果不是因為這一個簡單的事實——所有電子，無論它們在哪裡被發現，都是相同的——來自電池中化學物質的電子可能不會如此自由地與銅線中的電子混合在一起。沒有什麼可以將銅電子與任何其他電子區分開來。

請注意，圖中的兩個電池係朝向同一方向。底部電池的正端從頂部電池的負端獲取電子。就好像兩個電池已經組合成一個更大的電池，一端是正極，另一端是負極。組合後的電池是 3 伏而不是 1.5 伏。

如果我們將其中一個電池倒置，電路將無法運作：

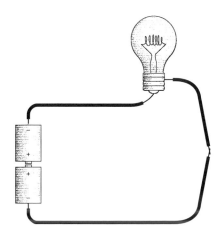

電池的兩個正端需要電子進行化學反應，但是電子無法到達它們，因為它們彼此相連。如果電池的兩個正端相連，則兩個負端也應該相連：

這是可行的。此時電池是**並聯**的，而不是前面所示的**串聯**。電池組合後的電壓為1.5 伏，與每個電池的電壓相同。燈仍然會發光，但不像串聯兩個電池那麼亮。但電池的使用壽命將是原來的兩倍。

我們通常喜歡把電池想成是為電路供電。但我們已經看到，我們也可以把電路看成是一種為電池提供化學反應的方式。電路將電子從電池的負端帶走，並將其送到電池的正端。電池中的反應會一直持續到所有化學物質都用盡，此時你可以適當地處理電池或為其充電。

從電池的負端到電池的正端，電子會通過電線和燈泡。但是，我們為什麼需要電線呢？難道電不可以直接在空氣中流動嗎？嗯，可以，也不可以。可以是因為，電可以透過空氣（特別是濕空氣）流動，否則我們就不會看到閃電了。但是，電要透過空氣傳播並不容易。

有些物質在攜帶電方面比其他物質要好得多。元素攜帶電的能力與它的次原子結構（subatomic structure）有關。電子在不同的層次（稱為電子殼）圍繞著原子核。一個原子如果在其外部電子殼中只有一個電子，就很容易放棄這個電子，而這正是攜帶電力的必要條件。這些物質有利於攜帶電力，因此被稱為**導體**（conductor）。最好的導體是銅、銀和金。這三種元素出現在元素週期表的同一列並非巧合。銅是製造電線的最常見物質。

導電性（conductance）的反面是電阻（resistance）。有些物質比其他物質更能抵抗電流的通過，這些物質被稱為電阻器（resistor）。如果一種物質具有非常高的電阻——這意味著它根本不怎麼導電——就被稱為絕緣體（insulator）。橡膠（rubber）和塑膠（plastic）是很好的絕緣體，這就是為什麼這些物質經常被用來包覆電線的原因。布料和木材也是很好的絕緣體，乾燥的空氣也是如此。然而，只要電壓夠高，幾乎任何東西都會導電。

銅的電阻很低，但它仍然具有一些電阻。電線越長，其電阻越高。如果你試圖用數英里長的電線為手電筒佈線，則電線中的電阻將非常高，以至於手電筒將無法工作。

電線越粗，其電阻越低。這可能有些違反直覺。你可能會認為，一根粗的電線需要更多的電來「填滿它」。但實際上，電線越粗可以使得更多的電子在電線中移動。

我已經提到了電壓，但還沒有定義它。當電池有 1.5 伏時，意味著什麼？實際上，電壓（voltage）——以 1800 年發明第一個電池的亞歷山德羅·伏特（Alessandro Volta，1745-1827）伯爵的名字命名——是基本電學中較難理解的概念之一。電壓是指做功（doing work）的電位（potential）。無論電路是否連接到電池上，都存在電壓。

考慮一塊磚頭。手拿著磚頭並放在地板上，這塊磚頭的位能很小。手拿著磚頭，離地面四英尺高，這塊磚頭的位能就會變大。你所需要做的就是，把磚頭扔下，以實現此一位能。手拿著磚頭，站在高樓的屋頂上，這塊磚頭的位能就會更大。在這三種情況下，你都拿著磚頭，儘管沒有做任何事情，但位能是不同的。

在電學中，一個更簡單的概念是電流（current）。電流與實際在電路中奔馳的電子數量有關。電流的單位為 ampere（安培），以安德列 - 馬里·安培（André-Marie Ampère，1775-1836）的名字命名，但通常只被寫成 amp，例如 "10-amp fuse"（10 安培保險絲）。要獲得一安培的電流，你需要每秒超過 6 千億個電子通過一個特定點。這是 6 後面跟著 18 個零，或 6 乘以 10 億再乘以 10 億。

水和管道（water-and-pipes）的類比在這裡會有幫助：電流類似於通過管道的水量。電壓與水壓相似。電阻類似於管道的窄度——管道越窄，阻力越大。因此，你的水壓越大，通過管道的水就越多。管道越窄，通過管道的水就越少。通過管道的水量（電流）與水壓（電壓）成正比，與管道的窄度（電阻）成反比。

在電學中，如果你知道電壓和電阻，你就可以計算出有多少電流通過電路。電阻（物質阻礙電子流動的趨勢）——以歐姆（*ohms*）為單位，以喬治·西蒙·歐姆（Georg Simon Ohm，1789-1854）的名字命名，他還提出了著名的歐姆定律（Ohm's law）。該定律指出

$$I = E / R$$

其中 I 傳統上用於表示電流（以安培為單位），E 用於表示電壓（亦即**電動勢**（*electromotive force*）），R 是電阻。

例如，讓我們看一下電池，它只是擺在那裡沒有連接任何東西：

電壓，E，為 1.5。這是做功的電位。但由於正負端僅透過空氣連接，因此電阻（符號 R）非常、非常、非常高，這意味著電流（I）等於 1.5 伏除以一個大數字。也就是，電流幾乎為零。

現在讓我們用一條短銅線連接正負端（從這裡開始，電線上的絕緣層就不再顯示出來了）：

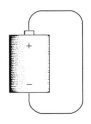

這稱為短路（*short circuit*）。電壓仍然是 1.5，但電阻現在非常、非常低。電流為 1.5 伏除以非常小的數字。這意味著電流將非常、非常高。很多很多的電子將在電線上流動。在現實中，實際的電流將受到電池物理尺寸的限制。電池可能無法提供如此高的電流，並且電壓會下降到 1.5 伏以下。如果電池夠大，電線會變熱，因為電能被轉化為熱量。如果電線變得非常熱，它實際上會發光，甚至可能融化。

大多數電路都處於這兩個極端之間。我們可以像這樣將它們符號化：

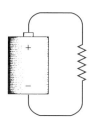

波浪線（squiggly line）對於電氣工程師來說是代表電阻器（resistor）的符號。在這裡，它意味著電路有一個既不很低也不是很高的電阻。

如果一條電線的電阻很低，它可能會變熱並開始發光。這就是白熾燈泡的工作原理。

在手電筒的白熾燈泡（incandescent bulbs）中常見的燈絲（flament）具有約 4 歐姆的電阻。如果手電筒需要兩顆電池首尾相連，則電流為 3 伏除以 4 歐姆，即 0.75 安培，也可以表示為 750 毫安。這意味著，每秒有超過 4.5 千億（quintillion）個電子通過燈泡。燈絲的電阻會導致電能被轉化為光和熱。

另一種常見的電力度量方法是瓦特（watt），以詹姆斯·瓦特（James Watt，1736-1819）的名字命名，他以蒸汽機的發明而聞名。瓦特是功率（Power 或 P）的量測值，可以這樣計算：

$$P = E \times I$$

我們的手電筒需要 3 伏和 0.75 安培的電力，這代表我們正在使用一顆 2.25 瓦的燈泡。LED 目前正在取代白熾燈泡，因為它們可以用更少的熱量和更低的瓦數提供相同數量的光。電費是按瓦特計算的，因此降低燈泡的瓦數可以節省金錢和保護環境。

現在，我們似乎已經分析了有關手電筒的所有內容——電池、電線和燈泡。但是我們忘記了最重要的部分！

是的，開關（switch）。開關用於控制電路中是否有電流的流動。當開關允許電流的流動時，它被稱為接通（on）或閉合（closed）。當開關不允許電流的流動時，它被稱為斷開（off）或打開（open）（我們對「開關」使用「閉合」和「打開」這兩個詞的方式，與我們對「門」的使用方式相反。閉合的門可以防止任何東西通過它；而閉合的開關則允許電流的流動）。

開關要嘛是閉合的，要嘛是打開的。電流要嘛有流動，要嘛沒有流動。燈泡要嘛發光，要嘛不發光。

就像摩爾斯和布萊葉發明的二進位代碼（binary code）一樣，這個簡單的手電筒不是接通（on）就是斷開（off）。沒有中間地帶。二進位代碼和簡單電路之間的這種相似性，在前面的章節中被證明非常有用。

第五章

拐角處的通訊

你是 12 歲的孩子。在一個可怕的日子裡，你最好的朋友和家人搬到了另一個城鎮。你時不時地發電子郵件和簡訊給你的朋友，但這並不如用手電筒閃爍摩爾斯代碼的深夜對談那麼令人興奮。你的第二個最好朋友，住在你隔壁的房子裡，他最終會成為你最好的新朋友。是時候教你最好的新朋友一些摩爾斯代碼了，讓深夜的手電筒再次閃爍。

問題是，你最好的新朋友的臥室窗戶並非面向你的臥室窗戶。兩棟房子並排，但臥室的窗戶朝向同一方向。除非你想辦法在外面安裝幾面鏡子，否則手電筒將已無法在天黑後進行交流。

還有其他可能嗎？

也許此時你已經學到了一些關於電的知識，所以你決定使用電池、燈泡、開關和電線製作自己的手電筒。在第一個實驗中，你在臥室裡把電池和開關接好。有兩根電線從你的窗戶出去，穿過柵欄，進入你朋友的臥室，在那裡它們被連接到一個燈泡：

你的
房子　　　　　　　　　　　　　　你朋友的
　　　　　　　　　　　　　　　　房子

從現在開始，電路將被描繪得更具象徵性而非現實性。雖然我只呈現了一個電池，但實際上你可能使用了兩個電池。在此圖和未來的圖中，這將是一個斷開（或打開）時的開關：

而這將是接通（或閉合）時的開關：

本章中手電筒的工作方式與上一章說明的方式相同，只是連接元件的導線現在稍長一些。當你閉合你家那邊的開關時，你朋友家的燈就會亮起來：

現在，你可以使用摩爾斯代碼發送訊息。

一旦你有一支手電筒可用，你就可以給遠端的另一支手電筒接線，這樣你的朋友就可以向你發送訊息：

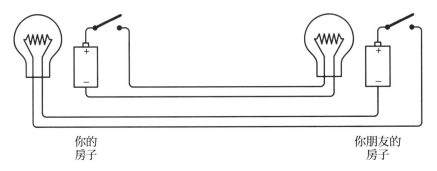

恭喜！你剛剛安裝了一個雙向電報系統。你會注意到，這是兩個相同的電路，但彼此完全獨立。從理論上講，你可以在朋友向你發送訊息的同時向你的朋友發送訊息，儘管你的大腦可能很難同時閱讀和發送訊息。

你還可能發現，其實不需要使用那麼多的電線來跨越兩棟房子之間距離。你可以透過以下的接線方式，省去一條電線：

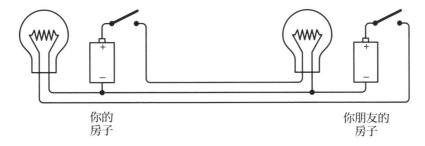

本書中，相互連接的電線在連接處會用一個小點來表示。此圖有兩個這樣的連接處，一個在你家的電池下方，另一個在你朋友家的燈泡下方。

請注意，兩個電池的負極現在已相連。兩個環形電路（電池到開關到燈泡到電池）仍然獨立運行，即使它們現在是連在一起的。

這兩個電路之間的這種連接稱為共用端（*common*）。在該電路中，共用端在兩個連接點之間延伸，從最左側燈泡和電池的連接點延伸到最右側燈泡和電池的連接點。

讓我們仔細看看，以確保沒有發生任何有趣的事情。首先，當你閉合你這邊的開關時，你朋友家裡的燈泡就會亮起來。紅線顯示了電路中的電流：

電路的另一部分沒有電流的流動，因為電子沒有地方去完成電路。

當你沒有發送，但你的朋友正在發送時，你朋友家裡的開關會控制你家裡的燈泡。同樣地，紅線顯示了電路中電流的流動方式：

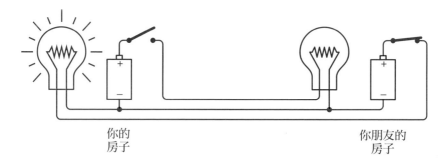

當你和你的朋友同時嘗試發送時，有時兩個開關都是斷開的，有時一個開關是閉合的，但另一個是斷開的，有時兩個開關都是閉合的。當兩個開關都是閉合時，電路中的電流如下所示：

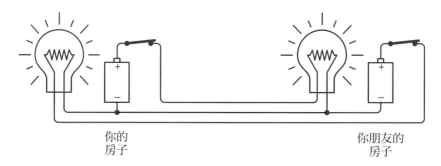

有趣的是，當兩個燈泡都點亮時，沒有電流通過電路的共用部分。

透過使用共用電路將兩個獨立的電路連接成一個電路，我們將兩棟房子之間的電氣連接從四根電線減少到三根電線，並將電線費用降低了 25%。

如果我們必須將電線串成很長的距離，我們可能會試圖透過消除另一條電線來進一步降低佈線費用。不幸的是，對於 1.5 伏的 1 號電池和小燈泡來說是不可行的。但如果我們有 100 伏的電池和更大的燈泡，那肯定是可以做到的。

訣竅是：一旦你建立了電路的共用部分，你就不必使用電線了。你可以用其他東西替換電線。而你可以用一個直徑約 7900 英里的巨型球體來代替它，這個球體由金屬、岩石、水和有機物質組成，其中大部分是死的。這個巨大的球體被我們稱為地球（Earth）。

當我在上一章描述良好的導體時，我提到了銀、銅和金，但沒有提到礫石和覆蓋物。事實上，地球並不是一個很好的導體，儘管某些種類的土讓（例如，潮濕的土壤）比其他種類的土壤（例如，乾沙）更好。但我們了解到關於導體的一件事是：越大越好。非常粗的導線比非常細的導線導電性好得多。這就是地球的優勢所在。它真的，真的，真的很大。

要以地球為導體，你不能僅僅將一根小電線插入番茄植物旁邊的地上。你必須使用與地球保持實質性接觸的東西，我指的是具有大表面積的導體。一個好的解決方案是一根至少 8 英尺長、直徑 1/2 英寸的銅桿。這提供了與地球 150 平方英寸的接觸面積。你可以用大鎚將桿子埋入地下，然後將電線連接到它。或者，如果你家中的冷水管是銅製的，並且源自房屋外的地下，你可以將電線連接到管道上。

與地球的電氣接觸在英國稱為 *earth*，在美國稱為 *ground*，中文皆翻譯為「大地」。「大地」這個詞有點混亂，因為它也經常被用來指我們稱之為「共用端」（*common*）之電路的一部分。在本章中，除非我另有說明，否則「大地」就是與地球的物理連接。

當人們繪製電路時會用下面這個符號來表示「大地」：

電工使用這個符號是因為他們不喜歡花時間畫一根埋在地下之 8 英尺高的銅桿。連接到此處的電路被稱為「接地」（"connected to ground" 或 "grounded"）。

讓我們來看看這是如何運作的。本章開始時，我們看到的是這樣的單向組態（one-way confguration）：

如果你使用的是高電壓的電池和燈泡，那麼你的房子和你朋友的房子之間只需要一根電線，因為你可以用大地作為其中一個連接器：

當你閉合開關時，電會像這樣流動起來：

電子從你朋友家的地裡出來，經過燈泡和電線，穿過你家的開關，然後進入電池的正極。來自電池負極的電子則進入大地。

你腦中可能出現這樣的景象：電子從埋在你家後院的 8 英尺銅桿跳入地球，然後匆匆穿過地球到達埋在朋友家後院的 8 英尺銅桿。但如果你考慮到地球正在對全世界成千上萬的電路進行相同的功能，你可能會問：電子如何知道要去哪裡？嗯，顯然它們不知道。地球的不同形象似乎更合適。

是的，地球是一個巨大的導體，但它也可以被視為電子的來源和電子的儲存庫。**地球之於電子，就像海洋之於水滴一樣**。地球是一個幾乎無限的電子來源，也是一個巨大的電子海洋。

然而，地球確實有一些電阻。這就是為什麼我們在使用 1.5 伏的 D 型電池和手電筒的燈泡時，不能用接地來減少我們的佈線需求。對於低壓電池來說，地球的電阻實在太大了。

注意，前兩張圖包括一個負極接地的電池：

我不打算再把這顆電池接地了。但我將使用類似大寫字母 V 的形狀來代表電壓。從大寫 V 延伸的導線與連接到電池正端的導線相同，其負端則接地。單向燈泡電報機（one-way lightbulb telegraph）現在看起來像這樣：

V 代表電壓（voltage），但從某種意義上說，它也可以代表真空（vacuum）。你可以把 V 想像成一個電子真空吸塵器（electron vacuum cleaner），並將大地想像成一個電子海洋。電子真空吸塵器透過電路將電子從地球拉出，沿途做功（例如，點亮燈泡）。

大地有時也稱為零電位點（point of zero potential）。這意味著不存在電壓。正如我之前解釋的那樣，電壓是做功的潛力，就像懸浮在空氣中的磚塊是潛在的能量來源一樣。零電位（zero potential）就像一塊磚頭放在地上，沒有地方讓它掉下來。

第 4 章中，我們首先注意到的是，電路是環狀的。我們的新電路看起來根本不像是環狀的。然而，它仍然是環狀的。你可以將 V 替換為電池，並將負極接地，然後你可以繪製一條電線，連接你看到接地符號的所有位置。你最終會得到跟我們在本章開始相同的圖。

因此，在兩根銅桿（或冷水管）的幫助下，我們可以構建出一個雙向的摩爾斯代碼系統，只需兩條電線穿過你家和朋友家之間的圍欄：

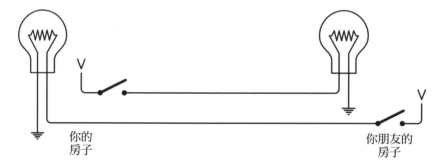

這個電路在功能上與第 33 至 34 頁所示的組態相同，即有三條電線穿過房屋之間的圍欄，但它只能與高壓電池和燈泡一起使用。

本章中，我們在通訊的發展中邁出了重要的一步。在此之前，我們已經能夠以摩爾斯代碼進行通訊，但只能在視線範圍內進行，並且只能在手電筒的光束所能達到的範圍內傳播。

透過電線的使用，我們不僅構建了一個可以在視線之外的角落進行通訊的系統，而且我們還擺脫了距離的限制。我們可以透過連接越來越長的電線來進行成百上千英里的通訊。

嗯，不完全是。雖然銅是一種非常好的導電體，但它並不完美。導線越長，它們的電阻就越大。電阻越大，產生的電流就越小。電流越小，燈泡就越暗。

那麼，我們究竟能製造多長的電線呢？這要視情況而定。假設你使用最初的四線雙向連接方式，沒有接地和共用端，並且你使用的是手電筒的電池和燈泡。為了降低成本，你最初可能購買了一卷 100 英尺的揚聲器線，此線通常用於將揚聲器連接到高檔的音訊放大器。揚聲器線由一對黏在一起的兩條絕緣電線組成，因此它是我們電報系統的不錯選擇。如果你的臥室和你朋友的臥室相距不到 50 英尺，那麼這一卷電線就是你所需要的。

導線的粗細以美國線規（*American Wire Gauge* 或 *AWG*）來度量。AWG 值越小，導線越粗，電阻也越小。如果你購買的是 20 號揚聲器線，則電線本身的直徑約為 0.032 英寸，每 1000 英尺的電阻約為 10 歐姆，所以臥室之間 100 英尺的往返距離（round-trip distance）為 1 歐姆。

這一點也不壞，但如果我們把電線串起來一英里呢？導線的總電阻將超過 100 歐姆。回想一下上一章，我們的燈泡只有 4 歐姆。根據歐姆定律，我們可以很容易地計算出，通過電路的電流將不再是 0.75 安培（3 伏除以 4 歐姆），而是小於 0.03 安培（3 伏除以 100 多歐姆）。幾乎可以肯定的是，這不足以點亮燈泡。

使用較粗的電線是一個很好的解決方案，但這可能很昂貴。十號線約為 0.1 英寸，每 1000 英尺的電阻只有 1 歐姆，或者每英里 5 歐姆。

另一種解決方案是增加電壓並使用電阻高得多的燈泡，例如用於照亮你房子的燈泡。這樣，導線的電阻對整個電路的影響就會小得多。

這些都是 19 世紀中葉在美國和歐洲架設第一個電報系統的人所面臨的問題。無論電線有多粗，電壓有多高，電報線都不可能無限制地延長下去。根據這個方案，一個工作系統的極限是幾百英里。這與跨越紐約和加利福尼亞之間的數千英里相去甚遠。

這個問題的解決方案——不是針對手電筒，而是針對昔日的電報機——儘管是一個簡單而不起眼的裝置，但卻可以用來建構整個電腦。

第六章

邏輯與開關

什麼是真理（truth）？亞里斯多德（Aristotle）認為邏輯（logic）與此有關。他的一本名為《工具論》（可追溯到西元前四世紀）的著作集是關於邏輯主題之最早的廣泛著作。對古希臘人來說，邏輯是一種分析語言以尋求真理的一種手段，因此被認為是哲學的一種形式。亞里斯多德的邏輯學基礎是三段論（*syllogism*）。最著名的三段論（實際上在亞里斯多德的作品中找不到）是

> 所有的人都會死；
> 蘇格拉底是人；
> 所以蘇格拉底會死。

在三段論中，假定兩個前提是正確的，並由此推導出一個結論。

蘇格拉底的死亡看來似乎很簡單，但三段論有很多種。例如，考慮 19 世紀的數學家查爾斯·道奇森（Charles Dodgson，也稱為路易斯·卡羅爾（Lewis Carroll））提出的以下兩個前提：

> 所有的哲學家都是合乎邏輯的；
> 一個不合邏輯的人總是固執己見。

結論——有些固執的人不是哲學家——並不明顯。注意「有些」這個詞的出現是出乎意料且令人不安的。

兩千多年來，數學家們一直在與亞里斯多德的邏輯搏鬥，試圖用數學符號和運算符來表示它。

在 19 世紀之前，唯一接近的人是戈特弗里德·威廉·馮·萊布尼茨（Gottfried Wilhelm von Leibniz，1648-1716），他很早就涉足邏輯學，但後來又開始從事其他興趣（比如與艾薩克·牛頓（Isaac Newton）同時獨立發明了微積分）。

然後是喬治·布爾（George Boole）。

Science & Society Picture Library/Getty Images

喬治·布爾於 1815 年在英國出生，出生在一個對他來說絕對是充滿挑戰的世界。因為他是鞋匠和前女僕的兒子，英國僵化的階級結構通常會阻止布爾取得與他的祖先截然不同的成就。但在好奇心和樂於助人的父親（對科學、數學和文學有濃厚的興趣）的幫助下，年輕的喬治為自己提供了通常是上流社會男孩才享有的教育。他的研究包括拉丁語、希臘語和數學。由於他早期的數學論文，1849 年布爾被任命為愛爾蘭科克皇后學院（Queen's College, Cork, in Ireland）的第一位數學教授。

1800 年代中期，有幾位數學家一直致力於邏輯的數學定義（最著名的是奧古斯都·德·摩根（Augustus De Morgan）），但真正在概念上有所突破的是布爾，他首先是在《邏輯的數學分析：一篇關於演繹推理之微積分的論文》（*The Mathematical Analysis of Logic, Being an Essay Towards a Calculus of Deductive Reasoning*）（1847 年）這本小書中提到，然後是在一篇更長、更雄心勃勃的著作《邏輯和概率之數學理論所依據的思維法則》（*An Investigation of the Laws of Thought on Which Are Founded the Mathematical Theories of Logic and Probabilities*）（1854 年），或簡稱為《思維法則》（*The Laws of Thought*）。1864 年布爾在雨中匆匆趕去上課，感染了肺炎，去世時年僅 49 歲。

布爾 1854 年出版的書名表明了一個雄心勃勃的動機：布爾認為，人腦是用邏輯來思考的，因此，如果我們能找到一種用數學來表達邏輯的方法，我們也就有了關於大腦如何工作的數學描述。儘管可以研究布爾的數學，但不一定要相信他的神經心理學。

布爾發明了一種完全不同的代數，最終被稱為布林代數（Boolean algebra），以有別於傳統代數。

在傳統代數中，字母通常用於代表數字。這些字母被稱為運算元（*operand*），它們以各種方式與運算符（*operator*）組合，最常見的是 + 和 ×。例如：

$$A = 3 \times (B + 5)$$

當我們進行傳統代數時，我們遵循著一定的規則。這些規則在我們的實踐中可能已經根深蒂固，以至於我們不再將它們視為規則，甚至可能忘記了它們的名字。但規則確實是任何形式之數學工作的基礎。

第一條規則是，加法和乘法具交換性（*commutative*）。這意味著，我們可以在運算符的兩側交換符號：

$$A + B = B + A$$
$$A \times B = B \times A$$

相比之下，減法和除法不具交換性。此外，加法和乘法還具有結合性（*associative*），也就是說

$$A + (B + C) = (A + B) + C$$
$$A \times (B \times C) = (A \times B) \times C$$

最後，乘法對加法具分配性（*distributive*）：

$$A \times (B + C) = (A \times B) + (A \times C)$$

傳統代數的另一個特徵是，它處理的是數字，例如豆腐的磅數、鴨子的數目、火車行駛的距離或一天中的秒數。

布爾的天才之處在於，透過將代數從數字的概念中剝離出來，使代數更加抽象。在布林代數（Boolean algebra）中，運算元不是指數字（number），而是指類別（*class*）。類別只是一組事物，相似於後來被稱為集合（*set*）的東西。

讓我們來談談貓。貓可以是公的或是母的。為了方便起見，我們可以用字母 M 來指公貓（male cats）的類別，用 F 來指母貓（female cats）的類別。請記住，這兩個符號並不代表貓的數量。隨著新貓的出生和老貓（令人遺憾地）的去世，公貓和母貓的數量可能隨時改變。字母代表貓的類別——具有特定特徵的貓。與其說是公貓，不如說是 M。

我們還可以使用其他字母來代表貓的顏色。例如，T 代表棕褐色貓（tan cats）的類別，B 代表黑色貓（black cats）的類別，W 代表白色貓（white cats）的類別，O 代表所有「其他」（other）顏色的貓之類別——所有不在類別 T、B 或 W 中的貓。

最後（至少就這個例子來說），貓可以是已絕育的（neutered）或未絕育的（unneutered）。讓我們使用字母 N 來代表貓已絕育的類別，用 U 來代表貓未絕育的類別。

在傳統（數字）代數中，運算符 + 和 × 用於表示加法和乘法。在布林代數中，同樣使用符號 + 和 ×，這可能引起混淆。每個人都知道如何在傳統代數中對數字進行加和乘，但是我們如何對**類別**進行加和乘呢？

嗯，在布林代數中，我們實際上並沒有做加法和乘法。相反地，符號 + 和 × 表示完全不同的含義。

在布林代數中，符號 + 代表兩個類別的**聯集**（*union*）。兩個類別的聯集是指第一個類別中的一切與第二個類別中的一切相結合。例如，B+W 代表所有黑色貓或白色貓的類別。

布林代數中，符號 × 代表兩個類別的**交集**（*intersection*）。兩個類別的交集是指同屬第一個類別和第二個類別的所有內容。例如，F×T 表示所有既是雌性又是棕褐色貓的類別。在傳統代數中，我們可以把 F×T 寫為 F・T 或簡寫為 FT（這是也是布爾喜歡的寫法）。你可以把這兩個字母視為兩個串在一起的形容詞：「棕褐色母」（female tan）貓。

為了避免傳統代數和布林代數之間的混淆，有時符號 ∪ 和 ∩ 用於聯集和交集，而不是 + 和 ×。但是布爾對數學的解放性影響之一部分是使熟悉之運算符的使用更加抽象，所以我決定支持他的決策，不在他的代數中導入新的符號。

交換性、結合性和分配性規則在布林代數中都成立。此外，在布林代數中，運算符 + 對運算符 × 具分配性。傳統代數並非如此：

$$W + (B \times F) = (W + B) \times (W + F)$$

白色貓與黑色母貓之聯集（union）如同「白色貓與黑色貓的聯集」與「白色貓與母貓的聯集」之交集（intersection）。這有點難以掌握，但它確實有效。

完成布林代數還需要三個符號。其中兩個符號可能看起來像數字，但實際上不是，因為它們的處理方式與數字略有不同。布林代數中的符號 1 代表「宇集」（universe）──也就是說，我們所談論的一切。在如下的例子中，符號 1 代表「所有貓的類別」。因此，

$$M + F = 1$$

這意味著，公貓和母貓的聯集是所有貓的類別。同樣，棕褐色貓、黑色貓、白色貓和其他顏色之貓的聯集也是所有貓的類別：

$$T + B + W + O = 1$$

下面的寫法也代表所有貓的類別：

$$N + U = 1$$

符號 1 可以與減號一起使用，以表示**不包括**某部分的宇集。例如

$$1 - M$$

是除公貓以外的所有貓的類別。排除所有公貓的宇集與母貓的類別相同：

$$1 - M = F$$

我們需要的第三個符號是 0（零），在布林代數中，0 代表一個空（empty）類別──沒有任何東西的類別。當我們對兩個相互排斥的類別進行交集時，就會產生空類別──例如，既是雄性又是雌性的貓：

$$F \times M = 0$$

請注意，符號 1 和 0 在布林代數中的作用，有時與在傳統代數中相同。例如，所有的貓與母貓的交集，就是母貓的類別：

$$1 \times F = F$$

「沒有任何貓」與母貓的交集，就是沒有任何貓的類別：

$$0 \times F = 0$$

「沒有任何貓」與母貓的聯集，就是母貓的類別：

$$0 + F = F$$

但有時結果看起來與傳統代數不同。例如,「所有的貓」和母貓的聯合,就是所有貓的類別:

$$1 + F = 1$$

這在傳統代數中沒有多大意義。

因為 F 是所有母貓的類別,而且(1–F)是所有非母貓的類別,這兩個類別的聯集就是 1:

$$F + (1 - F) = 1$$

這兩個類別的交集就是 0:

$$F \times (1 - F) = 0$$

從歷史上看,這個公式代表了邏輯上的一個重要概念:它被稱為*矛盾定律*(*law of contradiction*),意指一事物不能既是自身,又是自身的反面。

布林代數與傳統代數真正的區別在於如下的陳述(statement):

$$F \times F = F$$

此陳述在布林代數中是完全有道理的:母貓與母貓的交集仍然是母貓的類別。但是,如果 F 指的是一個數字,它看起來肯定不太對勁。布爾認為

$$X^2 = X$$

是區分他的代數與傳統代數的單一陳述。另一個在傳統代數中看起來很有趣的布爾陳述是:

$$F + F = F$$

母貓和母貓的聯集仍然是母貓的類別。

布林代數為求解亞里斯多德的三段論(syllogisms)提供了一種數學方法。讓我們再看看這個著名之三段論的前三分之二,但現在使用了中性語言(gender-neutral language):

所有人都會死；
蘇格拉底是人。

我們用 P 來代表所有人的類別，用 M 來代表「會死的」（mortal）類別，S 表示蘇格拉底（Socrates）的類別。說「所有人都會死」（all persons are mortal）是什麼意思？它意味著，所有人的類別與「會死的」類別之交集就是所有人的類別：

$$P \times M = P$$

P×M=M 是錯誤的，因為「會死的」類別中還包括貓、狗和榆樹。

「蘇格拉底是人」（Socrates is a person）意味著包含蘇格拉底的類別（一個非常小的類別）與所有人的類別（一個大得多的類別）之交集是包含蘇格拉底的類別：

$$S \times P = S$$

因為我們從第一個等式中知道 P 等於（P×M），我們可以把它代入第二等式：

$$S \times (P \times M) = S$$

根據結合律，這與下面的情況相同

$$(S \times P) \times M = S$$

但我們已經知道（S×P）等於 S，因此我們可以透過使用此替換來進行簡化：

$$S \times M = S$$

現在我們已經完成了。這個公式告訴我們，包含蘇格拉底的類別（S）與所有「會死的」類別（M）之的交集是 S，這意味著蘇格拉底是會死的。如果我們發現（S×M）等於 0，我們就會得出結論，蘇格拉底是不會死的。如果我們發現（S×M）等於 M，那麼結論一定是所有會死的存在都是蘇格拉底！

使用布林代數來證明這一顯而易見的事實（特別是考慮到蘇格拉底在 2400 年前證明了自己是會死的），似乎有點過頭了。但布林代數也可以用來確定某事物是否滿足一套特定的標準。

也許有一天你走進一家寵物店，對銷售人員說：「我想要一隻公貓、做過絕育、顏色是白色或棕褐色；或一隻母貓、做過絕育、除白色以外的任何顏色；否則只要是黑

貓，我就會帶走牠。」銷售人員對你說：「所以你想要一隻來自如下運算式之貓類別的貓：

$$(M \times N \times (W + T)) + (F \times N \times (1 - W)) + B$$

對吧？」你說：「是的！沒錯！」

在驗證銷售人員是否正確時，你可能想要使用 OR 和 AND 這兩個單字來表示聯集和交集的概念。我將這兩個單字大寫，因為它們既代表英語中概念，也可以代表布林代數中的運算。當你形成了兩個類別的聯集時，你實際上是在接受來自第一類別或來自第二類別的東西。當你形成一個交集時，代表你只接受來自第一個類別且來自第二類別的東西。此外，你可以在看到 1 後面跟著減號的任何地方使用 NOT 這個單字。總之，

- +（聯集）也意味著 OR。

- ×（交集）也意味著 AND。

- 1-（不含某事物的字集）意味著 NOT。

所以上面的運算式也可以這樣寫：

$$(M \text{ AND } N \text{ AND } (W \text{ OR } T)) \text{ OR } (F \text{ AND } N \text{ AND } (\text{NOT } W)) \text{ OR } B$$

注意括號是如何澄清你的意圖的。你想要一隻來自以下三個類別之一的貓：

$$(M \text{ AND } N \text{ AND } (W \text{ OR } T))$$
$$\text{OR}$$
$$(F \text{ AND } N \text{ AND } (\text{NOT } W))$$
$$\text{OR}$$
$$B$$

有了這個公式後，銷售人員可以進行稱為**布林測試**（*Boolean test*）的運算。這涉及布林代數的另一種變化，其中的字母是指貓的**性質**（*properties*）或**特徵**（*characteristics*）或**屬性**（*attributes*），並且可以為它們指定數字 0 或 1。數字 1 代表是（Yes）、真（True），即這隻貓符合這些標準，而數字 0 代表否（No）、假（False），即這隻貓不符合這些標準。

首先，銷售人員帶出一隻未絕育的棕褐色公貓。下面是判斷貓是否可被接受的運算式：

$$(M \times N \times (W + T)) + (F \times N \times (1 - W)) + B$$

下面是用 0 和 1 代入後的樣子：

$$(1 \times 0 \times (0 + 1)) + (0 \times 0 \times (1 - 0)) + 0$$

請注意，唯一分配到 1 的符號是 M 和 T，因為貓是雄性和棕褐色的。

我們現在必須做的就是簡化這個運算式。如果它被簡化為 1，代表這隻貓滿足你的標準；如果它被簡化為 0，代表這隻貓不滿足。當我們簡化這個運算式時，請記住，我們並不是真的在做加法和乘法，儘管通常我們可以假裝是這樣。當 + 表示 OR，× 表示 AND 時，大多數相同的規則都適用（有時在現代的文章中，符號 ∧ 和 ∨ 用於表示 AND 和 OR，而不是 × 和 +。但在這裡，+ 和 × 符號可能會比較容易一些，因為這些規則與傳統代數類似）。

當 × 符號代表 AND 時，可能的結果是

$$0 \times 0 = 0$$
$$0 \times 1 = 0$$
$$1 \times 0 = 0$$
$$1 \times 1 = 1$$

換句話說，只有當 AND 運算的左運算元與右運算元皆為 1 時，結果才為 1。此運算的工作方式與普通乘法完全相同，並且可以總結為一個小表。運算顯示在左上角，運算符的可能組合則顯示在上排和左邊欄：

AND	0	1
0	0	0
1	0	1

當 + 號代表 OR 時，可能的結果是

$$0 + 0 = 0$$
$$0 + 1 = 1$$
$$1 + 0 = 1$$
$$1 + 1 = 1$$

如果 OR 的左運算元與右運元中有一個為 1，則結果為 1。此運算產生的結果與普通加法的結果非常相似，但排除 1+1 等於 1 的情況（如果貓是棕褐色的或者說（or）貓是棕褐色的，那就意味著牠是棕褐色的）。OR 運算可以總結在下面的小表中：

OR	0	1
0	0	1
1	1	1

我們準備使用這些小表來對運算式求值

$$(1 \times 0 \times 1) + (0 \times 0 \times 1) + 0 = 0 + 0 + 0 = 0$$

結果 0 代表否，假，這隻貓咪不行。

接下來，銷售人員帶出了一隻絕育的白色母貓。原本的運算式為

$$(M \times N \times (W + T)) + (F \times N \times (1 - W)) + B$$

再次用 0 和 1 代入：

$$(0 \times 1 \times (1 + 0)) + (1 \times 1 \times (1 - 1)) + 0$$

並將其簡化：

$$(0 \times 1 \times 1) + (1 \times 1 \times 0) + 0 = 0 + 0 + 0 = 0$$

另一隻可憐的貓咪也被拒絕了。

接下來，銷售人員帶出一隻絕育的灰色母貓（灰色屬於「其他」顏色 —— 不是白色、黑色或棕褐色）。運算式變為：

$$(0 \times 1 \times (0 + 0)) + (1 \times 1 \times (1 - 0)) + 0$$

現在簡化它：

$$(0 \times 1 \times 0) + (1 \times 1 \times 1) + 0 = 0 + 1 + 0 = 1$$

結果 1 意味著是（Yes）、真（True）、一隻貓咪找到了主人。（牠也是最可愛的一隻！）

那天晚上，當貓咪蜷縮在你的腿上睡覺時，你想，你是否可以連接一些開關和燈泡來幫助你確定，某隻小貓是否滿足你的標準（是的，你是一個奇怪的孩子）。你幾乎沒有意識到你即將在概念上取得重大的突破。你將要進行一些實驗，把喬治・布爾的代數與電路結合起來，從而使電腦的設計和構建成為可能。但不要讓這嚇到你。

為了開始你的實驗，你像往常一樣連接燈泡和電池，但你用了兩個開關而不是一個：

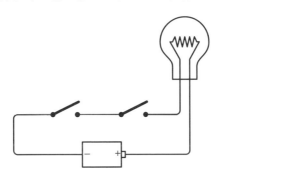

右側的世界圖示（world icon）代表 CodeHiddenLanguage.com 網站上有提供該電路的互動版本。

以這種方式連接的開關——一個緊接著一個——被稱為**串聯**（*series*）。如果只閉合左邊的開關，什麼也不會發生：

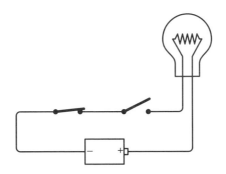

同樣，如果你讓左邊的開關斷開並且讓右邊的開關閉合，什麼也不會發生。只有當左邊的開關並且右邊的開關都閉合時，燈泡才會亮起來，如下圖所示：

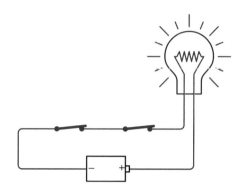

這裡的關鍵字是「並且」（and）。左邊的開關並且右邊的開關都必須閉合，電流才能通過電路。

這個電路正在做一個小小的邏輯習題。實際上，燈泡正在回答「兩個開關都被閉合了嗎？」的問題。我們可以在下表總結此電路的工作原理：

左開關	右開關	燈泡
斷開	斷開	未點亮
斷開	閉合	未點亮
閉合	斷開	未點亮
閉合	閉合	已點亮

如果你將開關和燈泡視為布林運算符，則可以為這些狀態指定數字 0 和 1。0 代表「開關已斷開」，1 代表「開關已閉合」。燈泡有兩種狀態；0 代表「燈泡未點亮」，而 1 代表「燈泡已點亮」。現在，讓我們重寫上表：

左開關	右開關	燈泡
0	0	0
0	1	0
1	0	0
1	1	1

請注意，如果我們交換左邊開關和右邊開關，結果是相同的。我們真的不必確定哪個開關是哪個。因此該表可以被重寫為類似於前面所示的 AND 和 OR 表：

串聯開關	0	1
0	0	0
1	0	1

實際上，這與 AND 表相同。來看看吧：

AND	0	1
0	0	0
1	0	1

這個簡單的電路實際上是在布林代數中進行 AND 運算。

現在嘗試以稍微不同的方式來連接兩個開關：

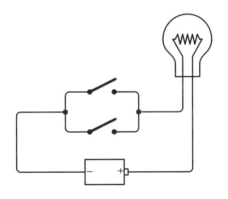

這些開關被說成是**並聯**的（*parallel*）。這與前面的連接方式之區別在於，如果閉合上面的開關，這個燈泡就會亮：

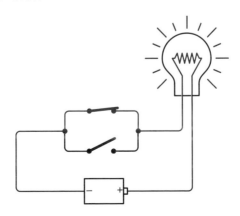

或是閉合下面的關閉：

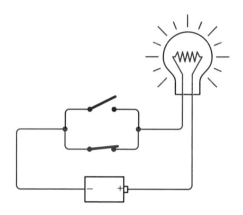

或是同時閉合兩個開關：

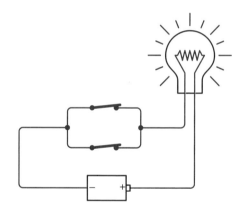

如果上面的開關**或**（*or*）下面的開關被閉合，則燈泡會亮起來。這裡的關鍵字是**或**（*or*）。

同樣，電路正在做邏輯習題。而燈泡回答了「有任一個開關是閉合的嗎？」的問題。下表總結了此電路的工作原理：

左開關	右開關	燈泡
斷開	斷開	未點亮
斷開	閉合	已點亮
閉合	斷開	已點亮
閉合	閉合	已點亮

同樣，0 代表斷開的開關或未點亮的燈泡，1 代表閉合的開關或已點亮的燈泡，上表可以改寫為：

左開關	右開關	燈泡
0	0	0
0	1	1
1	0	1
1	1	1

同樣，就算這兩個開關的位置被交換也沒關係，因此該表也可以這樣重寫：

並聯開關	0	1
0	0	1
1	1	1

你已經猜到這與布林 OR 運算相同：

OR	0	1
0	0	1
1	1	1

這意味著兩個並聯的開關正在做等效的布林 OR 運算。

當你最初進入寵物店時，你告訴銷售人員，「我想要一隻絕育的公貓，無論是白色還是棕褐色；或一隻絕育的母貓，除白色以外的任何顏色；或者，只要是黑色的，我就帶走」，於是銷售人員發展出了這樣的運算式：

$$(M \times N \times (W + T)) + (F \times N \times (1 - W)) + B$$

現在你已經知道兩個串聯的開關做的是邏輯 AND 運算（用 × 號表示），兩個並聯的開關做的是邏輯 OR 運算（用 + 號表示），你可以像這樣連接八個開關：

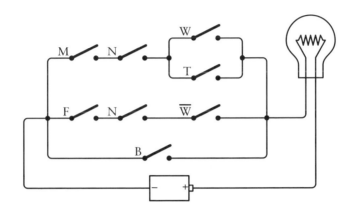

這個電路中的每個開關都標有一個字母，該字母與布林運算式中的字母相同。$\overline{W}$ 代表 NOT W，是 1－W 的另一種寫法。事實上，如果你從頂部開始，從上到下、從左到右地瀏覽接線圖，你會發現這些字母在運算式中出現的順序是一樣的。運算式中的每個 × 號對應於電路中串聯之兩個開關（或一組開關）的位置。運算式中的每個 ＋ 號對應於電路中並聯之兩個開關（或一組開關）的位置。

正如你所記得的，銷售人員首先帶出了一隻未絕育的棕褐色公貓。讓我們閉合相應的開關：

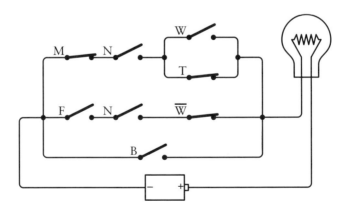

雖然 M、T 和 NOT $\overline{W}$ 等開關是閉合的，但我們沒有一個完整的電路來點亮燈泡。接下來，銷售人員帶出一隻絕育的白色母貓：

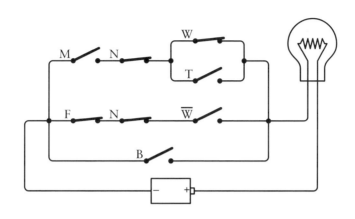

同樣，開關的閉合不會完成電路。但最後，銷售人員帶出了一隻絕育的灰色母貓：

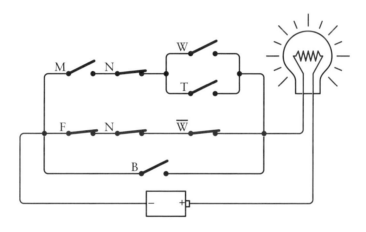

這足以完成電路，點亮燈泡，並表明這隻貓咪滿足你的所有標準。

喬治·布爾從未連接過這樣的電路。他從未有過在開關、電線和燈泡中看到布林運算式的快感。當然，一個障礙是，白熾燈泡直到布爾去世 15 年後才被發明出來。但電報是在布爾的《思維法則》出版前十年發明的，電報系統的一個重要部分是一個簡單的裝置，它可以比單純的開關更靈活地進行邏輯運算。

第七章

電報與繼電器

撒母耳‧芬利‧布里斯‧摩爾斯（Samuel Finley Breese Morse）於 1791 年出生於馬薩諸塞州的查理斯敦（Charlestown, Massachusetts），該鎮是邦克山戰役（Battle of Bunker Hill）的發生地，現在是波士頓的東北部。在摩爾斯出生的那一年，美國憲法生效僅僅兩年，喬治‧華盛頓正在他的第一個總統任期。凱瑟琳大帝統治俄羅斯。在法國，革命仍在進行中，路易十六（Louis XVI）和瑪麗‧安托瓦內特（Marie Antoinette）將在兩年後被送上斷頭臺。1791 年，莫札特完成了他的最後一部歌劇《魔笛》（*The Magic Flute*），並於當年晚些時候去世，享年 35 歲，但 20 歲的貝多芬已經引起了人們的注意。

摩爾斯在耶魯大學接受教育，並在倫敦學習藝術。他成為了一名成功的肖像畫家。他的畫作《拉斐特將軍》（*General Lafayette*，1825 年）掛在紐約市政廳。更為個人化的是他的最後一幅畫：他的女兒蘇珊的肖像，名為繆斯（*The Muse*），在大都會藝術博物館展出。

摩爾斯也是早期的攝影愛好者。他從路易‧達蓋爾（Louis Daguerre）那裡學會了如何製作銀版照片，並在美國創作了第一批銀版攝影作品。1840 年，他將這一過程傳授給 17 歲的馬修‧布雷迪（Mathew Brady），後者與他的同事創作了最令人難忘的南北戰爭照片，包括亞伯拉罕‧林肯（Abraham Lincoln）和撒母耳‧摩爾斯（Samuel Morse）本人。

ullstein bild Dtl/Getty Images

但這些只是他不居一格之職業生涯的註腳。如今，撒母耳‧摩爾斯最為人知的是他發明了電報，以及用他的名字命名的代碼。

我們已經習慣的即時全球通訊是一個相對較新的發展。在 1800 年代初期，你可以即時通訊，也可以遠距通訊，但你不能同時進行這兩件事。即時通訊僅限於你的聲音所能傳遞的距離（無法放大），或者眼睛可以看到的距離，也許可借助望遠鏡。透過信件進行遠距離的通訊需要時間，並且涉及馬匹、火車或船隻。

在摩爾斯發明之前的幾十年裡，人們曾許多次嘗試加快遠距通訊的速度。技術上簡單的方法採用了一種中繼系統（relay system），由站在山上的人按照被稱為號誌（semaphore）的編碼模式（coded patterns）揮舞旗子。更複雜的解決方案是使用帶有活動手臂的大型結構，但其作用與人揮舞旗子基本相同。

電報（telegraph；字面意思是「遠書」（far writing））的想法在 1800 年代初就已經流行，其他發明家在撒母耳・摩爾斯於 1832 年開始實驗之前，就已經嘗試過它。原則上，電報背後的想法很簡單：你在電線的一端做一些事情，導致電線的另一端發生一些事情。這正是我們在第 5 章中製作遠距手電筒時所做的。然而，摩爾斯並不能以燈泡作為他的訊號裝置，因為直到 1879 年才發明出實用的燈泡。相反，摩爾斯依靠的是電磁學現象。

丹麥物理學家漢斯・克利斯蒂安・奧斯泰德（Hans Christian Ørsted）首次系統地探索了電與磁之間關係。他在 1820 年發表的一篇論文展現了電流如何使指南針的磁化針失效。此後，這種現象吸引了 19 世紀科學界最優秀的思想家，包括邁克爾・法拉第（Michael Faraday），以及詹姆斯・克拉克・麥克斯韋（James Clerk Maxwell），他在 1873 年發表的《電磁通論》（*Treatise on Electricity and Magnetism*）仍然是數學物理（mathematical physics）的經典之作。但到那時，像撒母耳・摩爾斯這樣聰明的創新者，早已在他們聰明的發明中使用了電磁學。如果拿一根鐵棒，用幾百圈的絕緣細線纏繞它，然後讓電流通過電線，鐵棒就變成了磁鐵。然後它就會吸引其他鐵塊和鋼塊。移除電流，鐵棒就會失去磁性：

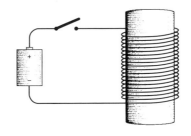

這看起來可能像短路，但纏繞在鐵棒上的電線通常非常細，並且有足夠的電線來構成足夠的電阻。

電磁鐵是電報的基礎。在一端閉合（on）與斷開（off）開關會導致電磁鐵在另一端做某事。

摩爾斯的第一個電報機實際上比後來發展的電報機更複雜。摩爾斯認為，電報系統應該實際在紙上寫一些東西，或者像電腦用戶後來所說的那樣，「產生一份硬拷貝」。當然，這不一定是文字，因為這太複雜了。但有些東西應該寫在紙上，無論是波浪符（squiggles）還是點號（dots）和破折號（dashes）。請注意，摩爾斯陷入了需要紙張和閱讀的思維方式，就像瓦倫丁·豪伊（Valentin Haüy）的觀念一樣，盲人書籍應該使用字母表中凸起的字母。

儘管撒母耳·摩爾斯在 1836 年通知專利局，他已經成功發明了一種電報機，但直到 1843 年，他才能夠說服國會資助該裝置的公開演示。歷史性的一天是 1844 年 5 月 24 日，當時華盛頓特區和馬里蘭州巴爾的摩之間的一條電報線成功地傳遞了民數記 23：23 的聖經資訊：「上帝所行的！」——不是一個問題，而是「看上帝做了什麼！」（"What hath God wrought!" —not a question but meaning "Look what God has done!"）

用於發送訊息的傳統電報「鍵」（telegraph "key"）如下所示：

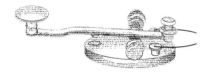

儘管外觀奇特，但這只是一個專為最快速度而設計的開關。長時間使用該鍵的最舒適方法是在拇指、食指和中指之間握住手柄，然後上下敲擊。短按可產生摩爾斯代碼的「點」，按久一些會產生摩爾斯代碼的「劃」。

電線的另一端是一個接收器，它基本上是一個拉動金屬槓桿的電磁鐵。最初，電磁鐵控制著一支筆。當筆上下彈跳時，它會在一卷紙上寫出「點」和「劃」，而這卷紙會被一個纏繞式彈簧（wound-up spring）慢慢拉動。一個能夠閱讀摩爾斯代碼的人會把「點」和「劃」抄錄成字母和單字。

當然，我們人類是一個懶惰的物種，也是聰明的物種，電報員很快發現，他們只需聽筆上下跳動的聲音即可抄錄代碼。筆的機制最終被淘汰，取而代之的是傳統的電報「發聲器」，它看起來像這樣：

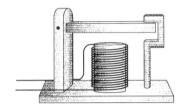

頂部的桿通常由左側垂直部分內的砝碼或彈簧保持在水平位置，但它也可以旋轉。當按下電報鍵時，電磁鐵會把可旋轉的桿向下拉，發出「咔」（click）聲。當鍵被放開時，桿會跳回到正常位置，發出「噠」（clack）聲。快速的「咔噠」（clickclack）聲是一個「點」（dot）；較慢的「咔⋯噠」（click⋯clack）聲是一個「劃」（dash）。

鍵、發聲器、電池和一些電線可以像上一章中的燈泡電報（lightbulb telegraph）那樣連接：

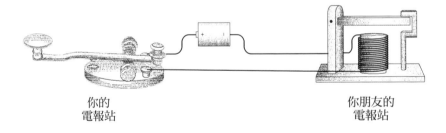

你的
電報站

你朋友的
電報站

正如我們所發現的，你不需要用兩條電線來連接兩個電報站。如果電壓夠高，並且大地提供電路的另一半，則一條電線就夠了。

正如我們在第 5 章中所做的那樣，我們可以用大寫的 V 來替換接地的電池。因此，完整的單向設置如下所示：

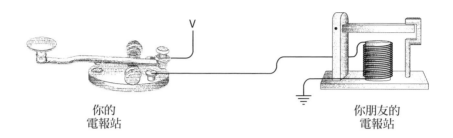

你的
電報站

你朋友的
電報站

雙向通訊只需要另一個鍵和發聲器。這與我們之前所做的類似。

電報的發明，真正標誌著現代通訊的開始。人們第一次能夠在比眼睛看到的或耳朵聽到的更遠的地方進行交流，而且比馬還快。這項發明使用的是二進位代碼（binary code），這就更令人好奇了。在後來的電氣和無線通訊形式中，包括電話、無線電廣播和電視，二進位代碼被放棄了，只是後來出現在電腦中，隨後在幾乎所有類型的電子媒體中皆出現了許多其他的二進位代碼。

摩爾斯的電報機之所以勝過其他設計，部分原因是它能夠容忍惡劣的線路條件。如果你在電報鍵和發聲器之間串接一條電線，通常沒問題。其他電報系統就沒有那麼寬容了。但正如我在第 5 章中所討論的，電線越長，它對電流的阻力就越大。這是長途電報的主要障礙。儘管一些電報線路使用高達 300 伏的電壓，並且可以工作超過 300 英里的距離，但電線不能無限延伸。

一個明顯的解決方案是建立一個中繼系統。每隔幾百英里左右，配備發聲器和電報鍵的人，就可以收到訊息並重新發送。

現在想像一下，你已經被電報公司僱用，成為這個中繼系統的一部分。他們把你安置在紐約和加利福尼亞州之間某處的一個小屋裡，裡面有一張桌子和一把椅子。穿過東窗的電線被連接到發聲器。你的電報鍵被連接到電池並從西窗伸出電線。你的工作是接收來自紐約的訊息並重新發送它們，最終到達加利福尼亞州。一個相同的組態可以從加利福尼亞州收到訊息並將訊息重新發送到紐約。

首先，你希望在重新發送之前收到整筆訊息。你寫下與發聲器的點擊聲相對應的字母，當收到整筆訊息時，你開始用你的電報鍵發送它。最終，你掌握了在聽到訊息時立即發送訊息的訣竅，而不必寫下整筆訊息。這樣可以節省時間。

有一天，在重新發送一筆訊息時，你看著發聲器上的橫桿上下跳動，再看著你手指處的電報鍵上下跳動。你又看了看發聲器，再看了看電報鍵，意識到發聲器的上下跳動與電報鍵的上下跳動是一樣的。於是你走到外面，拿起一塊小木頭，然後用木頭和繩子將發聲器和電報鍵實體地連接起來：

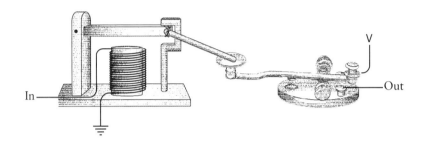

現在它自己就能工作了，你可以用下午剩餘的時間去釣魚。

這是一個有趣的幻想，但實際上撒母耳·摩爾斯很早就明白了這個裝置的概念。我們發明的這個裝置被稱為中繼器（*repeater*）或繼電器（*relay*）。繼電器就像一個發聲器，因為輸入的電流被用來為電磁鐵供電，從而拉下一個金屬槓桿。然而，該槓桿被用作開關的一部分，連接著電池和輸出電線。這樣，微弱的輸入電流會被「放大」以產生更強的輸出電流。

繼電器的示意圖如下所示：

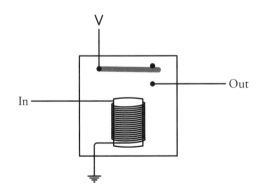

當輸入電流觸發電磁鐵時,它會拉下一個轉動或可移動的金屬棒,該金屬棒的作用類似於開關,可以打開輸出電流:

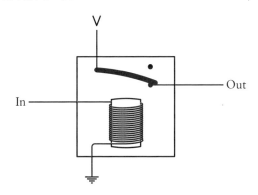

In 和 *Out* 這兩個單字描述了電報線從小屋的一個窗口進入並從對面的窗口離開的方式,但它們也可以作為 *input*(輸入)和 *output*(輸出)的方便縮寫。這些是電的訊號。標記為 *In* 的訊號會導致標記為 *Out* 的訊號發生變化。這是一個因果關係。

繼電器是一個了不起的裝置。當然,這是一個開關,但它不是由人手而是由電流開啟的開關。你可以用這樣的裝置做一些驚人的事情。你實際上可以用它們組裝大部分的電腦。

是的,這個繼電器是一個非常棒的發明,不能只是把它擺在電報博物館。讓我們拿起一個,藏在夾克裡,然後快速地走過警衛。一個想法正在我們的腦海中醞釀。

第八章

繼電器與邏輯閘

簡而言之，電腦是布林代數（Boolean algebra）和電學（electricity）的綜合體。體現數學（math）和硬體（hardware）融合的關鍵元件被稱為邏輯閘（*logic gate*）。邏輯閘與水或人通過的閘門沒有什麼不同。邏輯閘透過阻止電流或讓電流通過來執行布林邏輯（Boolean logic）中的簡單運算。

回想，在第 6 章中，你走進一家寵物店，大膽地宣佈：「我想要一隻公貓（M），做過絕育的（N），無論是白色的（W）還是棕褐色的（T）都可以；或著一隻母貓（F），做過絕育的（N），任何顏色都可以但白色除外（1 - W）；或者只要是黑色的（B）都可以。這些條件可以總結為下面的布林運算式（Boolean expression）：

$$(M \times N \times (W + T)) + (F \times N \times (1 - W)) + B$$

這個運算式可以在一個由開關、電池和燈泡組成的電路中實現：

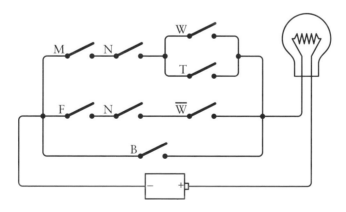

這種電路（circuit）有時被稱為網路（*network*），只是現在這個詞更常用於指稱電腦之間的連接，而不是僅僅指開關的組合。

此電路包含了開關的組合，一些是串聯的，一些是並聯的。串聯的開關執行的是邏輯 AND 運算，在布林運算是中用 × 號來表示。並聯的開關執行的是與 + 號對應的邏輯 OR 運算。因為這個電路等價於一個布林運算式，如果布林運算式可以簡化，那麼這個電路也是可以簡化的。

下面的運算式指出了你想要的貓所具有之特徵：

$$(M \times N \times (W + T)) + (F \times N \times (1 - W)) + B$$

讓我們嘗試簡化它。使用交換律（commutative law），你可以對「與 AND（×）符號組合的變數」進行重新排序，並按以下方式重寫運算式：

$$(N \times M \times (W + T)) + (N \times F \times (1 - W)) + B$$

為了澄清我在這裡要做什麼，我將定義兩個新符號，分別名為 X 和 Y：

$$X = M \times (W + T)$$
$$Y = F \times (1 - W)$$

現在，用於表示你想要的貓之運算式，可以這樣寫：

$$(N \times X) + (N \times Y) + B$$

完成後，我們可以將 X 和 Y 帶入原運算式。

請注意，變數 N 在運算式中出現兩次。使用分配律（distributive law），運算式可以像這樣改寫，變成只有一個 N：

$$(N \times (X + Y)) + B$$

現在讓我們把 X 和 Y 的運算式放回去：

$$(N \times ((M \times (W + T)) + (F \times (1 - W)))) + B$$

由於有大量的括號，這個運算式看起來並不簡單。但它的變數少了一個，這意味著可以省去一個開關。下面是修改後的版本：

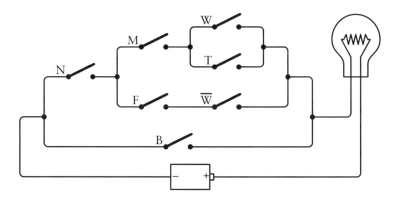

的確，比起驗證運算式是否相同，較容易看出這個網路與之前的網路是否等效！

但是這個網路中仍然有太多的開關。雄性（M）和雌性（F）是兩個單獨的開關，應該只需要一個開關：也許雌性開關是接通的（on），雄性開關是切斷的（off）。同樣，白色（W）和非白色（W̄）也是兩個單獨的開關。

現在讓我們製作一個控制面板（control panel）來進行貓的選擇。控制面板只有五個開關（很像牆上用於控制燈光的開關）、和一個安裝在面板上的燈泡：

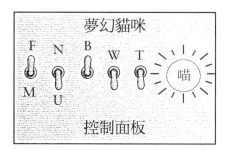

開關向上（up）代表開關是接通的（on），開關向下（down）代表開關是切斷的（off）。第一個開關用於選擇母貓（F）或公貓（M）；第二個開關用於選擇做過絕育（N）或未絕育（U）。接著有三個開關用於選擇顏色：黑色（B）、白色（W）和棕褐色（T），任何時候都只能接通其中一個，或者都不選擇以代表其他顏色的貓。

在電腦術語中，面板上的開關構成所謂的輸入裝置（*input device*）。輸入（input）是控制電路行為的資訊，此例中，係用於描述理想貓咪的特徵。輸出裝置（*output device*）是燈泡。如果開關描述了一隻令人滿意的貓，這個燈泡就會被點亮。此控制面板中所顯示的開關狀態是為雌性未絕育的黑色貓而設置的。這滿足你的條件，因此燈泡已被點亮。

現在我們所要做的就是設計一個使這個控制面板得以運作的電路。

在前一章中，你看到了稱為繼電器的裝置是如何對電報系統的運行發揮關鍵作用。在遠距離時，連接電報站的電線具有很高的電阻。需要一些方法來接收弱信號，並重新發送一個相同的強信號。繼電器透過使用電磁鐵控制開關來做到這一點，效果有如將弱信號**放大**以產生強信號。

目前，我們對使用繼電器來放大弱信號不感興趣。我們只對繼電器是一種「可以由電力控制而不是由手指控制之開關」的想法感興趣。儘管繼電器最初是為電報而設計的，但它們最終成為電話系統（telephone system）的龐大網路中所使用之開關電路（switching circuits）的一部分，這就是它們的多功能性對富有想像力之電氣工程師來說，變得更加明顯的原因。

與開關一樣，繼電器可以串聯和並聯成邏輯閘（logic gate），以執行簡單的邏輯任務。當我說這些邏輯閘在邏輯中執行「**簡單的**」任務時，我的意思是盡可能簡單。繼電器相較於開關有一個優勢，因為繼電器可以由其他繼電器而不是由手指接通和斷開。這意味著邏輯閘可以組合起來執行更複雜的任務，例如算術中的簡單函數，並最終實現整個電腦的工作原理。

繼電器可用於執行布林運算的發現，通常歸功於電腦先驅克勞德‧埃爾伍德‧香農（Claude Elwood Shannon，1916-2001），他著名的 1938 年 M.I.T. 碩士論文題為「繼電器和開關電路的符號分析」（A Symbolic Analysis of Relay and Switching Circuits），但日本電氣工程師中島明（Akira Nakashima）早在幾年前就描述了類似的等效關係。

你可以將繼電器與開關、燈泡和幾個電池連接起來，如下所示：

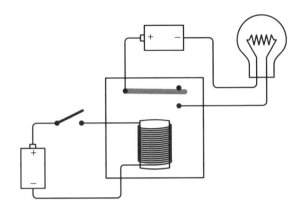

左邊的開關是斷開的，而燈泡是未被點亮的。當你閉合開關時，左邊的電池會導致電流通過鐵棒周圍的許多圈電線。鐵棒變得有磁性，拉下一個可轉動的或可旋轉的金屬接點，該接點會接通電路以點亮燈泡：

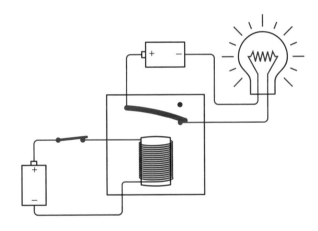

當電磁鐵拉動金屬接點時，繼電器就被觸發了。當開關被斷開時，鐵棒就不再有磁性，金屬接點會回到其正常位置。

這似乎是點亮燈泡的一個相當間接的途徑，而且確實如此。如果我們只對點亮燈泡感興趣，我們可以完全省去繼電器。但我們對點亮燈泡不感興趣。我們有一個更雄心勃勃的目標。

在本章中，我將大量使用繼電器（在邏輯閘建立後，幾乎不使用），因此我想將圖簡化。我們可以透過使用一個地線和大寫的 V（代表電壓）來表示電池以消除一些電線，如第 5 章和第 7 章所述。此例中，地線只是代表一個共同的連線；它們不需要連接到大地。現在繼電器看起來像這樣：

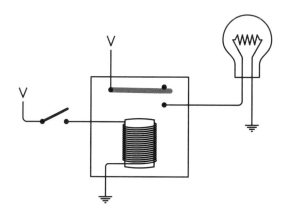

當開關閉合時，在 V 和接地之間的電流會通過電磁鐵的線圈。這導致電磁鐵拉動彈性的金屬接點。這就是把 V、燈泡和接地之間的電路連接起來。燈泡會被點亮：

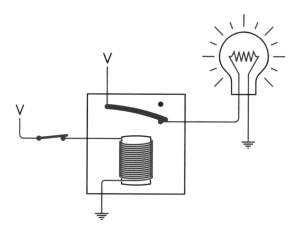

繼電器的這些圖顯示了兩個電壓源和兩個接地，但在本章的所有圖中，所有 V 可以相互連接，並且所有地線都可以相互連接。

更抽象地說，繼電器可以在沒有開關和燈泡的情況下顯示出來，但用 *Input* 或 *In*（輸入）和 *Output* 或 *Out*（輸出）標記：

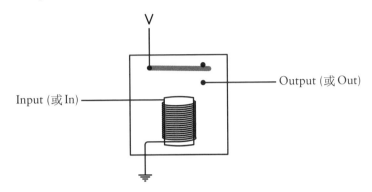

如果有電流通過輸入端（例如，如果開關將輸入連接到 V），則會觸發電磁鐵，輸出端就會有電壓。

繼電器的輸入不必是一個開關，繼電器的輸出也不必是一個燈泡。一個繼電器的輸出可以連接到另一個繼電器的輸入，例如，像這樣：

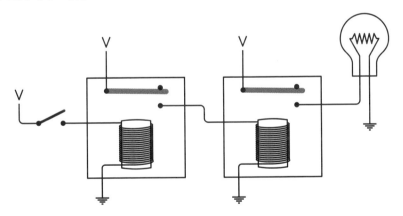

這些繼電器被稱為是串聯的（cascaded）。當你閉合開關時，第一個繼電器會被觸發，然後為第二個繼電器提供電壓。第二個繼電器接著被觸發，於是燈亮會被點亮：

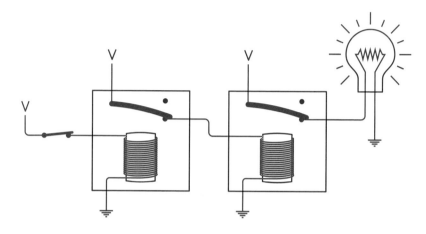

連接繼電器是建構邏輯閘的關鍵。

正如兩個開關可以串聯一樣，兩個繼電器也可以串聯：

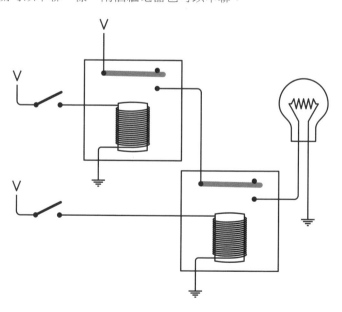

現在，兩個繼電器上有兩個開關。頂部繼電器的輸出為第二個繼電器提供電壓。如你所見，當兩個開關都斷開時，燈泡不亮。我們可以嘗試閉合頂部開關：

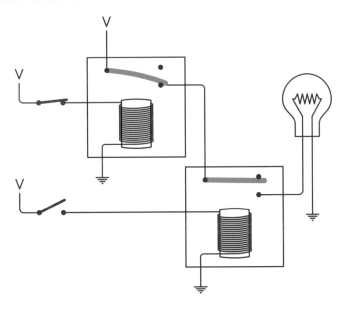

燈泡仍然不亮，因為底部開關仍然斷開，並且繼電器不會被觸發。我們可以嘗試斷開頂部開關並閉合底部開關：

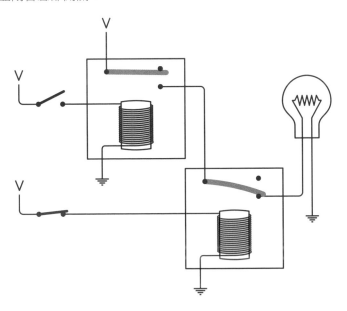

燈泡仍未點亮。電流無法到達燈泡,因為第一個繼電器未被觸發。讓燈泡點亮的唯
一方法是閉合兩個開關:

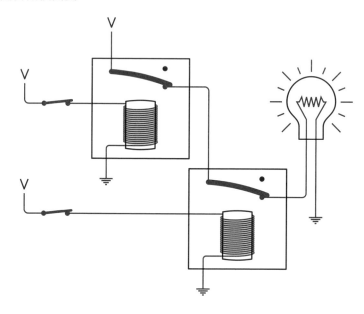

現在兩個繼電器都被觸發了,電流可以在 V、燈泡和接地之間流動。

就像你在第 6 章中看到的兩個串聯的開關一樣,這兩個繼電器可以進行一些邏輯運
算。只有當兩個繼電器都被觸發時,燈泡才會被點亮。這兩個串聯的繼電器稱為
AND 閘(*gate*),因為它所執行的是布林 AND 運算(operation)。

為避免過度繪圖,電氣工程師為 AND 閘使用了一個特殊的符號,如下所示:

這是六個基本邏輯閘中的第一個。AND 閘有兩個輸入和一個輸出。你常會看到的
AND 閘圖形,輸入位於左側,輸出位於右側。這是因為習慣於從左到右閱讀的人更
喜歡從左到右閱讀電路圖。但 AND 閘也可以在頂部、右側或底部繪製輸入。

前面串聯了兩個繼電器的示意圖，可以更簡潔地表示如下：

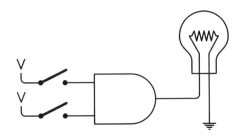

請注意，這個 AND 閘的符號不僅取代了兩個串聯的繼電器，而且還意味著頂部繼電器有連接到電壓，並且兩個繼電器都有接地。同樣，只有當頂部開關和底部開關都閉合時，燈泡才會被點亮。這就是為什麼它被稱為 AND 閘。

如果我們將沒有電壓視為 0，有電壓視為 1，則 AND 閘的輸出取決於如下輸入：

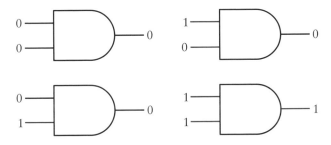

與串聯的兩個開關一樣，AND 閘也可以用這個小表來描述：

AND	0	1
0	0	0
1	0	1

AND 閘的輸入不一定要連接到開關，而輸出也不一定要連接到燈泡。一個 AND 閘的輸出可以是第二個 AND 閘的輸入，如下所示：

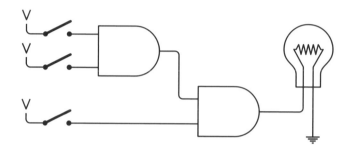

只當所有三個開關都閉合時，燈泡才會被點亮。只有當前兩個開關都閉合時，第一個 AND 閘的輸出才會輸出電壓，只有當第三個開關也閉合時，第二個 AND 閘才會輸出電壓。

這種組態也可以用如下的符號來表示：

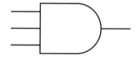

它被稱為 3 輸入 AND 閘。只當所有輸入均為 1 時，輸出才為 1。你也可以用更多的輸入來建立 AND 閘。

下一個邏輯閘需要用到兩個並聯的繼電器，如下所示：

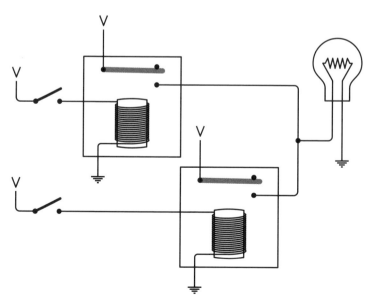

請注意，兩個繼電器的輸出是相互連接的。然後，由這個互連的輸出為燈泡供電。兩個繼電器中的任何一個都足以點亮燈泡。例如，如果我們閉合頂部的開關，燈泡就會被點亮。燈泡會從頂部繼電器獲得電源：

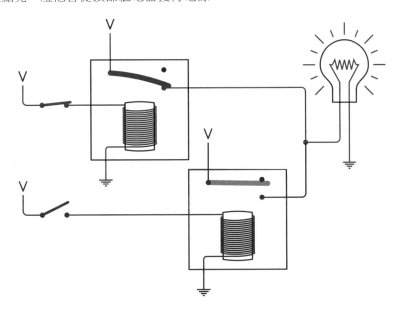

同樣地，如果我們讓頂部開關斷開，但閉合底部開關，則燈泡會被點亮：

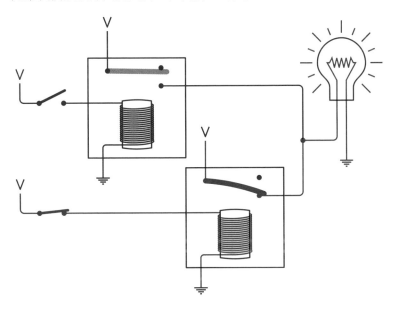

如果兩個開關都均閉合，燈泡也會被點亮：

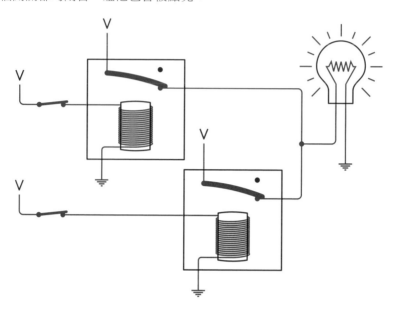

於是我們製作了一個電路，其中如果頂部開關或（or）底部開關是閉合的，燈泡就
會被點亮。這裡的關鍵字是「或」（or），所以這被稱為 OR 閘。電氣工程師對 OR
閘使用了如下所示的符號：

它有些類似於 AND 閘的符號，只是輸入端是圓的，很像 OR 中的 O（這可能有助於
你記住哪個是哪個）。

如果兩個輸入中的任何一個具有電壓，則 OR 閘的輸出就會提供電壓。同樣，如果
我們說沒有電壓是 0，有電壓是 1，則 OR 閘之四種可能的狀態為：

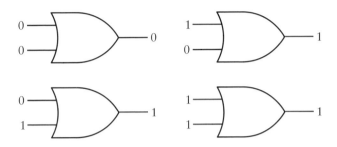

OR 閘的輸出可以採用與 AND 閘相同的方式進行總結：

OR	0	1
0	0	1
1	1	1

OR 閘也可以有兩個以上的輸入。如果有任何輸入為 1，則 OR 閘的輸出為 1；只有當所有的輸入均為 0 時，輸出才為 0。

此處所展示的繼電器稱為雙切繼電器（*double-throw relays*）。靜止時，頂部的旋轉金屬棒（pivoting metal bar）接觸一個接點，當電磁鐵拉動它時，它會碰到另一個接點。下面的接點稱為常開輸出（*normally open* output）。這是我們一直在使用的那個，但我們也可以使用上面的接點，稱為常閉（*normally closed*）。當使用上面的接點時，繼電器的輸出是反相的。當輸入開關斷開時，燈泡就會被點亮：

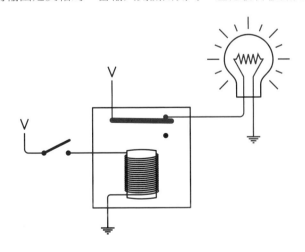

當輸入開關閉合時，燈泡就會熄滅：

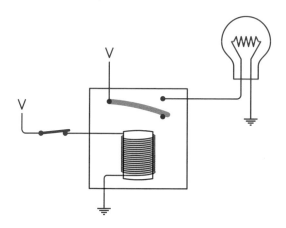

以這種方式連接的單個繼電器稱為反相器（*inverter*），由一個特殊符號來表示：

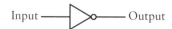

這稱為反相器，因為它將 0（無電壓）反相為 1（電壓），反之亦然：

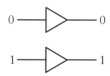

這就是布林 NOT 運算符的實現方式。

有時，當人們在這裡看到第一個反相器時，他們會問：「如果輸入端沒有電壓，輸出端怎麼會有電壓？電壓從何而來？」請記住，反相器實際上是有連接到電壓的繼電器。

使用反相器、AND 閘和 OR 閘,我們可以開始為控制面板佈線,以便自動選擇理想的貓咪:

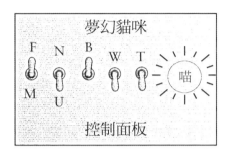

讓我們從開關開始。第一個開關閉合(向上)代表母貓(F),斷開(向下)代表公貓(M)。因此,我們可以產生兩個信號,我們稱之為 F 和 M,如下所示:

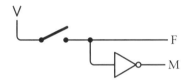

當 F 為 1 時,M 將為 0,反之亦然。同樣,第二個開關對做過絕育的貓(N)是閉合的,對未絕育的貓(U)是斷開的:

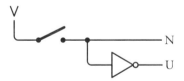

其他三個開關用於選擇顏色:黑色(B)、白色(W)或棕褐色(T)。下面是這三個開關與電壓的佈線:

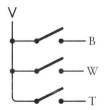

一些簡單的規則決定了如何連接閘和反相器：一個閘（或反相器）的輸出可以是一個或多個其他閘（或反相器）的輸入。但不要將兩個或多個閘（或反相器）的輸出連接在一起。

選貓（cat-selection）運算式的簡化版是

$$(N \times ((M \times (W + T)) + (F \times (1 - W)))) + B$$

對於此運算式中的每個 + 號，電路中必定有一個 OR 閘。對於每個 × 號，必定有一個 AND 閘。

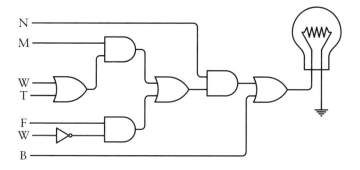

電路圖左側的符號與它們在運算式中出現的順序相同。這些信號來自前三幅圖。請注意，運算式中的（1–W）部分使用了另一個反相器。

現在你可能會說：「這裡面有一大堆繼電器」，是的，沒有錯。每個 AND 閘和 OR 閘都有兩個繼電器，每個反相器有一個繼電器。但恐怕你會在未來的章節中看到更多的繼電器。但要感謝的是，你不必真的去購買它們並在家中連接它們（除非你想這樣做）。

我之前提到過，有六個標準的邏輯閘。你已經看過三個，現在該看看其他的了。前兩個使用了用於反相器之繼電器的常閉輸出。當繼電器未被觸發時，該輸出具有電壓。例如，在此組態中，由一個繼電器的輸出向第二個繼電器供電。對於以下兩個輸入，燈泡處於被點亮的狀態：

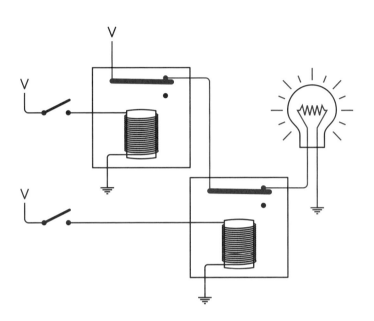

如果頂部的開關被閉合，則燈泡會熄滅：

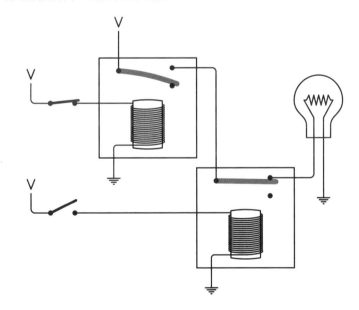

燈熄滅了，因為不再向第二個繼電器供電。同樣，如果頂部的開關斷開但底部的開關閉合，燈也會熄滅：

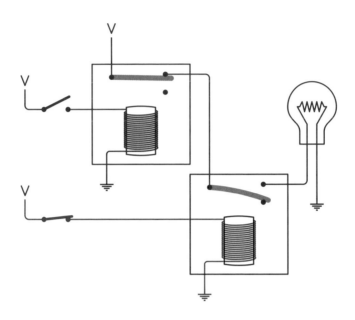

如果兩個開關均為閉合，則燈泡不會被點亮：

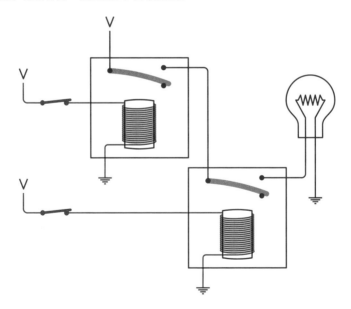

此行為正好與 OR 閘的情況相反。它被稱為 *NOT OR*，或者簡稱為 *NOR*。下面便是
NOR 閘的符號：

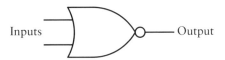

它與 OR 的符號相同，只是在輸出處有一個小圓圈。圓圈表示反相。NOR 與 OR 閘
後面跟著反相器是一樣的。

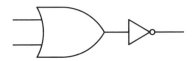

NOR 閘的輸出如下表所示：

NOR	0	1
0	1	0
1	0	0

此表顯示的結果與 OR 閘的結果（如果兩個輸入中的任何一個為 1，則結果為 1，只
有當兩個輸入均為 0 時，結果才為 0）相反。

下面可以看到連接兩個繼電器的另一種方式：

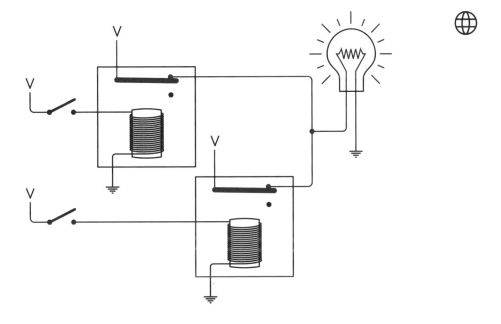

此圖中可以看到，兩個輸出的連接方式類似於 OR 的組態，但使用的是其他接點。當兩個開關均斷開時，燈泡就會亮起來。

當只有頂部的開關被閉合時，燈泡仍舊亮著，因為燈泡可以從底部繼電器獲得電源：

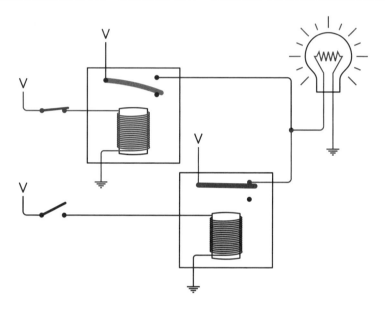

同樣，當只有底部的開關被閉合時，燈泡仍舊亮著，因為它可以從頂部的繼電器獲得電源：

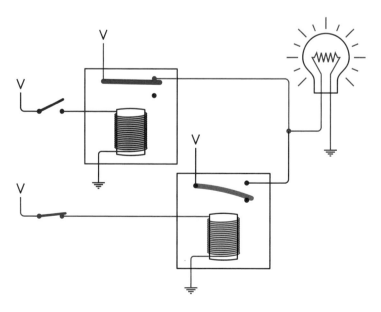

只有當兩個開關均閉合時，燈泡才會熄滅：

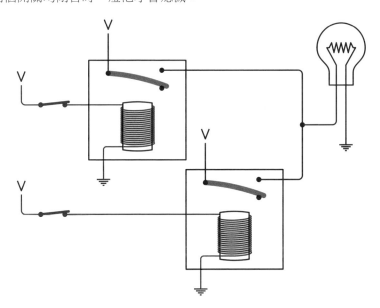

此行為與 AND 閘的行為完全相反。這被稱為 *NOT AND*，或者簡稱為 *NAND*。與 NOR 不同，NAND 這個詞是專門用來描述這種邏輯的。這個詞可以追溯到 1958 年。

NAND 閘的繪製方式與 AND 閘類似，但在輸出端有一個圓圈，這意味著輸出是 AND 閘的反相：

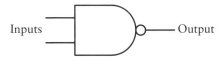

NAND 閘具有以下行為：

NAND	0	1
0	1	1
1	1	0

記得，只有當兩個輸入均為 1 時，AND 閘的輸出才為 1；否則，輸出為 0。NAND 閘的輸出與此相反。

此刻，我們已經研究了四種不同的繼電器接線方式，這些繼電器具有兩個輸入和一個輸出。每個組態的行為略有不同。為了避免繪製和重繪繼電器，我們稱它們為邏輯閘，並決定使用電氣工程師使用的相同符號來表示它們。特定邏輯閘的輸出取決於輸入，總結如下：

AND	0	1
0	0	0
1	0	1

OR	0	1
0	0	1
1	1	1

NAND	0	1
0	1	1
1	1	0

NOR	0	1
0	1	0
1	0	0

反相器看起來像這樣：

它會將訊號從 0 反轉到 1，或從 1 反轉到 0。

這一系列工具只靠普通的老式繼電器即可完成：

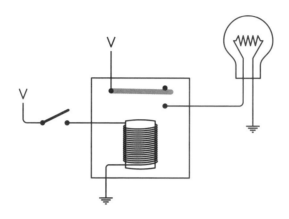

這被稱為緩衝器（*buffer*），用於表示它的符號如下：

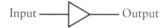

它與反相器的符號相同，但沒有小圓圈。緩衝器的顯著特點是不做什麼事情。輸出與輸入相同：

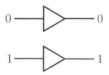

但當輸入信號較弱時，你可以使用緩衝器。正如前面所說，這就是多年前為電報發明繼電器的原因。在現實生活中的邏輯電路上，有時一個輸出必須作為多個輸入。這稱為扇出（*fan out*），它可能導致每個輸入可用的電力降低。緩衝器有助於提高電力。或者可以使用緩衝器來稍微延遲信號。這是因為中繼器需要一點時間（幾分之一秒）才能被觸發。

本書從此處開始，你將很少會在圖中看到繼電器。相反，接下來你將看到的是緩衝器、反相器、四個基本的雙輸入邏輯閘，以及由這些邏輯閘建構之更複雜的電路。當然，所有其他元件都是由繼電器製成的，但我們實際上不必再看到繼電器了。

本章的開頭，有一個小型的控制面板，可讓你選擇理想的貓咪。它有選擇黑色、白色和棕褐色的開關，但它省略了其他顏色的開關——任何不是黑色、白色或棕褐色的貓。但這是一個可以用三個反相器和一個三個輸入的 AND 閘來建立之訊號：

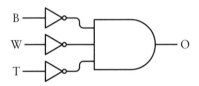

上圖中，三個輸入被反相並成為 AND 閘的輸入。只有當 B、W 和 T 均為 0 時，AND 閘的所有輸入才會為 1，從而導致輸出為 1。

有時在沒有反相器的情況下，這個組態會被繪製成這樣：

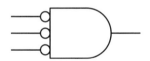

注意 AND 閘輸入端的小圓圈。這些小圓圈意味著信號在這一點上是反相的——0（無電壓）變成 1（有電壓），反之亦然。

如果你必須從我給你展示的六個邏輯閘中選擇一個邏輯閘，你要嘛選擇 NAND 要嘛選擇 NOR。因為你可以用 NAND 或 NOR 來建立所有其他的邏輯閘。例如，下面可以看到將 NAND 閘的輸入端結合起來建立反相器的方式：

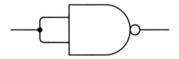

你可以在另一個 NAND 閘的輸出上使用該反相器來製作 AND 閘。乍看之下，似乎不可能從 NAND 閘來製作 OR 閘，但其實是可以的。這是因為所有輸入被反相的 AND 閘與 NOR 閘的作用完全相同：

只有當兩個輸入均為 0 時，輸出才為 1。

同樣地，兩個輸入端均被反相的 OR 閘相當於一個 NAND 閘：

只當兩個輸入均為 1 時，輸出才為 0。

這兩對等效電路代表了德摩根定律（*De Morgan's laws*）的電氣實作。奧古斯都·德·摩根（Augustus De Morgan）是另一位維多利亞時代的數學家，他比喬治·布爾（George Boole）大九歲，他的書《*形式邏輯*》（*Formal Logic*）於 1847 年出版，與布爾的《*邏輯的數學分析*》（*The Mathematical Analysis of Logic*）在同一天出版（傳說）。事實上，布爾研究邏輯學的靈感來自於德·摩根（De Morgan）與另一位英國數學家之間的一場非常公開的爭執，其中涉及抄襲的指控（德·摩根已被歷史證明無罪）。德·摩根很早就認識到布爾之見解的重要性。他無私地鼓勵布爾，並一路幫助他，但遺憾的是，除了他著名的定律之外，今日他幾乎被遺忘了。

德摩根定律的最簡潔運算式可以寫成這樣：

$$\overline{A} \times \overline{B} = \overline{A + B}$$
$$\overline{A} + \overline{B} = \overline{A \times B}$$

A 和 B 是兩個布林運算元。上面的橫槓表示反相。在第一個運算式中，A 和 B 是反相的，然後與布林 AND 運算符結合。這與將兩個運算元跟布林 OR 運算符結合然後將結果反相（即 NOR）相同。它也適用於英語：如果沒有下雨，也沒有下雪，那麼就不是下雨或下雪。

在第二個運算式中，兩個運算元是被反相的，然後與布林 OR 運算符結合。這與將兩個運算元跟布林 AND 運算符結合然後反相（即 NAND）相同。如果我不大，或者我不強壯，那麼我就不大，也不強壯。德摩根定律是簡化布林運算式的重要工具，因此也是簡化電路的重要工具。從歷史上看，這是克勞德·香農（Claude Shannon）的論文對電氣工程師的真正意義所在。但是，癡迷地簡化電路並不是本書的主要關注點。最好是讓事情運作起來，而不是讓事情盡可能簡單地運作。

下一個主要專案僅是一個完全用邏輯閘實現的數位加法器（digital adding machine）。但因為我們需要回到小學學習數數，所以該專案將需要推遲幾章。

第九章

我們的十位數

語言（language）只是一種代碼（code）的想法，似乎很容易被接受。我們中的許多人至少在高中時嘗試過學習一門外語，所以我們願意承認，我們用英語稱之為 cat（貓）的動物也可以是 *gato*、*chat*、*Katze*、*кошка* 或 *γάτα*。

然而，數字在文化上的可塑性似乎較低。無論我們說什麼語言，無論我們發音的方式如何，在這個星球上，我們可能接觸到的每個人幾乎都以同樣的方式書寫它們：

1 2 3 4 5 6 7 8 9 10

數學被稱為「通用語言」（universal languag）難道不是有原因的嗎？數字當然是我們經常處理之最抽象的代碼。當我們看到數字

3

我們不需要立即把它與任何事物聯繫在一起。我們可能會想到 3 個蘋果或 3 個其他東西，但我們也可以從前後文輕鬆瞭解到，這個數字指的是孩子的生日、電視頻道、曲棍球比分、蛋糕食譜中麵粉的杯數或三月份。因為我們的數字從一開始就很抽象，所以我們很難理解，這些蘋果的數量

不一定要寫成

3

本章和下一章的大部分內容，將用於說服我們自己，這些蘋果的數量：

也可以寫成

11

一旦我們理解了，就有可能在電路中表示數字，並最終在電腦中表示數字。但越是能瞭解我們熟悉的數字是如何運作的，我們就越能為實現此一跨躍做好準備。

從我們人類第一次開始數數（counting）的時候，我們就用手指來幫忙。因此，大多數文明的數字系統都是圍繞著十來進行的。唯一明顯的例外是一些圍繞著 5、20 或 60 建構的幾個數字系統，它們都與 10 密切相關（基於 60 的古代巴比倫數字系統，仍然存在於我們以秒和分為單位的時間計算中）。除了與人手生理學的關係之外，我們的數字系統本質上沒有什麼特殊之處。如果我們人類發展到八到十二隻手指，我們的計數方式就會有所不同。*digit* 這個單字可以代表手指（finger）或腳趾（toe）以及數字（number），或者說 *five*（五）這個單字與 *fist*（拳頭）有相似的字根，絕非巧合。

從這個意義上說，使用以十為底（*base-ten*）或十進位（*decimal*，來自十的拉丁語）的數字系統是完全任意的。然而，我們賦予「以十為底的數字」一個近乎神奇的意義，並給它們一個特殊的名字。十年就是 decade；十個十年是就是一個世紀（century）；十個世紀就是一千年（millennium）。一千個一千就是一百萬（million）；一千個一百萬就是十億（billion）。這些數字都是十的次方（powers of ten）：

10^1 = 10
10^2 = 100
10^3 = 1000 (thousand)
10^4 = 10,000

10^5 = 100,000
10^6 = 1,000,000 (million)
10^7 = 10,000,000
10^8 = 100,000,000
10^9 = 1,000,000,000 (billion)

大多數的歷史學家認為，數字最初是發明來計算事物的，比如人、財產和商業交易。例如，如果某人擁有四隻鴨子，則可能用四隻鴨子的圖來做記錄：

最後，負責畫鴨了的人想：「為什麼我必須畫四隻鴨子？為什麼我不能畫一隻鴨子，並指出有四隻，或許用刮痕什麼的？」

然後有一天，有人養了 27 隻鴨子，刮痕就變得很可笑：

有人說：「一定有更好的方法」，於是一個數字系統誕生了。

在所有早期的數字系統中，只有羅馬數字仍然被普遍使用。你可以在鐘面或錶面上看到它們，它們也用於紀念碑和雕像上的日期、用於書籍中的某些章節和頁碼、用於大綱中的某些項目，以及——最令人討厭的是——用於電影中的版權聲明：「這部電影是哪一年製作的？」，這個問題通常只有當人們能夠在感謝字幕結尾快速破譯MCMLIII 才有辦法回答。

二十七隻鴨子的羅馬數字為：

XXVII

這裡的概念很簡單：X 代表十個刮痕，V 代表五個刮痕。

今日倖存下來的羅馬數字符號有：

I V X L C D M

I 是一。這可能來自於一個刮痕或一根豎起的指頭。V 可能是一隻手的符號，代表五。兩個 V 組成一個 X，代表十。L 是五十。字母 C 來自 *centum* 這單字，在拉丁語中代表一百。D 是五百。最後，M 來自拉丁語 *mille*，即一千里。走一千步左右，大約有一英里。

儘管我們可能不同意，但很長一段時間以來，羅馬數字被認為易於加減，這就是為什麼它們在歐洲用的簿記中存活了如此長的時間。事實上，在兩個羅馬數字相加時，你只需結合兩個數字的所有符號，然後使用幾條規則來簡化結果：五個 I 構成 V，兩個 V 構成 X，五個 X 構成 L，依此類推。

但羅馬數字的乘法和除法卻很困難。許多其他早期的數字系統（如古希臘人的系統）同樣不適合以複雜的方式處理數字。古希臘人發展出了一種非凡的幾何學，在今日的高中教學幾乎沒有改變，但他們的代數並不出名。

我們今日使用的數字系統被稱為「印度 - 阿拉伯」（Hindu-Arabic 或 Indo-Arabic）。它起源於印度，但由阿拉伯數學家帶到歐洲。特別著名的是波斯數學家穆罕默德·伊本·穆薩·花拉子密（Muhammed ibn Musa al-Khwarizmi，*演算法*（*algorithm*）這個詞便源自他的名字），他在西元 820 年左右寫了一本關於代數的書，使用了印度的數字系統。該書的拉丁文譯本可追溯到西元 1145 年左右，在加速整個歐洲從羅馬數字過渡到我們現在的印度 - 阿拉伯系統方面發揮有至關重要的影響。

印度 - 阿拉伯數字系統（Hindu-Arabic number system）在三個方面不同於以前的數字系統：

- 印度 - 阿拉伯數字系統具備位值性（*positional*），這意味著特定的位數（digit）代表不同的數量（quantity），這取決於它在數字中的位置。位數（digit）出現在數字（number）中的位置，實際上比位數本身更重要！ 100 和 1,000,000 都只有一個 1，但我們都知道一百萬比一百大得多。

- 幾乎所有早期的數字系統都有印度 - 阿拉伯系統所*沒有*的東西，那就是數字十的特殊符號。在我們的數字系統中，十沒有特殊的符號。

- 另一方面，幾乎所有早期的數字系統都缺少印度 - 阿拉伯系統所具有的東西，而這個東西比十的符號重要得多。那就是零。

是的，零。卑微的零毫無疑問是數字和數學史上最重要的發明之一。它支援位值標記法（positional notation），因為它允許我們立即看到 25 與 205 和 250 之間的差異。零還簡化了許多在非位值系統（nonpositional systems）中尷尬的數學運算，特別是乘法和除法。

印度教 - 阿拉伯數字的整個結構在我們發音的方式上得到了體現。以 4825 為例。我們會說「四千八百二十五」。這意味著

$$四千$$
$$八百$$
$$二十$$
$$五$$

或者我們可以這樣寫：

$$4825 = 4000 + 800 + 20 + 5$$

或者進一步細分，我們可以這樣寫：

$$4825 = 4 \times 1000 +$$
$$8 \times 100 +$$
$$2 \times 10 +$$
$$5 \times 1$$

或者，使用十的次方，可以這樣寫：

$$4825 = 4 \times 10^3 +$$
$$8 \times 10^2 +$$
$$2 \times 10^1 +$$
$$5 \times 10^0$$

記住，任何數字的 0 次方都等於 1。

多位數之數字（multidigit number）的每個位置都有特定的含義。如下所示的七個方框，讓我們得以表示從 0 到 9,999,999 的任何數字：

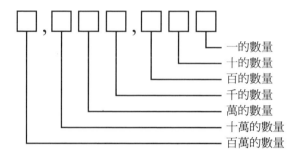

由於每個位置對應於一個 10 的次方，因此不需要十的特殊符號，因為十是透過將 1 設置在不同的位置並使用 0 作為佔位符來表示的。

還有一點非常棒的是，小數點（decimal point）右側的小數部分遵循相同的模式。數字 42,705.684 是

$$
\begin{aligned}
&4 \times 10,000\ + \\
&2 \times 1000\ + \\
&7 \times 100\ + \\
&0 \times 10\ + \\
&5 \times 1\ + \\
&6 \div 10\ + \\
&8 \div 100\ + \\
&4 \div 1000
\end{aligned}
$$

請注意，最後三列使用的是除法而不是乘法。或者不使用除法，這個數字也可以寫成這樣：

$$
\begin{aligned}
&4 \times 10,000\ + \\
&2 \times 1000\ + \\
&7 \times 100\ + \\
&0 \times 10\ + \\
&5 \times 1\ + \\
&6 \times 0.1\ + \\
&8 \times 0.01\ + \\
&4 \times 0.001
\end{aligned}
$$

或者，使用十的次方，這個數字也可以寫成這樣：

$$4 \times 10^4 +$$
$$2 \times 10^3 +$$
$$7 \times 10^2 +$$
$$0 \times 10^1 +$$
$$5 \times 10^0 +$$
$$6 \times 10^{-1} +$$
$$8 \times 10^{-2} +$$
$$4 \times 10^{-3}$$

注意,指數會下降到零,然後變成負數。我們的數字系統對我們來說是如此熟悉,以至於我們常常無法認識到其底層結構的優雅。

我們知道,3 加 4 等於 7。同樣,30 加 40 等於 70,300 加 400 等於 700,3000 加 4000 等於 7000。這就是印度 - 阿拉伯系統的美妙之處。當你把任意長度的十進位數字(decimal numbers)相加時,你將遵循把問題分解為多個步驟的程序。每一個步驟都沒有比將成對的一位數字(single-digit numbers)相加更複雜的事情。這就是為什麼很久以前會有人強迫你記住如下加法表的原因:

+	0	1	2	3	4	5	6	7	8	9
0	0	1	2	3	4	5	6	7	8	9
1	1	2	3	4	5	6	7	8	9	10
2	2	3	4	5	6	7	8	9	10	11
3	3	4	5	6	7	8	9	10	11	12
4	4	5	6	7	8	9	10	11	12	13
5	5	6	7	8	9	10	11	12	13	14
6	6	7	8	9	10	11	12	13	14	15
7	7	8	9	10	11	12	13	14	15	16
8	8	9	10	11	12	13	14	15	16	17
9	9	10	11	12	13	14	15	16	17	18

在頂列和最左行中找到要相加的兩個數字。分別向下和向右找到交叉點以獲得總和。例如,4 加 6 等於 10。

同樣,當你需要將兩個十進位數字相乘時,你可以遵循一個稍微複雜的程序,但仍然是一個分解問題的過程,這樣你就不需要做比一位數字之加法或乘法更複雜的事情。你早期的學校教育可能需要背誦如下的乘法表:

×	0	1	2	3	4	5	6	7	8	9
0	0	0	0	0	0	0	0	0	0	0
1	0	1	2	3	4	5	6	7	8	9
2	0	2	4	6	8	10	12	14	16	18
3	0	3	6	9	12	15	18	21	24	27
4	0	4	8	12	16	20	24	28	32	36
5	0	5	10	15	20	25	30	35	40	45
6	0	6	12	18	24	30	36	42	48	54
7	0	7	14	21	28	35	42	49	56	63
8	0	8	16	24	32	40	48	56	64	72
9	0	9	18	27	36	45	54	63	72	81

位值標記法最佳之處不再於它有多好用，而在於它對不以十為底的計數系統（counting systems）有多好用。我們的數字系統不一定適合每個人。此外，我們的以十為底之數字系統的一個大問題是，它與卡通人物沒有任何關係。大多數卡通人物的每隻手（或爪子）上只有四根手指，所以他們更喜歡以八為底的數字系統。

有趣的是，我們對十進位數字系統的大部分瞭解，都可以應用於更適合我的卡通朋友的數字系統。

第十章

十的替代方案

十對我們人類來說是一個特別重要的數字。十是我們大多數人所擁有的手指和腳趾的數量，我們當然更希望每個人的手指和腳趾都有十根。因為用我們的手指進行計數很方便，所以我們人類已經發展出了一個以十為基礎的完整數字系統。

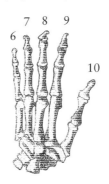

正如我在上一章中所討論的，我們的傳統數字系統被稱為以十為底（*base ten*）或十進位（*decimal*）。十進位數字對我們來說似乎很自然，以至於一開始就很難想像出替代方案。的確，當我們看到 *10* 時，我們不禁想到它指的是這麼多隻鴨子：

$$10 = $$

但是，數字 10 指的是這麼多隻鴨子的唯一原因是，這麼多隻鴨子和我們擁有的手指數量是一樣的。如果人類的手指數量不同，我們計算的方式就會有所不同，而 10 將意味著別的東西。同樣的數字 10 也可能指的是這麼多隻鴨子：

$$10 = \text{🦆🦆🦆🦆🦆🦆🦆🦆}$$

或者這麼多隻鴨子：

$$10 = \text{🦆🦆🦆🦆}$$

甚至是這麼多隻鴨子：

$$10 = \text{🦆🦆}$$

當我們來到了 10 意味著只有兩隻鴨子的時候，我們就可以開始研究開關、電線和燈泡如何表示數字，以及繼電器和邏輯閘（以及電腦）如何處理數字。

如果人類每隻手上只有四根手指，就像卡通人物一樣呢？我們可能永遠不會想到開發一個以十為底的數字系統。相反，我們會認為數字系統以八為底是正常的、自然的、明智的、不可避免的、無可爭議的和無可否認的。這稱為八進位數字系統（*octal* number system）或以八為底（*base eigh*t）。

如果我們的數字系統是圍繞著八而不是十來組織的，我們就不需要這樣的符號：

$$9$$

向任何卡通人物展示這個符號，你會得到這樣的回應，「那是什麼？它有什麼用？」如果你仔細想一想，我們也不需要這樣的符號：

$$8$$

在十進位數字系統中，並無十的特殊符號，因此在八進位數字系統中，也沒有八的特殊符號。

我們在十進位數系統（decimal number system）中的計數方式為 0、1、2、3、4、5、6、7、8、9，然後是 10。我們在八進位數系統（octal number system）中的計數

方式為 0、1、2、3、4、5、6、7，然後呢？我們已經用完了符號。唯一有意義的是 10，這是正確的。在八進位中，7 之後的下一個數字是 10。但這 10 並不意味著人類擁有的手指數量。在八進位中，10 是指卡通人物的手指數量。

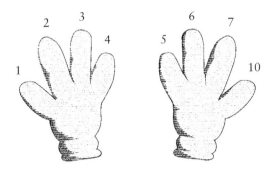

我們可以繼續用我們的四趾腳（four-toed feet）來數數：

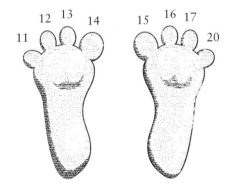

當你使用十進位以外的數字系統時，如果你把 10 這樣的數字唸成壹零（one zero），則可以避免一些混淆。同樣地，13 唸成壹三（one three），20 唸成貳零（two zero）。為了更精確並真正避免歧義，你可以說：以八為底的壹三（one three base eight）或八進位的貳零（two zero octal）。

即使我們的手指和腳趾已經用完了，我們仍然可以繼續以八進位進行計數。它基本上與十進位計數相同，只是我們會跳過每個帶有 8 或 9 的數字：

> 0, 1, 2, 3, 4, 5, 6, 7, 10, 11, 12, 13, 14, 15, 16, 17, 20, 21, 22,
> 23, 24, 25, 26, 27, 30, 31, 32, 33, 34, 35, 36, 37, 40, 41, 42, 43,
> 44, 45, 46, 47, 50, 51, 52, 53, 54, 55, 56, 57, 60, 61, 62, 63, 64,
> 65, 66, 67, 70, 71, 72, 73, 74, 75, 76, 77, 100…

最後一個數字唸成壹零零（*one zero zero*）。這是卡通人物的手指數量，乘以自身所得的結果。

對十進位數字的熟悉，使我們習慣於期望數字的某些序列，對應於現實世界中的特定數量。在不同的數字系統中計數，就像進入一個完全不同的世界。以下是八進位數字的一些範例：

> 白雪公主遇到的小矮人數量為 7 個，如同十進位。
> 卡通人物的手指數為 10 根。
> 貝多芬創作的交響曲數量為 11 首。
> 人類擁有的手指數量為 12 根。
> 一年中的月數為 14。

如果你在心裡把這些八進位數字轉換為十進位數字，那就太好了。這是一個很好的練習。對於以 1 開頭的兩位八進位數字（two-digit octal number），十進位的等效值為 8 加上第二個位數。八進位的月數為 14，因此在十進位為 8 加 4，即 12。讓我們繼續：

> 麵包店的一打是 15 個。
> 兩週的天數是 16 日。
> 「甜蜜」的生日慶祝活動在 20 歲。
> 一天有 30 小時。
> 拉丁字母表中的字母數為 32 個。

當兩位的八進位數字以 1 以外的其他數字開頭時，則轉換為十進位時有點不同：你需要將第一位數乘以 8，然後與第二個位數相加。字母表中的字母數在八進位中為 32，因此在十進位中它是 3 乘以 8（或 24）加上 2，等於 26。

> 一夸脫（quart）的液體為 40 盎司（ounces）。
> 一副牌中的牌數為 4 乘以 15，或 64。
> 棋盤上的方格數為 10 乘以 10，或 100。

在十進位中，棋盤上的方格數為 8 乘以 8，或 64。

> 美式足球場的碼數為 144 碼。
> 溫布登女子單打首發球員人數為 200 人。
> 八點點字（8-dot Braille）中的字符數為 400。

此列表包含了幾個「完滿八進位數字」（nice round octal numbers），例如 100、200 和 400。術語「完滿數字」（*nice round number*）通常代表末尾有一些零的數字。十進位數字末尾的兩個零表示該數字是 100 的倍數，也就是 10 乘以 10。對於八進位數字，末尾的兩個零意味著該數字也是 100 的倍數，但這是八進位的 100，即十進位的 64。溫布頓女子單打首發球員人數在十進位中是 128 人，八點點字（8-dot Braille）的字符數為 256。

本書的前三章探討了二進位代碼（binary codes）如何涉及二的次方（powers of two）。四個「點」和「劃」所能表示的摩爾斯代碼數量是 2 的 4 次方，即 16。六點點字（6-dot Braille）中的代碼數量為 2 的 6 次方，即 64。八點點字（8-dot Braille）可將代碼數量增加到 2 的 8 次方，即 256。每當我們把一個二的次方乘以另一個二的次方時，結果也是二的次方。

下表顯示了 2 的前 12 個次方之十進位和八進位表示法：

2 的次方	十進位	八進位
2^0	1	1
2^1	2	2
2^2	4	4
2^3	8	10
2^4	16	20
2^5	32	40
2^6	64	100
2^7	128	200
2^8	256	400
2^9	512	1000
2^{10}	1024	2000
2^{11}	2048	4000
2^{12}	4096	10000

因為八是一個二的次方，所以八進位那一欄顯示了許多完滿數字，因此它與二進位代碼的關係比十進位數字更接近。

八進位系統與十進位系統在結構上沒有任何區別。它只是在細節上有區別。例如，
八進位數字（octal number）中的每個位置（each position）都是一位乘以八的次方
（power of eight）之數字：

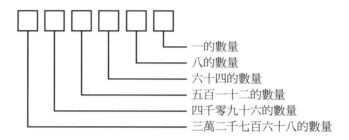

一的數量
八的數量
六十四的數量
五百一十二的數量
四千零九十六的數量
三萬二千七百六十八的數量

因此，像 3725 這樣的八進位數字可以分解如下：

$$3725 = 3000 + 700 + 20 + 5$$

這個數字也可以表示為各別位數乘以「8 的八進位次方」（octal powers of eight）：

$$3725 = 3 \times 1000 +$$
$$7 \times 100 +$$
$$2 \times 10 +$$
$$5 \times 1$$

下面是另一種表達方式：

$$3725 = 3 \times 8^3 +$$
$$7 \times 8^2 +$$
$$2 \times 8^1 +$$
$$5 \times 8^0$$

如果你用十進位來計算，則會得到 2005 的結果。這就是將八進位數字轉換為十進位
數字的方法。

八進位數字之加法和乘法與十進位數字之加法和乘法的方式相同。唯一真正的區別
是，各個位數的加法和乘法使用不同的表格來進行。以下是八進位數字的加法表：

+	0	1	2	3	4	5	6	7
0	0	1	2	3	4	5	6	7
1	1	2	3	4	5	6	7	10
2	2	3	4	5	6	7	10	11
3	3	4	5	6	7	10	11	12
4	4	5	6	7	10	11	12	13
5	5	6	7	10	11	12	13	14
6	6	7	10	11	12	13	14	15
7	7	10	11	12	13	14	15	16

例如，5+7 = 14。較長的八進位數字可以用與十進位數字相同的方式進行加法。這裡有一個小練習，看起來就像十進位的加法，只是數字是八進位的。使用上表對數字的每一行進行加法：

$$135$$
$$+ 643$$

數字中的每一行各自相加會得到一個大於八進位 7 的數字，因此每一行都會進位到下一行。結果是 1000。

同樣，2 乘以 2 仍然是八進位的 4。但 3 乘以 3 不是 9。怎麼會這樣？相反，3 乘以 3 等於 11。下面列出了整個八進位的乘法表：

×	0	1	2	3	4	5	6	7
0	0	0	0	0	0	0	0	0
1	0	1	2	3	4	5	6	7
2	0	2	4	6	10	12	14	16
3	0	3	6	11	14	17	22	25
4	0	4	10	14	20	24	30	34
5	0	5	12	17	24	31	36	43
6	0	6	14	22	30	36	44	52
7	0	7	16	25	34	43	52	61

如此表所示，4×6 等於 30，即十進位的 24。

八進位與十進位一樣是有效的數字系統。但讓我們得以更接近目標。我們已經為卡通人物開發了一個數字系統，現在讓我們開發適合龍蝦的系統。龍蝦沒有確切的手指，但美洲螯龍蝦（*Homarus americanus*）在兩條長長的前腿末端有鉗子。適合龍蝦的數字系統是四進位系統（*quaternary system*）或以四為底（base four）：

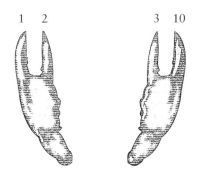

四進位的計數是這樣的：0、1、2、3、10、11、12、13、20、21、22、23、30、31、32、33、100、101、102、103、110、111、112、113、120…等。

我不打算花太多時間在四進位系統上，因為我們很快就會討論更重要的事情。但你可以在此處看到，四進位數字中的每個位置這次如何對應於四的次方：

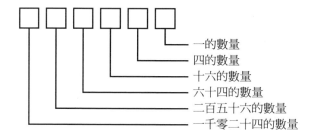

一的數量
四的數量
十六的數量
六十四的數量
二百五十六的數量
一千零二十四的數量

四進位數字 31232 可以這樣寫：

$$
\begin{aligned}
31232 = \ &3 \times 10000 + \\
&1 \times 1000 + \\
&2 \times 100 + \\
&3 \times 10 + \\
&2 \times 1
\end{aligned}
$$

每一位數字乘以一個四的次方（power of four）：

$$31232 = 3 \times 4^4 +$$
$$1 \times 4^3 +$$
$$2 \times 4^2 +$$
$$3 \times 4^1 +$$
$$2 \times 4^0$$

如果用十進位進行計算，則四進位的 31232 與十進位的 878 相同。

現在我們要再做一次跳躍，這一次是極端的。假設我們是海豚，必須使用我們的兩個鰭來進行計數。這就是所謂的以二為底（base two）或二進位（*binary*，來自拉丁語，意指兩個兩個［*two by two*］）的數字系統。看來似乎只有兩個數字，而這兩個數字將是 0 和 1。

你已經瞭解到如何在布林代數中使用 1 和 0 來表示真或假、是或否、好貓咪（Good Kitty）或不夠好的貓咪（Not-Quite-Good-Enough Kitty）。你也可以使用 1 和 0 這兩個數字進行計數。

現在，0 和 1 的使用並不多，需要一些練習來習慣二進位數字。最大的問題是，你很快就會用完數字。例如，下面是海豚使用鰭進行計數的方式：

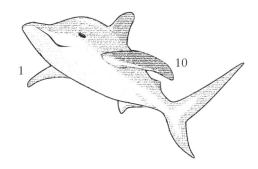

是的，在二進位中，1 之後的下一位數字是 10。這是令人吃驚的，但也不足為奇。無論我們使用什麼數字系統，每當我們用完一個位數時，頭兩位數的數字總是 10。在二進位中，我們是這樣計數的：

0, 1, 10, 11, 100, 101, 110, 111, 1000, 1001, 1010, 1011, 1100,
1101, 1110, 1111, 10000, 10001...

這些數字可能看起來很大，但實際上並非如此。更準確地說，二進位數變長的速度比變大的速度要快得多：

> 人的腦袋只有 1 個。
> 海豚的鰭有 10 隻。
> 一湯匙的茶匙數為 11。
> 正方形的邊數為 100。
> 人手的手指數量為 101。
> 昆蟲的腿數量為 110。
> 一週的天數為 111。
> 八重奏中的音樂家人數為 1000。
> 棒球比賽的局數為 1001。
> 牛仔帽的加侖數為 1010[譯註]。

…等。

在一個多位數的二進位數字中，數字的位置對應於二的次方：

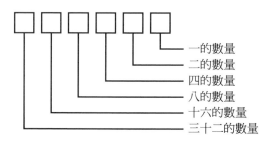

因此，只要我們有一個由 1 後跟著零所組成的二進位數字，該數字就是一個 2 的次方，並且次方數與零的數目相同。下面這個經過擴展的二的次方表便可以看到此一規則：

二的次方	十進位	八進位	四進位	二進位
2^0	1	1	1	1
2^1	2	2	2	10
2^2	4	4	10	100
2^3	8	10	20	1000
2^4	16	20	100	10000
2^5	32	40	200	100000
2^6	64	100	1000	1000000
2^7	128	200	2000	10000000

譯註　源自 10-gallon hat。

二的次方	十進位	八進位	四進位	二進位
2^8	256	400	10000	100000000
2^9	512	1000	20000	1000000000
2^{10}	1024	2000	100000	10000000000
2^{11}	2048	4000	200000	100000000000
2^{12}	4096	10000	1000000	1000000000000

假設我們遇到二進位數字 101101011010。這可以被寫成：

$$
\begin{aligned}
101101011010 = \ & 1 \times 100000000000\ + \\
& 0 \times 10000000000\ + \\
& 1 \times 1000000000\ + \\
& 1 \times 100000000\ + \\
& 0 \times 10000000\ + \\
& 1 \times 1000000\ + \\
& 0 \times 100000\ + \\
& 1 \times 10000\ + \\
& 1 \times 1000\ + \\
& 0 \times 100\ + \\
& 1 \times 10\ + \\
& 0 \times 1
\end{aligned}
$$

相同的數字可以使用二的次方以更簡單的方式編寫：

$$
\begin{aligned}
101101011010 = \ & 1 \times 2^{11}\ + \\
& 0 \times 2^{10}\ + \\
& 1 \times 2^9\ + \\
& 1 \times 2^8\ + \\
& 0 \times 2^7\ + \\
& 1 \times 2^6\ + \\
& 0 \times 2^5\ + \\
& 1 \times 2^4\ + \\
& 1 \times 2^3\ + \\
& 0 \times 2^2\ + \\
& 1 \times 2^1\ + \\
& 0 \times 2^0
\end{aligned}
$$

如果你只是把十進位的部分加起來，你會得到 2048+512+256+64+16+8+2，即 2906，這是二進位數字的十進位等效值。

為了更簡潔地將二進位數字轉換為十進位數字，你可能更喜歡使用我準備的模板：

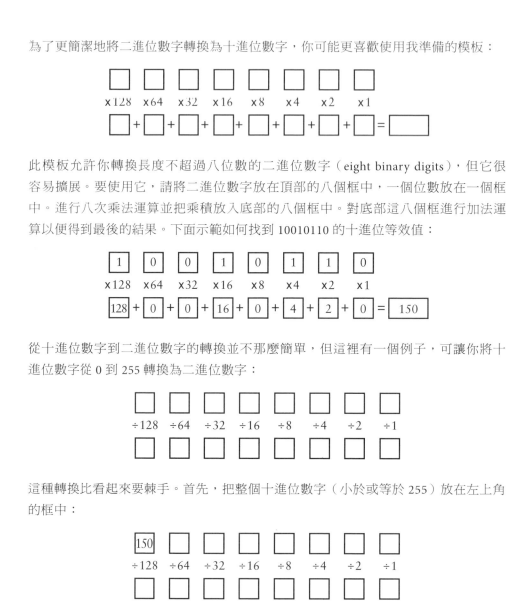

此模板允許你轉換長度不超過八位數的二進位數字（eight binary digits），但它很容易擴展。要使用它，請將二進位數字放在頂部的八個框中，一個位數放在一個框中。進行八次乘法運算並把乘積放入底部的八個框中。對底部這八個框進行加法運算以便得到最後的結果。下面示範如何找到 10010110 的十進位等效值：

從十進位數字到二進位數字的轉換並不那麼簡單，但這裡有一個例子，可讓你將十進位數字從 0 到 255 轉換為二進位數字：

這種轉換比看起來要棘手。首先，把整個十進位數字（小於或等於 255）放在左上角的框中：

將該數字除以 128，但只運算到取得商和餘數：150 除以 128 等於 1，餘數為 22。把商放在底部第一個框中，把餘數放在頂部的下一個框中：

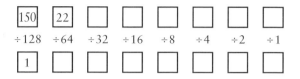

現在將 22 除以 64，但同樣，只有一步：因為 22 小於 64，商為 0，餘數為 22。把 0 放在底部的第二個框中，並把餘數移到頂部的下一個框中：

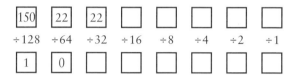

以同樣的方式繼續完成模板。每個商將是 0 或 1，因此當你完成後，底部的框將顯示一個二進位數字序列：

150	22	22	22	6	6	2	0
÷128	÷64	÷32	÷16	÷8	÷4	÷2	÷1
1	0	0	1	0	1	1	0

150 的二進位等效值便是 10010110。

十進位數字和二進位數字之間的轉換當然很難，因此如果你真得需要進行轉換，你會很高興知道 Windows 和 macOS 的計算機應用程式（calculator apps）都有程式人員模式（Programmer modes），可以為你完成轉換。

在早期的電腦中，二進位數字的使用並不普遍。一些非常早期的電腦被設計和製造成使用熟悉的十進位數字。英國數學家查爾斯·巴貝奇（Charles Babbage，1791-1871）在 1830 年代著手設計的分析機（Analytical Engine）使用了齒輪的位置來儲存十進位數字（不幸的是，他沒能真正製造出這台機器）。一些早期的電腦，如哈佛的 Mark I（1944 年首次運行）和 ENIAC（1946 年），也是為十進位數字的使用而建造的。1960 年代製造的一些 IBM 電腦之架構也是基於十進位數字的。

但最重要的是，二進位編碼（binary encoding）是數位革命的特徵。二進位數字的簡單性，在加法和乘法的基本運算中可能最為明顯。這是你真正喜歡的部分。想像一下，如果你唯一需要記住的是下面的加法表，你可以多快地掌握加法：

+	0	1
0	0	1
1	1	10

讓我們根據此表來對兩個二進位數字進行加法：

$$\begin{array}{r} 1100101 \\ + 0110110 \\ \hline 10011011 \end{array}$$

從右起第一行開始：1 加 0 等於 1。右起第二行：0 加 1 等於 1。第三行：1 加 1 等於 0，進位 1。第四行：進位的 1 加 0 加 0 等於 1。第五行：0 加 1 等於 1。第六行：1 加 1 等於 0，進位 1。第七行：進位的 1 加 1 加 0 等於 10。

乘法表甚至比加法表更簡單，因為它完全可以透過使用兩個非常基本的乘法規則來推導：將任何值乘以 0 就是 0，而將任何數字乘以 1 對該數字沒有影響。

×	0	1
0	0	0
1	0	1

下面是十進位十三（二進位 1101）乘以十進位 11（二進位 1011）的乘法。我不打算展示所有步驟，但它與十進位乘法的過程相同：

$$\begin{array}{r} 1101 \\ \times 1011 \\ \hline 1101 \\ 1101 \\ 0000 \\ 1101 \\ \hline 10001111 \end{array}$$

結果的十進位為 143。

使用二進位數字的人通常會用前導零（即第一個 1 左側的零）來寫它們——例如，
寫成 0011 而不僅僅是 11。這並不會改變數字的值；它只是為了美觀之目的。例如，
下面是 16 個二進位數字及其十進位的等效值：

二進位	十進位
0000	0
0001	1
0010	2
0011	3
0100	4
0101	5
0110	6
0111	7
1000	8
1001	9
1010	10
1011	11
1100	12
1101	13
1110	14
1111	15

讓我們暫停片刻，研究一下這個二進位數字列表。考慮由零和一組成之四個直行
（vertical columns）中的每一行，並注意數字在這四行中是如何交替變化的：

- 右起第一位在 0 和 1 之間交替變化。

- 右起第二位在兩個 0 和兩個 1 之間交替變化。

- 右起第三位在四個 0 和四個 1 之間交替變化。

- 右起第四位在八個 0 和八個 1 之間交替變化。

這非常有條理，你說呢？事實上，這是如此有條不紊，以至於有可能建立一個可以自動產生二進位數字序列的電路。這將在第 17 章中提到。

此外，你只需要重複前 16 個二進位數字並為其前綴一個 1，即可輕鬆寫出接下來的 16 個二進位數字：

二進位	十進位
10000	16
10001	17
10010	18
10011	19
10100	20
10101	21
10110	22
10111	23
11000	24
11001	25
11010	26
11011	27
11100	28
11101	29
11110	30
11111	31

這是另一種看待它的方式：當你以二進位來計數時，右起第 1 位數（也稱為最低有效位數［least significant digit］）在 0 和 1 之間交替變化。每當它從 1 變為 0 時，右起第二位數（即下一個最高有效位數［next most significant digit］）也會從 0 變為 1 或從 1 變為 0。更一般地說，每當某個二進位的位數從 1 變為 0 時，下一個最高有效位數也會發生變化，從 0 變為 1 或從 1 變為 0。

二進位數字很快就會變得非常長。例如,二進位中的 1200 萬為 10110111000110110000000。更簡潔地表示二進位數字的一種方法是用八進位來顯示它們。這很有效,因為每「三個二進位的位數」(three binary digits)對應於「一個八進位的位數」(one octal digit):

二進位	八進位
000	0
001	1
010	2
011	3
100	4
101	5
110	6
111	7

以 1200 萬之二進位數字的長度為例,從右側開始對其進行每三個一組的劃分:

$$101\ 101\ 110\ 001\ 101\ 100\ 000\ 000$$

每組三個二進位的位數對應於一個八進位的位數:

$$101\ 101\ 110\ 001\ 101\ 100\ 000\ 000$$
$$5\quad 5\quad 6\quad 1\quad 5\quad 4\quad 0\quad 0$$

十進位的 1200 萬是八進位的 55615400。在第 12 章中,你將會看到一種更簡潔的二進位數字表達方式。

透過將我們的數字系統簡化為二進位的數字 0 和 1,我們已經盡了最大的努力。如果不借助原始的劃痕,我們就無法變得更簡單了。但最重要的是,二進位數字讓算術得以跟電學結合起來。開關、電線和燈泡都可以表示二進位數字 0 和 1,並且透過添加邏輯閘,可以操縱這些數字。這就是為什麼二進位數字與電腦有很大的關係。

你剛剛看到一個小表格,其中顯示了三個二進位的位數與其八進位的等效值之間的對應關係。使用開關、燈泡和邏輯閘,你可以建構一個電路來為你進行此轉換:

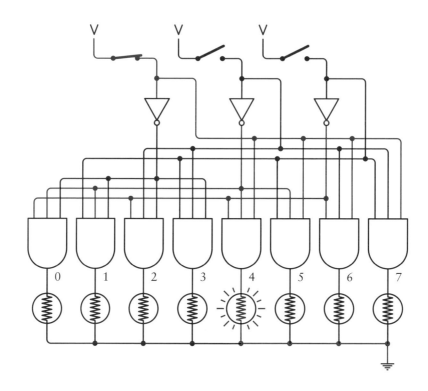

此電路乍看之下無疑是令人望而生畏的，就像一個噩夢般的外國城市，相交之高速公路上，所有的交通號誌都無法辨識。但它實際上非常有條理。小圓點表示電線是相互連接的。否則，電線就沒有連接在一起，只是相互重疊而已。

該電路從頂部開始，有三個開關，代表一個三位數的二進位數字。這些開關閉合代表 1，斷開代表 0。此例呈現了二進位數字 100 的表達方示。底部是八個分別被標記為 0 到 7 的燈泡。其中只有一個燈泡會被點亮，具體取決於被閉合的是哪一個開關。

從下往上來理解電路可能更容易：底部的八個燈泡中的每一個都由一個三輸入 AND閘供電。只有當所有三個輸入均為 1 時，AND 閘的輸出才為 1。每個 AND 閘的三個輸入對應於三個開關，有時直接對應，有時經過開關下方的三個反相器反轉。複習一下，如果反相器的輸入為 0，則輸出為 1，如果輸入為 1，則輸出為 0。

頂部三個開關的狀態為閉合（closed）、斷開（open）和斷開（open），代表二進位數字 100。如果你經由紅線進行追蹤，最高有效位數的值 1 是「與八進位數字 4 相

關聯之 AND 閘」的輸入之一。下一位（中間的開關）在成為同一 AND 閘的輸入之前，經過反相。最低有效位數（右側的開關）在成為該 AND 閘的第三個輸入之前，也經過反相。因此，與八進位數字 4 相關聯的 AND 閘之所有三個輸入都會被設置為 1，這就是輸出為 1 的原因。

同樣，其他七個 AND 閘中的每一個，都有來自開關的訊號或反相訊號的不同組合作為輸入。

這個小裝置被稱為 3 至 8 解碼器（*3-to-8 decoder*）。該名稱意味著一個三位數（three-digit）的二進位數字（binary number）是一個代表八種可能性之一的代碼。

另一個電路稱為 8 至 3 編碼器（*8-to-3 encoder*），用於執行相反的任務。要完成這項任務，我們建立一個不同類型的開關，以便選擇八個位置之一。在現實生活中，你可以用圖釘或釘子和一塊從罐頭上剪下來的金屬來做類似這樣的開關：

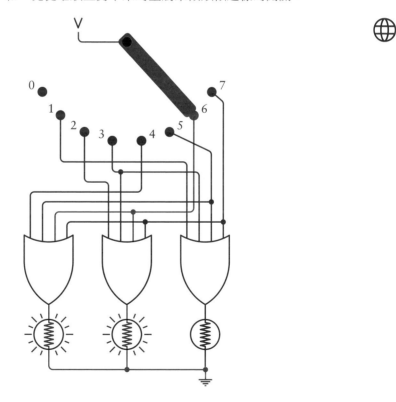

底部的每個二進位的位數（binary digit）都是透過一個四輸入之 OR 閘所驅動之燈泡來顯示。如果四個輸入中有任何一個為 1，則 OR 閘的輸出為 1。當頂部的開關選擇八進位數字 6 時，第一和第二個 OR 閘都會有一個輸入為 1，這會使得這些 OR 閘的輸出為 1，顯示二進位數字 110。請注意，開關左上角的 0 位置未連接到任何地方。這是因為八進位數字 0 是二進位數字 000，所以不需要點亮燈泡。

大約在 1947 年的某個時候，美國數學家約翰·懷爾德·圖基（John Wilder Tukey，1915-2000）意識到，隨著電腦變得越來越普及，*binary digit*（二進位的位數）這個片語在未來幾年可能會變得更加重要。他決定創造一個更短的新單字來取代 *binary digit* 這個不方便的五音節片語。他考慮過 *bigit* 和 *binit*，但最後決定使用簡短、簡單、優雅且完美可愛的單字 *bit*（位元）。

第十一章

位元

一個至少可以追溯到 1950 年代的故事，講述了一個男人在遙遠的監獄服刑後回家。他不知道自己這次回家是否會受到歡迎，所以他要求用一些布條綁在樹枝上作為標誌。在這個故事的一個版本中，這個人搭火車去見家人，他希望看到蘋果樹上有一條白絲帶。在另一個版本中，他乘公共汽車去見妻子，他希望看到橡樹上有一條黃色手巾。在這個兩個版本中，這個人到達時看到樹上掛滿了數百條這樣的橫幅，毫無疑問，他受到了歡迎。

這個故事在 1973 年以熱門歌曲「繫條黃絲帶在老橡樹上」（Tie a Yellow Ribbon Round the Ole Oak Tree）而廣為流傳，從那時起，當家人或親人外出打仗時，展現黃絲帶也成為一種習俗。

要求黃絲帶的人並沒有要求詳細的解釋或長時間的討論。他不想要聽到任何的如果（if）、而且（and）或但是（but）。儘管有著複雜的感情和情感歷史，但這個人真正想要的只是一個簡單的是（yes）或否（no）。他想要看到一條黃絲帶，意思是「是的，即使你搞砸了，但你已經在監獄裡待了三年，我仍然希望你回到我的屋簷下。」而沒有黃絲帶的意思是「別想停在我這裡。」

這是兩個明確、相互排斥的選擇。與黃色絲帶一樣有效（但可能較難用歌詞表達）的是前院的交通標誌：也許是 "Merge"（合併道路）或 "Wrong Way"（錯路）。

或者門上掛著一個牌子：「門開著」（Open）或「門關著」（Closed）。

或者窗戶上有一個燈泡，燈亮著或燈熄滅。

如果你只需要說「是」（yes）或「不是」（no），你可以從多種方式中進行選擇。你不需要用一句話來說「是」或「不是」；你不需要用一個單字，甚至不需要用一個字母。你所需要的只是一個位元（*bit*），我的意思是，你只需要一個 0 或一個 1。

正如你在前兩章中所發現的那樣，我們用於計數的十進位數字系統沒有什麼特別之處。很明顯，我們的數字系統以十為基礎，因為那是我們的手指數量。我們也可以把我們的數字系統建立在八（如果我們是卡通人物）或四（如果我們是龍蝦）、甚至二（如果我們是海豚）的基礎上。

十進位數字系統沒有什麼特別之處，但二進位有一些特殊之處，因為二進位是最簡單的數字系統。只有兩個二進位數字：0 和 1。如果我們想要比二進位更簡單的東西，我們將不得不去掉 1，然後我們就只剩下 0，但我們不能用它做任何事情。

bit（位元）這個單字（或詞），被創造出來表示 *binary digit*（二進位的位數），它無疑是與電腦相關的最可愛的單字之一。當然，通常這個單字的含義是「一個小的部分、程度或數量」，而這個含義是完美的，因為一個二進位的位數確實是一個非常小的數量。

有時，當一個詞被發明出來時，它也被賦予新的含義。在這種情況下，這當然是正確的。除了海豚用於計數的二進位數字（*binary digits*）之外，在電腦時代，「位元」已被視為資訊的基本組成部分。

現在，這是一個大膽的說法，當然，「位元」並不是傳達資訊的唯一東西。字母和單字、摩爾斯代碼（Morse code）、點字（Braille）和十進位數字（decimal digits）也在傳達資訊。然而，位元能夠傳達的資訊很少。一個位元的資訊可能是最小的資訊量，即使該資訊與黃絲帶一樣重要。任何少於一個位元的東西都根本不是資訊。但是，由於一個位元代表了可能的最小資訊量，因此可以用多個位元來傳達更複雜的資訊。

「聽，孩子們，你們會聽到，保羅·里維爾夜半騎馬來」（Listen, my children, and you shall hear / Of the midnight ride of Paul Revere），亨利·沃茲沃思·朗費羅（Henry Wadsworth Longfellow）寫道，雖然他在描述保羅·里維爾如何警告美洲殖民地英國人已經入侵了，可能在歷史上並不準確，但他確實提供了一個發人深省的例子，說明如何使用位元來傳達重要的資訊：

他對朋友說：「如果今晚英國人從城裡透過陸路或海路來向我們進攻，
就在北教堂塔樓頂的鐘塔拱門上，掛起燈籠作為信號燈——
如果由陸路來，掛一盞，如果由海路來，掛兩盞……」

總而言之，保羅·里維爾的朋友有兩盞燈籠。如果英國人透過陸路入侵，他只會在教堂塔樓上放一盞燈籠。如果英國人從海上來，他會把兩盞燈籠都放在教堂的塔樓上。

然而，朗費羅並沒有明確提到所有的可能性。他留下了第三種可能性，即英國人還沒有入侵。朗費羅暗示，這種情況將透過教堂塔樓上沒有燈籠來傳達。

讓我們假設這兩盞燈籠實際上是教堂塔樓上的永久性固定裝置。通常它們不是亮的：

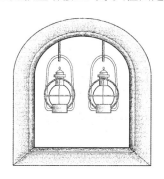

這意味著，英國人還沒有入侵。如果其中一盞燈被點亮，

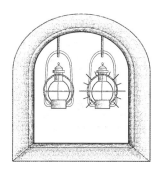 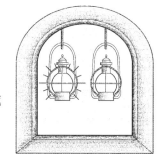

代表英國人是從陸路來的。如果兩盞燈都被點亮，

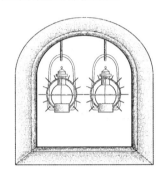

代表英國人是從海上來的。

每盞燈籠都是一個位元，可以用 0 或 1 表示。黃絲帶的故事表明，只需要一個位元就可以傳達兩種可能性中的一種。如果保羅·里維爾只需要被提醒英國人正在入侵，而不是他們來自哪裡，那麼一盞燈籠就夠了。燈籠會在入侵時被點亮，而在另一個和平的夜晚不會被點亮。

傳達三種可能性中的一種，需要另一盞燈籠。然而，一旦第二盞燈籠存在，這兩個位元就可以傳達以下四種可能性中的一種：

00 = 英國人今晚並沒有入侵。
01 = 他們是從陸路來的。
10 = 他們是從陸路來的。
11 = 他們是從海上來的。

保羅·里維爾堅持三種可能性的做法，實際上相當複雜。用通訊理論的術語來說，他用冗餘來消除噪音的影響。噪音（noise）這個詞在通訊理論中，代表任何干擾通訊的東西。不良的行動連線（mobile connection）是干擾電話通訊（phone communication）之噪音的一個明顯例子。即使存在噪音，透過電話進行通訊通常也是成功的，因為口語是大量冗餘的。我們不需要聽到每個單字的每個音節，就能理解對方所說的內容。

就教堂塔樓的燈籠而言，噪音可以指夜晚的黑暗以及保羅·里維爾與塔樓的距離，這兩者都可能使他無法區分一盞燈籠和另一盞燈籠。以下是朗費羅詩中的關鍵段落：

瞧！他看到塔樓頂上的一道光線，
接著又是一道！他跳到馬鞍上轉過馬勒，
但只是徘徊和凝視，直到完全看到
塔樓裡燃起第二盞燈！

這聽起來當然不像是保羅·里維爾能夠準確分辨出兩盞燈籠中的哪一盞被點亮了。

這裡的基本概念是，資訊代表了兩種或多種可能性中的選擇。當我們與另一個人交談時，我們所說的每個單字，都是在字典中所有單字中進行選擇。如果我們對字典中的所有單字，從 1 到 351,482 進行編號，我們就可以同樣準確地使用數字而非單字進行對話（當然，兩個參與者都需要使用具有相同編號的字典，而且要有足夠的耐心）。

另一方面，任何可以簡化為在兩種或多種可能性中進行選擇的資訊，都可以用位元來表達。不用說，有很多形式的人類交流，無法表示成在離散的可能性中進行選擇，而且對我們的生存也至關重要。這就是為什麼人們不會與電腦形成浪漫的關係（無論如何，我們希望不要）。如果你不能用文字、圖片或聲音來表達某些東西，你就無法用位元來編碼資訊。你也不會想這樣做。

在 20 世紀末的十多年裡，影評人吉恩·西斯克爾（Gene Siskel）和羅伯特·埃伯特（Robert Ebert）在他們主持的名為《At the Movies》的電視節目中展現了位元的一種用法。在發表了更詳細的電影評論後，他們會以大拇指向上或大拇指向下的方式做出最終判決。

如果大拇指的這兩個指向是位元，它們可以代表四種可能性：

00 = 他們都討厭它。
01 = 西斯克爾討厭它；埃伯特喜歡它。
10 = 西斯克爾喜歡它；埃伯特討厭它。
11 = 他們都喜歡它。

第一個位元是西斯克爾位元（Siskel bit），如果西斯克爾討厭這部電影，它就是 0，如果他喜歡這部電影，就是 1。同樣，第二個位元是埃伯特位元（Ebert bit）。

所以在《At the Movies》的時代，如果你的朋友問你：「西斯克爾和埃伯特對新電影《Impolite Encounter》的評價如何？」，你回答的不是：「西斯克爾給了一個大拇指向上，埃伯特給了一個大拇指向下」，或甚至是：「西斯克爾喜歡它；埃伯特不

喜歡」，只是簡單地說：「一零」（One zero）或者如果你轉換到四進位，所以說：「二」（Two）。只要你的朋友知道哪個是西斯克爾位元，哪個是埃伯特位元，位元值為 1 意味著大拇指向上，位元值為 0 意味著大拇指向下，你的答案將是完全可以理解的。但是你和你的朋友必須對代碼有所瞭解。

儘管我們一開始可以聲明，位元值為 1 意味著大拇指向下，位元值為 0 意味著大拇指向上。但這似乎違反直覺。當然，我們喜歡把 1 視為肯定的東西，而 0 則視為相反的東西，但它實際上只是一個任意的賦值。唯一的要求是，每個使用代碼的人都必須知道，位元值為 0 和 1 時的含義。

一個特定之位元或位元之集合的含義，總是根據前後文來理解。一棵特定橡樹周圍之黃絲帶的含義，可能只有把它放在那裡的人和應該看到它的人才會知道。顏色、樹木或日期不同，它只是一塊毫無意義的碎布。同樣，為了從西斯克爾和埃伯特的手勢中獲得一些有用的資訊，我們至少需要知道正在討論的是哪一部電影。

如果在看《At the Movies》時，你保留了一份電影清單，以及西斯克爾和埃伯特如何使用拇指投票，你可以再添加一個位元，把你自己的意見加進去。加入第三個位元後，不同的可能性就增加到八個：

000 = 西斯克爾討厭它；埃伯特討厭它；我討厭它。
001 = 西斯克爾討厭它；埃伯特討厭它；我喜歡它。
010 = 西斯克爾討厭它；埃伯特喜歡它；我討厭它。
011 = 西斯克爾討厭它；埃伯特喜歡它；我喜歡它。
100 = 西斯克爾喜歡它；埃伯特討厭它；我討厭它。
101 = 西斯克爾喜歡它；埃伯特討厭它；我喜歡它。
110 = 西斯克爾喜歡它；埃伯特喜歡它；我討厭它。
111 = 西斯克爾喜歡它；埃伯特喜歡它；我喜歡它。

使用位元來表示此資訊的一個好處是，我們知道自己已經考慮了所有的可能性。我們知道可能有八種，也只有八種可能性，而且不會更多也不會更少。使用 3 個位元，我們只能從 0 數到 7。沒有更多的三位數之二進位數字了。正如你在上一章末尾所發現的那樣，這些三位數的二進位數字也可以表示為八進位數字 0 到 7。

每當我們談論位元時，經常會提到一定**數量**的位元。我們擁有的位元越多，可以傳達的不同可能性就越多。

當然，十進位數字的情況也是如此。例如，有多少個電話區號？區號是三位數的十進位數字，如果使用了三位數的所有組合（其實不是，但我們將忽略這一點），則有

10^3 或 1000 個代碼，範圍從 000 到 999。在區號 212 中有多少個七位數的電話號碼可以使用？這是 10^7 或 10,000,000。此外，區號 212 和前綴 260 可以有多少個電話號碼？這是 10^4 或 10,000。

同樣，在二進位中，可能的代碼數量，始終等於 2 之位元數量的次方：

位元數量	代碼數量
1	$2^1 = 2$
2	$2^2 = 4$
3	$2^3 = 8$
4	$2^4 = 16$
5	$2^5 = 32$
6	$2^6 = 64$
7	$2^7 = 128$
8	$2^8 = 256$
9	$2^9 = 512$
10	$2^{10} = 1024$

每增加一個位元，代碼的數量就會加倍。

如果你知道需要多少個代碼，如何計算你需要多少位元？換句話說，你如何在前表中倒推？

你需要的數學是**以二為底的對數**（*base-two logarithm*）。對數與指數相反。我們知道 2 的 7 次方等於 128。128 之以二為底的對數等於 7。也就是說

$$2^7 = 128$$

等效於

$$\log_2 128 = 7$$

因此，如果 128 之以二為底的對數是 7，256 之以二為底的對數是 8，那麼 128 與 256 之間的數字（例如，200）之以二為底的對數是多少？它實際上大約是 7.64，但我們真的不必知道這一點。如果我們需要用位元來表示 200 種不同的事物，我們需要 8 個位元，就像保羅·里維爾（Paul Revere）需要兩盞燈籠來傳達三種可能性中的一種那樣。嚴格按照數學計算，保羅·里維爾的三種可能性所需的位元數量是 3 之以二為底的對數，大約是 1.6，但實際上，他需要的是 2。

位元通常隱藏在我們的電子裝置深處，不被隨意觀察。我們看不到電腦內部被編碼的位元，也看不到透過網路線路傳輸的位元，或者看不到在 Wi-Fi 集線器和手機基地台周圍之電磁波中流動的位元。但有時，這些位元卻是清晰可見的。

2021 年 2 月 18 日，當毅力號探測車在火星上著陸時，就是這種情況。在探測車的一張照片中看到的降落傘，是由 320 條橙色和白色的布條組裝而成，這些布條被排列成四個同心圓：

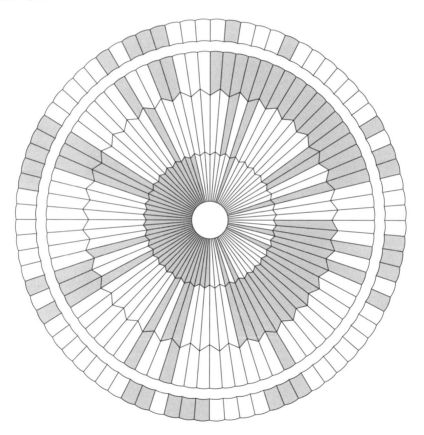

沒過多久，Twitter 的用戶就破解了這個圖案。關鍵是將布條分成每七條一組，每組包含橙色和白色。這些七條一組的布條總是由三條白色布條隔開。由連續的橙色布條組成的區域將被忽略。在此圖中，每組七條布條的周圍都有一條粗黑線：

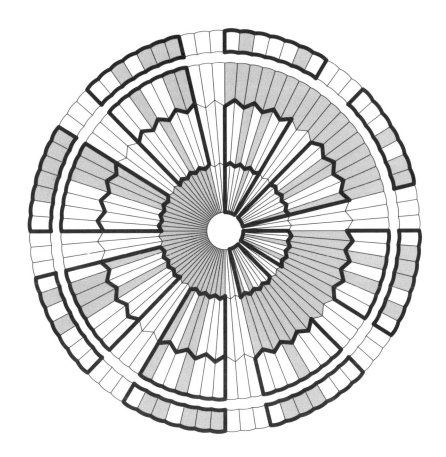

每一組都是一個二進位數字，其中白色布條代表 0，橙色布條代表 1。內圈的正上方是第一組。順時針方向，這七個布條對二進位數字 0000100 或十進位數字 4 進行編碼。字母表的第 4 個字母是 D。順時針方向的下一個是 0000001 或十進位 1。這是一個 A。接下來是 0010010 或十進位 18。字母表的第 18 個字母是 R。接下來是 00000101 或十進位 5，即 E。第一個單字是 DARE（敢於）。

現在跳到下一個外層。位元 0001101 或十進位 13，即字母 M。當你完成後，你會拼出三個單字，這個片語源自泰迪・羅斯福（Teddy Roosevelt），並已成為 NASA 噴氣推進實驗室的非官方座右銘。

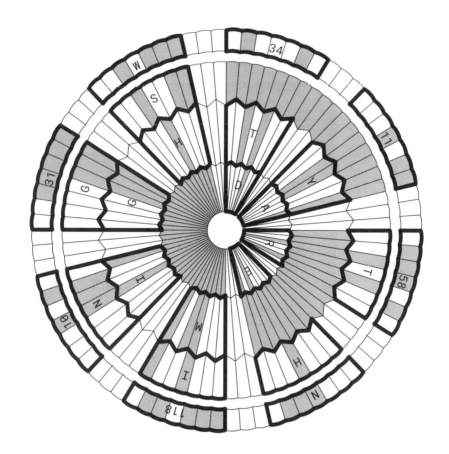

外圈周圍還有一些編碼的數字,揭示了噴氣推進實驗室的經緯度:34°11′58″N 118°10′31″W。由於這裡使用的是簡單的編碼系統,沒有任何區分字母和數字的東西。地理座標中的數字 10 和 11 可能是字母 J 和 K。只有前後文可以告訴我們它們是數字。

也許二進位數字最常見的視覺顯示為無處不在的通用產品代碼(Universal Product Code 或 UPC),這種小型的條碼符號幾乎出現在我們購買的每件包裝商品上。UPC 是用於各種用途的數十種條碼之一。如果你有本書的印刷版本,你將可以在封底上看到另一種類型的條碼,此條碼就是本書之國際標準書號(International Standard Book Number 或 ISBN)的編碼。

儘管 UPC 在首次推出時引起了一些疑慮，但它實際上是一個無害的小東西，發明的目的是為了使零售結帳和庫存自動化，它確實相當成功。在 UPC 出現之前，超市收銀機無法提供詳細的銷售收據。現在它已經很普遍了。

我們在這裡感興趣的是，UPC 是一個二進位代碼，儘管它一開始看起來不像。對 UPC 進行解碼並檢視其工作原理，可能會很有趣。

在其最常見的形式中，UPC 是 30 個不同寬度之垂直黑條形（vertical black bars）的集合，這些黑條形被不同寬度的間隙以及一些數字分隔開來。例如，下面是出現在 10 盎司之康寶雞肉麵條湯（Campbell's Chicken Noodle Soup）罐頭上的 UPC：

同樣的 UPC 出現在本書的第一版中。它已經 20 多年沒有改變了！

讓我們試著用細條形（thin bars）和黑條形（black bars）、窄間隙（narrow gaps）和寬間隙（wide gaps）來直觀地解釋 UPC，事實上，這是看待它的一種方式。UPC 中的黑條形可以有四種不同的寬度，較粗的條形（thicker bars）是最細的條形（thinnest bar）之寬度的兩倍、三倍或四倍。同樣，條形之間較寬的間隙（wider gap）是最窄的間隙（thinnest gap）之寬度的兩倍、三倍或四倍。

但另一種看待 UPC 的方式，是將其視為一系列的位元。請記住，整個條碼符號並不完全是掃描器在收銀台「看到」的內容。例如，掃描器不會嘗試解釋印在底部的數字，因為這需要一種更複雜的計算技術，即光學字符識別（optical character recognition 或 OCR）。相反，掃描器看到的只是整個區塊的一個切片。UPC 所呈現的大小是為了給結帳人員用來瞄準掃描器的。掃描器看到的切片如下所示：

這看起來幾乎就像摩爾斯代碼，不是嗎？事實上，可掃描條碼（scannable barcodes）的最初發明，部分是受到摩爾斯代碼的啟發。

當電腦從左到右掃描此資訊時，首先遇到一個黑條形，於是將位元賦值為 1，接著遇到白色間隙，於是將位元賦值為 0。後續的間隙和條形被讀成一系列的 1、2、3 或 4 位元，這取決於間隙或條形的寬度。被掃描的條碼與位元的對應關係很簡單：

10100011010110001001100100011010001101000110101010111001011001101101100100111011001101000100101

因此，整個 UPC 有 95 個位元。在這個特定的範例中，可以按如下方式對位元進行分組：

位元	意義
101	左側符
0001101	
0110001	
0011001	左側數字
0001101	
0001101	
0001101	
01010	中間符
1110010	
1100110	
1101100	右側數字
1001110	
1100110	
1000100	
101	右側符

頭 3 個位元總是 101。這被稱為左側符（left-hand guard pattern），它讓電腦的掃描裝置得以定向。從左側符中，掃描器可以確定對應於單一位元之條形和間隙的寬度。否則，所有包裝上的 UPC 都必是一個特定的尺寸。

左側符後跟六組數字，每組 7 位元。你很快就會看到每一組都是一個值 0 到 9 的代碼。隨後是 5 位元的中間符（center guard pattern）。這個固定符號（始終為 01010）的存在是一種內建的錯誤檢查（built-in error checking）。如果電腦的掃描器沒有發現中間符在它應該在的位置，就不會承認它已經解譯了 UPC。此中間符是防止代碼被篡改或列印不良的幾種預防措施之一。

中間符之後是另外六組數字，每組 7 個位元，然後是右側符，該符號始終為 101。最後的這個符號讓我們得以從後面（即從右到左）以及從前面掃描 UPC 代碼。

因此，整個 UPC 編碼了 12 位數字。UPC 的左側編碼了六位數字，每位數字需要 7 個位元。你可以使用下表來對這些位元進行解碼：

左側代碼

0001101 = 0	0110001 = 5
0011001 = 1	0101111 = 6
0010011 = 2	0111011 = 7
0111101 = 3	0110111 = 8
0100011 = 4	0001011 = 9

請注意，每個 7 位元代碼（7-bit code）都是以 0 開頭，以 1 結尾。如果掃描器在左側遇到以 1 開頭或以 0 結尾的 7 位元代碼，它就會知道自己沒有正確讀取 UPC 代碼或代碼已被篡改。還要注意，每個代碼只有兩組連續的 1 位元（即值為 1 的位元）。這意味著，每個位數對應於 UPC 代碼中的兩條豎線。

更仔細地檢查這些代碼，你會發現它們都有奇數個 1 位元（即值為 1 的位元）。這是錯誤（error）和一致性檢查（consistency checking）的另一種形式，稱為同位（*parity*）。如果一組位元具有偶數個 1 位元，則具有偶同位（*even parity*），如果一組位元具有奇數個 1 位元，則具有奇同位（odd parity）。因此，所有這些代碼都具有奇同位。

要解譯 UPC 右側的六個 7 位元代碼，請使用下表：

右側代碼

1110010 = 0	1001110 = 5
1100110 = 1	1010000 = 6
1101100 = 2	1000100 = 7
1000010 = 3	1001000 = 8
1011100 = 4	1110100 = 9

這些代碼是左側代碼的反相或補數：之前出現 0 的地方，現在是 1，反之亦然。這些代碼總是以 1 開頭，以 0 結尾。此外，它們具有偶數個 1 位元，這是偶同位（even parity）。

所以現在我們有能力破譯 UPC 了。使用前面的兩個表格，我們可以確定 10¾ 盎司之
康寶雞肉麵條湯的罐頭上所編碼的 12 個十進位數字是

$$0\ 51000\ 01251\ 7$$

結果很令人失望。如你所見，這些數字與 UPC 底部所列印的數字完全相同（這很有
道理：如果掃描器由於某種原因無法讀取代碼，在收銀台服務的人便可手動輸入數
字。事實上，你肯定已經看到過這種情況）。我們不必透過以上這些工作來解碼數
字，而且，我們似乎還沒有透漏任何秘密資訊。UPC 中沒有任何東西需要解碼。這
30 條豎線只能被解析為 12 個數字。

在這 12 個十進位數字中，第一個數字（本例中為 0）稱為**數字系統字元**（*number
system character*）。0 表示這是普通的 UPC 代碼。如果 UPC 出現在可變重量的雜貨
（如肉類或農產品）上，則代碼將是 2。優惠券的代碼是 5。

接下來的五位數字構成了製造商代碼（manufacturer code）。本例中，51000 是康寶
濃湯公司（Campbell Soup Company）的代碼。所有康寶濃湯的產品都有這個代碼。
後面的五位數字（01251）是該公司特定產品的代碼——本例中，它是 10¾ 盎司雞
肉麵條湯的代碼。這個產品代碼（product code）僅在與製造商代碼相結合時才有意
義。另一家公司的雞肉麵條湯可能會有不同的產品代碼，而產品代碼 01251 可能意
味著與其他製造商完全不同的東西。

與人們的想法相反，UPC 不包括商品的價格。該資訊必須從商店中搭配結帳掃描器
（checkout scanner）一起使用的電腦來檢索。

最後一個數字（本例中為 7）稱為**模數校驗字元**（*modulo check character*）。此字元
啟用了另一種形式的錯誤檢查。你可以試試看：為前 11 個數字（此例中為 0 51000
01251）的每一個分配一個字母：

A BCDEF GHIJK

現在來計算一下：

$$3 \times (A + C + E + G + I + K) + (B + D + F + H + J)$$

並從 10 的下一個最高倍數中減去該值。以康寶的雞肉麵條湯為例，我們有

$$3 \times (0 + 1 + 0 + 0 + 2 + 1) + (5 + 0 + 0 + 1 + 5) = 3 \times 4 + 11 = 23$$

此時，10 的下一個最高倍數是 30，因此

$$30 - 23 = 7$$

而這就是在 UPC 中列印和編碼的模數校驗字元。這是一種冗餘的形式。如果控制掃描器的電腦未計算出與 UPC 中編碼的模數校驗字元相同的模數校驗字元，則電腦不會接受該 UPC 是有效的。

通常，只需 4 個位元即可指定 0 到 9 的十進位數字。UPC 中每位數字使用的是 7 個位元的代碼。總體而言，UPC 使用 95 個位元來編碼 11 個有用的十進位數字。實際上，UPC 在左側符和右側符都包含空白區域（相當於 9 個 0 位元）。這意味著整個 UPC 需要 113 個位元才能編碼 11 位數的十進位數字，或者每個十進位的位數都超過 10 個位元！

正如我們所見，這種矯枉過正的做法對於錯誤檢查是必要的。如果一個產品代碼可以被顧客用簽字筆輕鬆更改，那麼它就不是很有用了。

UPC 的優點還在於它可以從兩個方向讀取。如果掃描裝置解碼的第一個數字具有偶同位（即，每個 7 位元代碼中具有偶數個 1 位元），則掃描程式知道它正在從右到左解譯 UPC 代碼。然後，電腦系統使用此表來解碼右側數字：

右側代碼逆向排列

0100111 = 0	0111001 = 5
0110011 = 1	0000101 = 6
0011011 = 2	0010001 = 7
0100001 = 3	0001001 = 8
0011101 = 4	0010111 = 9

而左側數字使用這個表格：

左側代碼逆向排列

1011000 = 0	1000110 = 5
1001100 = 1	1111010 = 6
1100100 = 2	1101110 = 7
1011110 = 3	1110110 = 8
1100010 = 4	1101000 = 9

這些 7 位元代碼與「從左到右掃描 UPC 時讀取的代碼」不同。沒有任何模棱兩可之處。

在可掃描代碼中塞進更多資訊的一種方法是轉向二維。不要使用一連串的粗細線條和空格，而是建立一個由黑色和白色方塊組成的網格。

最常見的二維條碼可能是快速回應（Quick Response 或 QR）代碼，該代碼於 1994 年在日本開發，現在用於多種用途。

建立自己的 QR 代碼既免費又簡單。有些網站便提供線上建立 QR 代碼的服務。建立 QR 代碼的軟體也很容易獲得，可以透過行動裝置上的攝影頭掃描和解碼 QR 代碼。專用的 QR 掃描器可用於工業用途，例如追蹤貨物或在倉庫中盤點庫存。

下面這個 QR 代碼，編碼了本書網站 CodeHiddenLanguage.com 的 URL：

如果你的行動裝置上有一個可以讀取 QR 代碼的應用程式，則可以把它指向該圖像並進入本書網站。

QR 代碼由正方形網格組成，這些正方形在官方的 QR 規範中稱為模組（*modules*）。這個特定的 QR 代碼在水平和垂直方向上有 25 個模組，這個尺寸稱為第 2 版（Version 2）。QR 代碼支援四十種不同的尺寸；第 40 版（Version 40）在水平和垂直方向上有 177 個模組。

如果每個小區塊被解譯為一個位元（白色為 0，黑色為 1），則這種尺寸的網格有可能編碼 25 乘以 25 或 625 個位元。但真正的儲存能力大約是其中的三分之一。大部分資訊都用於數學上複雜而精密的糾錯方案。這可以保護 QR 代碼不被篡改，還可以幫助恢復損壞代碼中可能丟失的資料。本書將不會討論 QR 代碼的糾錯（error correction）。

最明顯的是，QR 代碼還包含一些固定圖案（fixed patterns），可以協助 QR 掃描器正確定位網格。在下圖中，固定圖案以黑白顯示，其他部分都以灰色顯示：

角落處的三個大方塊被稱為查找圖案（*finder patterns*）；右下角的較小方塊稱為對齊圖案（*alignment pattern*）。這些圖案有助於 QR 代碼閱讀器正確定位代碼並補償任何失真。靠近頂部和左側之黑白交替的單元格之水平和垂直序列稱為時序圖案（*timing patterns*），用於確定 QR 代碼中的單元格的數量。此外，QR 代碼必須完全被一個淨空區（quiet zone）所包圍，淨空區是一個四倍於單元格的白色邊框。

建立 QR 代碼的程式有幾種選擇，包括不同的糾錯系統。QR 代碼閱讀器執行此糾錯（和其他任務）所需的資訊以 15 個位元來編碼，稱為 **格 式 資 訊**（*format information*）。這 15 個位元在 QR 代碼中出現兩次。以下是在左上角之查找圖案的右側和底部被標記為 0 到 14 的 15 個位元，並在右上角之查找圖案的下方和左下角之查找圖的右側重複顯示：

位元有時用這樣的數字標記，以表明它們如何構成一個更長的值。標記為 0 的位元是最低效位元（least significant bit），出現在數字的最右側。標記為 14 的位元是最高效位元（most significant bit），出現在左側。如果白色單元格（white cells）是值為 0 的位元，黑色單元格（black cells）是值為 1 的位元，則下面是完整的 15 位元數字：

111001011110011

為什麼第 0 位元是最低效位元？因為它在整個數字中佔據了與 2 的零次方相對應的位置（如果你需要複習一下位元是如何組成一個數字的，請參閱第 113 頁的內容）。

這個 15 位元數字的實際數值並不重要，因為它整合了三條資訊。最高效的兩個位元用於表示四個糾錯級別（error-correction levels）中的一個。而十個最低效位元則指定了一個用於糾錯的 10 位元 BCH 代碼（BCH 源自這種類型之代碼的發明者：Bose、Chaudhuri 和 Hocquenghem。但本書不會討論 QR 代碼的糾錯！）。

在 2 位元的糾錯級別和 10 位元的 BCH 代碼之間，有三個位元不用於糾錯。下面用粗體字標示出了這三個位元：

111001011110011

事實證明，當黑色和白色方塊的數量大致相等時，QR 代碼閱讀器效果最好。對於一些編碼資訊，情況並非如此。建立 QR 代碼的程式負責選擇一個遮罩圖案（*mask pattern*），該遮罩圖案可使黑色和白色方塊的數量平衡。把這種遮罩圖案應用於 QR 代碼，可將所選定的單元格從白色翻轉到黑色，或從黑色翻轉到白色，因此它們所代表的位元會從 0 變 1 和從 1 變 0。

QR 代碼的文件定義了八種不同的遮罩圖案，這些圖案可由八個 3 位元序列 000、001、010、011、100、101、110 和 111 來指定。下面為了檢查 QR 代碼中的值，我們使用了序列 100 所對應的遮罩圖案，這是一個由一系列水平線組成的遮罩圖案，這些水平線每隔一列出現一次：

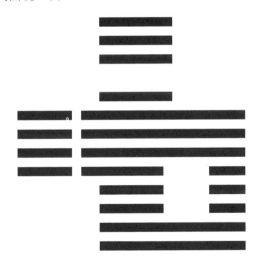

原始 QR 代碼中，與此遮罩之白色區域相對應的每個單元格保持不變。對應於黑色區域的每個單元格都必須從白色變黑色，或者從黑色變白色。請注意，遮罩可避免更改固定區和 QR 資訊區。以下是將此遮罩應用於原始 QR 代碼時發生的情況：

遮罩不會改變固定區和資訊區。否則,如果將此圖像與原始 QR 代碼進行比較,你將發現頂列(top row)的顏色是反過來的,第二列一樣,第三列是反過來的,依此類推。

現在,我們已準備好開始挖掘實際的資料。從右下角的四個位元開始。在下圖中,這些單元格的編號為 0 到 3,其中 3 是最高效位元,0 是最低效位元:

= 0100 表示 8 位元的值

這四個位元被稱為資料類型指示器（*data type* indicator），用於表示 QR 代碼中所編碼的是哪種資料類型。以下是一些可能的資料類型：

資料類型指示器	表示
0001	僅限數字
0010	大寫字母和數字
0100	對文字進行編碼的 8 位元值
1000	日文漢字

這個 QR 代碼的值為 0100，意味著資料由對文字進行編碼的 8 位元值組成。

下一項儲存在資料類型指示器上方的八個單元格中。下圖中，這 8 個位元的編號為 0 到 7：

= 00011010 或十進位的 26

此值為 00011010，即十進位的 26。這是 QR 代碼中編碼的字符數。

這些字符的順序是系統性的，但很奇怪。這些字符從字符計數的正上方開始。每個字符通常（儘管並非總是）佔據兩個單元格寬、四個單元格高的區域，這些字符就像這樣蜿蜒穿過網格：

並非所有的字符都佔據兩個單元格寬（two cells wide）和四個單元格高（four cells tall）的區域。幸運的是，官方 QR 規範非常精確地規定了當區域不是矩形（rectangular）時，位元的方向。在下一張圖片中，26 個字符中每個字符的單元格都用紅色勾勒出來，單元格的編號為 0 到 7，其中 0 表示最低效的位元，7 表示最高效的位元：

QR 規範表明，文字在 QR 代碼中使用 ISO/IEC 8859 標準中定義的 8 位元值進行編碼。這是美國資訊交換標準代碼（American Standard Code for Information Interchange 或 ASCII）之變體的一個花俏的術語，我將在第 13 章中詳細討論。

第一個字符是 01110111，這是 w 的 ASCII 代碼。下一個字符也是 w。下一個字符向左延伸，但它也是一個 w。現在繼續接下來的兩個對行（pairs of columns），首先是 00101110，即點號，然後是 01000011，大寫的 C，後跟著 01101111，即 o。下一個字符是一個對列（pair of rows），這是 01100100，即 d。下一個字符從對齊圖案（alignment pattern）下方開始，一直延伸到對齊圖案上方，這是 ASCII 代碼 01100101，即 e。繼續以這種方式拼寫出 www.CodeHiddenLanguage.com。

就是這樣。QR 代碼中剩下的大部分內容都用於糾錯（error correction）。

像 UPC 和 QR 這樣的代碼，乍看必定是令人望而卻步，人們可能會認為它們編碼的是秘密（也許是不正當的）資訊，這是情有可原的。但為了使這些代碼得到廣泛使用，它們必須有詳細的紀錄並可公開取得。它們被使用得越多，它們作為我們大量通訊媒體的另一種延伸的潛在價值就越大。

位元無處不在，但在我對 QR 代碼的討論即將結束時，我提到了「8 位元值」（8-bit values）。對於 8 位元值有一個特殊的術語。你可能曾聽說過它。

第十二章

位元組和十六進位

儘管單獨的位元可以表示：是（yes）或否（no），真（true）或假（false），通過（pass）或失敗（fail）。但最常見的是，將多個位元（multiple bits）組合在一起以表示數字，並從中表示各種資料，包括文字、聲音、音樂、圖片和電影。將兩個位元相加的電路很有趣，但將多個位元相加的電路正逐漸成為實際電腦的一部分。

為了方便移動和操縱位元，電腦系統通常會將一定數量的位元（bit）組合成一個稱為「字組」（word）的單位量。字組的長度或大小（即構成字組的位元數）對電腦的架構至關重要，因為所有電腦資料的移動都是以一個字組或多個字組的形式來進行的。

一些早期的電腦系統使用的字組之長度是 6 位元的倍數，例如 12、18 或 24 位元。這些字組長度具有非常特殊的吸引力，原因很簡單，即這些值很容易用八進位數字來表示。如你所知，八進位數字包括 0、1、2、3、4、5、6 和 7，對應於 3 位元值（3-bit values），如下所示：

二進位	八進位
000	0
001	1
010	2
011	3
100	4
101	5
110	6
111	7

一個 6 位元的字組正好可以用兩個八進位數字表示，而其他大小為 12、18 和 24 位元的字組只是它的倍數。24 位元的字組需要八個八進位數字。

但電腦產業的發展方向卻略有不同。一旦認識到二進位數字的重要性，使用長度 6、12、18 或 24 的字組，顯得很反常，因為它們不是 2 的次方，而是 3 的倍數。

於是提出了 byte。

byte 這個字源自 IBM，大概是 1956 年左右。它起源於 *bite*（咬）這個字，但被拼成了 *y*，所以沒有人會把這個字誤認為是 *bit*（位元）。最初，一個 byte 僅意味著一個特定資料路徑中的位元數。但到了 1960 年代中期，隨著 IBM 的大型商用電腦（稱為 System/360）的開發，byte 一詞開始表示一個 8 位元的量。

就這樣固定下來；8 位元對應一個 byte（位元組）現在是數位資料的通用度量單位。

作為一個 8 位元的量，位元組（byte）可以接受 00000000 到 11111111 之間的值，這可以表示 0 到 255 的十進位數字，或者表示 2^8 或 256 個不同值中的一個。事實證明，8 是一個相當不錯的位元大小，不太小，也不太大。位元組是正確的，在很多方面都是正確的。正如你在接下來的章節中將看到的，位元組是儲存文字的理想選擇，因為世界各地的許多書面語言都可以用少於 256 個字符來表示。如果 1 個位元組不夠用（例如，用於表示中文、日文和韓文的表意文字），則 2 個位元組（可用於表示 2^{16} 或 65,536 個不同的值）通常就可以了。位元組也非常適合表示黑白照片中的灰度，因為人眼可以區分大約 256 種灰度。對於視訊顯示器上的顏色，3 個位元組很適合用來表示顏色的紅、綠、藍分量。

個人電腦革命始於 1970 年代末和 1980 年代初的 8 位元電腦。後續的技術進步讓電腦中可以使用的位元數不斷加倍：從 16 位元到 32 位元再到 64 位元——分別為 2 位元組，4 位元組和 8 位元組。對於某些特殊用途，還存在 128 位元和 256 位元電腦。

半個位元組（即 4 個位元）有時被稱為 *nibble*（有時拼寫為 *nybble*），但這個單字在對話中出現的頻率不如 *byte*（位元組）。

因為位元組在電腦內部頻繁出現，所以能夠更簡潔地引用它們的值會較方便。當然，也可以為此目的而使用八進位數字：例如，對於位元組 10110110，你可以從右側開始將位元分成三組，然後利用上表將每一組轉換為八進位：

$$\underbrace{10}_{2}\underbrace{11}_{6}\underbrace{0110}_{6}$$

八進位數字 266 比 10110110 更簡潔，但位元組和八進位之間存在基本的不相容性：
8 不能被三等分，這意味著用八進位表示 16 位元數字

$$\underbrace{1}_{1}\underbrace{011}_{3}\underbrace{001}_{1}\underbrace{111}_{7}\underbrace{000}_{0}\underbrace{101}_{5}$$

不同於用八進位表示 2 個位元組（組成 16 位元數字）：

$$\underbrace{10}_{2}\underbrace{110}_{6}\underbrace{011}_{3}\qquad\underbrace{11}_{3}\underbrace{000}_{0}\underbrace{101}_{5}$$

為了使多位元組值（multibyte values）的表示與個別位元組（individual bytes）的表示一致，我們需要一個數字系統，其中每個位元組可以被劃分相等數量的位元。

我們可以把每個位元組分成四個值，每個值 2 個位元。這就是第 10 章中提到的以四為底（base four）或四進位（quaternary）系統。但這可能並不像我們希望的那樣簡潔。

或者我們可以將位元組分成兩個值，每個值 4 個位元。這就需要使用稱為以十六為底（base 16）的數字系統。

以 16 為底（base 16）是直到現在我們尚未研究過的，因為有充分的理由。以 16 為底的數字系統稱為十六進位（hexadecimal），這個詞本身也很混亂。大多數以 hexa 前綴開頭的單字（例如，hexagon（六邊形）或 hexapod（六足）或 hexameter（六分儀））指的是六個。hexadecimal 的意思是十六（sixteen）或六加十進位（six plus decimal）。儘管我被指示要讓本書的文字符合線上微軟風格指南（online Microsoft Style Guide），其中明確指出：「不要將其縮寫為 hex」，但每個人都會這樣做，我有時也可能會這樣做。

數字系統的名稱並不是十六進位的唯一特點。在十進位中，我們是這樣計數的：

0 1 2 3 4 5 6 7 8 9 10 11 12⋯

在八進位中，我們不再需要數字 8 和 9：

0 1 2 3 4 5 6 7 10 11 12…

但十六進位不同，因為它需要比十進位更多的數字。以十六進位進行的計數如下
所示：

0 1 2 3 4 5 6 7 8 9 此處需要更多的數字符號 10 11 12

其中 10（發音為 *one-zero*）實際上是十進位的 16。但是，我們用什麼來表示這六個
缺失的符號呢？它們來自哪裡？它們不像我們的其他數字符號那樣有歷史傳承，所
以合理的做法是編造六個新符號，例如：

與我們大部分數字所使用的符號不同，這些符號的優點是易於記憶，並與它們所
代表的實際數量相吻合。有一頂 10 加侖的牛仔帽，一個美式橄欖球（一支球隊
有 11 名球員），一打甜甜圈，一隻黑貓（與不吉利的 13 有關），新月後大約兩週
（14 天）出現滿月，還有一把匕首，讓我們想起了 3 月（第 15 天）尤利烏斯‧凱撒
（Julius Caesar）被暗殺。

但事實並非如此。不幸的是（或者說，也許讓你鬆了一口氣），我們真的不會使用
足球和甜甜圈來寫十六進位數字。本來可以這樣做，但是沒有。相反，普遍使用的
十六進位符號保證每個人都會感到非常困惑，並持續這樣的狀態。這六個缺失的
十六進位數字，由拉丁字母表中的六個字母來表示：

0 1 2 3 4 5 6 7 8 9 A B C D E F 10 11 12…

下表列出了二進位、十六進位和十進位之間的轉換：

二進位	十六進位	十進位
0000	0	0
0001	1	1
0010	2	2
0011	3	3
0100	4	4
0101	5	5
0110	6	6
0111	7	7
1000	8	8
1001	9	9
1010	A	10
1011	B	11
1100	C	12
1101	D	13
1110	E	14
1111	F	15

以字母來表示數字並不方便（當所使用的數字是用字母來表示時，混淆會增加），但十六進位仍然存在。它的存在只有一個原因：盡可能簡潔地表示位元組的值，而且它做得很好。

每個位元組有 8 個位元，或者是兩個十六進位數字，範圍從 00 到 FF。位元組 10110110 是十六進位數字 B6，位元組 01010111 是十六進位數字 57。

現在 B6 顯然是十六進位的數字，因為有字母，但 57 可能是十進位的數字。為了避免混淆，我們需要一些方法來輕鬆區分十進位數字和十六進位數字。這樣的方式是存在的。事實上，在不同程式設計語言和環境中，大約有 20 種不同的方法來表示十六進位數字。本書中，我將在數字後面使用小寫的 h，例如 B6h 或 57h。

下面是一些具有代表性之 1 位元組（1-byte）十六進位數字，及其等效的十進位數字：

二進位	十六進位	十進位
00000000	00h	0
00010000	10h	16
00011000	18h	24
00100000	20h	32
01000000	40h	64
01100100	64h	100
10000000	80h	128
11000000	C0h	192
11001000	C8h	200
11100000	E0h	224
11110000	F0h	240
11111111	FFh	255

與二進位數字一樣，十六進位數字通常用前導零（leading zeros）來表示，以表明我們使用的是特定數量的數字。對於較長的二進位數字，每四個二進位數字對應一個十六進位數字。16 位元值（16-bit value）為 2 個位元組或 4 個十六進位數字。32 位元值（32-bit value）為 4 個位元組或 8 個十六進位數字。

隨著十六進位的廣泛使用，每隔四位數字寫一個破折號或空格的長二進位數字（long binary numbers）變得很常見。例如，二進位數字 0010010001101000101011001110 當寫成 0010 0100 0110 1000 1010 1100 1110 或 0010-0100-0110-1000-1010-1100-1110 時，就不那麼可怕了，並且與十六進位數字的對應關係變得更加清晰：

$$0010 \quad 0100 \quad 0110 \quad 1000 \quad 1010 \quad 1100 \quad 1110$$
$$2 \qquad 4 \qquad 6 \qquad 8 \qquad A \qquad C \qquad E$$

這就是七位數（seven-digit）的十六進位數字 2468ACE，其中全都十六進位數字（當啦啦隊高呼「２４６８ＡＣＥ！為電腦科學學位而努力！」時，你就知道你的大學可能有點太書呆子了）。

如果你已經使用 HTML（代表 Hypertext Markup Language［文字標記語言］）做過任何工作，那麼你可能已經熟悉了十六進位的一種常見用法。你的電腦螢幕上的每個色點（或 *像素*）都是三種加法原色（additive primary colors）的組合：紅色、綠色和藍色，稱為 *RGB* 色彩。這三種成分的強度（intensity）或亮度（brightness）都是由一個位元組值來給定，這意味著需要 3 個位元組來指定特定的顏色。在 HTML 頁面上，通常用一個六位數（six-digit）的十六進位值來表示某些內容的顏色，並前綴一個井字號。例如，本書插圖中使用的紅色陰影是顏色值 #E74536，這意味著紅色值為 E7h，綠色值為 45h，藍色值為 36h。也可以在 HTML 頁面上用等效的十進位值來指定此顏色，比如：rgb (231, 69, 54)。

已知需要 3 個位元組來指定電腦螢幕上每個像素的顏色，因此可以進行一些算術，得出一些其他資訊：如果你的電腦螢幕水平方向包含 1920 像素，垂直方向包含 1080 像素（標準的高清電視解析度），則儲存該顯示器之圖像所需要的位元組總數為 1920 乘以 1080 乘以 3 位元組，共 6,220,800 位元組。

每種原色（primary color）的範圍為 0 到 255，這意味著總共可以產生 256 乘以 256 乘以 256，共 16,777,216 個獨一無二的顏色。在十六進位中，該數字是 100h 乘以 100h 乘以 100h，共 1000000h。

在十六進位數字中，每個數字的位置對應於 16 的次方：

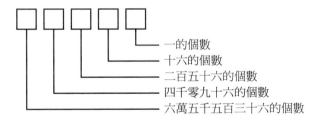

十六進位數 9A48Ch 是：

$$
\begin{aligned}
9A48Ch = \ &9 \times 10000h + \\
&A \times 1000h + \\
&4 \times 100h + \\
&8 \times 10h + \\
&C \times 1h
\end{aligned}
$$

這可以使用 16 的次方來編寫：

$$9A48Ch = 9 \times 16^4 +$$
$$A \times 16^3 +$$
$$4 \times 16^2 +$$
$$8 \times 16^1 +$$
$$C \times 16^0$$

或使用這些次方的十進位等效值：

$$9A48Ch = 9 \times 65,536 +$$
$$A \times 4096 +$$
$$4 \times 256 +$$
$$8 \times 16 +$$
$$C \times 1$$

請注意，在不指明數字基底（number base）的情況下，書寫單個數字（9、A、4、8和 C）沒有歧義。9 本身就是 9，無論它是十進位還是十六進位。A 顯然是十六進位的——相當於十進位的 10。

將所有數字轉換為十進位讓我們得以實際進行計算：

$$9A48Ch = \quad 9 \times 65,536 +$$
$$10 \times 4096 +$$
$$4 \times 256 +$$
$$8 \times 16 +$$
$$12 \times 1$$

答案是 631,948。這就是將十六進位數字轉換為十進位數字的方式。

下面是用於將任何四位數的十六進位數字轉換為十進位數字的模板：

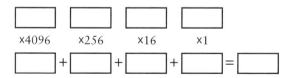

例如，下面是 79ACh 的轉換。請記住，十六進位數字 A 和 C 分別是十進位的 10 和
12：

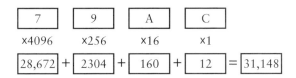

將十進位數字轉換為十六進位數字通常需要除法。如果數字是 255 或更小，你知道
它可以用 1 個位元組來表示，即兩個十六進位數字。要計算這兩位數字，請將數字
除以 16，以取得商和餘數。例如，對於十進位數字 182，將其除以 16 可得到商為 11
（十六進位的 B），餘數為 6。其十六進位等效值為 B6h。

如果你要轉換的十進位數字小於 65,536，則等效的十六進位數字將具有四位數或更
少的位數。下面是用於將此類數字轉換為十六進位的模板：

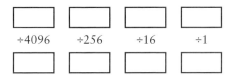

首先將整個十進位數字放在左上角的框中：

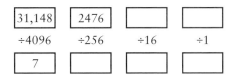

將該數字除以 4096，可得到商和餘數。商進入底部的第一個框，而餘數則進入頂部
的下一個框：

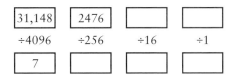

現在將餘數除以 256，可得到商數 9 和新餘數 172。繼續該過程：

31,148	2476	172	12
÷4096	÷256	÷16	÷1
7	9	10	12

十進位數字 10 和 12 對應於十六進位的 A 和 C，因此結果為 79ACh。

將十進位數字透過 65,535 轉換為十六進位的另一種方法是，首先把數字除以 256，將數字分成 2 個位元組。然後對於每個位元組，除以 16。下面是執行此操作的模板：

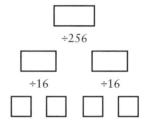

從頂部開始。每次進行除法時，商在左邊的框中，其餘部分在右邊的框中。例如，下面是 51,966 的轉換：

	51,966		
	÷256		
202		254	
÷16		÷16	
12	10	15	14

十六進位數字是 12、10、15 和 14，或 CAFE，看起來更像是一個單字而不是一個數字！（如果你去到那裡，你可能更喜歡點一杯 56,495 或 DCAF（無咖啡因）咖啡）。

就像其他進位一樣，也有一個與十六進位相關的加法表：

+	0	1	2	3	4	5	6	7	8	9	A	B	C	D	E	F
0	0	1	2	3	4	5	6	7	8	9	A	B	C	D	E	F
1	1	2	3	4	5	6	7	8	9	A	B	C	D	E	F	10
2	2	3	4	5	6	7	8	9	A	B	C	D	E	F	10	11
3	3	4	5	6	7	8	9	A	B	C	D	E	F	10	11	12
4	4	5	6	7	8	9	A	B	C	D	E	F	10	11	12	13
5	5	6	7	8	9	A	B	C	D	E	F	10	11	12	13	14
6	6	7	8	9	A	B	C	D	E	F	10	11	12	13	14	15
7	7	8	9	A	B	C	D	E	F	10	11	12	13	14	15	16
8	8	9	A	B	C	D	E	F	10	11	12	13	14	15	16	17
9	9	A	B	C	D	E	F	10	11	12	13	14	15	16	17	18
A	A	B	C	D	E	F	10	11	12	13	14	15	16	17	18	19
B	B	C	D	E	F	10	11	12	13	14	15	16	17	18	19	1A
C	C	D	E	F	10	11	12	13	14	15	16	17	18	19	1A	1B
D	D	E	F	10	11	12	13	14	15	16	17	18	19	1A	1B	1C
E	E	F	10	11	12	13	14	15	16	17	18	19	1A	1B	1C	1D
F	F	10	11	12	13	14	15	16	17	18	19	1A	1B	1C	1D	1E

你可以使用該表格與一般的進位規則來進行十六進位數字的加法：

$$\begin{array}{r} 4A3378E2 \\ + \ 877AB982 \\ \hline D1AE3264 \end{array}$$

如果你不喜歡自己動手做這些計算，Windows 和 macOS 的計算器應用程式（calculator apps）都具有「程式設計人員模式」（Programmer mode），該模式讓你得以用二進位、八進位和十六進位做算術，並在這些數字系統之間進行轉換。

或者，你可以建立第 14 章所介紹的 8 位元二進位加法器（8-bit binary adder）。

第十三章

從 ASCII 到 Unicode

每當我們點擊平板電腦或戳手機，或者坐在筆記型電腦或桌上型電腦之前時，我們都在處理文字。我們要嘛閱讀文字、鍵入文字，要嘛將文字從一個地方剪貼到另一個地方——從網頁到文字處理器，從電子郵件到社交網絡，從我們在線上看到的俏皮話到我們發給朋友的訊息。

如果沒有一種標準化的方法來表示電腦之位元和位元組中的文字符號，這一切都是不可能的。字符編碼（character encoding）很容易成為最重要的電腦標準。這一標準對於現代通訊能夠超越電腦系統與應用程式之間、硬體與軟體製造商之間、甚至國界之間的差異至關重要。

然而，在電腦上表示文字有時仍然會失敗。在 2021 年初，當我著手修改這一章時，我收到了一封來自網頁代管服務供應商（web-hosting provider）的電子郵件，主題為

Weâ€™ve received your payment, thanks.

毫無疑問，你自己也曾見過這樣的怪事，它們看起來很詭異，但到本章結束時，你會確切地知道這樣的事情是如何發生的。

本書一開始就討論了用二進位代碼（binary codes）表示文字的兩個系統。起初摩爾斯代碼（Morse code）可能看起來不像一個純粹的二進位代碼，因為它涉及短的「點」和較長的「劃」，在點和劃之間有各種長度的停頓。複習一下，摩爾斯代碼中所有的內容都是「點」長度的倍數：一個「劃」是一個「點」長度的三倍，字母之間的停頓（pauses）是一個「劃」的長度，單字之間的停頓是兩個「劃」的長度。如

果一個「點」是單個 1 位元，則一個「劃」是連續三個 1 位元，而暫停是 0 位元所構成的字串。下面是摩爾斯代碼中的片語 "HI THERE" 以及等效的二進位數字：

```
●●●●  ●●    ●  ━━  ●  ●●●●  ●  ●  ━━●  ●
1010101000101000000111000101010100010001011101000100000
```

摩爾斯代碼被歸類為一種可變位元長度代碼（*variable bit-length* code），因為不同的字符需要不同的位元數。

點字（Braille）在這方面要簡單得多。每個字符由六個點組成的陣列來表示，每個點可以是凸起的，也可以是不凸起的。「點字」無疑是一個 6 位元代碼，這意味著每個字符都可以由一個 6 位元值來表示。一個小問題是，需要額外的點字字符（Braille characters）來表示數字和大寫字母。複習一下，點字中的數字需要一個變換代碼（*shift* code）——這是一個改變後續字符含義的點字字符。

變換代碼還出現在另一個早期的二進位代碼中，該代碼是在 1870 年代與印字電報（printing telegraph）一起發明的。這是埃米爾・鮑多（Émile Baudot）的作品，他是法國電報局的一名職員，此代碼仍然以他的名字為人所知。鮑多代碼（Baudot code）被用於 1960 年代——例如，西聯匯款（Western Union）用於發送和接收稱為電報（*telegrams*）的文字訊息。即使今天，你甚至可能會聽到電腦的老前輩將二進位資料的傳送速率稱為鮑率（*baud rates*）。

鮑多代碼常用於電傳打字機（*teletypewriter*），這種裝置具有看起來像打字機的鍵盤，可是它只有 30 個鍵和一個空格鍵。這些鍵是開關，它們可導致二進位代碼的產生，並沿著電傳打字機的輸出電纜一個接一個地發送。電傳打字機還包含列印機制。透過電傳打字機之輸入電纜傳來的代碼會觸發電磁鐵，以便在紙上列印字符。

鮑多是一個 5 位元代碼，因此只有 32 個可能的代碼，十六進位的範圍從 00h 到 1Fh。下面是這 32 個可用代碼與字母表中之字母的對應關係：

十六進位代碼	鮑多字母	十六進位代碼	鮑多字母
00		10	E
01	T	11	Z
02	*Carriage Return*	12	D
03	O	13	B
04	*Space*	14	S
05	H	15	Y

十六進位代碼	鮑多字母	十六進位代碼	鮑多字母
06	N	16	F
07	M	17	X
08	*Line Feed*	18	A
09	L	19	W
0A	R	1A	J
0B	G	1B	*Figure Shift*
0C	I	1C	U
0D	P	1D	Q
0E	C	1E	K
0F	V	1F	*Letter Shift*

代碼 00h 並未分配出去。在其餘 31 個代碼中，26 個分配給字母表中的字母，另外 5 個在表中用斜體字或片語表示。

代碼 04h 是空格（Space），用於分隔單字。代碼 02h 和 08h 被標記為回行首（Carriage Return）和換列（Line Feed）。此術語來自打字機：當你在打字機上打字並且到達一列的末尾（end of a line）時，你會按下一個槓桿或按鈕，它有兩個作用。首先，它會導致帶著紙的滑動架向右移動（或列印機構向左移動），這樣下一列（next line）就會從紙張的左側開始。這就是回行首（carriage return）。其次，打字機會滾動滑動架，讓下一列位於你剛剛完成的那一列的下方。這就是換列（line feed）。在鮑多中，一個單獨的代碼代表這兩個動作，鮑多電傳打字機印表機（Baudot teletypewriter printer）在列印時會對它們做出回應。

鮑多系統中的數字和標點符號在哪裡？這就是代碼 1Bh 的用途，在表中標識為「變換數字」（Figure Shift）。在變換數字代碼（Figure Shift code）之後，所有後續的代碼都會被解譯為數字或標點符號，直到出現變換字母代碼（Letter Shift code；1Fh）使它們恢復為字母。以下是數字和標點符號的代碼：

十六進位代碼	鮑多數字	十六進位代碼	鮑多數字
00		10	3
01	5	11	+
02	*Carriage Return*	12	*Who Are You?*
03	9	13	?
04	*Space*	14	'

十六進位代碼	鮑多數字	十六進位代碼	鮑多數字
05	#	15	6
06	,	16	$
07	.	17	/
08	*Line Feed*	18	-
09	)	19	2
0A	4	1A	*Bell*
0B	&	1B	*Figure Shift*
0C	8	1C	7
0D	0	1D	1
0E	:	1E	(
0F	=	1F	*Letter Shift*

該表顯示了這些代碼在美國的使用情況。在美國以外，代碼 05h、0Bh 和 16h 通常用於某些歐洲語言的重音字母。鈴聲代碼（*Bell* code）應該在電傳打字機上敲響可聽見的鈴聲。「你是誰？」代碼（"Who Are You?" code）會讓電傳打字機啟用識別自己的機制。

像摩爾斯代碼，鮑多也不區分大寫和小寫。這句話

I SPENT $25 TODAY.

可以表示成下面的十六進位資料流：

```
    I    S  P  E  N  T       $  2  5        T  O  D  A  Y       .
0C 04 14 0D 10 06 01 04 1B 16 19 01 1F 04 01 03 12 18 15 1B 07 02 08
```

注意三個變換代碼（shift codes）：美元符號之前的 1Bh，數字之後的 1Fh，以及最終句號之前的 1Bh。該列以回行首（carriage return）和換列（line feed）的代碼結尾。

不幸的是，如果你連續兩次將此資料流發送到電傳打字機（teletypewriter）印表機，它的結果將會是這樣：

```
I SPENT $25 TODAY.
8 '03,5 $25 TODAY.
```

發生了什麼事？印表機在第二列之前收到的最後變換代碼是「變換數字」（Figure Shift）代碼，因此第二列開頭的代碼會被解譯為數字，直到收到下一個「變換字母」（Letter Shift）代碼。

像這樣的問題就是使用變換代碼（shift codes）的典型結果。當用更現代、更通用的代碼來取代鮑多代碼時，人們認為最好避免使用變換代碼，以及最好為小寫和大寫字母分別定義代碼。

這樣的代碼需要多少位元？如果你只關注英文並著手添加字符，你需要 52 個代碼，用於拉丁字母表中的大寫和小寫字母，以及 10 個代碼，用於數字 0 到 9。這樣就需要 62 個代碼。再加上一些標點符號，就超過了 64 個，這是 6 位元的限制。但現在在超過 128 個字符之前還有一些餘地，這將需要 8 位元。

所以答案是：7。你需要 7 個位元來表示所有通常在英文中出現的字符，而不需要變換代碼（shift codes）。

取代鮑多代碼的是一種稱為美國資訊交換標準代碼（*American Standard Code for Information Interchange* 或縮寫為 ASCII，並以不太可能的發音 ['askē] 來指稱它）的 7 位元代碼（7-bit code）。它在 1967 年被正式確定下來，至今仍然是整個電腦產業中最重要的一個標準。除了一個很大的例外（我很快就會提到），每當你在電腦上遇到文字時，你都可以肯定 ASCII 以某種方式參與其中。

作為一個 7 位元代碼，ASCII 使用二進位代碼 0000000 到 1111111，即十六進位代碼 00h 到 7Fh。你很快就會看到所有 128 個 ASCII 代碼，但我想將這些代碼分成四組，每組 32 個代碼，然後一開始跳過前 32 個代碼，因為這些代碼在概念上比其他代碼還要難一些。第二組 32 個代碼包括標點符號和十個數字。下表列出了從 20h 到 3Fh 的十六進位代碼，以及與這些代碼對應的字符：

十六進位代碼	ASCII 字符	十六進位代碼	ASCII 字符
20	*Space*	30	0
21	!	31	1
22	"	32	2
23	#	33	3
24	$	34	4
25	%	35	5
26	&	36	6

十六進位代碼	ASCII 字符	十六進位代碼	ASCII 字符
27	'	37	7
28	(	38	8
29	)	39	9
2A	*	3A	:
2B	+	3B	;
2C	,	3C	<
2D	-	3D	=
2E	.	3E	>
2F	/	3F	?

請注意，20h 是空格字符（space character）用於分隔單字和句子。

接下來的 32 個代碼包括大寫字母和一些額外的標點符號。除了 @ 符號和底線符號之外，這些標點符號通常不會在打字機上出現，但它們已成為電腦鍵盤的標準符號。

十六進位代碼	ASCII 字符	十六進位代碼	ASCII 字符
40	@	50	P
41	A	51	Q
42	B	52	R
43	C	53	S
44	D	54	T
45	E	55	U
46	F	56	V
47	G	57	W
48	H	58	X
49	I	59	Y
4A	J	5A	Z
4B	K	5B	[
4C	L	5C	\
4D	M	5D	]
4E	N	5E	^
4F	O	5F	–

接下來的 32 個字符包括所有小寫字母和一些額外的標點符號，同樣在打字機上不常見，但在電腦鍵盤上是標準的符號：

十六進位代碼	ASCII 字符	十六進位代碼	ASCII 字符
60	`	70	p
61	a	71	q
62	b	72	r
63	c	73	s
64	d	74	t
65	e	75	u
66	f	76	v
67	g	77	w
68	h	78	x
69	i	79	y
6A	j	7A	z
6B	k	7B	{
6C	l	7C	|
6D	m	7D	}
6E	n	7E	~
6F	o		

請注意，此表缺少與代碼 7Fh 對應的最後一個字符。你很快就會看到它。

如下字串

Hello, you!

可以使用 ASCII 的十六進位代碼來表示

H e l l o ,   y o u !
48 65 6C 6C 6F 2C 20 79 6F 75 21

注意逗號（代碼 2Ch）、空格（代碼 20h）和感歎號（代碼 21h）以及字母的代碼。
下面是另一個簡短的句子：

I am 12 years old.

而這是它的 ASCII 表示法：

I   a m   1 2   y e a r s   o l d .
49 20 61 6D 20 31 32 20 79 65 61 72 73 20 6F 6C 64 2E

注意，此句子中的數字 12 由十六進位數字 31h 和 32h 來表示，它們是數字 1 和 2 的 ASCII 代碼。當數字 12 是文字流（text stream）的一部分時，它不應由十六進位代碼 01h 和 02h 或十六進位代碼 0Ch 來表示。這些代碼在 ASCII 中都表示其他含義。

ASCII 中特定的大寫字母與相對應的小寫字母相差 20h。這一事實使電腦程式在大寫字母與小寫字母之間的轉換變得非常容易：只需要把大寫字母的代碼加上 20h 即可轉換為小寫字母，減去 20h 即可將小寫字母轉換為大寫字母（但你甚至不需要進行加法。只需更改一個位元即可在大寫和小寫之間進行轉換。你將在本書的後面部分看到進行類似工作的技巧）。

你剛才看到的 95 個 ASCII 代碼稱為圖形字符（*graphic characters*），因為它們有視覺的呈現。ASCII 還包括 33 個控制字符，這些字符沒有視覺的呈現，而是執行某些功能。為了完整起見，下面列出 33 個 ASCII 控制字符，但如果它們看起來難以理解，請不要擔心。在 ASCII 被開發出來的時候，它主要用於電傳打字機，其中許多代碼目前都相當模糊。

十六進位代碼	縮略語	ASCII 控制字符名稱
00	NUL	Null（無）
01	SOH	Start of Heading（標頭開始）
02	STX	Start of Text（文字開始）
03	ETX	End of Text（文字結束）
04	EOT	End of Transmission（傳輸結束）
05	ENQ	Enquiry（查詢）
06	ACK	Acknowledge（確認）
07	BEL	Bell（鈴聲）
08	BS	Backspace（退格）
09	HT	Horizontal Tabulation（水平製表）
0A	LF	Line Feed（換列）
0B	VT	Vertical Tabulation（垂直製表）
0C	FF	Form Feed（進紙）
0D	CR	Carriage Return（回行首）
0E	SO	Shift-Out（移出）
0F	SI	Shift-In（移入）
10	DLE	Data Link Escape（資料鏈路轉譯）
11	DC1	Device Control 1（裝置控制 1）
12	DC2	Device Control 2（裝置控制 2）

十六進位代碼	縮略語	ASCII 控制字符名稱
13	DC3	Device Control 3（裝置控制 3）
14	DC4	Device Control 4（裝置控制 4 ）
15	NAK	Negative Acknowledge（負面確認）
16	SYN	Synchronous Idle（同步閒置）
17	ETB	End of Transmission Block（傳輸區塊結束）
18	CAN	Cancel（取消）
19	EM	End of Medium（媒體結束）
1A	SUB	Substitute Character（替換字符）
1B	ESC	Escape（轉譯）
1C	FS	File Separator or Information Separator 4 （檔案分隔符或資訊分隔符 4 ）
1D	GS	Group Separator or Information Separator 3 （群組分隔符或資訊分隔符 3 ）
1E	RS	Record Separator or Information Separator 2 （記錄分隔符或資訊分隔符 2 ）
1F	US	Unit Separator or Information Separator 1 （單元分隔符或資訊分隔符 1 ）
7F	DEL	Delete（刪除）

這裡的意思是，控制字符可以跟圖形字符混合在一起，以對文字進行一些基本的格式化。如果你想像一個裝置——如電傳打字機或簡單的印表機——根據 ASCII 代碼流（stream of ASCII code）在頁面上打字，這是最容易理解的。裝置的列印頭（printing head）對字符代碼的反應通常是列印一個字符並向右移動一個空格。然而控制字符會改變這種行為。

例如，考慮下面的十六進位字串

41 09 42 09 43 09

09 字符是水平製表（Horizontal Tabulation code 或簡稱 *Tab*）代碼。如果印表機頁面（printer page）上的所有水平字符位置都以 0 開始編號，則 *Tab* 代碼通常意味著在下一個水平位置列印下一個字符，該位置是 8 的倍數，如下所示：

A   B   C

這是一種使文字一行一行對齊的便捷方法。

即使在今天，一些電腦印表機對進紙代碼（Form Feed code）0Ch 的反應是彈出當前頁面並開始新的頁面。

退格代碼（Backspace code）可用於在某些舊印表機上列印複合字符（composite characters）。例如，假設控制電傳打字機的電腦想要顯示帶有重音符號的小寫 e，就像這樣：è。這可以透過使用十六進位代碼 65 08 60 來實現。

到目前為止，最重要的控制代碼是回行首（Carriage Return）和換列（Line Feed），它們與類似的鮑多代碼具有相同的含義。在某些較舊的電腦印表機上，回行首代碼會將列印頭移動到頁面上同一列的左側，而換列代碼會將列印頭向下移動一列。要讓列印頭移動到新的一列（a new line）通常需要同時使用這兩個代碼。回行首代碼本身可用於在現有的列上進行列印，而換列代碼本身可用於跳到下一列而不移動到左邊距（left margin）。

文字、圖片、音樂和視訊都可以用**檔案**的形式儲存在電腦上，檔案是一個用名稱識別的位元組集合。檔案的名稱通常由一個表明檔案內容的「描述性名稱」和一個表明檔案類型的「擴展檔名」（通常為三到四個字母）組成。由 ASCII 字符組成的檔案，通常具有 *txt* 的擴展檔名，表示「文字」（text）。ASCII 不包括斜體、粗體或各種字體和字體大小的代碼。所有這些花俏的東西都是所謂的**格式化文字**（*formatted text*）或富文字（*rich text*）之特徵。ASCII 適用於純文字（*plain text*）。在 Windows 桌面電腦上，Notepad 程式可以建立純文字檔案；在 macOS 下，TextEdit 程式也可以這樣做（儘管這不是其預設行為）。這兩個程式都允許你選擇字體和字體大小，但這僅用於查看文字。該資訊並不與文字本身一起儲存。

Notepad 和 TextEdit 對 Enter 或 Return 鍵的反應是結束當前列並移動到下一列的開頭。但這些程式也會執行**自動換列**（*word wrapping*）：當你鍵入內容到達視窗的最右邊時，程式會自動在下一列繼續你的打字，而繼續的文字實際上成為段落的一部分而不是單獨的文字列。按 Enter 或 Return 鍵標記該段落的結束並開始一個新的段落。

當你按 Enter 或 Return 鍵時，Windows 的 Notepad 會將十六進位代碼 0Dh 和 0Ah 插入檔案中，即 Carriage Return 和 Line Feed 字符。macOS 的 TextEdit 只會插入一個 0Ah，即 Line Feed。現在所謂的 Classic Mac OS（存在於 1984 年到 2001 年）只會插入 0Dh，即 Carriage Return。當在一個系統上讀取在另一個系統上建立的檔案時，這種不一致仍舊會導致問題。近年來，程式人員一直在努力減少這些問題，但

令人震驚的是──甚至是可恥的是──仍然沒有電腦工業標準來規範純文字檔案中列（lines）或段落（paragraphs）的結束方式。

在推出後不久，ASCII 就成為了電腦世界中文字的主要標準，但在 IBM 內部卻不是這樣。與 System/360 相關的是，IBM 開發了自己的字符代碼，稱為擴展 *BCD* 交換代碼（*Extended BCD Interchange Code* 或 EBCDIC），它是早期一個稱為 BCDIC 之 6位元代碼的 8 位元擴展，該代碼來自於 IBM 打孔卡（punch cards）上使用的代碼。這種能夠儲存 80 個字符的打孔卡，由 IBM 於 1928 年推出，並使用了 50 多年。

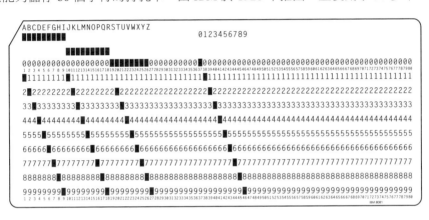

黑色矩形是在卡片上打的孔。打孔卡有一個實際的問題，會影響它們用於表示字符的方式：如果在卡片上打了太多的孔，它可能會失去其結構的完整性，導致被撕裂並卡住機器。

一個字符在打孔卡（punch card）上的編碼是由一或多個打在單行（single column）上之矩形孔（rectangular holes）的組合來實現的。字符本身通常列印在卡片頂部附近。較低的十列稱為**數字列**，用數字來標示：0 列（0-row）、1 列（1-row），依此類推，直到 9 列（9-row）。這些是直接使用十進位數字之電腦系統的遺留物。靠近頂部之未編號的兩列是**區域列**（*zone rows*），稱為 11 列（11-row）和 12 列（12-row，即最頂部的列）。沒有 10 列（10-row）。

EBCDIC 字符代碼是區域打孔（zone punch）和數字打孔（digit punch）的組合。十位數字的 EBCDIC 代碼為 F0h 到 F9h。大寫字母的 EBCDIC 代碼分為三組，從 C1h到 C9h、從 D1h 到 D9h，以及從 E2h 到 E9h。小寫字母的 EBCDIC 代碼也分為三組，從 81h 到 89h、從 91h 到 99h，以及從 A2h 到 A9h。

在 ASCII 中，所有大寫和小寫字母都是連續的序列。這樣可以方便地按字母順序對 ASCII 資料進行排序。然而，EBCDIC 在字母序列中存在空隙，使排序更加複雜。幸運的是，目前 EBCDIC 主要是一種歷史的好奇心，而不是你在個人或職業生涯中可能遇到的東西。

在開發 ASCII 的時候，記憶體非常昂貴。有些人認為，為了節省記憶體，ASCII 應該是一個 6 位元代碼，使用變換字符（shift character）來區分小寫和大寫字母。但這個想法被否決了，其他人則認為 ASCII 應該是一個 8 位元代碼，因為人們認為電腦更有可能具有 8 位元架構而不是 7 位元架構。當然，8 位元的位元組現在是標準，儘管 ASCII 在技術上是 7 位元代碼，但它幾乎普遍被儲存為 8 位元值。

位元組和 ASCII 字符的等效性當然很方便，因為我們只需要對字符進行計數，即可大致瞭解特定文字檔需要多少的電腦記憶體。例如，赫爾曼·梅爾維爾（Herman Melville）的《白鯨記》（*Moby-Dick; or, The Whale*）大約有 125 萬個字符，因此佔用了 125 萬位元組的電腦儲存空間。從此資訊還可以得出一個大致的字數：單字的平均長度被認為是 5 個字符，加上單字之間出現的空格，因此《白鯨記》的長度約為 20 萬個單字。

《白鯨記》的純文字檔案可以從古騰堡專案網站（gutenberg.org）下載，還有許多其他公共領域的經典文學作品。雖然古騰堡計劃率先推出了純文字書籍，但它也以幾種電子書格式以及 HTML（超文字標記語言）提供相同的書籍。

作為整個網際網路（internet）上網頁使用的格式，HTML 無疑是最受歡迎的富文字（rich-text）格式。HTML 透過使用標記（*markup* 或 *tag*）來為純文字添加花俏的格式。但有趣的是，HTML 使用普通的 ASCII 字符來進行標記，因此 HTML 檔案也是普通的純文字檔。當被視為純文字時，HTML 看起來像這樣：

> This is some bold text, and this is some <i>italic</i> text.

尖括號的 ASCII 代碼是 3Ch 和 3Eh。但當被解譯為 HTML 時，web 瀏覽器可以像這樣顯示該文字：

> This is some **bold** text, and this is some *italic* text.

這是相同的文字，只是以不同的方式呈現。

ASCII 無疑是電腦產業中最重要的標準，但即使從一開始，它的缺陷也很明顯。最大的問題是，美國資訊交換標準代碼太美國化了！事實上，ASCII 甚至不適合其他主要語言是英語的國家。ASCII 包括一個美元符號，但英鎊符號在哪裡？它失敗的地方在於處理許多西歐語言中使用的重音字母，更不用說歐洲使用的非拉丁字母，包括希臘文、阿拉伯文、希伯來文和西里爾文，或者印度和東南亞的婆羅米文字，包括梵文、孟加拉文，泰文和藏文。一個 7 位元的代碼怎麼可能處理數以萬計的中文、日文和韓文之表意文字，以及韓文的一萬多個韓語音節呢？

在 1960 年代，將世界上所有語言都包括在 ASCII 中是一個過於雄心勃勃的目標，但其他一些國家的需求也被銘記在心，儘管只有基本的解決方案。根據已發布的 ASCII 標準，有十個 ASCII 代碼（40h、5Bh、5Ch、5Dh、5Eh、60h、7Bh、7Ch、7Dh 和 7Eh）可供國家重新限定。此外，數字符號（#）可以替換為英鎊符號（£），美元符號（$）可以替換為通用貨幣符號（¤）。顯然，只有當參與使用「包含這些重新定義之代碼的特定文字檔」的每個人都知這一變化時，替換符號（replacing symbols）才有意義。

由於許多電腦系統將字符儲存為 8 位元值，因此可以設計出一種稱為**擴展 *ASCII* 字符集**（*extended ASCII character set*）的東西，其中包含 256 個字符，而不僅僅是 128 個字符。在這樣的字符集中，前 128 個代碼（從 00h 到 7Fh）的定義與 ASCII 中的定義相同，但接下來的 128 個代碼（從 80h 到 FFh）可以是你想要的任何內容。這種技術被用來定義額外的字符代碼，以適應重音字母和非拉丁字母。不幸的是，ASCII 以許多不同的方式被擴展了很多次。

當微軟的 Windows 首次發布時，它支援 ASCII 的擴展，微軟稱之為 ANSI 字符集，儘管它實際上並沒有得到美國國家標準協會（American National Standards Institute）的批准。代碼 A0h 到 FFh 的附加字符大多是歐洲語言中常見的有用符號和重音字母。在下表中，十六進位字符代碼的高階半位元組顯示在頂列；低階半位元組顯示在左邊欄位中：

	A-	B-	C-	D-	E-	F-
-0		°	À	Ð	à	ð
-1	¡	±	Á	Ñ	á	ñ
-2	¢	²	Â	Ò	â	ò
-3	£	³	Ã	Ó	ã	ó
-4	¤	´	Ä	Ô	ä	ô
-5	¥	µ	Å	Õ	å	õ
-6	¦	¶	Æ	Ö	æ	ö
-7	§	·	Ç	×	ç	÷
-8	¨	¸	È	Ø	è	ø
-9	©	¹	É	Ù	é	ù
-A	ª	º	Ê	Ú	ê	ú
-B	«	»	Ë	Û	ë	û
-C	¬	¼	Ì	Ü	ì	ü
-D	-	½	Í	Ý	í	ý
-E	®	¾	Î	Þ	î	þ
-F	¯	¿	Ï	ß	ï	ÿ

代碼 A0h 的字符被定義為**不換列空格**（*no-break space*）。通常，當電腦程式將文字格式化為列（lines）和段落（paragraphs）時，它會在空格字符（即 ASCII 代碼 20h）處斷開每一列。代碼 A0h 應該被顯示為一個空格，但不能用於斷列（breaking a line）。不換列空格可能被用在日期中，如 February 2，這樣 February 就不會單獨出現在一列上，而讓 2 出現在下一列。

代碼 ADh 被定義為**軟性連字符**（*soft hyphen*）。這是一個用於分隔單字中音節連字符。僅當需要在兩列之間分隔單字時，它才會顯示在被列印的頁面上。

ANSI 字符集之所以流行，是因為它是 Windows 的一部分，但它只是幾十年來定義之 ASCII 的眾多不同擴展之一。為了區分它們，它們被賦予了不同的數字和其他識別符。Windows ANSI 字符集成為了國際標準組織的標準，稱為 ISO-8859-1 或 Latin Alphabet No. 1（拉丁字母表 1 號）。當這個字符集本身被擴展到包含代碼 80h 到 9Fh 的字符時，它被稱為 Windows-1252：

	8-	9-	A-	B-	C-	D-	E-	F-
-0	€			°	À	Đ	à	ð
-1		'	¡	±	Á	Ñ	á	ñ
-2	,	'	¢	²	Â	Ò	â	ò
-3	ƒ	"	£	³	Ã	Ó	ã	ó
-4	„	"	¤	´	Ä	Ô	ä	ô
-5	…	•	¥	µ	Å	Õ	å	õ
-6	†	–	¦	¶	Æ	Ö	æ	ö
-7	‡	—	§	·	Ç	×	ç	÷
-8	^	~	¨	¸	È	Ø	è	ø
-9	‰	™	©	¹	É	Ù	é	ù
-A	Š	š	ª	º	Ê	Ú	ê	ú
-B	‹	›	«	»	Ë	Û	ë	û
-C	Œ	œ	¬	¼	Ì	Ü	ì	ü
-D			-	½	Í	Ý	í	ý
-E	Ž	ž	®	¾	Î	Þ	î	þ
-F		Ÿ	¯	¿	Ï	ß	ï	ÿ

數字 1252 稱為代碼頁識別符（*code page* identifer），該術語起源於 IBM，用於區分 EBCDIC 的不同版本。各種代碼頁與「需要自己的重音字符甚至整個字母表（如希臘文、西里爾文和阿拉伯文）的國家」相關聯。為了正確呈現字符資料，有必要知道所涉及的代碼頁。這在網際網路上變得至關重要，因而需要在 HTML 檔案之頂部的資訊（稱為**標頭**）指出建立網頁的代碼頁。

ASCII 還以更激進的方式擴展了對中文、日文和韓文之表意文字的編碼。在一種被稱為 Shift-JIS（日本工業標準）的流行編碼中，代碼 81h 到 9Fh 實際上表示了一個 2 位元組（2-byte）字符代碼（character code）的初始位元組（initial byte）。透過這種方式，Shift-JIS 允許大約 6000 個額外字符的編碼。不幸的是，Shift-JIS 並不是唯一使用這種技術的系統。還有三個標準的**雙位元組字符集**（*double-byte character sets* 或 DBCS）在亞洲開始流行。

存在多個不相容的雙位元組字符集只是其問題之一。另一個問題是，某些字符（特別是普通的 ASCII 字符）由 1 位元組代碼（1-byte codes）來表示，而數千個表意文字由 2 位元組代碼（2-byte codes）來表示。這使得處理此類字符集變得很困難。

如果你認為這聽起來像是一團糟，那麼你並不孤單，所以是否有人可以想出一個解決方案？

假設最好只有一個適用於世界所有語言之明確的字符編碼系統，幾家主要的電腦公司於 1988 年聚集在一起，著手開發了一種名為 *Unicode* 的 ASCII 替代方案。ASCII 是 7 位元代碼，而 Unicode 是 16 位元代碼（至少在最初的設想中是這樣的）。在其最初的設想中，Unicode 中的每個字符都需要 2 個位元組，字符代碼的範圍從 0000h 到 FFFFh，代表 65,536 個不同的字符。這被認為足以滿足世界上所有可能用於電腦通訊的語言，並有擴展的空間。

Unicode 並不是從頭開始的。Unicode 的前 128 個字符（代碼 0000h 到 007Fh）與 ASCII 字符相同。此外，Unicode 代碼 00A0h 到 00FFh 與我之前描述的 ASCII 的 Latin Alphabet No. 1 擴展相同。其他世界性的標準也被納入 Unicode。

儘管 Unicode 代碼只是一個十六進位值，但指示它的標準方法是在值前面加上大寫的 U 和加號。以下是一些具有代表性的 Unicode 字符：

十六進位代碼	字符	說明
U+0041	A	拉丁文大寫字母 A
U+00A3	£	英鎊符號
U+03C0	π	希臘文小寫字母 Pi
U+0416	Ж	西里爾文大寫字母 Zhe
U+05D0	א	希伯來文字母 Alef
U+0BEB	௫	泰米爾文數字 Five
U+2018	'	左單引號
U+2019	'	右單引號
U+20AC	€	歐元符號
U+221E	∞	無窮

在 Unicode 聯盟（Unicode Consortium）運營的網站 unicode.org 可以找到更多內容，該網站對世界上豐富的書面語言（written languages）和符號系統（symbology）提供了一個引人入勝的導覽。向下滾動到首頁底部，然後單擊 Code Charts，可以查看字符的圖像，其所包含的字符數量可能比你認為的還多。

但是，從 8 位元字符代碼遷移到 16 位元代碼會引發問題：不同的電腦將以不同的方式讀取 16 位元值。例如，考慮下面這兩個位元組：

20h ACh

有些電腦會將該序列讀取為 16 位元值 20ACh，即歐元符號的 Unicode 代碼。這些電腦被稱為**大端**（*big-endian*）機器，這意味著最高效的位元組（大端）是第一個位元組。其他電腦則是**小端**（*little-endian*）機器（這個術語源自格列佛遊記，作者喬納森‧斯威夫特（Jonathan Swift）描述了一個關於半熟水煮蛋（soft-boiled egg）要從哪一端打破的爭論）。小端機器則會將該值讀取為 AC20h，這在 Unicode 中是韓文字母表中的갠字符。

為了解決這個問題，Unicode 定義了一個稱為「位元組順序標記」（byte order mark 或 BOM ）的特殊字符，即 U+FEFF。它應該被放在內含 16 位元 Unicode 值之檔案的開頭。如果檔案中的前兩個位元組是 FEh 和 FFh，則檔案處於大端序（big-endian order）。如果它們是 FFh 和 FEh，則檔案處於小端序（little-endian order）。

1990 年代中期，正當 Unicode 開始流行的時候，有必要超越 16 位元，以包含那些已經滅絕、但出於歷史原因仍有必要使用的字母，以及許多新符號。其中一些新符號是那些被稱為**表情符號**（*emojis*）之流行和令人愉快的字符。

撰寫本文當時（2021 年），Unicode 已擴展為 21 位元代碼，其值的範圍為 U+10FFFF，可能支援超過 100 萬個不同的字符。下面是 16 位元代碼未納入的幾個字符：

十六進位代碼	字符	說明
U+1302C	𓀬	埃及象形文字 A039
U+1F025	🀍	麻將牌菊花
U+1F3BB	🎻	小提琴
U+1F47D	👽	外星人
U+1F614	😔	沉思的臉
U+1F639	😹	貓臉帶著喜悅的淚水

將表情符號（emojis）納入 Unicode 可能看起來很無聊，但前提是你認為在簡訊中輸入的表情符號，在接收者的手機上顯示成完全不同的內容，是可以接受的。這可能會導致誤解，而且關係可能會受到影響！

當然，人們對 Unicode 的需求是不同的。特別是在呈現亞洲語言的表意文字時，有必要廣泛使用 Unicode。其他文件和網頁的需求就比較小了。許多人可以用普通的舊 ASCII 來做。因此，已經定義了幾種不同的方法來儲存和傳輸 Unicode 文字。這些格式被稱為「統一碼轉換格式」（Unicode transformation format 或 UTF）。

最直接的 Unicode 轉換格式是 UTF-32。所有 Unicode 字符都被定義為 32 位元值。每個字符所需的 4 個位元組可以按小端序或大端序進行指定。

UTF-32 的缺點是它佔用了大量的空間。包含《白鯨記》內容之純文字檔的大小將從 ASCII 的 125 萬位元組增加到 Unicode 的 500 萬位元組，但 Unicode 僅使用 32 位元中的 21 個位元，每個字符都會浪費 11 個位元。

一個折衷方案是 UTF-16。使用這種格式，大多數 Unicode 字符被定義為 2 個位元組，但代碼高於 U+FFFF 的字符則被定義為 4 個位元組。在最初的 Unicode 規範中，從 U+D800 到 U+DFFF 的區域並沒有被指定用於此目的。

最重要的 Unicode 轉換格式是 UTF-8，它現在已經在整個網際網路上被廣泛使用。最近的一項統計表明，97% 的網頁在使用 UTF-8。這已經是你想要的通用標準。古騰堡計劃的純文字檔案都是 UTF-8。預設情況下，Windows 的 Notepad 和 macOS 的 TextEdit 係以 UTF-8 格式保存檔案。

UTF-8 是靈活性和簡潔性之間的折衷方案。UTF-8 的最大優點是它向後相容 ASCII。這意味著，一個僅由 7 位元 ASCII 代碼組成的、以位元組儲存的檔案會自動成為 UTF-8 檔案。

為了實現這種相容性，所有其他 Unicode 字符都以 2、3 或 4 個位元組來儲存，這取決於它們的值。下表總結了 UTF-8 的運作原理：

Unicode 代碼範圍	位元計數	位元組序列
U+0000 到 U+007F	7	0xxxxxxx
U+0080 到 U+07FF	11	110xxxxx 10xxxxxx
U+0800 到 U+FFFF	16	1110xxxx 10xxxxxx 10xxxxxx
U+10000 到 U+10FFFF	21	11110xxx 10xxxxxx 10xxxxxx 10xxxxxx

對於第一行中所示之代碼範圍，每個字符都是由第二行中所示的位元數來唯一標識。然後，這些位元以 1 和 0 為前綴，如第三行所示，形成一個位元組序列。第三行中之 x 的數量與第二行中的計數相同。

表格的第一列表明，如果字符來自 7 位元 ASCII 代碼的原始集合，則該字符的 UTF-8 編碼是 0 位元後跟這 7 個位元，與 ASCII 代碼本身相同。

Unicode 值為 U+0080 及更大的字符，需要 2 個或更多位元組。例如，英鎊符號（£）是 Unicode U+00A3。因為此值在 U+0080 和 U+07FF 之間，所以此表的第二列指出它是用 2 個位元組之 UTF-8 編碼的。對於此範圍內的值，只需使用最低效的 11 個位元來導出 2 位元組編碼，如下所示：

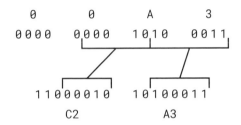

Unicode 值 00A3 顯示在此圖的頂部。四個十六進位數字中的每一個對應於數字正下方顯示的 4 位元值。我們知道該值為 07FFh 或更小，這意味著最高效的 5 位元將為 0，可以忽略它們。接下來的 5 位元以 110 開頭（如圖底部所示）形成位元組 C2h。最低效的 6 位元以 10 開頭，形成位元組 A3h。

因此，在 UTF-8 中，C2h 和 A3h 這兩個位元組代表英鎊符號 £。需要 2 個位元組來編碼基本上只有 1 個位元組的資訊，似乎有點可惜，但對於 UTF-8 的其餘部分來說，這是必須的。

下面是另一個例子。希伯來字母 א（alef）在 Unicode 中為 U+05D0。同樣，該值介於 U+0080 和 U+07FF 之間，因此使用表中的第二列。這與 £ 字符的過程相同：

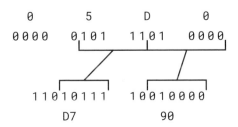

值 05D0h 的前 5 位元可以忽略；接下來的 5 位元以 110 開頭，最低效的 6 位元以 10 位開頭，形成 UTF-8 位元組 D7h 和 90h。

無論圖像的可能性有多大，帶有喜悅之淚的貓臉表情符號是由 Unicode U+1F639 來表示的，這意味著 UTF-8 將其表示為 4 個位元組的序列。下圖顯示了如何從原始代碼的 21 個位元來形成這 4 個位元組：

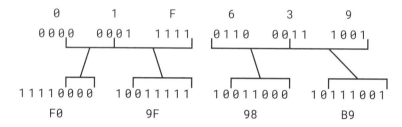

透過使用不同數量的位元組來表示字符，UTF-8 破壞了 Unicode 的一些純度和美感。過去，這樣的方案與 ASCII 一起使用會引起問題和混亂。UTF-8 並非完全不受問題影響，但它的定義非常明智。當一個 UTF-8 檔案被解碼時，可以非常精確地識別每個位元組：

- 如果位元組以 0 開頭，則它只是一個 7 位元 ASCII 字符代碼。

- 如果位元組以 10 開頭，則它代表一個多位元組字符代碼（multibyte character code）之位元組序列的一部分，但它不是該序列中的第一個位元組。

- 否則，位元組至少以兩個 1 位元（two 1 bits）開頭，並且是多位元組字符代碼（multibyte character code）的第一個位元組。這個字符代碼的總位元組數，由第一個位元組上第一個 0 位元之前，以 1 位元開頭的位數來表示。這可以是兩個、三個或四個。

讓我們再試一次 UTF-8 轉換：右單引號字符為 U+2019。這需要查閱表格的第三列，因為該值介於 U+0800 和 U+FFFF 之間。UTF-8 表示為 3 個位元組：

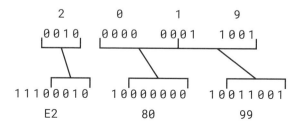

原始 Unicode 數字的所有位元都是組成 3 個位元組所必需的內容。前 4 位元以 1110 開頭，接下來的 6 位元以 10 開頭，最低效的 6 位元也以 10 開頭。結果是 E2h、80h 和 99h 所組成的 3 位元組序列。

現在可以來看我在本章開頭提到之那封郵件的問題了，它的主旨是

Weâ€™ve received your payment, thanks.

第一個單字顯然是"We've"（我們已經），但這個縮略語並非使用老式的 ASCII 撇號（ASCII 的 27h 或 Unicode 的 U+0027），而是更奇特的 Unicode 右單引號，正如我們剛才看到的，它在 UTF-8 中被編碼為三個位元組 E2h、80h 和 99h。

到目前為止，沒問題。但這封電子郵件中的 HTML 檔案指出，它使用的是字符集 windows-1252。它其實應該指出使用的是 utf-8，因為這就是文字的編碼方式。但是由於此 HTML 檔指出使用的是 windows-1252，因此我的電子郵件程式會使用 Windows-1252 字符集來解釋這三個位元組。回頭看看第 173 頁上的 Windows-1252 代碼表，自己確認一下 E2h、80h 和 99h 這三個位元組確實映射到字符 â、€ 和 ™，正是電子郵件中的字符。

謎團解開了。

透過將電腦的使用擴展成一種普遍和多元文化的體驗，Unicode 已經成為一個非常重要的標準。但像其他任何東西一樣，除非它被正確使用，否則它是不會發揮作用的。

第十四章

用邏輯閘做加法

加法是最基本的算術運算，所以如果我們想要建構一台電腦（這也是我在本書中並不隱瞞的目的），我們必須知道如何建構將兩個數字相加的東西。歸根結柢，加法是電腦唯一能做的事情。如果我們可以建構出能夠做加法的東西，我們就可以建構出一些東西，這些東西能夠使用加法來進行減法、乘法、除法、計算貸款的還款、將火箭引導到火星、下棋，以及使用社交媒體分享我們最新的舞蹈動作、廚藝或寵物滑稽的動作。

我們在本章中建構的加法機器（adding machine），將是巨大、笨重、緩慢和嘈雜的，至少與現代生活中的計算器和電腦相比是這樣。最有趣的是，我們將完全用我們在前幾章中學到的簡單電氣裝置（已經預先連接到各種邏輯閘的開關、燈泡、電線、電池和繼電器）來建構這個加法機器。這些元件在 20 世紀之前就已經可以使用。真正好的是，我們不必在客廳裡建構任何東西。相反，我們可以在紙上和腦海中建構這台加法機器。

這台加法機器將完全使用二進位數字，但缺乏一些現代設施。你將無法使用鍵盤鍵入要進行加法的數字；相反，你將使用一排開關。此外，該加法機器將具有一排燈泡，而不是用於顯示結果的數字顯示器。

但這台機器肯定會把兩個數字加在一起，而且它的方式非常像電腦做加法的方式。

二進位數字的加法很像十進位數字的加法。當你想將兩個十進位數字（例 245 和 673）相加時，你可以把問題分解為更簡單的步驟。每個步驟只需要將一位十進位數字相加。在此例中，從 5 加 3 開始。如果你在人生中的某個時候記住了一個加法表，這個問題就會快很多。

與十進位數字相比，二進位數字的最大優點是加法表的簡單性：

+	0	1
0	0	1
1	1	10

如果你真的在海豚社區長大，並在海豚學校裡記住了這張表，你可能會大聲尖叫和吹口哨：

0 加 0 等於 0。

0 加 1 等於 1。

1 加 0 等於 1。

1 加 1 等於 0，進位 1。

你可以用前導零重寫加法表，使每個結果都是一個 2 元值：

+	0	1
0	00	01
1	01	10

這樣看來，一對二進位數字相加的結果是兩個位元，它們被稱為總和（*sum*）位元和進位（*carry*）位元（例如「1 加 1 等於 0，進位 1」）。現在我們可以把二進位加法表分成兩個表，第一個表用於總和（sum）位元：

Sum	0	1
0	0	1
1	1	0

第二個是進位（carry）位元：

Carry	0	1
0	0	0
1	0	1

以這種方式看待二進位加法很方便，因為我們的加法機器將分別進行求和與進位。建構二進位加法機器需要我們設計一個進行這些操作的電路。僅以二進位方式工作可以極大地簡化問題，因為電路的所有部分（開關、燈泡和電線）都可以是二進位數字。

如同十進位加法，我們將兩個二進位數字逐行（column by column）相加，從最右行（rightmost column）中最低效的位元開始：

$$
\begin{array}{r}
01100101 \\
+\ 10110110 \\
\hline
100011011
\end{array}
$$

請注意，當我們對右起第三行做加法時，1 會被進位到下一行。這種情況在右起的第六行、第七行和第八行中會再次發生。

我們要相加的是多大的二進位數字？由於我們只是在頭腦中建構加法機器，因此我們可以建構一個能夠相加很長數字的加法機器。但讓我們理智一點，因此決定相加長度不超過 8 位元或 1 位元組的二進位數字。也就是說，我們要相加之二進位數字的範圍可以從 00000000 到 11111111。這些值的範圍係從十六進位 00h 到 FFh，或十進位 0 到 255。兩個 8 位元數字的總和可以高達十進位的 510，或十六進位的 1FEh，或二進位的 111111110。

我們的二進位加法機器之控制面板看起來會像這樣：

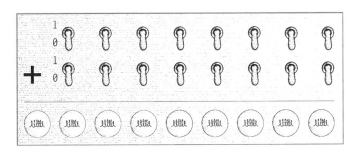

此面板有兩排八個開關。這一組開關是輸入裝置，我們將用它來「鍵入」（key in）兩個 8 元數字。在此輸入裝置中，開關向下（down）代表 0，開關為向上（up）代表 1，就像家中牆壁上的開關一樣。如往常一樣，最低效的位元在右側，最高效的位元在左側。底部的輸出裝置是一排九個燈泡。這些燈泡將顯示出答案。未點亮的燈

泡為 0，點亮的燈泡為 1。需要九個燈泡，因為兩個 8 位元數字的總和可以是一個 9 位元數字。最左邊的燈泡只有在總和大於十進位的 255 時才會亮起來。

加法機器的其餘部分將由邏輯閘以各種方式連在一起組成。開關將觸發邏輯閘中的繼電器，然後點亮正確的燈泡。例如，如果我們想把 01100101 和 10110110（出現在前面例子中的兩個數字）加起來，我們將會搬動相應的開關，如下所示：

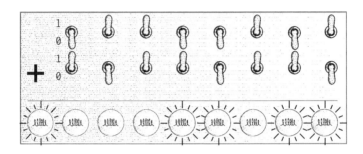

燈泡點亮的結果指出答案是 100011011。（好吧，無論如何，我們希望如此。我們還沒有建構它！）

我在上一章曾提到，本書將使用大量的繼電器。本章所建構的 8 元加法機器需要用到的繼電器不少於 144 個──要相加之八對位元（eight pairs of bits）中的每一對都需 18 個繼電器。如果我向你展示完整的電路，你肯定會抓狂。任何人都無法理解以奇怪方式連接在一起的 144 個繼電器。相反，我將透過更簡單的漸進式步驟來解決此問題。

當你查看將兩個 1 位元數字相加而得到進位位元（carry bit）的表格時，你可能會立即看到邏輯閘和二進位加法之間的聯繫：

Carry	0	1
0	0	0
1	0	1

你可能已經意識到，這與被稱為 AND 的邏輯運算以及第 8 章中所展示之 AND 閘的輸出是一樣的：

AND	0	1
0	0	0
1	0	1

或者像這樣，如果兩個輸入被加上標記：

A	B	AND
0	0	0
0	1	0
1	0	0
1	1	1

電氣工程師不會畫一堆繼電器，而會這樣象徵性地表示 AND 閘：

左側的輸入被標記 A 和 B，表示被相加的兩個位元。右側的 AND 閘輸出是這兩個二進位數字相加的進位。

啊哈！肯定會有進展的。更困難的任務是讓一些繼電器的行為像這樣：

Sum	0	1
0	0	1
1	1	0

這是將一對二進位數字相加的另一半問題。總和（sum）位元並不像進位（carry）位元那麼簡單，但我們會做到的。

首先要意識到的是，除了右下角的情況外，OR 邏輯運算的結果和我們想要的結果很接近：

OR	0	1
0	0	1
1	1	1

你可能還記得第 8 章中 OR 閘是這樣表示的：

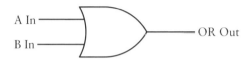

與我們想要的類似的還有 NAND（或 Not AND）邏輯運算，它的輸出與 AND 閘相反。除了左上角的情況外，這與兩個一位元數字的總和相同：

NAND	0	1
0	1	1
1	1	0

NAND 可以這樣表示：

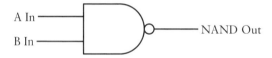

這跟 AND 閘一樣，只是右側有一個小圓圈，表示輸出是 AND 的反相。

我們把 OR 閘和 AND 閘連接到相同的輸入。像往常一樣，小圓點顯示了電線的連接位置；否則，它們只是重疊在一起：

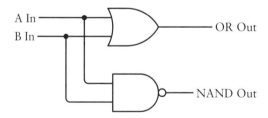

下表總結了這些 OR 閘和 NAND 閘的輸出，並將其與我們想要的加法機器之輸出進行了比較：

A In	B In	OR Out	NAND Out	我們想要的結果
0	0	0	1	0
0	1	1	1	1
1	0	1	1	1
1	1	1	0	0

注意，只有在 OR 閘和 NAND 閘的輸出均是 1，我們想要的結果才是 1。這表明，這兩個輸出可以作為 AND 閘的輸入：

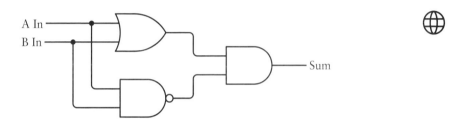

注意，整個電路中仍然只有兩個輸入和一個輸出。兩個輸入同時進入 OR 閘和 NAND 閘。OR 閘和 NAND 閘的輸出均會進入 AND 閘，這正是我們想要的結果：

A In	B In	OR Out	NAND Out	AND Out (Sum)
0	0	0	1	0
0	1	1	1	1
1	0	1	1	1
1	1	1	0	0

實際上，這個電路有一個名字，稱為 *Exclusive OR*（*互斥或*）閘，或者更簡單地說，XOR 閘。有些人把它發音為 "eks or"，而有些人則把它拼成：X O R。它被稱為 Exclusive OR，因為如果 A 輸入為 1 *或* B 輸入為 1，但不是兩者同時，則輸出為 1。因此，我們可以使用電氣工程師用於 XOR 閘的符號，而不是繪製前面所示之一個 OR 閘、一個 NAND 閘和一個 AND 閘：

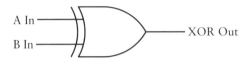

它看起來非常像 OR 閘，除了它在輸入側有另一條曲線。XOR 閘的行為如下所示：

XOR	0	1
0	0	1
1	1	0

XOR 閘是我將在本書中詳細描述的最後一個邏輯閘（在電氣工程中有時會出現另一個邏輯閘，稱為重合閘（*coincidence gate*）或等效閘（*equivalence gate*），因為只有當兩個輸入相同時，輸出才為 1。重合閘的輸出與 XOR 閘相反，因此其符號與 XOR 閘的符號相同，但在輸出端有一個小圓圈）。

讓我們回顧一下到目前為止我們所知道的部分。將兩個二進位數字相加將產生一個總和位元和一個進位位元：

Sum	0	1
0	0	1
1	1	0

Carry	0	1
0	0	0
1	0	1

你可以使用以下兩個邏輯閘來獲得這些結果：

XOR	0	1
0	0	1
1	1	0

AND	0	1
0	0	0
1	0	1

兩個二進位數字之總和由 XOR 閘的輸出提供，進位位元由 AND 閘的輸出提供。因此，我們可以把一個 AND 閘和 XOR 閘組合在一起，把兩個稱為 A 和 B 的二進位數字加起來：

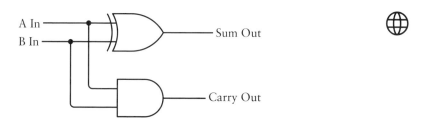

請記住，這比看起來要複雜得多！XOR 閘實際上是一個 OR 閘、一個 NAND 閘和一個 AND 閘的組合，每個閘由兩個繼電器組成。但如果很多細節被隱藏起來，就會變得更容易理解。這個過程有時被稱為封裝（*encapsulation*）：一個複雜的組合被隱藏在一個更簡單的包裝中。如果我們想查看所有細節，我們可以隨時解開該包裝，但這並不是必須的。

下面是另一種封裝：你可以用這樣一個稱為半加器（*half adder*）的方框來表示整個電路，而不是去繪製一個 AND 閘和一個 XOR 閘：

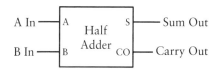

S 和 CO 標籤用來代表「總和」及「進位」。有時像這樣的方框被稱為黑箱（*black box*）。一個特定的輸入組合會產生特定的輸出結果，但它的實作被隱藏了起來。但由於我們知道半加器內部發生了什麼，所以更準確地說，它是一個透明箱（*clear box*）。

此方框被標記為「半加器」（*Half Adder*）是有原因的。當然，它會將兩個二進位數字相加，並為你提供一個總和位元和一個進位位元。但對於大 1 位元的二進位數字來說，除了將兩個最低效位元相加之外，半加器是不夠用的。它無法加入之前的 1 位元加法中可能出現的進位位元。例如，假設我們要將兩個二進位數字相加，如下所示：

$$
\begin{array}{r}
1111 \\
+\ 1111 \\
\hline
11110
\end{array}
$$

我們可以只用半加器來做最右邊那一行的加法：1 加 1 等於 0，進位 1。對於右邊算起第二行，由於進位，我們確實需要將三個二進位數字相加。這適用於所有後續各行。兩個二進位數字的後續相加都必須包括前一行的進位。

要將三個二進位數字相加，我們需要以如下方式連接兩個半加器和一個 OR 閘：

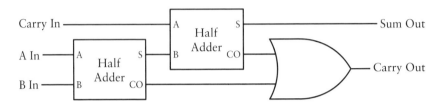

可能不太清楚為什麼這會有效。從 A 和 B 輸入到左側的第一個半加器開始。輸出是一個總和（sum）和一個進位（carry）。該「總和」必須與來自前一行（previous column）的進位——稱為進位輸入（Carry In）——相加。該「進位輸入」與來自第一個半加法器之總和同時是第二個半加器的輸入。來自第二個半加器的總和是最終的總和。來自第一、第二兩個半加器的進位輸出（Carry Out）同時是一個 OR 閘的輸入。你可能會認為這裡需要另一個半加器，這當然也可以。但如果你仔細研究所有的可能性，你會發現來自兩個半加器的進位輸出永遠不會同時等於 1。OR 閘足以將它們相加，因為如果輸入端永遠不會同時為 1，則 OR 閘與 XOR 閘是一樣的。

我們可以將其稱為全加器（*full adder*），而不用繪製和重繪該圖：

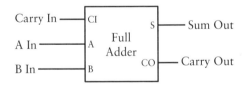

下表總結了全加器的所有可能的輸入組合以及輸出結果：

A In	B In	Carry In	Sum Out	Carry Out
0	0	0	0	0
0	1	0	1	0
1	0	0	1	0
1	1	0	0	1
0	0	1	1	0
0	1	1	0	1
1	0	1	0	1
1	1	1	1	1

我在本章前面曾說過，我們的二進位加法器需要 144 個繼電器。下面是我的計算方式：每個 AND、OR 和 NAND 閘需要兩個繼電器。因此，XOR 閘由六個繼電器組成。半加器是一個 XOR 閘和一個 AND 閘的組合，所以是八個繼電器。每個全加器是兩個半加器和一個 OR 閘的組合，所以是 18 個繼電器。我們的 8 位元加法機器需要 8 個全加器，所以是 144 個繼電器。

回想一下我們原來的控制面板，裡面有開關和燈泡：

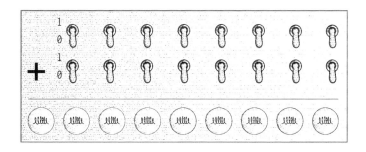

我們現在可以開始將這些開關和燈泡連接到八個全加器。

從最低效的位元開始：首先將最右邊的兩個開關和最右邊的燈泡連接到一個全加器：

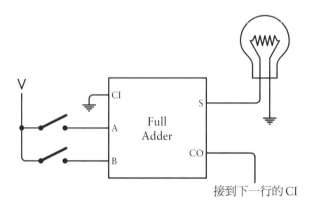

當你著手將兩個二進位數字相加時，數字最右邊第一行的運算有所不同。之所以不同，是因為每個後續的行都有可能包含前一行的進位。第一行不包括進位位元，這就是為什麼全加器的進位輸入被接地的原因。這意味著該位元的值為 0。當然，讓第一對二進位數字相加可能會導致進位的結果。該進位輸出是下一行的輸入。

對於接下來的兩位數字和下一個燈泡，你可以按如下方式來連接全加器：

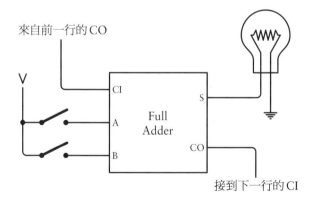

第一個全加器的進位輸出是第二個全加器的進位輸入。接下來每一行數字的連接方式都是一樣的。每一行的進位輸出是下一行的進位輸入。

最終，將第八對也是最後一對開關（位於控制面板最左側的開關）連接到最後一個
全加器：

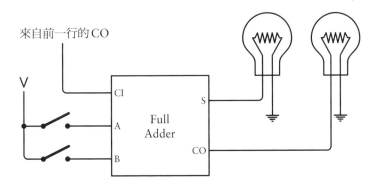

如此圖所示，最後的進位輸出會被連接到第九個燈泡。

這樣就完成了。

下面是查看八個全加器組合的另一種方式，每個進位輸出（Carry Out 或 CO）作為
下一個進位輸入（Carry In 或 CI）：

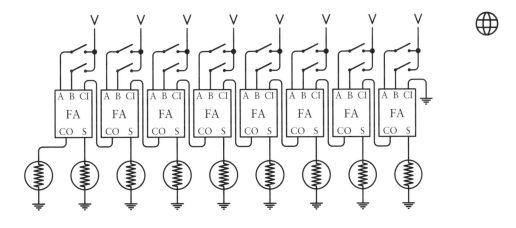

這些全加器的順序與控制面板上開關和燈泡的順序相同：最低效的位元在右側，最
高效的位元在左側，就像平常寫數字那樣。注意每個「進位輸出」如何繞接成為下
一個高效位元的「進位輸入」。第一個「進位輸入」被接地（表示位元的值為 0），
而最後一個「進位輸出」用於點亮第九個燈泡。

下面是封裝在一個黑箱裡的完整 8 位元加法器。輸入被標記為 A_0 到 A_7 以及 B_0 到 B_7。輸出被標記為 S_0 到 S_7（總和）：

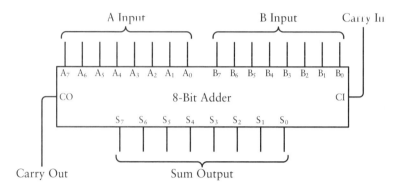

這是標記多位元數字之個別位元的常用方法。位元 A_0、B_0 和 S_0 是最低效的，或最右邊的位元。位元 A_7、B_7 和 S_7 是最高效的，或最左邊的位元。例如，下面是這些被附加下標的字母如何應用於二進數字 01101001 的例子：

A_7	A_6	A_5	A_4	A_3	A_2	A_1	A_0
0	1	1	0	1	0	0	1

下標從 0 開始，對於越高效的數字則下標值越高，因為它們對應 2 的次方之指數：

2^7	2^6	2^5	2^4	2^3	2^2	2^1	2^0
0	1	1	0	1	0	0	1

如果你把每 2 的次方乘以它下面的數字，並將它們全部相加，你會得到 01101001 的十進位等效值，也就是 64+32+8+1，或 105。

8 位元加法器的另一種繪製方式如下：

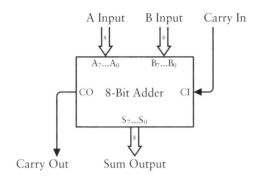

雙線箭頭裡面有一個 8，表示每個箭頭代表一組八個單獨的訊號。這些是 1 位元組的資料路徑。它們也被標記為 $A_7...A_0$、$B_7...B_0$、$S_7...S_0$，以表示 8 位元數字。

一旦你建構了一個 8 位元加法器，你就可以建構另一個。然後很容易將它們串接（*cascade*）以進行兩個 16 位元數字的加法：

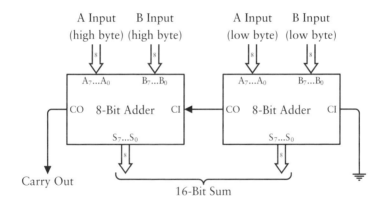

兩個 16 位元輸入值被分離成兩個位元組，分別稱為低位元組（*low byte*）和高位元組（*high byte*）。右側加法器的「進位輸出」被連接到左側加法器的「進位輸入」。左側的加法器把要相加的兩個數字之最高效八位數字作為輸入，並將結果之最高效的八位數字作為輸出。

現在你可能會問：「這真的是電腦將數字相加的方式嗎？」

好問題！

第十五章

這是真的嗎？

上一章中，你看到了如何將繼電器連接在一起，以形成一個 1 位元加法器，然後將八個加法器組合在一起，以進行兩個位元組的加法。你甚至看到了這些 8 位元加法器是如何被串接起來，以進行更大數字的加法，你可能想知道，這真的是電腦對數字進行加法的方式嗎？

嗯，是的，也不是。一個很大的區別是，今日的電腦不再是由繼電器製成。但它們曾經是。

1937 年 11 月，貝爾實驗室的一位研究員喬治·斯蒂比茨（George Stibitz，1904-1995）將幾個用於電話交換電路（telephone switching circuit）的繼電器帶回家。在他的廚房桌子上，將這些繼電器與電池、兩個燈泡和兩個開關組合在一起，這些開關是他用錫罐切割出的金屬條製成的。這是一個 1 位元加法器，就像你在上一章中看到的那樣。斯蒂比茨後來稱它為「K 型」（Model K），因為這是在廚房的桌子上建造的。

K 型加法器（Model K adder）後來被稱為「概念證明」（proof of concept），證明繼電器可以進行算術。貝爾實驗室授權了一個專案來繼續這項工作，到了 1940 年，複數電腦（Complex Number Computer）開始運行。它由大約 400 多個繼電器組成，專門用於將複數相乘，複數是由實數部分和虛數部分組成的數字（虛數是負數的平方根，在科學和工程應用上很有用）。將兩個複數相乘需要四次單獨的乘法和兩次加法。複數電腦可以處理實部和虛部最多 8 位十進位數字的複數。進行此乘法大約需要一分鐘。

這並不是第一台基於繼電器的電腦。按時間順序，第一台是由康拉德·祖斯（Conrad Zuse，1910-1995）建造的，他在 1935 年著手於他父母在柏林的公寓建構了一台機器，當時他還是一名工科學生。他的第一台機器，稱為 Z1，沒有使用繼電器，而是完全以機械方式模擬繼電器的功能。他的 Z2 機器確實使用了繼電器，並且可以在舊的 35mm 電影膠片上打孔進行程式設計。

與此同時，大約在 1937 年，哈佛研究生霍華德·艾肯（Howard Aiken，1900-1973）需要一些方法來進行大量的重複計算。這導致了哈佛大學和 IBM 之間的合作，最終於 1943 年完成了自動序列控制計算機（Automated Sequence Controlled Calculator 或 ASCC），最終被稱為哈佛 Mark I。在操作的過程中，這台機器中繼電器的咔噠聲產生了一種非常獨特的聲音，對人來說，這聽起來「就像有一屋子的女士在做編織」。Mark II 是最大型之基於繼電器的機器，使用了 13,000 個繼電器。以艾肯為首的哈佛運算實驗室（Harvard Computation Laboratory）教授了電腦科學的第一門課程。

這些基於繼電器的電腦——也稱為機電（electromechanical）電腦，因為它們結合了電力和機械裝置——是第一批可用的數位電腦（digital computers）。

用「數位」（digital）這個詞來描述這些電腦，是由喬治·斯蒂比茨（George Stibitz）在 1942 年創造的，目的是將它們與普遍使用了幾十年的類比（analog）電腦區分開來。

1927 至 1932 年間，由麻省理工學院教授萬尼瓦·布希（Vannevar Bush，1890-1974）和他的學生建造的微分分析儀（Differential Analyzer）是一台偉大的類比電腦。這台機器使用旋轉的圓盤、軸和齒輪來求解微分方程，這是涉及微積分的方程。微分方程的解不是一個數字，而是一個函數，微分分析儀將在紙上列印出這個函數的圖形。

類比電腦的歷史可以進一步追溯到物理學家威廉·湯姆森（William Thomson，1824-1907）——後來被稱為開爾文勳爵（Lord Kelvin）——設計的潮汐預測機（Tide-Predicting Machine）。在 1860 年代，湯姆森構思了一種分析潮汐漲落的方法，並將這些模式分解為一系列不同頻率和振幅的正弦曲線。用湯姆森的話來說，他的潮汐預測機的目標是「在計算整個潮汐漲落之基本成分的巨大機械工作中，以黃銅代替大腦」。換句話說，它使用輪子、齒輪和滑輪來相加正弦曲線的分量，並將結果列印在一卷紙上，以顯示未來潮汐的漲落。

微分分析儀和潮汐預測機都能夠列印圖表，但有趣的是，它們這樣做時沒有計算定義圖表的數字！這是類比電腦的特點。

至少早在 1879 年，威廉·湯姆森就知道類比電腦和數位電腦之間的區別，但他使用了不同的術語。像他的潮汐預測器（tide predictor）這樣的儀器，他稱之為「連續計算機器」（continuous calculating machine），以區分它們與「純粹的算術」（purely arithmetical）機器，例如「巴貝奇（Babbage）提出之偉大但已部分實現的計算機概念」。

湯姆森指的是英國數學家查爾斯·巴貝奇（Charles Babbage，1791-1871）的著名作品。回想起來，巴貝奇在歷史上是反常的，因為他在類比電腦普及之前就曾試圖製造一台數位電腦！

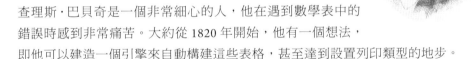

在巴貝奇的時代（以及之後很長一段時間），電腦是一位計算數字的被雇傭者。對數表（tables of logarithms）經常被用於簡化乘法，而三角函數表（tables of trigonometric functions）對於航海和其他用途是必不可少的。如果你想發布一組新的數學表，你可以雇用一堆電腦，讓它們工作，然後組合結果。當然，在此過程的任何階段都可能出現錯誤，從最初的計算到設置類型以列印最終頁面。

查理斯·巴貝奇是一個非常細心的人，他在遇到數學表中的錯誤時感到非常痛苦。大約從 1820 年開始，他有一個想法，即他可以建造一個引擎來自動構建這些表格，甚至達到設置列印類型的地步。

巴貝奇的第一台機器被稱為差分機（Difference Engine），之所以這樣命名，是因為它將執行與構建數學表相關的特定工作。眾所周知，構建對數表不需要計算每個值的對數。相反，可以為選定的值計算對數，然後可以透過內插法來計算中間的數字，在相對簡單的計算中使用所謂的差值。

巴貝奇設計他的差分機來計算這些差值。它使用齒輪來表示十進位數字，並且能夠進行加法和減法。但是，儘管英國政府提供了一些資金，但它從未完成，巴貝奇在 1833 年放棄了差分機。

那時，巴貝奇有了一個更好的主意，他稱之為分析機（Analytical Engine）。透過反覆的設計和重新設計（實際建造了一些小模型和零件），它讓巴貝奇斷斷續續地耗費

了不少精力，直到去世。分析機是 19 世紀最接近數位電腦的東西。在巴貝奇的設計中，它有一個儲存庫（概念相當於我們的記憶）和一個執行算術的作坊（*mill*）。乘法可以透過重複加法來處理，而除法可以透過重複減法來處理。

分析機耐人尋味的是，它可以使用打孔的卡片進行程式設計。巴貝奇從約瑟夫・瑪麗・雅卡爾（Joseph Marie Jacquard，1752-1834）開發的創新型自動織布機中得到了這個想法。雅卡爾織布機（約 1801 年）以打了孔的紙板來控制絲綢上圖案的編織。雅卡爾自己的傑作是一幅黑白絲綢的自畫像，需要大約 10,000 張卡片。

巴貝奇從未給我們留下一個全面、連貫的描述，說明他想用分析機做什麼。 在他寫出奇蹟的數學論證或撰寫譴責街頭音樂家的文章時，他更有說服力。

洛夫萊斯伯爵夫人（Countess of Lovelace）奧古斯塔・艾達・拜倫（Augusta Ada Byron，1815-1852）彌補了巴貝奇的失誤。她是詩人拜倫勳爵（Lord Byron）唯一合法的女兒，但她的母親引導她進入數學領域，以抵消艾達可能從她父親那裡繼承的一種危險的詩歌氣質。洛夫萊斯夫人與邏輯學家奧古斯都・德・摩根（Augustus de Morgan）一起學習（他曾在本書的第 6 章和第 8 章中出現過），並對巴貝奇的機器著迷。

當有機會翻譯一篇關於分析機的義大利語文章時，艾達・洛夫萊斯接手了這份工作。她的譯本於 1843 年出版，但她添加了一系列註釋，將文章的長度擴展至原來的三倍。其中一個筆記包含了一組用於巴貝奇機器的指令樣本，因此洛夫萊斯並不是第一個電腦程式員（那將是巴貝奇本人），而是第一個**發表**電腦程式的人。

我們這些後來在雜誌和書籍中發表電腦程式教學課程的人，可以自認為是艾達之子。

艾達・洛夫萊斯（Ada Lovelace）對巴貝奇的機器進行最富有詩意的描述，她寫道：「我們可以說，分析機**編織代數圖案**，就像雅卡爾織布機編織花朵和葉子一樣」。

洛夫萊斯對於電腦的使用也有一種早熟的遠見，認為電腦的使用不僅僅是在計算數字。任何可以用數字表示的東西，都可能成為分析機的主題：

例如，假設在和聲及音樂創作科學中，音調的基本關係容易受到這種表達和改編的影響，那麼機器可能會創作出任何複雜程度或範圍之精緻而科學的音樂作品。

考慮到巴貝奇和撒母耳·摩爾斯幾乎是同時代的人，而且巴貝奇也知道喬治·布爾的作品，不幸的是，他沒有在電報繼電器和數理邏輯之間建立起關鍵的聯繫。直到1930年代，聰明的工程師才開始用繼電器製造電腦。哈佛馬克一號（Harvard Mark I）是第一台列印數學表的電腦，一百年後終於實現了巴貝奇的夢想。

從1930年代的第一台數位電腦到現在，整個電腦使用的歷史可以用三個趨勢來概括：更小、更快、更便宜。

繼電器並不是構建電腦的最佳裝置。由於繼電器是機械性的，並且透過彎曲金屬片來工作，因此它們在長時間工作後可能會斷裂。繼電器也可能由於觸點之間卡住灰塵或紙屑而失效。在1947年的一次著名事件中，從哈佛馬克二號電腦的繼電器中取出一隻飛蛾。葛蕾絲·默里·霍普（Grace Murray Hopper，1906-1992）於1944年在艾肯（Aiken）手下工作，後來在電腦程式語言領域變得非常有名，她將飛蛾貼在電腦日誌上，並註明「找到蟲子（即錯誤）的第一個實際案例」。

繼電器的可能替代品是真空管（vacuum tube，英國人稱之為valve（閥門）），它是由約翰·安布羅斯·弗萊明（John Ambrose Fleming，1849-1945）和李·德·福雷斯特（Lee de Forest，1873-1961）開發的，與無線電有關。1940年代，真空管早已被用來放大電話，幾乎每個家庭都有一台落地收音機，裡面裝滿了發光的管子，將無線電信號放大，以使其可以被聽到。真空管也可以像繼電器一樣連接成AND、OR、NAND和NOR閘。

邏輯閘是由繼電器還是真空管構成並不重要。邏輯閘總是可以被組裝成加法器和其他複雜的元件。

不過，真空管也有自己的問題。它們價格昂貴，需要大量的電力，並產生大量的熱量。更大的缺點是它們最終會被燒毀。這是人們生活的事實。那些擁有真空管收音機的人習慣於定期更換真空管。電話系統的設計有很多冗餘，所以偶爾損失一根真空管沒什麼大不了的（反正沒有人會指望電話系統風平浪靜地工作）。但是，當電腦中的真空管燒壞時，可能不會立即被發現。此外，一台電腦使用如此多的真空管，從統計學上講，可能每隔幾分鐘就會有真空管被燒壞。

與繼電器相比，使用真空管的最大優勢是速度。在最好的情況下，繼電器只能在大約千分之一秒或 1 毫秒內進行切換。真空管可以在大約百萬分之一秒（一微秒）內進行切換。有趣的是，速度問題並不是早期電腦開發的一個主要考慮因素，因為整體運算速度與機器從紙帶或膠片讀取程式的速度有關。只要電腦是以這種方式構建的，真空管比繼電器快多少並不重要。

從 1940 年代初開始，真空管開始取代新電腦中的繼電器。到 1945 年，過渡已經完成。雖然使用繼電器的機器被稱為機電電腦，但真空管是第一批電子電腦的基礎。

在摩爾電機工程學院（賓夕法尼亞大學），普瑞斯伯・艾克特（J. Presper Eckert，1919-1995）和約翰・莫奇利（John Mauchly，1907-1980）設計了 ENIAC（電子數值積分器和電腦）。它使用了 18,000 個真空管，並於 1945 年底完成。純粹就噸位而言（約 30 噸），ENIAC 是有史以來（並且可能永遠是）最大型的電腦。然而，埃克特和莫奇利為電腦申請專利的嘗試被約翰・阿塔納索夫（John V. Atanasoff，1903-1995）的競爭性主張所阻撓，他早些時候設計了一種從未完全正常工作的電子電腦。

ENIAC 引起了數學家約翰・馮・諾依曼（John von Neumann，1903-1957）的興趣。自 1930 年以來，匈牙利出生的馮・諾依曼（他的姓氏發音為 *noy mahn*）一直居住在美國。馮・諾依曼是一位以在腦海中做複雜算術而聞名的人物，他是普林斯頓高等研究院的數學教授，他的研究範圍很廣，從量子力學到博弈論的應用，再到經濟學。

Bettmann/Getty Images

馮・諾依曼幫助設計了 ENIAC 的後繼者，即 EDVAC（電子離散變數自動電腦）。特別是在 1946 年與亞瑟・伯克斯（Arthur W. Burks）和赫爾曼・戈德斯坦（Herman H. Goldstine）合著的論文「電子電腦儀器之邏輯設計的初步討論」（Preliminary Discussion of the Logical Design of an Electronic Computing Instrument）中，他描述了電腦的幾項功能，使 EDVAC 比 ENIAC 有了相當大的進步。ENIAC 使用十進位數字，但 EDVAC 的設計者認為電腦應該在內部使用二進位數字。電腦還應具有盡可能多的記憶體，並且此記憶體將應用於在執行程式時儲存程式碼和資料（同樣，ENIAC 的情況並非如此。對 ENIAC 進行程式設計是操控開關和插入電纜的問題）。這種設計後來被稱為**儲存程式的概念**。這些設計決策是如此重要的進化步驟，以至於今日我們會談到電腦中的**馮・諾依曼架構**。

1948 年，Eckert-Mauchly 電腦公司（後來成為 Remington Rand 的一部分）著手開發第一台商用電腦──通用自動電腦（Universal Automatic Computer 或 UNIVAC）。UNIVAC 於 1951 年完成，第一台被交付給人口普查局（Bureau of the Census）。UNIVAC 在 CBS（哥倫比亞廣播公司）的黃金時段首次亮相，當時它被用來預測 1952 年總統大選的結果。主持人沃爾特‧克朗凱（Walter Cronkite）將其稱為「電子腦」（electronic brain）。同樣在 1952 年，IBM 宣佈了該公司的第一個商用電腦系統，701。

從而開始了企業和政府使用電腦的悠久歷史。無論歷史多麼有趣，我們將追尋另一條歷史軌道，這條軌跡縮小了電腦的成本和尺寸，並將它們帶入家中，它始於 1947 年一個幾乎無人注意的電子技術突破。

1925 年 1 月 1 日，美國電話電報公司（American Telephone and Telegraph）正式將其科學和技術研究部門與其他業務分離並成立子公司，貝爾電話實驗室（Bell Telephone Laboratories）應運而生。貝爾實驗室（Bell Labs）的主要目的是開發技術以改善電話系統。幸運的是，這一任務很模糊，涵蓋了各種事物，但電話系統中一個明顯的長期目標是對「透過電線傳輸的語音信號」進行無失真的放大。

有大量的研究和工程用於改進真空管，但在 1947 年 12 月 16 日，貝爾實驗室的兩位物理學家約翰‧巴丁（John Bardeen，1908-1991）和沃爾特‧布拉坦（Walter Brattain，1902-1987）連接了不同類型的放大器。這種新的放大器是由一塊鍺（一種稱為半導體的元素）和一條金箔製成的。一週後，他們向老闆威廉‧肖克利（William Shockley，1910-1989）展示了它。這是第一顆電晶體（*transistor*），一些人稱之為二十世紀最重要的發明。

電晶體並不是突然出現的。八年前，1939 年 12 月 29 日，肖克利在他的筆記本上寫道：「今天我突然想到，使用半導體而不是真空管的放大器原則上是可能的」。而在第一顆電晶體被展示出來之後，又花了許多年的時間來改善它。直到 1956 年，肖克利、巴丁和布拉坦才被授予諾貝爾物理學獎，「以表彰他們對半導體的研究和對電晶體效應的發現」。

在本書的前面，我談到了導體（conductors）和絕緣體（insulators）。某些元素之所以有導體這樣的稱呼，是因為它們非常有利於電力的通過。銅、銀和金是最好的導體，這三者都存在於元素週期表的同一行中，並非巧合。

鍺和矽等元素（以及一些化合物）被稱為半導體（*semiconductors*），並不是因為它們導電性只是導體的一半，而是因為它們的電導性可以透過各種方式操控。半導體在最外層的殼中有四個電子，這是該外層殼可以具有之最大數量的一半。在純半導體中，原子彼此形成非常穩定的鍵，並具有類似於金剛石的晶體結構。這種材料不是好的導體。

但半導體可以被摻雜（*doped*），這意味著它們可以與某些雜質結合。有一種雜質會為原子之間的鍵結所需的電子添加額外的電子，而導致所謂的 N 型半導體（N 代表負）。另一種雜質會導致 P 型半導體。

透過將一個 P 型半導體夾在兩個 N 型半導體之間，可以將半導體製成放大器。這被稱為 NPN 體晶體，而電晶體中這三塊半導體分別被稱為集極（*collector*）、基極（*base*）和射極（*emitter*）。

下面是 NPN 電晶體的示意圖：

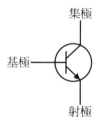

基極上的小電壓可以控制從集極到射極的較大電壓。如果基極上沒有電壓，它會有效地關閉電晶體。

電晶體通常被封裝在直徑約四分之一英寸的小金屬罐中，並帶有三根電線：

電晶體開創了固態電子學的先河，這意味著電晶體不需要真空，而是由固體（特別是半導體和最常見的矽）製成。除了比真空管小得多，電晶體需要的功率也小得多，所產生的熱量也少得多，並且使用壽命更長。在你的口袋裡隨身攜帶真空管收音機是不可思議的。但電晶體收音機可由小電池供電，與真空管不同，它不會變

熱。1954 年耶誕節早上，一些幸運的人在打開禮物後可以把電晶體收音機放到口袋裡。第一批袖珍收音機使用了德州儀器（Texas Instruments 或 TI）製造的電晶體，德州儀器是半導體革命的重要公司。

然而，電晶體的第一個商業應用是助聽器（hearing aids）。為了紀念亞歷山大·格拉漢姆·貝爾（Alexander Graham Bell）畢生與聾人合作的傳統，AT&T 允許助聽器製造商使用電晶體技術而無須支付任何專利費。

第一台電晶體電視於 1960 年問世，如今真空管電器幾乎已經消失（然而，不完全是。相較於電晶體放大器的聲音，一些發燒友和電吉他手更喜歡真空管放大器的聲音）。

1956 年，肖克利（Shockley）離開貝爾實驗室，成立了肖克利半導體實驗室（Shockley Semiconductor Laboratories）。他搬到了加利福尼亞州的帕洛阿爾托（Palo Alto, California），那是他成長的地方。他的公司是第一家進入該地區的此類公司。隨著時間的推移，有其他半導體和電腦公司在那裡成立，舊金山以南的地區現在被非正式地稱為矽谷（Silicon Valley）。

真空管最初是為放大而開發的，但它們也可作為邏輯閘中的開關。電晶體也是如此。下面是一個基於電晶體的 AND 閘，其結構與繼電器版本非常相似：

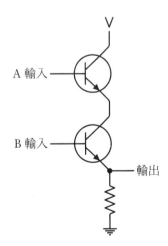

只有當 A 輸入和 B 輸入都有電壓時，兩個電晶體才會導通電流，從而使輸出有電壓。發生這種情況時，電阻器可防止短路。

如下圖所示，兩個電晶體也可以形成一個 OR 閘。將兩個電晶體的集極連接到電壓源，並將射極連接在一起：

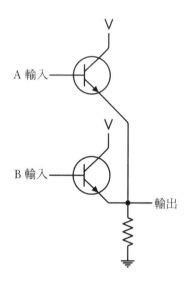

我們從繼電器所學到之關於構建邏輯閘和其他元件的所有知識都適用於電晶體。繼電器、真空管和電晶體最初都是為了放大之目的而開發的，但可以用類似的方式連接起來，以製造能夠建構電腦的邏輯閘。第一台電晶體電腦建構於 1956 年，幾年內，新電腦的設計已不再使用真空管。

電晶體當然能使電腦更可靠、更小、更不耗電，但它們並不一定能使電腦更易於構建。電晶體可以讓你在更小的空間內裝下更多的邏輯閘，但你仍然需要擔心這些元件的所有互連。製作邏輯閘的電晶體佈線，就像給繼電器和真空管佈線一樣困難。

然而，正如你已經發現的那樣，電晶體的某些組合會反覆出現。成對的電晶體幾乎總是被連接成邏輯閘。邏輯閘通常被連接成加法器、解碼器或編碼器，如你在第 10 章末尾看到的那樣。在第 17 章中，你很快就會看到一種至關重要的邏輯閘，稱為正反器（*flip-flop*），它具有儲存位元的能力，並具有一個以二進位數字計數的計數器（*counter*）。如果預先將電晶體以通用的組態連接起來，組裝這些電路就會容易得多。

這個想法似乎是由英國物理學家傑佛瑞·杜默（Geofey Dummer，1909-2002）在1952 年 5 月的一次演講中首先提出的。他說：「我想窺探一下未來」。

隨著電晶體的出現和半導體的普遍應用，現在似乎可以把電子設備設想成一個沒有連接線的實心方塊（solid block）。該方塊可由絕緣、導電、整流和放大材料層組成，各種電氣功能透過切割出各種層次的區域直接連接。

然而，一個可用的產品需要等待幾年的時間。

在不知道杜默（Dummer）所做之預測的情況下，1958 年 7 月，德州儀器公司的傑克・基爾比（Jack Kilby，1923-2005）想到多個電晶體以及電阻器和其他電氣元件可由一塊矽製成。六個月後，即 1959 年 1 月，羅伯特・諾伊斯（Robert Noyce，1927-1990）基本上也產生了同樣的想法。諾伊斯最初在肖克利半導體實驗室（Shockley Semiconductor Laboratories）工作，但在 1957 年，他和其他七名科學家離開該公司並創辦了仙童半導體公司（Fairchild Semiconductor Corporation）。

在技術史上，同時發明比人們想像的更為普遍。儘管基爾比（Kilby）較諾伊斯（Noyce）早了六個月發明該裝置，並且德州儀器在仙童半導體之前申請了專利，但諾伊斯卻首先獲得了專利。法律糾紛接踵而至，直到十年後才最終得到令所有人滿意的結果。雖然他們從未一起工作過，但基爾比和諾伊斯今天被認為是積體電路（integrated circuit 或 IC）──通常稱為晶片（chip）──的共同發明者。

積體電路是通過複雜的過程製造的，該過程涉及將矽的薄晶圓（thin wafers）分層，在不同的區域進行精確地摻雜（doped）和蝕刻（etched）以形成微觀元件。雖然開發新的積體電路成本高昂，但它們得益於大規模生產──你製造得越多，它們就越便宜。

實際的矽晶片薄而脆弱，因此必須進行安全的封裝，既可以保護晶片，又可以為晶片中的元件與其他晶片的連接提供某種途徑。早期的積體電路以幾種不同的方式封裝，但最常見的是矩形塑料（rectangular plastic）雙列直插封裝（dual inline package 或 DIP），從側面突出 14、16 或多達 40 隻引腳：

這是一個 16 隻引腳的晶片。如果你拿著晶片，讓小凹口位於左側（如圖所示），引腳的編號為 1 到 16，從左下角開始，沿著右側繞圈，並以左上角的 16 號引腳結束。每邊的引腳正好相距 1/10 英寸。

1960 年代，太空計劃和軍備競賽推動了早期的積體電路市場。在民用方面，第一個包含積體電路的商業產品是 Zenith 於 1964 年銷售的助聽器。1971 年，德州儀器開始銷售第一款袖珍計算器（pocket calculator），Pulsar 開始銷售第一款數位手錶（digital watch）（顯然，數位手錶中的 IC 封裝方式與剛才看到的封裝實例大不相同）。隨後，許多其他在設計中納入積體電路的產品也相繼問世。

1965 年，戈登·摩爾（Gordon E. Moore，當時在仙童，後來成為英特爾公司的聯合創始人）注意到科技的進步，使得自 1959 年以來，單個晶片上可以容納的電晶體數量，每年都會倍增。他預測這種趨勢將繼續下去。實際趨勢稍慢，因此摩爾定律（最終被稱為此名稱）被修改為預測晶片上的電晶體數量每 18 個月會倍增。這仍然是一個驚人的進步速度，並揭示了為什麼家用電腦似乎總是在短短幾年內就變得過時。摩爾定律在 21 世紀的第二個十年似乎已經失效，但現實仍然接近預測。

有幾種不同的技術被用來製造構成積體電路的元件。這些技術中的每一種有時都被稱為 IC 系列（family）。到 1970 年代中期，有兩個系列很流行：TTL（發音為 tee tee ell）和 CMOS（see moss）。

TTL 代表 transistor-transistor logic（電晶體 - 電晶體邏輯）。這些晶片受到那些以速度為主要考慮因素的人之青睞。CMOS 代表 complementary metal-oxide-semiconductor（互補金屬氧化物半導體）晶片使用較少的功率，並且較能容忍電壓變化，但速度不如 TTL 快。

如果在 1970 年代中期，你是一名數位設計工程師（這意味著，你使用 IC 設計較大型的電路），那麼你辦公桌之書架上將有一本 1¼ 英寸厚的書，由德州儀器（TI）於 1973 年首次出版，名為《TTL 設計工程師資料手冊》（TTL Data Book for Design Engineers）。這是對德州儀器（TI）和其他幾家公司銷售之 7400（七千四百）系列 TTL 積體電路的完整參考，之所以這樣稱呼，是因為該系列中每個 IC 的數字標識都是以 74 開頭。

7400 系列中的每一個積體電路都由邏輯閘組成，這些邏輯閘都是以特定的組態（confguration）預接線（prewired）而組成。有些晶片提供了簡單的預接線邏輯閘（prewired gates），你可用它來建立更大的元件；其他晶片則提供了常見的元件。

7400 系列中的第一個 IC 的編號便是 7400，它在 *TTL 資料手冊*中被描述為「四路 2 輸入正向 NAND 閘」（Quadruple 2-Input Positive-NAND Gates）。這意味著，此特定的積體電路包含四個 2 輸入 NAND 閘。它們被稱為正向 NAND 閘，是因為 5 伏輸入（或附近的電壓）對應於邏輯 1，零電壓對應於 0。這是一個有 14 隻引腳的晶片，資料手冊中可以找到，指出引腳與輸入和輸出之對應關係的小圖：

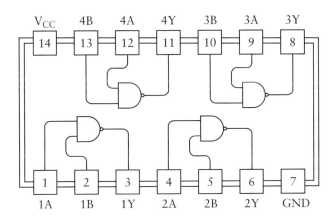

此圖是晶片的俯視圖（引腳在底部），左側有一個小凹口（如第 207 頁所示）。

引腳 14 被標記為 V_{CC}，相當於我用來表示電壓的 V 符號。引腳 7 標記為 GND 用於**接地**。你在特定電路中使用的每個積體電路，都必須連接到公共的 5 伏電源和公共的地線。7400 晶片裡的四個 NAND 閘中，每一個都有兩個輸入和一個輸出。它們彼此獨立運作。

關於一個特定的積體電路，需要了解的一個重要事實為**傳播時間**（*propagation time*）——輸入的變化反映在輸出中，所需之時間。

晶片的傳播時間通常以**奈秒**（*nanoseconds*）為單位，縮寫為 nsec。一奈秒是很短的時間。千分之一秒是一毫秒（millisecond）。百萬分之一秒是一微秒（microsecond）。十億分之一秒是一奈秒。7400 晶片中 NAND 閘的傳播時間保證小於 22 奈秒。這是 0.000000022 秒，或 22 億分之一秒。

如果你不能感受到一奈秒的感覺，那麼你並不孤單。但如果你把這本書拿到離你的臉 1 英尺遠的地方，那麼一奈秒就是光線從頁面傳播到你眼睛的時間。

然而，奈秒正是使電腦成為可能的原因。電腦執行的每一步都是非常簡單的基本操作，而在電腦中完成任何實質性操作的唯一原因是，這些操作發生得非常快。引用羅伯特·諾伊斯（Robert Noyce）的話：「當你適應奈秒後，電腦運算在概念上就相當簡單了」。

讓我們繼續閱讀《TTL 設計工程師資料手冊》。你會在此書看到很多熟悉的小零件：7402 晶片中有 4 個 2 輸入 NOR 閘，7404 中有 6 個反相器，7408 中有 4 個 2 輸入 AND 閘，7432 中有 4 個 2 輸入 OR 閘，7430 中是一個 8 輸入 NAND 閘：

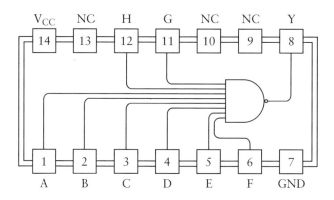

縮寫 NC 表示無連接（no connection）。

繼續閱讀 TTL 資料手冊，你會發現 7483 晶片中是一個 4 位元的二進位全加器（full adder），74151 中是一個 8 線至 1 線（8-line-to-1-line）的資料選擇器（data selector），而 74154 中是一個 4 線至 16 線（4-line-to-16-line）的解碼器（decoder）。

現在你知道我是如何想出我在這本書中向你展示的各種元件的了。它們是我從《TTL 設計工程師資料手冊》中偷來的。

在那本書中，你會看到一個有趣的晶片，74182，稱為前瞻進位產生器（look-ahead carry generator）。74182 需要與另一個執行加法和其他算術運算的晶片 74181 一起使用。正如你在第 14 章中建構 8 位元加法器時看到的那樣，二進位加法器的每一個位元都取決於前一位元的進位。這就是所謂的連波進位（*ripple carry*）。你要相加的數字越大，獲得結果的速度就越慢。

前瞻進位產生器的設計是為了改善這種趨勢，它提供了專門用於計算進位位元的電路，它所花的時間比加法器本身的時間要短。當然，這種特殊的電路需要更多的邏輯閘，但它加快了總加法時間（total addition time）。有時，可以透過重新設計電路來改進電路，這樣就可以移除邏輯閘，但通常的情況下，一個電路可以透過增加更多邏輯閘來處理特定的問題，以加快速度。

邏輯閘不是隱喻或想像中的東西。它們非常真實。邏輯閘和加法器曾經是由繼電器構成的，後來繼電器被真空管取代，真空管被電晶體取代，電晶體被積體電路取代。但基本概念仍舊完全相同。

第十六章

但減法呢？

在你說服自己，繼電器、真空電管或電晶體確實可以連接在一起，以進行二進位數字加法之後，你可能會問：「但減法呢？」請放心，你提出這樣的問題，不是自討沒趣；你實際上是很有洞察力的。加法和減法在某些方面是相輔相成的，但這兩種運算的機制卻大相徑庭。加法的進行係從數字的最右行（rightmost column）一直到最左行（leftmost column）。來自每一行的進位會被加到下一行。但在減法中不會進位；相反，會借位，這涉及到一種本質上不同的機制——混亂的來來回回的那種。例如，讓我們來看一個充滿借位的典型減法問題：

$$
\begin{array}{r}
253 \\
- 176 \\
\hline
???
\end{array}
$$

如果你像我一樣，當你看最右行，並看到 6 大於 3，你就會說討厭。你需要往左從下一行借位，該行也需要借位。細節我就不詳細介紹了，但如果你做得正確（或者你犯了和我一樣的錯誤），你會得到 77 的答案：

$$
\begin{array}{r}
253 \\
- 176 \\
\hline
77
\end{array}
$$

現在我們怎麼才能讓一堆邏輯閘可以透過必要的曲折邏輯來獲得該結果？

好吧，我們不打算嘗試。相反，我們將用一種小技術，讓我們在不借位的情況下進行減法。乍一看，這似乎是一個把戲，但這是瞭解負數在電腦中的儲存方式之關鍵的第一步。

你可能在早期教育中被告知，減法如同負數的加法。從某種意義上說，這是無用的資訊，因為它不會讓減法變得更容易。但這確實意味著我們可以將減法重寫為負數加正數：

$$-176 + 253 =$$

現在我想把另外兩個數字放進去：一個正數，一個負數；這樣我們就是在對四個數字做加法：

$$1000 - 176 + 253 - 1000 =$$

我們先加上 1000，然後減去 1000，所以應該不會對結果產生任何影響。我們知道 1000 是 999 加 1，因此我們可以不從 1000 開始，而從 999 開始，然後稍後再加 1。儘管這串數字變得更長了，但它仍然是等效的：

$$999 - 176 + 253 + 1 - 1000 =$$

這當然會有很多雜亂無章的東西，但讓我們從左到右開始研究這個問題。第一步是減法：999 減去 176。令人驚訝的是，你不需要借位！很容易計算出 999 減去 176 就是 823：

$$823 + 253 + 1 - 1000 =$$

從一串 9 中減去一個數字，會得到一個數字，稱為**九的補數**（*complement*）。176 之九的補數是 823。反之亦然：823 之九的補數是 176。這樣很好：無論數字是多少，計算九的補數從**不需要借位**。

接下來的兩個步驟只涉及加法。首先將 253 加到 823，得到結果 1076：

$$1076 + 1 - 1000 =$$

然後加上 1 並減去 1000：

$$1077 - 1000 = 77$$

答案和以前一樣，但這是在沒有令人討厭的借位之情況下完成的。

現在這很重要：當使用九的補數來簡化減法時，你需要知道你正在處理的數字有多少位數。如果其中有數字為四位數，則需要使用 9999 來計算九的補數，然後在末尾減去 10000。

但如果你要從較小的數字中減去較大的數字呢？例如，來看這個減法問題：

$$\begin{array}{r} 176 \\ -\ 253 \\ \hline ??? \end{array}$$

通常，你會說：「嗯。我看到從一個較小的數字中減去一個較大的數字，所以我必須調換這兩個數字，執行減法，並記住結果實際上是一個負數。」你也許可以在腦中調換它們，並用這種方式寫下答案：

$$\begin{array}{r} 176 \\ -\ 253 \\ \hline -77 \end{array}$$

在不借位的情況下進行此計算，與前面的例子略有不同，但首先要調換這兩個數字，在開頭加上 999，並在末尾減去 999：

$$999 - 253 + 176 - 999 =$$

跟之前一樣，從 999 中減去 253，得到九的補數：

$$746 + 176 - 999 =$$

現在將九的補數加到 176：

$$922 - 999 =$$

在前面的問題中，你可以加上 1 並減去 1000 來獲得最終結果，但該策略在這裡並不奏效。相反，我們只剩下一個正 922 和一個負 999。如果這是一個負 922 和一個正 999，你可以只取 922 之九的補數。那將是 77。但因為我們是換了正負號才來取九的補數，所以答案實際上是 –77。它不像第一個例子那麼簡單，但同樣不需要借位。

同樣的技術也可以用於二進位數字，它實際上比十進位數字更簡單。讓我們來看看它是如何運作的。

最初的減法問題是

$$253$$
$$- 176$$
$$???$$

當這些數字被轉換為二進位時，問題就變成了

$$11111101$$
$$- 10110000$$
$$????????$$

我首先將這兩個數字的位置換一下，這樣問題就變成一個負數加一個正數。二進位數字下方顯示的是其十進位的等效值：

$$-10110000 + 11111101 =$$
$$-176 \quad + \quad 253 \quad =$$

現在讓我們在開頭加上 11111111（等於十進位的 255），然後加上 00000001（十進位的 1）並減去 100000000（等於 256）：

$$11111111 - 10110000 + 11111101 + 00000001 - 100000000 =$$
$$255 \quad - \quad 176 \quad + \quad 253 \quad + \quad 1 \quad - \quad 256 \quad =$$

在二進位中，第一個減法不需要借位，因為這是從 11111111 中減去一個數字：

$$11111111 - 10110000 + 11111101 + 00000001 - 100000000 =$$
$$01001111 \qquad + 11111101 + 00000001 - 100000000 =$$

當從一串九中減去十進位數字時，結果稱為取九的補數。對於二進位數字，從一串 1 中減去什麼，稱為取一的補數。但請注意，我們真的不必透過減法來求補數。看看這兩個數字。10110000 的 1 補數是 01001111，而 01001111 的 1 補數是 10110000：

$$1\ 0\ 1\ 1\ 0\ 0\ 0\ 0$$
$$0\ 1\ 0\ 0\ 1\ 1\ 1\ 1$$

位元的值只是被顛倒了：數字中的每個 0 位元變成一之補數中的 1 位元，而每個 1 位元變成一之補數中的 0 位元。這就是為什麼取一的補數通常被稱為反相（就此而言，你可能還記得第 8 章，我們建構了一個稱為反相器的邏輯閘，它會把 0 變為 1，把 1 變為 0）。

現在的問題是：

$$01001111 + 11111101 + 00000001 - 100000000 =$$
$$79 \quad + \quad 253 \quad + \quad 1 \quad - \quad 256 \quad =$$

現在把頭兩個數字相加：

$$\underbrace{01001111 + 11111101} + 00000001 - 100000000 =$$
$$101001100 \quad + 00000001 - 100000000 =$$

結果是一個 9 位元數字，但沒關係。現在問題已經簡化成這樣了：

$$101001100 + 00000001 - 100000000 =$$
$$332 \quad + \quad 1 \quad - \quad 256 \quad =$$

接著加 1：

$$101001101 - 100000000 =$$
$$333 \quad - \quad 256 \quad =$$

現在剩下的就是減去 256 的二進位等效值，而這只是去掉最左邊的位元：

$$01001101$$
$$77$$

最後的結果，你會很高興知道，與我們用十進位做題時所得到的答案相同。

讓我們把這兩個數字倒過來再試一次。在十進位中，減法問題是

$$\begin{array}{r} 176 \\ - 253 \\ \hline ??? \end{array}$$

在二進位中，它看起來像這樣：

$$10110000$$
$$- 11111101$$
$$\overline{????????}$$

與十進位數字的做法類似，讓我們轉換這些數字的順序。我們將在開頭加上
11111111，並在末尾減去 11111111：

$$11111111 - 11111101 + 10110000 - 11111111 =$$
$$255 \quad - \quad 253 \quad + \quad 176 \quad - \quad 255 \quad =$$

第一步是對 11111101 取一的補充：

$$\underbrace{11111111 - 11111101}_{00000010} + 10110000 - 11111111 =$$

$$00000010 \quad + 10110000 - 11111111 =$$

將該結果加到下一個數字：

$$10110010 - 11111111 =$$
$$178 \quad - \quad 255 \quad =$$

現在，必須以某種方式從該結果中減去 11111111。當從較大的數字中減去較小的數
字時，可以透過加上 1 和減去 100000000 來完成此任務。但你無法在不借位的情況
下以這種方式進行減法。因此，讓我們從 11111111 中減去該結果：

$$11111111 - 10110010 = 01001101$$
$$255 \quad - \quad 178 \quad = \quad 77$$

同樣，這種策略實際上意味著，我們只要顛倒所有位元就可以獲得結果。答案仍然
是 77 的二進位等效值，但對於這個問題，答案實際上是 –77。

當我們從一個較小的數字中減去一個較大的數字時，我們的耳中會有一個聲音：我
們還沒有到那一步。我們還沒有完全解決這個問題。

無論如何，我們現在擁有了需要的知識，可以修改第 14 章中開發的加法機器，使其
可以像加法一樣進行減法運算。為了不至於變得太複雜，這個新的加法和減法機器
只有在結果為正數時才會進行減法運算。

加法機器的核心是一個由邏輯閘組成的 8 位元加法器：

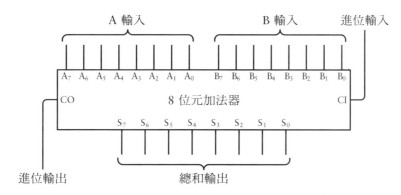

或許你還記得，輸入 A0 到 A7 和 B0 到 B7 被連接到開關上，用於相加兩個 8 位元值。

「進位輸入」（Carry In）被連接到地，相當於 0 位元。輸出 S0 至 S7 被連接到八個燈泡，這些燈泡用於顯示加法的結果。由於加法可能產生 9 位元的值，因此進位輸出（Carry Out）會被連接到第九個燈泡。

控制面板如下所示：

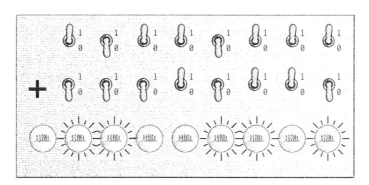

在此圖中，開關被設置為讓 183（或 10110111）和 22（00010110）相加，因而產生的結果是 205 或 11001101，如一列燈泡所示。

用於對兩個 8 位元數字做加法和減法的新控制面板只需要略做修改。將大型加號（big plus sign）換成一個額外的開關來指示我們是要加還是要減。

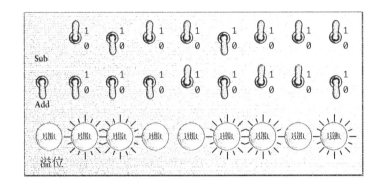

開關向下代表加法，開關向上代表減法，如標記所示。

另一個區別是，只有最右邊的八個燈泡用於顯示結果。第九個燈泡現在被標記為「溢位」（Overflow）。此術語出現在電腦程式設計之幾個不同的語境中，它幾乎總是表示存在問題。我們已將此控制面板設置成讓兩個 8 位元數字相加，在許多情況下，其結果也將是 8 位元的。但若結果是 9 位元的長度，那就是發生了溢位。結果會注入我們用於顯示它的燈泡。如果我們碰巧從較小的數字中減去較大的數字，則溢位也可能在減法中發生。

溢位（Overfow）燈泡亮起來意味著結果是負的，但我們尚未適當地顯示該負值結果。

加法機器主要是多了一些用於計算 8 位元數字之 1 的補數的電路。記住，求 1 的補數相當於將位元反相，所以計算 8 位元數字之 1 的補數的電路，可能看起來就像八個反相器：

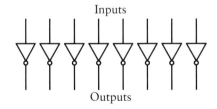

這個電路的問題在於，它總是反轉進入它的位元。我們試圖建立一個既能做加法又能做減法的機器，因此只有在做減法的時候，電路才需要反轉位元。一個更好的電路看起來像這樣：

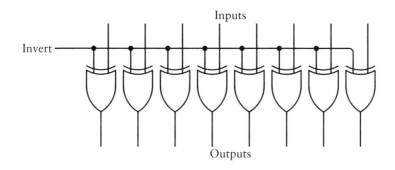

一個標記為「反相」（*Invert*）的訊號被輸入到八個 XOR（互斥或）閘中的每一個。
複習一下，XOR 表會現出以下行為：

XOR	0	1
0	0	1
1	1	0

如果反相訊號為 0，則 XOR 閘的 8 個輸出與 8 個輸入相同。例如，如果輸入
01100001，則輸出 01100001。如果反相訊號為 1，則 8 個輸入訊號會被反相。如果
輸入 01100001，則輸出 10011110。

讓我們將這八個 XOR 閘打包在一個標有 *Ones' Complement*（一的補數）的框中：

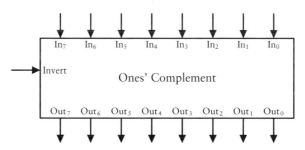

Ones' Complement（一的補數）框、8-Bit Adder（八位元加法器）框和一個最終的
XOR 閘，現在可以像這樣連接在一起：

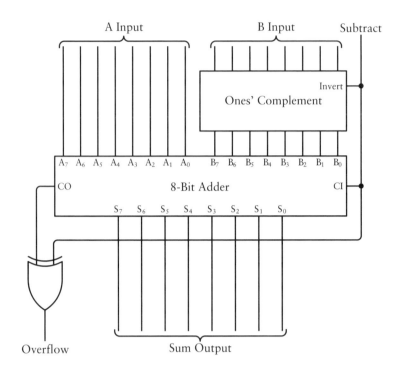

注意右上角標有 *Subtract*（*減法*）的導線。這來自 Add/Subtract 開關。如果要做加法，則此訊號為 0，如果要做減法，則此訊號為 1。對於加法，進入 Ones' Complement 電路之 Invert（反相）訊號為 0，對該電路沒有影響。CI 輸入也為 0。這與簡單的加法電路相同。

但對於減法，B 輸入（控制面板中的第二排開關）在進入加法器之前全部被 Ones' Complement 電路反相了。同樣，對於減法，透過將加法器的 CI（Carry In）輸入設置為 1，將加法器的結果加 1。

Subtract（*減法*）訊號和加法器的 CO（Carry Out）輸出也會進入一個 XOR 閘，用於點亮 Overflow（溢位）燈泡。如果 Subtract 訊號為 0（這意味著正在執行加法），則當加法器的 CO 輸出為 1 時，燈泡將被點亮。這意味著加法的結果大於 255。

如果正在執行減法，並且 B 數字小於 A 數字，則加法器的 CO 輸出為 1 是正常的。這表示在最後一步必須減去 100000000。對於減法，只有當加法器的 CO 輸出為 0 時，Overflow 燈泡才會被點亮。這意味著我們試圖從較小的數字中減去一個較大的數字。前面所看到的機器並不是設計來顯示負數的。

現在你一定很高興，你有問：「但減法呢？」

我在本章中一直在談論負數，但我還沒有說明負的二進位數字是什麼樣子。你可能會認為，傳統的負號在二進位中的使用，就像在十進位中一樣。例如，−77 在二進位中會被寫為 −1001101。你當然可以這樣做，但使用二進位數字的目標之一是使用 0 和 1 來表示*一切*，甚至是像負號這樣的小符號。

當然，你可以直接使用另一個位元來表示負號。你可以讓這個額外位元在負數時變成 1，在正數時變成 0，並讓其他所有內容一樣。這也是可行的，但這還不夠。實際上，還有另一種解決方案已成為表示電腦中負數的標準。它成為標準的主要原因是，它為負數和正數相加提供了一種無障礙的方法。最大的缺點是，你必須提前決定，你可能遇到的所有數字需要多少位數。

想一想：像我們通常那樣寫正數和負數的好處是，它們可以永遠持續下去。我們可以把 0 想像成位於中間位置，有無數個正數流向一個方向，並有無數個負數流向另一個方向：

$$... -1{,}000{,}000 \ -999{,}999 \ ... \ -3 \ -2 \ -1 \ 0 \ 1 \ 2 \ 3 \ ... \ 999{,}999 \ 1{,}000{,}000 \ ...$$

但假設我們不需要無限多的數字。假設我們從一開始就知道，我們遇到的每個數字都將在一個特定的範圍內。

讓我們考慮一個支票帳戶，這是人們有時會看到負數的一個地方。假設你的支票帳戶中從未有過高達 500 美元的餘額，並且銀行給你的不跳票限額是 500 美元。這意味著你的支票帳戶中的餘額始終是一個介於 499 和 −500 之間的數字。還假設你的存款從未達到 500 美元，你從未開過一張超過 500 美元的支票，你只用美元交易，不在乎美分。

這組條件意味著，你在使用支票帳戶時，處理的數字範圍是從 −500 到 499。這總共是 1000 個數字。此限制意味著，你只能使用三位十進位數字，而不能使用負號來表示需要的*所有*數字。訣竅在於，你真的不需要範圍從 500 到 999 的正數。這是因為你已經確定所需的最大正數為 499。因此，從 500 到 999 的三位數字實際上可以表示負數。以下是它的工作原理：

要表示 –500，請使用 500。
要表示 –499，請使用 501。
要表示 –498，請使用 502。
　（等等）
要表示 –2，請使用 998。
要表示 –1，請使用 999。
要表示 0，請使用 000。
要表示 1，請使用 001。
要表示 2，請使用 002。
　（等等）
要表示 497，請使用 497。
要表示 498，請使用 498。
要表示 499，請使用 499。

換句話說，以 5、6、7、8 或 9 開頭的每三位數字實際上都是一個負數。而不是負數和正數從零向兩個方向延伸：

$$–500 \ –499 \ –498 \ ... \ –4 \ –3 \ –2 \ –1 \ 0 \ 1 \ 2 \ 3 \ 4 \ ... \ 497 \ 498 \ 499$$

你可以寫成這樣：

$$500 \ 501 \ 502 \ ... \ 996 \ 997 \ 998 \ 999 \ 000 \ 001 \ 002 \ 003 \ 004 \ ... \ 497 \ 498 \ 499$$

請注意，這形成了某種意義上的循環。最小的負數（500）看起來好像是延續自最大的正數（499）。數字 999（實際上是 –1）比零小一。將 1 加到 999，通常會得到 1000。但由於我們只處理三位數，所以它實際上是 000。

這種類型的記號稱為**十的補數**。要將三位數的負數轉換為十的補數，請從 999 中減去它並加 1。換句話說，十的補數就是九的補數加一。例如，要用十的補數來寫 –255，須先從 999 中減去它得到 744，然後加上 1 得到 745。

使用十的補數時，根本不需要減去數字。一切都是加法。

假設你的支票帳戶餘額為 143 美元。你開了一張 78 美元的支票。通常，你會像這樣計算你的新餘額：

$$
\begin{array}{r}
143 \\
-\ 78 \\
\hline
65
\end{array}
$$

這是一個涉及兩次借位的減法。但在十的補數中，−78 會被寫成 999 − 078 + 1，或 922，所以它只是：

$$
\begin{array}{r}
143 \\
+\ 922 \\
\hline
1065
\end{array}
$$

忽略溢位，結果又是 65 美元。如果你再開一張 150 美元的支票，你必須加上 −150，在十的補數中等於 850：

$$
\begin{array}{r}
65 \\
+\ 850 \\
\hline
915
\end{array}
$$

結果以 9 開頭，因此它是一個負數，等於 −85 美元。

在二進位中的等效系統稱為**二的補數**，它是電腦中表示正數和負數的標準方法。

假設我們使用的是位元組，因此所有內容都是用 8 位元數字來表示。這些數字的範圍從 00000000 到 11111111。到目前為止，我們都認為這些數字對應於十進位數字 0 到 255。但如果你還想表示負數，則以 1 開頭的每個 8 位元數字實際上將表示一個負數，如下表所示：

二進位	十進位
10000000	−128
10000001	−127
10000010	−126
10000011	−125
⋮	⋮
11111101	−3
11111110	−2

二進位	十進位
11111111	–1
00000000	0
00000001	1
00000010	2
⋮	⋮
01111100	124
01111101	125
01111110	126
01111111	127

你可以表示的數字範圍現在被限制為 –128 到 +127。最高效的（最左側的）位元稱為符號位元（*sign bit*）。對於負數，符號位元是 1，對於正數，符號位元是 0。

要計算二的補數，首先要計算一的補數，然後加 1。這相當於反轉每個位元，然後加 1。例如，十進位數字 125 是 01111101。要用二的補數來表示 -125，首先反轉 01111101 的每個位元，得到 10000010，然後加 1，得到 10000011。你可以用前面的表格來驗證這個結果。要回到原來的數字，請執行相同的操作——反轉所有位元並加 1。

這個系統的最大優點是，可以在不使用負號的情況下表達正數和負數。也許更大的優勢是，它讓我們只使用加法規則就可完成正數和負數的加法。例如，讓我們來完成 –127 和 124 之二進位等效值的加法。參考前面的表格，這很簡單

$$
\begin{array}{r}
10000001 \\
+\ 01111100 \\
\hline
11111101
\end{array}
$$

結果相當於十進位的 –3。

此處你需要注意的是溢位。這就是當加法的結果大於 127 的時候。例如，假設你讓兩個 125 相加：

$$
\begin{array}{r}
01111101 \\
+\ 01111101 \\
\hline
11111010
\end{array}
$$

由於總和的高位元被設為 1，因此必須將結果解釋為負數，即 −6 的二進位等效值。顯然，將兩個正數相加不能產生負數，但這正是所發生的情況。這很奇怪，顯然是不正確的。

將兩個 -125 相加時，也會發生類似情況：

$$10000011$$
$$+\ 10000011$$
$$100000110$$

這也說明了一個問題：我們從一開始就決定將自己限制為 8 位元數字，因此必須忽略結果的最左側位元。最右側的 8 個位元相當於 6，這是一個正數。

通常，如果兩個運算元的正負號位元相同，但結果的正負號位元不同，則涉及正負之二的補數的加法結果是無效的。將正數和負數相加時，結果總是有效的，因為結果總是在 −128 到 127 的範圍內。

下面是一個經過修改的加法機器，用於相加兩個 8 位元之 2 的補數：

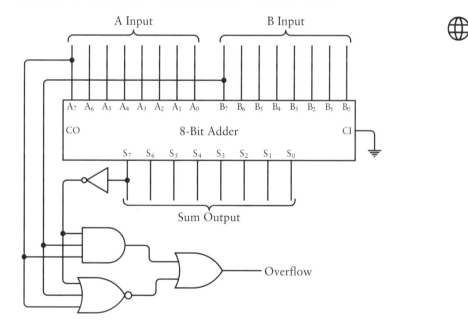

現在 8 位元加法器（8-bit adder）我們已經很熟悉了。我們增加了一些邏輯閘來檢測溢位（overflow）。請記住，最高效位元代表數字的正負號：如果是負數，則為 1，如果是正數，則為 0。在輸入端，正負號位元是 A_7 和 B_7。總和（sum）的正負號位元是 S_7。請注意，總和的正負號位元在被用於 AND 閘和 NOR 閘之前經過反轉。

AND 閘檢測的是負數的溢位情況。如果 A 和 B 輸入（inputs）的正負號位元均為 1（表示兩個負數），並且總和（sum）的正負號位元為 0（表示一個正數的結果），則顯然出了問題。兩個負數的總和應該是更負，以至於無法容納在我們分配給它的 8 位元中。

NOR 閘檢測的是正數的溢位情況。如果 A 和 B 的正負號位元均為 0，而 Sum 的正負號位元為 1，則意味著兩個正數加起來非常大，以至於它被表示為負數！此時 NOR 閘的三個輸入均為 0，NOR 閘的輸出為 1，表示發生溢位。

在本章開始時，二進位數字相當簡單。它們以非常直接的方式對應於十進位數字。8 位元二進位數字的範圍可以從 0 到 255。這樣的二進位數字被稱為**無正負號**（*unsigned*），因為它們總是正數。

二的補數讓我們能夠處理**有正負號**的二進位數字。這些數字可以是正數，也可以是負數。對於 8 位元值，它們的範圍可以從 −128 到 127。它是相同數量的數字（256），但範圍不同。

我們在這裡使用的正式數學術語是**整數**（*integer*）：一個可以是正數或負數的數字，但沒有小數的部分。在現實生活中，8 位元整數通常不能滿足許多工作的需要，程式員改為使用 16 位元整數（每個數字需要 2 個位元組），或 32 位元整數（4 個位元組），甚至 64 位元整數（8 個位元組）。

在每種情況下，這些都可以是有正負號的，也可以是無正負號的。下表總結了使用這些整數大小時，可能的十進位值範圍：

整數大小	無正負號範圍	有正負號範圍
8 位元	0 到 255	–128 到 127
16 位元	0 到 65,535	–32,768 到 32,767
32 位元	0 到 4,294,967,295	–2,147,483,648 到 2,147,483,647
64 位元	0 到 18,446,744,073,709,551,615	–9,223,372,036,854,775,808 到 9,223,372,036,854,775,807

範圍基於 2 的次方。例如，16 位元可以表示 2 的 16 次方（或 65,536）個不同的數字。這些數字的範圍可以從 0 到 65,535，或者從 –32,768 到 32,767。

關於數字本身，沒有任何資訊能告訴你，它們是有正負號的還是無正負號的。例如，假設有人說：「我有一個 8 位元的二進位數字，其值為 10110110。它的十進位等效值是什麼？」你首先必須詢問：「這是有正負號的數字還是無正負號的數字？它可能是 –74 或 182。」

位元只是 0 和 1。它們不會告訴你任何關於它們自己的事情。該資訊必須來自於它們的使用環境。

第十七章

反饋與正反器

每個人都知道，電力可以使物體移動。在普通家庭中，只要看一眼，就能發現各種使用電動馬達的電器，例如時鐘、風扇、食品加工機以及任何能旋轉的機器。電力還可以控制揚聲器、耳機的振動，從我們的許多裝置中產生音樂和語音。即使不是電動汽車，電動馬達仍負責啟動古老的化石燃料發動機。

但電力使物體移動之最簡單、最優雅的方式也許可透過某類裝置來說明，隨著被相應的電子裝置所取代，這類裝置正在迅速消失。我指的是那些非常復古的電動蜂鳴器和電鈴。

考慮這樣一個帶有開關和電池的繼電器：

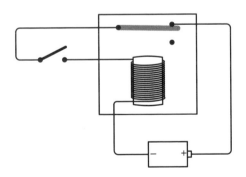

如果你覺得這看起來有點奇怪，我們也一樣。我們還沒有見過這樣連接的繼電器。通常，連接繼電器時，輸入與輸出是分開的。這裡所看到的是一個大迴圈。

如果閉合開關，就會完成一個電路：

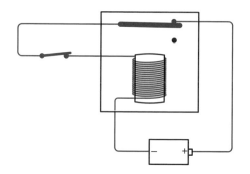

所完成的電路會使電磁鐵拉下彈性接觸點：

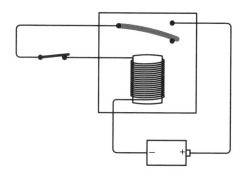

但當接觸點改變位置時，電路便不再完整，因此電磁鐵失去了磁性，使得彈性接觸點返回原來的位置：

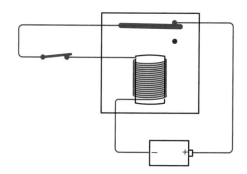

但這又完成了電路。只要閉合關閉，金屬接觸點就會來回移動──交替閉合電路及斷開電路──很可能產生重複（並且可能是煩人的）聲音。如果接觸點發出刺耳的

聲音，那就是蜂鳴器。如果你給它裝上一個鎚子，再配上一個金屬鑼，你就有了電鈴的材料。

讓我們使用傳統的電壓和接地符號來繪製作為蜂鳴器時繼電器的接線圖：

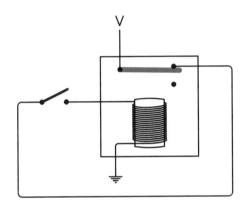

以這種方式繪製時，你可能會認出它是第 8 章第 82 頁的反相器。因此電路可以簡化為：

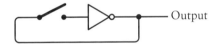

注意，如果輸入為 0，則反相器的輸出為 1，如果輸入為 1，則反相器的輸出為 0。閉合此電路上的開關會導致反相器中的繼電器或電晶體交替斷開及閉合。你也可以在沒有開關的情況下連接反相器，使其連續運行：

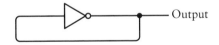

這張圖似乎在說明一個邏輯上的矛盾，因為反相器的輸出應該與輸入相反，但這裡的輸出就是輸入！但是，請記住，無論反相器是由繼電器、真空管還是電晶體構成的，從一種狀態轉變為另一種狀態，總是需要一些時間。即使輸入與輸出相同，輸出也會很快發生變化，成為輸入的反相，這當然會改變輸入，依此類推。

這個電路的輸出是什麼？嗯，輸出在提供電壓和不提供電壓之間快速交替。或者，我們可以說，**輸出在 0 和 1 之間快速交替**。

該電路稱為振盪器（*oscillator*）。它本質上與你迄今為止看到的任何其他電路都不同。所有先前的電路只有在人為干預下才會改變其狀態，即閉合或斷開一個開關。振盪器不需要人；它基本上是自己運行的。

當然，孤立的振盪器似乎不是很有用。但是，我們將在本章的後面和接下來的幾章中看到，這樣一個與其他電路相連的電路是自動化的重要組成部分。所有電腦都有某種振盪器，使其他一切同步進行（然而，真實電腦中的振盪器要複雜一些，它由石英晶體組成，它的振動方式非常一致且非常快速）。

振盪器的輸出在 0 和 1 之間交替。此一事實常以如下方式呈現：

這可以被理解為一種圖形。圖中，水平軸表示時間，縱軸表示輸出是 0 或 1：

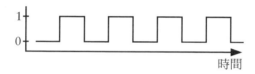

所有這一切實際上是說，隨著時間的流逝，振盪器的輸出會定期在 0 和 1 之間交替。出於這個原因，振盪器有時被稱為時鐘（*clock*），因為透過計算振盪的次數，你可以（某種程度上）知道時間。

振盪器的運行速度有多快？輸出每秒會在 0 和 1 之間交替多少次？這顯然取決於振盪器是如何建構的。人們可以很容易地想像，一個大而堅固的繼電器，緩慢地嘎吱作響，一個小而輕的繼電器，則快速地嗡嗡作響。電晶體振盪器每秒可以振動數百萬或數十億次。

振盪器的一個週期被定義為，振盪器輸出發生變化然後又回到它開始的位置之時間間隔：

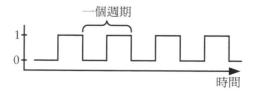

一個週期所需的時間稱為振盪器的**週期**。假設我們看到的是一個週期為 0.02 秒的特定振盪器。水平軸可以用秒為單位進行標記，從某個表示為 0 的任意時間開始：

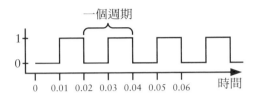

振盪器的**頻率**是 1 除以週期。此例中，如果振盪器的週期為 0.02 秒，則振盪器的頻率為 1÷0.02，即**每秒 50 個週期**。每秒振盪器的輸出會「變化又變回來」五十次。

每秒週期數（*cycles per second*）是一個相當不言自明的術語，就像**每小時的英里數**或**每平方英寸的磅數**或**每份的卡路里數**。但**每秒週期數**不再被廣泛使用。為了紀念第一個發射和接收無線電波的海因里希·魯道夫·赫茲（Heinrich Rudolph Hertz，1857-1894），現在使用 *hertz*（赫茲）來替代這個詞。這種用法始於 1920 年代的德國，然後在幾十年間擴展到其他國家。

因此，我們可以說，我們的振盪器的頻率為 50 hertz（赫茲）或（縮寫為）50 Hz。

當然，我們只是猜測了一個特定振盪器的實際速度。在本章結束時，我們將能夠建構出一個可以實際測量振盪器速度的東西。

為了著手這項工作，讓我們看一下以特定方式連接的一對 NOR 閘。注意，只有當兩個輸入都沒有電壓時，NOR 閘的輸出才有電壓：

NOR	0	1
0	1	0
1	0	0

下面是一個具有兩個 NOR 閘、兩個開關和一個燈泡的電路：

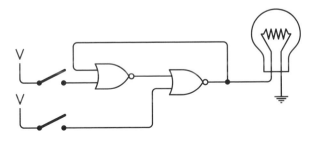

注意奇怪的扭曲的接線：左側之 NOR 閘的輸出是右側之 NOR 閘的輸入，而右側之 NOR 閘的輸出是第一個 NOR 閘的輸入。這是一種反饋（*feedback*）。事實上，就像在振盪器中一樣，輸出返回成為輸入。這種特質將是本章中大多數電路的特徵。

使用此電路時，有一個簡單的規則：你可以閉合頂部的開關或底部的開關，但不能同時閉合兩個開關。以下的討論就是根據這個規則。

首先，該電路中唯一的電流來自左側之 NOR 閘的輸出。這是因為該閘的兩個輸入均為 0。現在閉合上面的開關。左側之 NOR 閘的輸出變為 0，這意味著右側之 NOR 閘的輸出變為 1，燈泡就會亮起來：

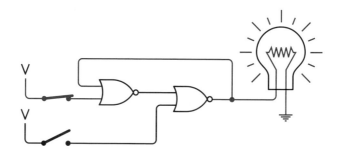

當你現在斷開上面的開關時，就會發生神奇的事情。因為如果有任一輸入為 1，NOR 閘的輸出為 0，因此左側之 NOR 閘的輸出保持不變，燈仍然亮著：

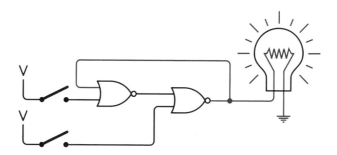

這很奇怪，你說呢？兩個開關都處於斷開狀態（與第一張圖相同），但現在燈泡是亮的。這種情況當然與我們之前見過的任何情況都不同。通常，電路的輸出僅取決於輸入。這裡的情況似乎並非如此。此外，此時你可以閉合並斷開上面的開關，燈仍然亮著。上面的開關對電路沒有進一步的影響，因為左側之 NOR 閘的輸出仍然是 0。

現在閉合下面的開關。由於右側之 NOR 閘的一個輸入現在為 1，因此輸出變為 0，燈泡熄滅。左側之 NOR 閘的輸出變為 1：

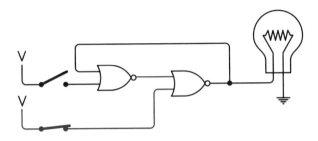

現在你可以斷開底部的開關，燈泡將停留在熄滅狀態：

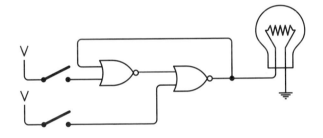

我們又回到了開始的地方。此時，你可以閉合及斷開底部的開關，不會對燈泡產生進一步的影響。綜上所述：

- 閉合頂部的開關，燈泡會亮著，接著斷開頂部的開關，燈泡會保持亮著。

- 閉合底部的開關，燈泡會熄滅，接著斷開底部的開關，燈泡會保持熄滅。

這個電路的奇怪之處在於，有時當兩個開關都斷開時，燈是亮的，有時當兩個開關都斷開時，燈是滅的。我們可以說，當兩個開關都斷開時，這個電路具有兩種**穩定狀態**。這樣的電路被稱為**正反器**（*flip-flop*），這個詞也用於沙灘涼鞋和政治家的策略。正反器可以追溯到 1918 年，由英國無線電物理學家威廉·亨利·埃克爾斯（William Henry Eccles，1875-1966）和弗蘭克·威爾弗雷德·喬丹（F.W. Jordan，1881-1941）完成的電路。正反器電路會**保留資訊**。它會「記得」。它只記得最近被閉合的開關，但這很重要。如果你在旅途中碰巧遇到這樣的正反器，你看到燈亮著，你可以推測它是最近閉合了上面的開關；如果燈熄滅著，則下面的開關最近被閉合過。

正反器非常像一個蹺蹺板。蹺蹺板有兩個穩定的狀態，永遠不會在不穩定的中間位置停留太久。你總是可以從蹺蹺板上看出最近被下壓的是哪一邊。

雖然目前可能還不明顯，但正反器是必不可少的工具。它們將記憶添加到電路中，以使其記錄之前發生的事情。假設你試著數數，但如果你無法記住任何事情，你不會知道你已經數到哪個數字，以及下一個數字是什麼！同樣，一個計數電路（我將在本章後面的部分向你展示）需要正反器。

正反器有幾個不同的類型。你剛才看到的是最簡單的，稱為 R-S（或 Reset-Set）正反器。兩個 NOR 閘更常見的繪製方式和標記如下圖所示，使其具有對稱的外觀：

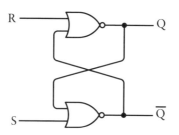

我們用於燈泡的輸出，傳統上稱為 Q。此外，還有第二個名為 $\overline{Q}$ 的輸出（發音為 Q bar），與 Q 相反。如果 Q 為 0，則 $\overline{Q}$ 為 1，反之亦然。兩個輸入：S 代表 set（設置），R 代表 reset（重置）。你可以把這兩個動詞分別視為「將 Q 設置為 1」和「將 Q 重置為 0」。當 S 為 1 時（對應於閉合稍早之圖中的頂部開關），Q 變為 1，$\overline{Q}$ 變為 0。當 R 為 1 時（對應於斷開稍早之圖中的底部開關），Q 變為 0，$\overline{Q}$ 變為 1。當兩個輸入均為 0 時，輸出會指示 Q 上次是設置還是重置。下表總結了這些結果：

輸入		輸出	
S	R	Q	$\overline{Q}$
1	0	1	0
0	1	0	1
0	0	Q	$\overline{Q}$
1	1	不允許	

這稱為函數表（*function table*）、邏輯表（*logic table*）或真值表（*truth table*）。它顯示了由特定的輸入組合所產生的輸出。因為 R-S 正反器只有兩個輸入，所以輸入組合的數量是四個。這些組合對應於表格之標題下的四列。

請注意當 S 和 R 均為 0 時（倒數第二列）：輸出被表示為 Q 和 $\overline{Q}$。這意味著輸出 Q 和 $\overline{Q}$ 保持在 S 和 R 輸入皆變為 0 之前的狀態。表格的最後一列指出將 S 和 R 輸入都設為 1 是**不允許的**或**非法的**。這並不意味著你會因此而被逮捕，但如果這個電路中的兩個輸入皆為 1，那麼兩個輸出都是 0，這違反了 $\overline{Q}$ 與 Q 相反的概念。如果你正在設計使用 R-S 正反器的電路，則需要避免 S 和 R 輸入均為 1 的情況。

R-S 正反器通常被畫成一個小方框，其中的兩個輸入和輸出會被這樣標記：

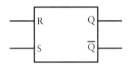

R-S 正反器作為有記憶之電路的第一個例子確實很有趣，它似乎會「記住」兩個輸入中的哪一個是最後一個狀態。然而，事實證明更有用的電路是，記住特定訊號在**特定時間點是 0 還是 1**。

讓我們思考一下這樣一個電路，在實際嘗試建構它之前，應該如何表現。它將有兩個輸入。讓我們稱其中一個為 *Data*（資料）。與所有數位訊號一樣，Data 輸入可以是 0 或 1。讓我們將另一個輸入稱為 *Hold That Bit*（保持該位元），這相當於說「保持該想法」的數位等價物。通常 Hold That Bit 訊號為 0，在這種情況下，Data 訊號對電路沒有影響。當 Hold That Bit 為 1 時，電路將反映 Data 訊號的值。然後，Hold That Bit 訊號可以回到 0，此時電路會記住 Data 訊號的最後一個值。Data 訊號的任何變化都不會產生進一步的影響。

換句話說，我們想要的是具有以下函數表的東西：

輸入		輸出
Data	Hold That Bit	Q
0	1	0
1	1	1
0	0	Q
1	0	Q

在前兩種情況下，當 Hold That Bit 訊號為 1 時，Q 輸出與 Data 輸入相同。在後兩種情況下，當 Hold That Bit 訊號為 0 時，無論 Data 輸入是什麼，Q 輸出都與之前相同。函數表可以簡化一下，就像這樣：

輸入		輸出
Data	Hold That Bit	Q
0	1	0
1	1	1
X	0	Q

X 表示「不在乎」。Data 輸入是什麼並不重要，因為如果 Hold That Bit 輸入為 0，則 Q 輸出與之前相同。

基於現有的 R-S 正反器實作，Hold That Bit 訊號需要在輸入端添加兩個 AND 閘，如下圖所示：

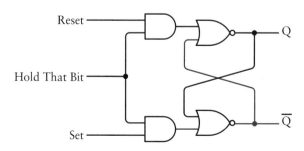

我知道這並不包括 Data 輸入，但我很快就會解決這個問題。

注意，只有當兩個輸入均為 1 時，AND 閘的輸出才為 1，這意味著輸入 Reset 和 Set 對電路的其餘部分並沒有影響，除非 Hold That Bit 為 1。

電路以 Q 的值和 $\overline{Q}$ 的相反值開始。在此圖中，Q 輸出為 0，$\overline{Q}$ 輸出為 1。只要 Hold That Bit 訊號為 0，Set 訊號就不會對輸出產生影響：

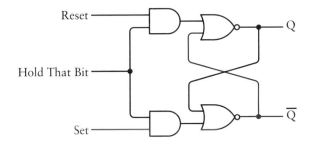

同樣，Reset 訊號也沒有影響：

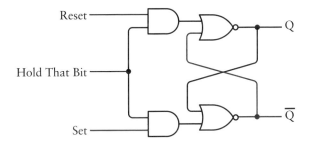

只有當 Hold That Bit 信號為 1 時，該電路的功能才會與前面所示之一般的 R-S 正反器相同：

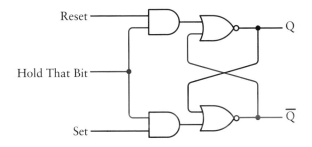

它的行為類似於一般的 R-S 正反器，因為現在上面的 AND 閘之輸出與 Reset 訊號相同，下面的 AND 閘之輸出與 Set 訊號相同。

但我們還沒有實現目標。我們只需要兩個輸入，不需要三個。這要如何做到？

如果你記得 R-S 正反器的原始函數表，就會知道 Set 和 Reset 均為 1 的情況是不允許的，因此我們希望避免這種情況。Set 和 Reset 訊號均為 0 也沒有什麼意義，因為這只是輸出不會發生變化的情況。我們可以透過將 Hold That Bit 設置為 0 在此電路中完成相同的操作。這意味著只有 Set 和 Reset 彼此相反才有意義：如果 Set 為 1，則 Reset 為 0；如果 Set 為 0，則 Reset 為 1。

讓我們對電路進行兩項變更。輸入 Set 和 Reset 可以用單一的 Data 輸入來代替。這等效於之前的 Set 輸入。該 Data 訊號可以被反相以代替 Reset 訊號。

第二項變更是給 Hold That Bit 訊號一個更傳統的名稱，即 *Clock*（時鐘）。這可能看起來有點奇怪，因為它不是一個真正的時鐘，但你很快就會看到它有時可能具有類似時鐘的屬性，這意味著它可能會定期在 0 和 1 之間來回跳動。但就目前而言，Clock 輸入僅用於指示何時保存 Data 輸入。

下面是修改後的電路。Data 輸入取代了底部之 AND 閘上的 Set 輸入，而反相器會反轉該訊號以取代頂部之 AND 閘上的 Reset 輸入：

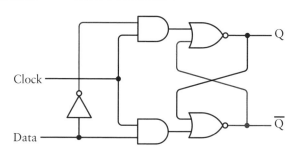

同樣，我們從兩個輸入都被設置為 0 開始。Q 輸出為 0，這意味著 $\overline{Q}$ 為 1。只要 Clock 輸入為 0，Data 輸入對電路就沒有影響：

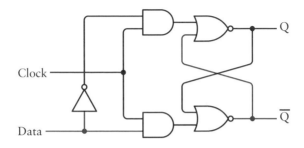

但是當 Clock 變為 1 時，電路將反映 Data 輸入的值：

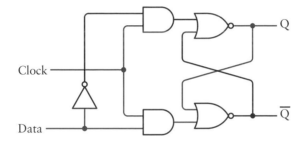

Q 輸出現在與 Data 輸入相同，$\overline{Q}$ 則相反。現在 Clock 可以回到 0：

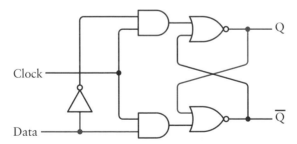

現在，電路記住了 Clock 最後為 1 時 Data 的值，無論 Data 如何變化。例如，Data
可以回到 0，而不會對輸出產生任何影響：

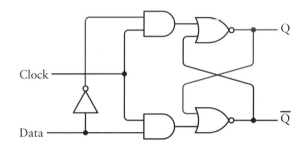

這個電路稱為位準觸發（*level-triggered*）D 型正反器。D 代表 *Data*。位準觸發意
味著當 Clock 輸入處於特定位準時，正反器會保存 Data 輸入的值，本例中為 1（我
們很快就會看到位準觸發正反器的替代方案）。

在函數表中，Data 可以縮寫為 *D*，Clock 可以縮寫為 *Clk*：

輸入		輸出	
D	Clk	Q	$\overline{Q}$
0	1	0	1
1	1	1	0
X	0	Q	$\overline{Q}$

這個電路也稱為位準觸發（level-triggered）D 型鎖存器（D-type *latch*），此術語僅
只是意味著該電路會鎖住一位元的資料並將其保留以供進一步使用。該電路也可稱
為 1 位元記憶體。我將在第 19 章中示範如何將多個正反器連接在一起以提供多個位
元和位元組的記憶體。

現在，讓我們嘗試保存 1 位元組的資料。你可以組裝八個位準觸發 D 型正反器，將
所有 Clock 輸入合併為一個訊號。下面是最後封裝的結果：

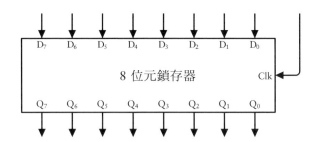

這個鎖存器能夠一次保存一整個位元組。頂部的八個輸入分別被標記為 D_0 到 D_7，底部的八個輸出分別被標記為 Q_0 到 Q_7。右側的輸入是 Clock（時鐘）。Clock 訊號通常為 0。當 Clock 訊號為 1 時，D 輸入端的整個 8 位元值會被傳輸到 Q 輸出端。當 Clock 訊號回到 0 時，該 8 位元值將保持在那裡，直到下一次 Clock 訊號為 1。每個鎖存器的 $\overline{Q}$ 輸出將被忽略。

8 位元鎖存器的繪製，也可以用資料路徑（data path）將八個 Data 輸入和八個 Q 輸出分別組合在一起，如下所示：

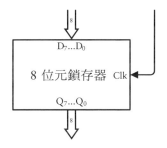

或者進一步簡化，將輸入端和輸出端直接標記為 D 和 Q：

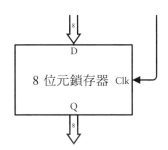

在第 14 章的末尾，還收集了八個 1 位元的加法器，並將其連接在一起，以便進行兩個位元組的加法：

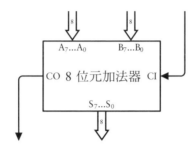

在該章中，有八個 A 輸入和八個 B 輸入被連接到開關，CI（Carry In）輸入接地，八個 S（Sum）輸出和 CO（Carry Out）輸出被連接到燈泡。

鎖存器（latch）和加法器（adder）可作為用於組裝更複雜電路的模組化構件（building block）。例如，可以將 8 位元加法器的輸出保存在一個 8 位元鎖存器中。也可以用一個 8 位元鎖存器來替換一列八個開關，以便鎖存器的輸出成為加法器的輸入。下面是將這兩個概念結合起來的東西，可以形成一個所謂的「累加器」（accumulating adders），以保持多個數字的總和：

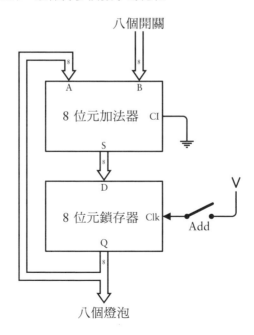

請注意，標記為 *Add* 的開關用於控制鎖存器的 Clock 輸入。

除了將開關數量減少一半之外，此組態還允許你在不重新鍵入中間結果的情況下，對兩個以上的數字進行加法。鎖存器的輸出以全為零的輸出開始，這也是加法器的 A 輸入。鍵入第一個數字並切換 Add 按鈕——先閉合開關，然後將其斷開。該數字會被鎖存器保存著並顯示在燈上。然後鍵入第二個數字，接著再次切換 Add 按鈕。由開關設置的數字會被將加到上一個總數中，並顯示在燈上。只要繼續鍵入更多的數字並切換 Add 開關就行了。

不幸的是，它的運作並不像你希望的那樣。如果你用慢速的繼電器來建構加法器，並且你能夠非常快速地撥動 Add 開關，把加法器的結果儲存在鎖存器中，那麼可能會起作用。但是，當 Add 開關被閉合時，對鎖存器的 Data 輸入所做的任何變更都將直接進入 Q 輸出，然後會回到加法器，在加法器中，該值將與開關的值相加，總和將儲存到鎖存器並再次回到加法器。

這就是所謂的「無限循環」（infinite loop）。發生這種情況是因為我們設計的 D 型正反器是位準觸發的（*level-triggered*）。Clock 輸入的位準必須從 0 變為 1，以便將 Data 輸入的值保存在鎖存器中。但在 Clock 輸入為 1 期間，Data 輸入可能會發生變化，這些變化將被反映在輸出的值中。

對於某些應用來說，位準觸發的 Clock 輸入就夠用了。但對於累加器（accumulating adder）來說，這是不可行的。對於累加器，我們不希望鎖存器在 Clock 輸入為 1 時，允許資料通過。更好的選擇是鎖存器在 Clock 訊號從 0 變為 1（或從 1 變為 0）的那一刻保存資料。這種轉換稱為邊沿（*edge*），因為它的圖形看起來是這個樣子：

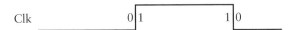

從 0 到 1 的過渡有時稱為正過渡（*positive transition*）或正邊沿（*positive edge*），從 1 到 0 的過渡是負過渡（*negative transition*）或負邊沿（*negative edge*）。

前面所示之位準觸發的正反器在 Clock 輸入為 1 時鎖住資料。相比之下，正邊沿觸發的（positive edge-triggered）正反器僅在 *Clock* 從 *0* 轉換到 *1* 時才會鎖住資料。與位準觸發的正反器一樣，當 Clock 輸入為 0 時，對 Data 輸入的任何變更都不會影響輸出。正邊沿觸發之正法器的不同之處在於，當 Clock 輸入為 1 時，對 Data 輸入的變更也不會影響輸出。Data 輸入僅在 Clock 從 0 變為 1 的瞬間影響輸出。

這個概念與迄今為止遇到的任何事情都不同，因此它看起來似乎很難實現。但其中涉及一個技巧：一個邊沿觸發的 D 型正反器是由兩級的 D 型正反器所構成，以如下方式連接在一起：

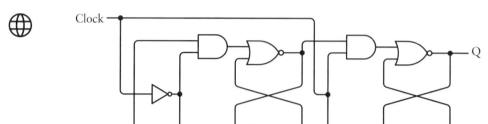

這裡的想法是，Clock 輸入同時控制第一級和第二級正反器。但請注意，時鐘訊號在第一級是反相的。這意味著第一級的工作方式與 D 型正反器完全相同，只是 Data 輸入在 Clock 為 0 時會被保存下來。第一級的輸出是第二級的輸入，當 Clock 為 1 時，這些輸出會被保存下來。總體結果是，只有當 Clock 從 0 變為 1 時，Data 輸入才會被保存下來。

讓我們仔細看一下。這是處在靜止狀態的正反器，其中 Data 和 Clock 輸入均為 0，Q 輸出為 0：

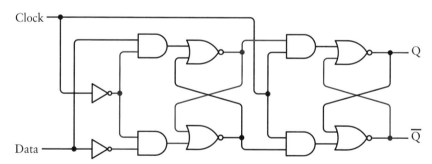

現在將 Data 輸入變更為 1：

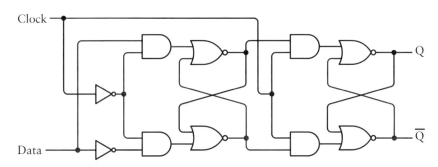

這會改變第一級正反器，因為反相的 Clock 輸入為 1。但第二級保持不變，因為非反相的 Clock 輸入為 0。現在將 Clock 輸入變更為 1：

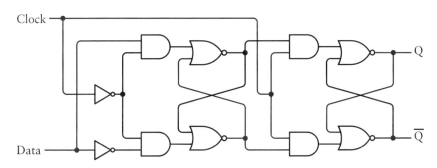

這會導致第二級發生變化，Q 輸出變為 1。不同之處在於，Data 輸入現在可以改變（例如，回到 0），而不會影響 Q 輸出：

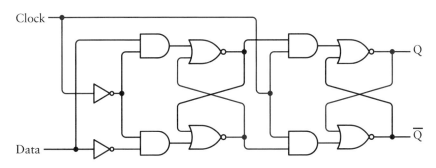

只有在 Clock 輸入從 0 變為 1 的瞬間，Q 和 $\overline{Q}$ 輸出才能發生變化。

邊沿觸發之 D 型正反器的函數表需要一個新符號，即指向上方的箭頭（↑）。此符號表示一個從 0 轉換到 1 的訊號：

輸入		輸出	
D	Clk	Q	$\overline{Q}$
0	↑	0	1
1	↑	1	0
X	0	Q	$\overline{Q}$

向上箭頭表示當 Clock 進行正過渡（即從 0 到 1 的轉變）時，Q 輸出將與 Data 輸入相同。正反器有一個這樣的圖：

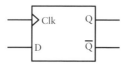

Clk 輸入上的小角括號表示正反器是邊沿觸發的。同樣，八個邊沿觸發之正反器的新組合可以用 Clock 輸入上的一個小角括號來表示：

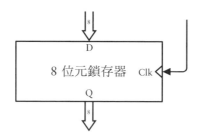

這種邊沿觸發之鎖存器是累加器的理想選擇：

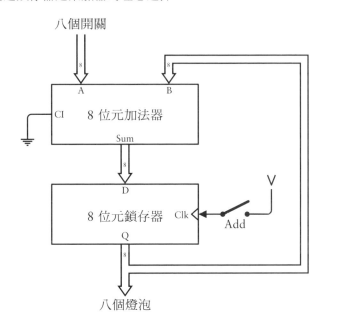

這個累加器不能很好地處理 Carry Out（進位輸出）訊號。如果兩個數字相加超過
255，則 Carry Out 會被忽略，並且燈泡所顯示的總和將小於其應有的值。一種可能
的解決方案是使用寬度 16 位元的加法器和鎖存器，或者至少要比你將遇到的最大總
和寬。但是，讓我們繼續解決這個問題。

另一個問題是，沒有辦法清除此加法器以開始新的累計總數（running total）。但
是有一種間接的方法可以做到這一點。上一章有介紹到一的補數和二的補數，你
可以使用這些概念：例如，若累計總數為 10110001，請在開關上鍵入其 1 的補
數（01001110）並讓它們相加，總數將是 11111111。現在，只需在開關上鍵入
00000001，然後再次相加。現在所有的燈泡都將熄滅，並且加法器被清除。

現在，讓我們來探索另一種使用邊沿觸發的（edge-triggered）D 型正反器（flip-
flop）電路。這個電路會用到本章開頭所構建的振盪器。該振盪器的輸出在 0 和 1 之
間交替著：

讓我們將振盪器的輸出連接到邊沿觸發之 D 型正反器的 Clock 輸入。讓我們將 $\overline{Q}$ 輸出連接到 D 輸入：

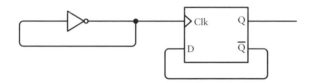

正反器的輸出本身就是正反器的輸入。這是反饋的反饋！（實際上，這可能會帶來一個問題。振盪器由繼電器或其他開關元件構成，這些元件會盡可能快地來回擺動。振盪器的輸出連接到構成正反器的元件。這些其他的元件可能無法跟上振盪器的速度。為了避免這些問題，讓我們假設振盪器比這些電路中其他地方使用的正反器慢得多。）

為了瞭解此電路中發生了什麼，讓我們看一個函數表，其中說明了各種變化。這有點棘手，所以讓我們一步一步來。

開始時，Clock 輸入為 0，Q 輸出為 0。這意味著 $\overline{Q}$ 輸出為 1，$\overline{Q}$ 被連接到 D 輸入：

輸入		輸出	
D	Clk	Q	$\overline{Q}$
1	0	0	1

當 Clock 輸入從 0 變為 1 時，Q 輸出將變為與 D 輸入相同：

輸入		輸出	
D	Clk	Q	$\overline{Q}$
1	0	0	1
1	↑	1	0

Clock 輸入現在為 1。但由於 $\overline{Q}$ 輸出變為 0，因此 D 輸入也將變為 0：

輸入		輸出	
D	Clk	Q	$\overline{Q}$
1	0	0	1
1	↑	1	0
0	1	1	0

Clock 輸入變回 0 而不影響輸出：

輸入		輸出	
D	Clk	Q	$\overline{Q}$
1	0	0	1
1	↑	1	0
0	1	1	0
0	0	1	0

現在 Clock 輸入再次變為 1。由於 D 輸入為 0，因此 Q 輸出變為 0，$\overline{Q}$ 輸出變為 1：

輸入		輸出	
D	Clk	Q	$\overline{Q}$
1	0	0	1
1	↑	1	0
0	1	1	0
0	0	1	0
0	↑	0	1

因此，D 輸入也變為 1：

輸入		輸出	
D	Clk	Q	$\overline{Q}$
1	0	0	1
1	↑	1	0
0	1	1	0
0	0	1	0
0	↑	0	1
1	1	0	1

這裡發生的事情可以簡單總結如下：每當 Clock 輸入從 0 變為 1 時，Q 輸出就會發生變化，無論是從 0 到 1 還是從 1 到 0。看一下時序圖就更清楚了：

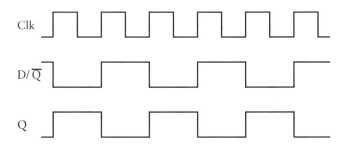

當 Clock 輸入從 0 變為 1 時，D 的值（與 $\overline{Q}$ 相同）會被傳輸到 Q，因此 Clock 輸入的下一次過渡（從 0 到 1）也會改變 $\overline{Q}$ 和 D。

前面我提到過，訊號在 0 到 1 之間振盪的速率稱為頻率（frequency），以赫茲（Hertz 或縮寫為 Hz）為度量單位，相當於每秒週期數。如果振盪器的頻率為 20 Hz（這意味著每秒 20 個週期），則 Q 輸出的頻率是該頻率的一半，即 10 Hz。因此，這種電路（其中 $\overline{Q}$ 輸出被接回正反器的 Data 輸入）也稱為分頻器（frequency divider）。

當然，分頻器的輸出可以是另一個分頻器的 Clock 輸入，以再次分頻。下面可以看到三個串接的（cascading）正反器，但可以擴展下去：

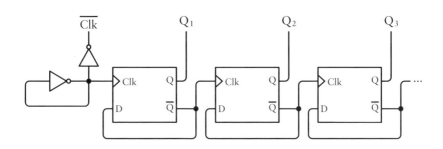

讓我們來看看，我在上圖頂部標記的四個訊號：

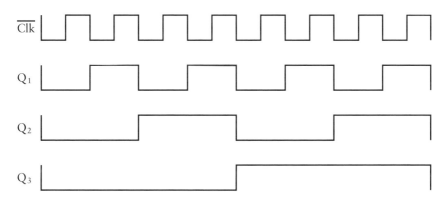

我承認，我其實是在特定的位置開始和結束這張圖，但這並沒有什麼不誠實的地方：電路會一遍又一遍地重複這個模式。但你能認出它有任何熟悉之處嗎？

我將給你一個提示。讓我們用 0 和 1 來標記這些訊號：

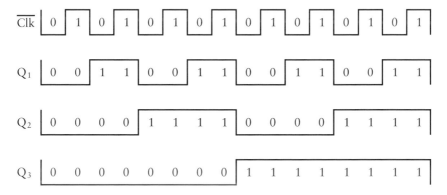

你看到了嗎？試著把圖順時針旋轉 90 度，然後讀取 4 位數字。它們中的每一個都對應於從 0 到 15 的十進位數字：

二進位	十進位
0000	0
0001	1
0010	2
0011	3
0100	4
0101	5
0110	6
0111	7
1000	8
1001	9
1010	10
1011	11
1100	12
1101	13
1110	14
1111	15

因此，這個電路所做的無非是二進位數字的計數，我們為電路添加的正反器越多，它可以計數的數字就越高。我在第 10 章中曾指出，在一個遞增的二進位數字序列中，每行數字在 0 和 1 之間交替，每行的頻率是其右邊行的一半。計數器模仿了這一點。在 Clock 訊號的每次正過渡，計數器的輸出被稱為遞增（*increment*），即增加 1。

讓我們將八個正反器串接在一起，並將它們放在一個框中：

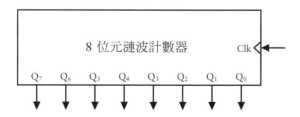

這被稱為連波計數器（ripple counter），因為每個正反器的輸出成為下一個正反器的 Clock 輸入。變化依次波及各級正反器，最後的正反器在變化時可能會有一點延遲。更複雜的計數器是同步的（synchronous），這意味著所有輸出同時發生變化。

我已將輸出標記為 Q_0 到 Q_7。它們的排列使得鏈（chain）中第一個正反器的輸出（Q_0）位於最右側。因此，如果將燈泡連接到這些輸出，可以讀取一個 8 位元數字。

我在本章前面曾提到過，我們會發現一些確定振盪器頻率的方法。就是這樣。如果將振盪器連接到 8 位元計數器的 Clock 輸入，計數器將顯示振盪器經過了多少週期。當總數達到 11111111（十進位的 255）時，它將回到 00000000（這有時稱為翻轉（rollover）或環繞（wraparound））。確定振盪器頻率的最簡單方法可能是將八個燈泡連接到此 8 位元計數器的輸出端。現在等到所有輸出都為 0（即，當沒有燈泡被點亮時），然後啟動秒錶（stopwatch）。當所有燈再次熄滅時，停止秒表。這就是振盪器 256 個週期所需的時間。假設是 10 秒。因此，振盪器的頻率為 256÷10 或 25.6 Hz。

在現實生活中，由振動晶體（vibrating crystals）建構而成的振盪器比這快得多，從 32,000 Hz（或 32 千赫或 kHz）的低端開始，一直到每秒一百萬個週期（一兆赫或 MHz）及以上，甚至達到每秒十億個週期（一千兆赫或 GHz）。

一種常見之晶體振盪器的頻率是 32,768 Hz。這不是一個任意的數字！當它是一系列分頻器的輸入時，它會變為 16,384 Hz，然後是 8192 Hz、4096 Hz、2048 Hz、1024 Hz、512 Hz、256 Hz、128 Hz、64 Hz、32 Hz、16 Hz、8 Hz、4 Hz、2 Hz 和 1 Hz，此時它就可以在數位時鐘中計算秒數。

連波計數器的一個實際問題是，它們並不總是從零開始。當通電時，某些正反器的 Q 輸出可能為 1 或 0。正反器之一種常見的增強功能是 Clear 訊號，無論 Clock 和 Data 輸入如何，它都可將 Q 輸出設置為 0。

對於較簡單之位準觸發的（level-triggered）D 型正反器，添加 Clear 輸入相當容易，只需要增加一個 OR 閘。Clear 輸入通常為 0。但是當它為 1 時，Q 輸出會變為 0，如下所示：

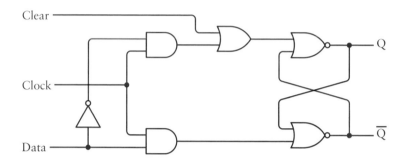

無論其他輸入訊號如何，Clear 訊號都會迫使 Q 為 0，從而有效清除正反器。

對於邊沿觸發的正反器，Clear 訊號更為複雜，如果我們要添加一個 Clear 訊號，我們也可以考慮添加一個 Preset（預設）訊號。無論 Clock 和 Data 輸入如何，Clear 訊號都會把 Q 輸出設置為 0，而 Preset 會將 Q 設置為 1。如果你正在建構數位時鐘，Clear 和 Preset 訊號對於將時鐘設置為一個初始時間非常有用。

下面是具有預設（preset）和清除（clear）功能之邊沿觸發的（edge-triggered）D 型正反器，完全由六個 3 輸入 NOR 閘和一個反向器構成。它的對稱性彌補了簡單性的不足：

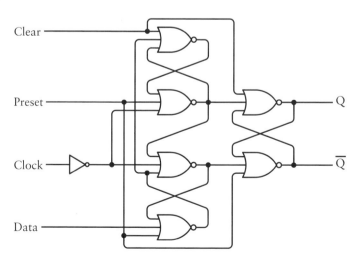

Preset 和 Clear 輸入將覆蓋 Clock 和 Data 輸入。通常，Preset 和 Clear 輸入均為 0。
當 Preset 輸入為 1 時，Q 變為 1，$\overline{Q}$ 變為 0。當 Clear 輸入為 1 時，Q 變為 0，$\overline{Q}$ 變
為 1（與 R-S 正反器的 Set 和 Reset 輸入一樣，Preset 和 Clear 不應該同時為 1）。否
則，其行為類似於正常之邊沿觸發的 D 型正反器：

輸入				輸出	
Pre	Clr	D	Clk	Q	$\overline{Q}$
1	0	X	X	1	0
0	1	X	X	0	1
0	0	0	↑	0	1
0	0	1	↑	1	0
0	0	X	0	Q	$\overline{Q}$

具有預設和清除功能之邊沿觸發的 D 型正反器簡圖如下所示：

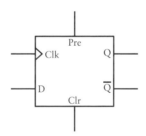

在第 15 章中，我舉了一些稱為 TTL（transistor-transistor logic）之積體電路的例
子。如果你正在使用 TTL，並且需要其中一個正反器，則無須從邏輯閘來建構它。
7474 晶片被描述為「具有預設和清除功能之雙 D 型正邊沿觸發的正反器」（Dual
D-Type Positive-Edge-Triggered Flip-Flop with Preset and Clear），下面是它在《設計
工程師之 TTL 資料手冊》中的呈現方式：

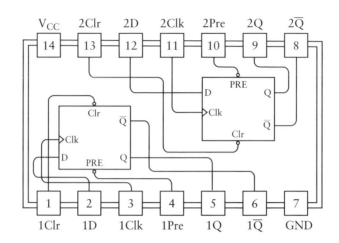

我們現在已經成功地讓電報繼電器和電晶體可以進行二進位數字的加法、減法和計數。我們還看到了正反器如何儲存位元和位元組。這是構建電腦之基本元件（記憶體）的第一步。

但是，讓我們先來玩玩。

第十八章

來建造時鐘吧！

建造時鐘是一個多麼有趣的專案！想像一下，一個老式的大座鐘，具有一個雕刻精美的木箱和一扇玻璃門，透過玻璃門，你可以看到笨重的鐘擺。華麗的金屬錶盤後面是一組複雜的齒輪，它們使用一種稱為擒縱器（escapement）的巧妙小機構來計時，其滴答聲和敲打聲在你的家中迴盪著，每小時都會觸發莊嚴的鐘聲。

但不是。這不是我們將要建造的那種時鐘。本章中的時鐘是數位時鐘（digital clock），用數字顯示時、分和秒，而不是旋轉錶盤上的指針。事實上，這個時鐘的第一個版本甚至不會顯示傳統的十進位數字，而是使用閃爍的燈光以二進位顯示時間。

我知道，我知道：二進位的時間顯示似乎很糟糕！但這是用熟悉的十進位數字表示時間的必要第一步。此外，我們將使用的二進位數字實際上是純二進位和十進位的混合。

讓我們先來看看構成時間的數字。如果我們要包括秒和分，則時間顯示需六個十進位數字，例如：

12:30:47

那是 12 時 30 分 47 秒，大約是午夜或中午過了半小時。AM 或 PM 指示符將可澄清該資訊。

在二進位中，這個時間可以用數字 12、30 和 47 的二進位等效值來表示：

1100 : 11110 : 101111

我不知道你的情況，但我不希望看到這種形式的時間。當我將這些二進位數字轉換成十進位後，時間很可能晚一分鐘。

所以我們不要那樣做。讓我們改為用二進位分別表示每個十進位數字，以便使用 1、2、3、0、4 和 7 的二進位數字來顯示 12:30:47 的時間：

0001 0010 : 0011 0000 : 0100 0111

現在你有六個四位數（four-digit）的二進位數字（binary number）可以在你的腦海中轉換為十進位，但十進位值都在 0 到 9 之間，所以轉換要容易得多。此外，只要在這樣的時鐘上看到秒數的流逝，你就能快速學會閱讀和解釋這些二進位數字。

這種表示形式有一個名稱。它被稱為二進位編碼十進位（*binary-coded decimal* 或 BCD）。使用 BCD 時，十進位數字的每一位數是一個四位數的二進位數字，如下表所示：

BCD	十進位
0000	0
0001	1
0010	2
0011	3
0100	4
0101	5
0110	6
0111	7
1000	8
1001	9

你以前見過這樣的表格，但它們通常會繼續超過 1001（十進位的 9），以顯示 1010、1011、1100、1101、1110 和 1111，即 10 到 15 的二進位等效值。使用 BCD 時，這些額外的二進位數字是無效的。BCD 最多只能達到 1001，並且不使用其他位元組合。

這是位元值沒有告訴你任何關於它們自己的事情之另一個例子。當你遇到數字 10011001，如果沒有前後文，你將無法分辨出那是什麼。若是一個無正負號整數（unsigned integer），它是十進位的 153，若是一個二的補數之有正負號整數（第 16 章曾提到過），它是 −103。若是 BCD，它就是 99。

BCD 在電腦內部使用得不多，因為它讓加法和減法等基本算術運算複雜化。但是，當需要顯示十進位數字時，BCD 通常是一個中間步驟。

在本章中，我將向你展示的第一個時鐘不一定會顯示正確的時間，但它將顯示從 00 到 59 的秒數，然後是從 00 到 59 的分鐘數，然後是小時數。以 BCD 顯示時間的決定，意味著時間的六個十進位數字中的每一個，都可以單獨計算，從秒開始。以下是組成時間的六位數字，以及有效的數值範圍：

- 秒數，低位，範圍從 0 到 9。

- 秒數，高位，範圍從 0 到 5。

- 分鐘數，低位，範圍從 0 到 9。

- 分鐘數，高位，範圍從 0 到 5。

- 小時數，低位，範圍從 0 到 9。

- 小時數，高位，0 或 1。

秒數的低位（low digit）從 0 到 9 穩定增加。每當該低位達到 9 時，它就會翻轉（或重置）為 0，並且秒的高位（high digit）將遞增（即增加）1：從 0 增加到 1，然後是 2、3、4，最後是 5。當秒數達到 59 時，下一個值為 00，而分鐘數則增加 1。

時間之六個位數中的每一個，都需要一個單獨的電路，而且每個電路會影響下一個電路。

我們從秒數的低位開始。你可以先把四個邊沿觸發的（edge-triggered）正反器（flip-flop）連成一排，類似於第 17 章第 256 頁上之漣波計數器的連線方式。正反器的每個 Q 輸出都會被連接到一盞燈：

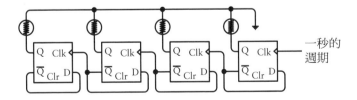

在第 17 章中，正反器是從左到右連接的；但這裡是從右到左連接的。正如你稍後將看到的，這種排列讓燈得以顯示可讀的二進位數字。

最右邊的輸入是一個頻率為 1 赫茲（Hertz，或每秒一個循環）的某種振盪器。該振盪器的週期（*period*，即一個循環所需的時間）是 1 除以頻率，即 1 秒。每 1 秒，一秒振盪器（one-second oscillator）會從 0 變為 1 再回到 0。

每個正反器的輸出是 Q 和 $\overline{Q}$，它們是相反的值。如果 Q 為 0，則 $\overline{Q}$ 為 1。每個正反器的 $\overline{Q}$ 輸出都會被連接到其 D（或 Data）輸入。當 Clock 輸入從 0 轉換到 1 時，該 D 輸入成為 Q 輸出。當該 Q 輸出從 0 轉換到 1 時，它也會改變下一個最左側（next leftmost）正反器的狀態。

對於右起第一個正反器，Q 輸出將在一秒為 0，下一秒為 1，把燈關掉一秒，然後打開一秒。週期為兩秒，頻率被減半。右起第二個正反器再次將該頻率減半，因此將它的燈打開兩秒，然後關閉兩秒。以此類推。

其結果是，四個閃爍的燈以二進位計算秒數：

0 0 0 0
0 0 0 1
0 0 1 0
0 0 1 1
0 1 0 0
...
1 1 1 0
1 1 1 1
0 0 0 0
...

燈光將會從 0000 數到 1111，然後再回到 0000，每 16 秒完成一個循環。

但這不是我們想要的！我們希望燈光每 10 秒從 0000 數到 1001。在它到達 1001（十進位 9）後，我們希望它回到 0。

幸運的是，我們使用的正反器，在其底部有一個標記為 Clr 的 Clear（清除）輸入。當此 Clear 輸入被設置為 1 時，無論其他輸入如何，正反器的 Q 輸出都將變為 0。此外，所有這些 Clear 輸入可以同時被設置為 1，導致所顯示的數字回到 0000。

何時應將這些 Clear 輸入設置為 1？所顯示的值為 1001（十進位的 9）是有效的，但下一個值 1010（十進位的 10）是無效的。因此，當四個正反器的輸出為 1010（十進位的 10）時，我們希望將所有正反器被清除為零。

這可以透過將 AND 閘的輸入連接到兩個正反器之 Q 輸出來實現：

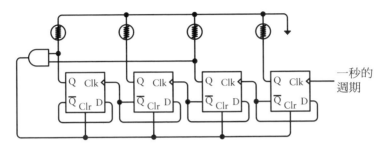

在現實生活中，構成正反器之電晶體速度非常快，你不會看到從 1010 到 0000 的過渡。一旦四個正反器的 Q 輸出變為 1010，AND 閘的輸出為 1，四個正反器被清除後，全都會回到零。從視覺上看，這將是從 1001 平穩過渡到 0000：

0 0 0 0
0 0 0 1
0 0 1 0
0 0 1 1
0 1 0 0
0 1 0 1
0 1 1 0
0 1 1 1
1 0 0 0
1 0 0 1
0 0 0 0
...

若你對使用正反器的輸出來清除正反器感到有點不舒服，那麼你的擔憂並非完全沒有道理。有更好的方法來做這類事情，但它們相當複雜。如果你在現實生活中建構一個二進位時鐘，你還應該知道存在稱為十進位計數器（*decade counter*）的積體電路，它會從 0000 計數到 1001，然後優雅地過渡到 0000。

現在我們是從 0 到 9 計算秒數，很快你會看到另一個電路，用於從 0 到 5 計數秒的高位數（high digit）。當低位數（low digit）的四個燈從 1001 回到 0000 時，高位數應該增加 1，這意味著我們需要一個訊號，在那個時候從 0 變為 1。

AND 閘的輸出可用於此目的，但讓我們採取一點不同的做法，在此電路中加入一個 NAND 閘：

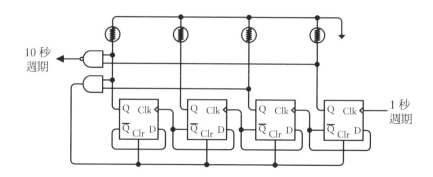

複習一下,NAND 閘的輸出與 AND 閘相反。輸出通常為 1,除非兩個輸入皆為 1,在這種情況下,輸出為 0。此 NAND 閘的接線方式為,當所顯示的數字為 1001 或十進位的 9 時,兩個輸入為 1。當所顯示的數字為 1001 時,NAND 閘的輸出將變為 0,然後回到 1。這將每 10 秒發生一次,從 0 到 1 的轉換可以作為另一個邊沿觸發之正反器的輸入。

下面的時序圖(timing diagram)可以看到 1 秒週期訊號、四個正反器中每個正反器(從右到左)的 Q 輸出以及 10 秒週期訊號:

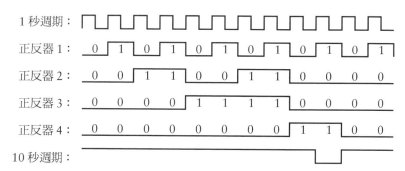

如果將時序圖順時針旋轉 90 度,你可以看到四個正反器從 0000 數到 1001,然後回到開頭。

該 NAND 閘的輸出是二進位時鐘下一級的輸入,用於計算秒的高位數:0、1、2、3、4 和 5。這一級只需要三個正反器,但是當它達到 110(十進位的 6)時,需要清除所有正反器:

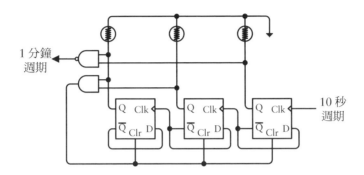

當所顯示的數字為 101 或十進位的 5 時，此電路中之 NAND 閘的輸出變為 0。結合前四個正反器，時鐘現在從 000 0000 數到 101 1001，或十進位的 59，此時所有七個正反器都會回到 0。以下是這三個正反器的時序圖：

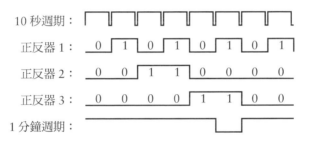

同樣，把時序圖順時針旋轉 90 度，可以看到正反器從 000 數到 101，然後再回到開頭。

現在我們有一個週期為 1 分鐘的訊號。我們可以開始計算分鐘數了。再配置四個正反器，就像前面的四個正反器一樣，用於計數從 0 到 9 的分鐘數：

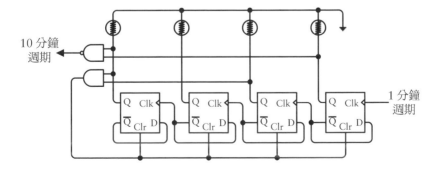

該 10 分鐘週期的輸出現在可以成為另一個由三個正反器組合之下一級的輸入，用於分鐘的高位數，就像秒的高位數一樣：

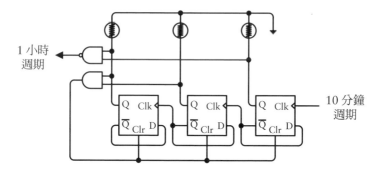

而現在，就在你似乎處於構建整個二進位時鐘的最後階段時，你可能會開始體驗到一些沮喪的預感。

對於 24 小時制，小時從 0 開始，一直到 23，但英語國家通常使用 12 小時制，這會帶來一個問題。小時有兩位數，如同秒和分鐘，但小時不從零開始。按照慣例，中午或午夜是 12 小時，然後下一個小時是 1。

讓我們暫時忽略這個問題。假設使用 12 小時制，小時數為 0、1、2、3、4、5、6、7、8、9、10、11，然後又回到 0，並且時間 00:00:00 就是我們所說的午夜或中午。

但小時還有另一個特點：對於秒和分鐘，低位數的清除和高位數的清除是相互獨立的。低位數在達到 1010（十進位的 10）時必須清除，高位數在達到 110（十進位的 6）時必須清除。

對於小時數，當低位數到達 1010 時也必須清除。這是從 9:59:59 到 10:00:00 的過渡。但當高位數為 1 且低位數為 0010 時，這兩個位數字都必須被清除。這是從 11:59:59 到午夜或中午的過渡，我們將其暫時表示為 00:00:00。

這意味著必須同時考慮小時的低位數和高位數。這裡的五個正反器顯示了如何在兩種不同的條件下清除這兩位數字：

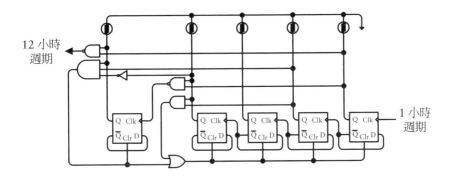

右側的四個正反器與秒和分鐘的低位數非常相似。當數字變為 1010 時，AND 閘會將正反器清為零，NAND 閘同時會輸出一個從 0 轉換到 1 的訊號。

但是，最左側靠近頂部的另一個三輸入的 AND 閘，決定了當「小時」的高位數為 1 和低位數為 0010（十進位的 2）時，所組合的 BCD 值為 12。你可能認為此時要顯示 12，但隨後你會遇到將下一個值顯示為 1 的問題。相反，這個三輸入的 AND 閘會清除所有的 5 個正反器，因此所顯示的小時數為 0。

此電路成功地按從 0 到 11 的順序來顯示小時數。現在我們只需要解決一個問題：當所有正反器的 Q 輸出皆為 0 時，我們希望顯示的小時數為 12 或 1 0010。

這可以透過五輸入的 NOR 閘來實現，如最右側所示：

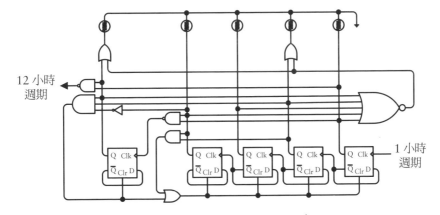

複習一下，NOR 閘的輸出與 OR 閘相反。僅當所有的五個輸入均為 0 時，此 NOR 閘的輸出才為 1。然後，該 NOR 閘的輸出是其中兩個數字上之兩個 OR 閘的輸入。因此，當五個正反器的輸出為 0 0000 時，燈將顯示 1 0010 或十進位的 12。

我還沒有提到最左側的 NAND 閘。此閘的輸出通常為 1，但當小時數為 1 0001 或十進位的 11，NAND 閘的輸出就會變為 0。當小時數不再是 11，輸出會再次變為 1。此輸出可以連接到另一個正反器的輸入，作為 AM/PM 指示器：

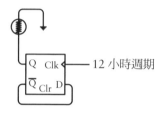

完整的二進位時鐘結合了你看到的所有元件，這些都可以在網站 CodeHiddenLanguage.com 找到。

如你所見，這個時鐘的六位數中的每一位都會使用一個 NAND 閘為下一個位數產生一個時鐘訊號。除非兩個輸入均為 1，否則這個 NAND 閘的輸出通常為 1。這會導致時鐘第一次啟動時的一個特殊情況：此時，每個 NAND 閘的輸出都是 1，這將觸發下一級之第一個正反器的時鐘輸入。當時鐘啟動時，初始時間將被設置為：

1:11:10

如果這是你啟動時鐘的確切時間，那就太好了，但除此之外，你可能希望能夠將時鐘設置為當前時間。

一些數位時鐘會透過網際網路（internet）、GPS 衛星或為此目的而設計的無線電訊號獲取時間。但對於那些需要手動設置時間的時鐘，你可能會遇到帶有多個按鈕的時鐘，這些按鈕必須進行各種操作，也許順序非常複雜，以至於需要詳細說明。

與人類互動的介面始終是一個挑戰，所以讓我們實現一些非常簡單的東西。

二進位時鐘的秒、分鐘和小時從右到左連接，如以下圖所示：

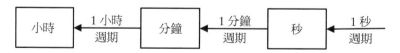

讓我們為這個電路添加兩個開關。按下第一個開關將手動遞增分鐘數，按下第二個開關將手動遞增小時數。此方法不是最佳解決方案：如果顯示的時間是 2:55，而你需要將時間設置為 1:50，那麼你就需要按分鐘按鈕 55 次，按小時按鈕 11 次。但這種方法的優點是簡單。你不需要看詳細的說明就可以設置時間。

當秒數達到 59，分鐘數通常會增加，然後再回到 00。標有「1 分鐘週期」的訊號通常為 1，但當秒的高位數為 5，該訊號為 0。同樣，標有「1 小時週期」的訊號通常也為 1，但當分鐘的高位數為 5 時，該訊號為 0。

我們希望，在按下設置時間的開關時，更改這兩個訊號。例如，如果「1 分鐘週期」訊號為 1（大部分時間都是如此），那麼按下開關應該使其變為 0，而鬆開開關應該使其回到 1。同樣，如果訊號為 0（如果秒數介於 50 和 59 之間，它將為 0），那麼按下此開關應該使訊號變為 1，而鬆開開關應該讓訊號回到 0。

換句話說，手動設置時間的開關應該讓「1 分鐘週期」和「1 小時週期」這些訊號與平時相反。

這是互斥或（Exclusive OR 或 XOR）閘的應用之一，在第 14 章中用於將兩個數字相加。除非兩個輸入均為 1，否則 XOR 的輸出與 OR 閘相同：

XOR	0	1
0	0	1
1	1	0

除了在加法中的重要作用外，XOR 閘還可以反轉訊號。當一個輸入為 0 時，XOR 閘的輸出與另一個輸入相同。但是當其中一個輸入為 1 時，輸出與另一個輸入相反。

使用 XOR 閘，添加開關來手動設置時間就會變得非常簡單：

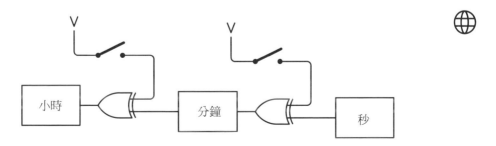

當二進位時鐘上的秒和分鐘滴答作響時，效果可能會非常催眠。從 1970 年代開始，帶有閃光燈的二進位時鐘被當成新奇物品被製造和銷售，其價格通常不能反映底層電路的簡單性。但對於希望學習二進位數字（或至少是二進位編碼的十進位數字）的人來說，它們確實具有一定的教育價值。

對於那些喜歡顯示傳統十進位數字的人來說，還有其他選擇。其中最漂亮的（在技術復古意義上）被稱為冷陰極顯示器（*cold cathode display*），它是一個充滿氖（neon）的玻璃管。裡面有重疊的電線，形狀為數字，每根電線都會被連接到底部的十根引腳之一，從最左邊的 0 開始：

未顯示的是另一根用於接地的引腳。同樣沒有顯示的是一個連接到該地線的金屬網，該金屬網會圍繞著所有這些電線。

當對其中一根引腳施加電壓時，該數字周圍的氖（neon）便會發光：

Burroughs 公司於 1955 年推出了這種類型的顯示管（display tube），並給它取了神話中的水精靈（water sprite）的名字，稱之為 Nixie 電子管（tube）。

對於時間顯示之六位數字中的每一位，你都需要使用一個這樣的電子管。從概念上講，使用 Nixie 電子管相當容易：你只需要設計一個電路，將電源加到十根引腳中的一個，來點亮相對應的數字。實際使用時，會有點麻煩，因為需要用到的功率比積體電路中之電晶體所提供的功率還多。一個稱為 Nixie 電子管（tube）驅動器（*driver*）的特殊電路可用於提供必要的電流。

Nixie 電子管的數位電路必須將來自正反器之二進位編碼的（binary-coded）十進位數字（decimal numbers）轉換為十根引腳中每根引腳的單獨訊號。當數字為 0000 時，需要第一根引腳（代表數字 0）的訊號。當數字為 0001 時，需要的是代表數字 1 的引腳，而當數字為 1001 時，需要的是最後一根引腳（代表數字 9）。

在第 120 頁（第 10 章末尾）可以看到一個類似的電路，它會把一個八進位數字轉換成訊號，以點亮八盞燈中的一盞。這樣的電路稱為解碼器（*decoder*），在這裡它只是做了一點擴展，以適應 BCD 數字。因此，該電路稱為 *BCD* 解碼器：

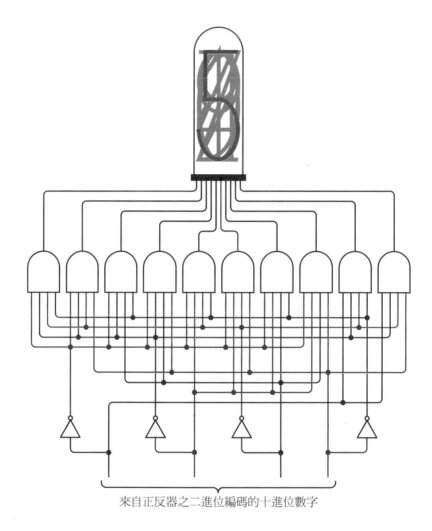

來自正反器之二進位編碼的十進位數字

我知道這個電路看起來很瘋狂，但它非常有條理。來自四個正反器的 BCD 數字位於底部。圖中的紅線表示這個數字目前為 0101，即 5 的二進位數字。這四個訊號中的每一個都被反相器反相，原始訊號和反相訊號的各種組合都會進入這 10 個四輸入的 AND 閘。與 5 相對應之 AND 閘（即位於中央偏右的 AND 閘）的四個輸入為：

- 最低效（最右側）的 BCD 位元

- 下一個最高效的 BCD 位元，經反相

- 下一個最重高效的 BCD 位元

- 最高效（最左側）的 BCD 位元，經反相

只有在 BCD 數字為 0101 時，這四個輸入才會均為 1。

顯示十進位數字的更常見做法是使用七段顯示器。它是由七個長形燈所組成，以一個簡單圖案排列：

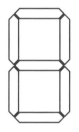

當這些顯示器被製造出來時，背面通常有七根引腳，與七個區段相對應。第八根引腳用於接地。將電壓施加到這七個引腳的組合上，就會點亮相對應的區段，以顯示特定的十進位數字：

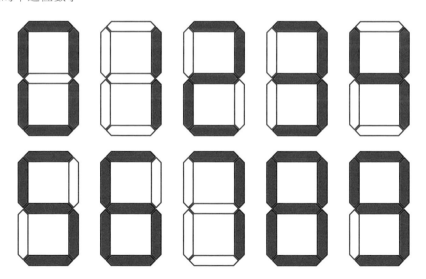

為了便於連接七段顯示器，每個區段被指定了一個識別字母：

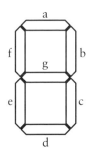

下表顯示了從 0 到 9 每個十進位數字必須點亮哪些區段：

數字	a	b	c	d	e	f	g
0	1	1	1	1	1	1	0
1	0	1	1	0	0	0	0
2	1	1	0	1	1	0	1
3	1	1	1	1	0	0	1
4	0	1	1	0	0	1	1
5	1	0	1	1	0	1	1
6	1	0	1	1	1	1	1
7	1	1	1	0	0	0	0
8	1	1	1	1	1	1	1
9	1	1	1	1	0	1	1

與十進位數字相對應的訊號已經存在。它們是 BCD 解碼器中 AND 閘的輸出，該解碼器剛剛被用於點亮 Nixie 電子管。

讓我們先看一下 a 區段。當十進位數字為 0、2、3、5、6、7、8 或 9 時，必須點亮此區段。這意味著對應於這些數字之八個 AND 閘的輸出，可以輸入到一個八輸入的（eight-input）OR 閘：

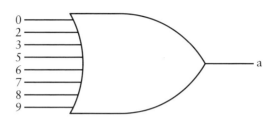

你可以對區段 b 到 g 做類似的事情。

或者你可能會尋找一些更簡單的東西。

a 區段會在數字為 0、2、3、5、6、7、8 或 9 時被點亮，這意味著數字為 1 和 4 時不會被點亮。因此，你可以把對應於 1 和 4 的兩個 AND 閘的輸出當作一般之雙輸入（two-input）NOR 閘的輸入：

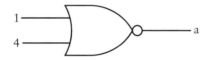

當輸入不是 1 和 4 的信號時，此 NOR 閘的輸出為 1。出現這兩個數字的訊號時，頂部區段（top segment）不會被點亮。

這兩種方法並不完全相同。有時你可能希望七段顯示完全空白，而不是顯示十進位數字。如果 BCD 解碼器中來自 AND 閘的 10 個訊號沒有一個是 1，則可以實現這一點。在這種情況下，八輸入 OR 閘將正常工作，但雙輸入 NOR 閘將繼續點亮頂部區段。

如果你的七段顯示器將總是顯示一個數字，則可以從 BCD 解碼器來建構七段解碼器，如下所示：

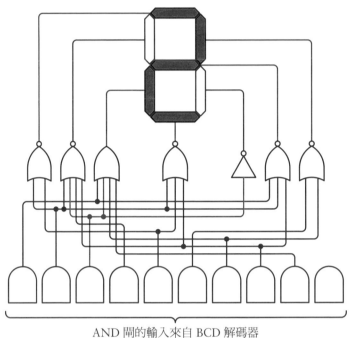

AND 閘的輸入來自 BCD 解碼器

請注意，NOR 閘用於五個區段，但 OR 閘和反相器用於其他兩個區段。

另請注意，最右側的 AND 閘沒有連接到任何東西！該 AND 閘與數字 9 的顯示相關，該數字的所有區段都由 NOR 閘和反相器來點亮。

七段顯示器也可以透過接線來顯示十六進位數字的其他數字，但你需要某種方法來區分十六進位的 B 與 8，以及十六進位的 D 與 0。有一種解決方案需要混用字母的大寫和小寫。以下是字母 A、b、C、d、E 和 F：

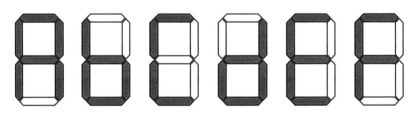

要表示所有 26 個字母，你還需要更多的區段，包括對角線區段。常見的解決方案是 14 段顯示器和 16 段顯示器。

你可能會想，你是否有必要對需要顯示的每個數字設置解碼電路。如果你願意，你可以這樣做，但為了減少電路數量，還有其他選擇。一種稱為**多工**（*multiplexing*）的技術讓解碼電路得以在多個數字之間共用。解碼器的輸入可以在不同的來源之間快速切換，解碼器的輸出可以同時到達所有顯示器。然而，隨著解碼器在各種來源之間切換同步，只有一個顯示器接地。在任何時候，只有一個數字被點亮，但顯示器之間的切換發生得如此之快，以至於通常不會被注意到。

顯示數字和字母的另一種做法稱為**點陣**（*dot matrix*），它是由水平和垂直排列在網格中的圓形燈所構成。可以處理拉丁字母表中所有數字、標點符號和非重音字母的最小網格為 5 個點寬和 7 個點高，稱為 *5×7 點陣*，下面可以看到數字 3 的顯示方式：

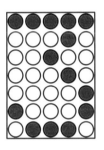

你可能認為，這些小燈可以使用前面所介紹之七段顯示器的技術來進行獨立控制。但這麼做效果並不好。這些小燈有 35 個，單獨關閉和打開它們，需要相當多的電路。因此，採用的是一種不同的方法。

這 35 盞燈是發光二極體（*light-emitting diode* 或 LED）。二極體是小型電氣元件，其符號如下所示：

二極體只允許電流沿著一個方向流動——在上圖的情況下，電流是從左到右流動。右側的垂直線指出了二極體阻止電流的方式，否則電流會從右向左流動。

發光二極體是一種在電流通過時射出光子的二極體。這些光子在我們的眼睛中被記錄為光線。LED 的符號通常像二極體，但用小箭頭代表光線：

近幾十年來，隨著 LED 變得越來越亮，越來越便宜，它們現在普遍用於家庭照明，相比其他類型的燈泡，所使用的電力更少且所產生的熱量更少。

構成 5×7 點陣顯示器之 35 個 LED 的接線方式如下：

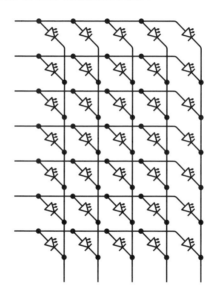

每一個 LED 位於列（row）與行（column）的交叉處。在每一列中，二極體的輸入被連接在一起，而在每一行中，二極體的輸出被連接在一起（另一種方案是在行中將輸入連接在一起，在列中將輸出連接在一起，但在整體工作方式上沒有實質性的差異）。

這種組織方式將 7 列和 5 行的連接數從 35 個減少到僅有 12 個。

缺點是一次只能點亮一列或一行的燈。乍一看，這似乎是一個可怕的限制，但有一個技巧：如果點陣（dot matrix）的列與行可以快速地按順序顯示，那麼看起來就好像整個顯示器同時被點亮一樣。

回頭看看數字 3 是如何用點陣顯示的。在最左行中，點亮了兩個燈：頂部的燈和底部倒數第二個燈。這可以透過向這兩列提供電壓，並向第一行提供接地來實現，如下所示：

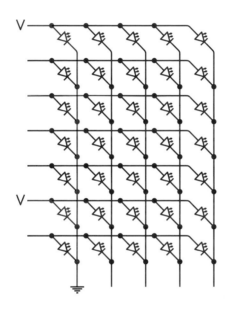

如果你追蹤從電壓到接地的所有可能連接，你會發現除了那兩個被點亮的燈之外，二極體會禁止所有其他路徑。

對於數字 3 的第二行燈，頂部和底部的燈會被點亮。為此，對這兩列施加電壓，並為第二行提供接地：

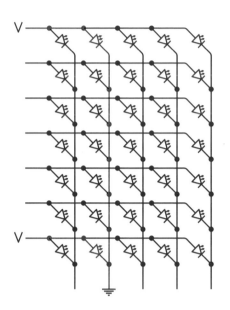

其他各行的工作方式與此類似。對於數字 3 的最右行，必須點亮三個燈。向這些列施加電壓，並在該行提供一個接地：

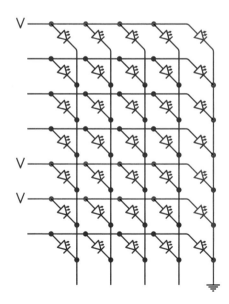

現在我們需要找到一種方法，讓向點陣的各列提供電壓和向其中一行提供接地的過程自動化。

再次幫上忙的是二極體——但它只是普通二極體，而不是發光二極管。以下是將一些二極體連接成數字 3 的方法：

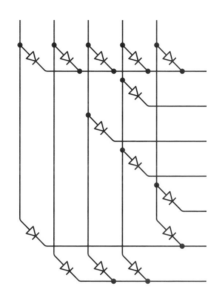

你能在這裡看到數字 3 嗎？這些二極體與前面顯示數字 3 的燈完全對應。但同樣地，這些不是 LED。它們只是普通的二極體。數字 3 基本上是在這個被連接之二極體集合中被編碼的。

二極體的這種組態稱為二極體矩陣（*diode matrix*）。這是在儲存資訊，特別是顯示數字 3 時必須點亮的燈之位置。因此，這個二極體矩陣也被認為是一種記憶體（*memory*）。由於二極體的內容在不重新接線的情況下就無法被改變，因此更準確地說，它應該被稱為一種唯讀記憶體（*read-only memory* 或 ROM）。

這個二極體矩陣（diode matrix）ROM 有助於在點陣（dot matrix）LED 顯示器上顯示數字 3。注意與頂部每一行對應的導線。這些導線對應於點陣顯示器的那五行。下圖顯示了提供給左側第一根垂直導線的電壓：

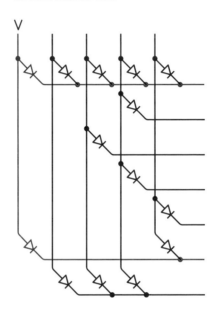

由於二極體的排列，右側有兩個電壓可用。這些對應於數字 3 之 LED 的第一行中必須點亮的燈。

透過對其餘的行連續（並快速）施加電壓，可以產生 LED 點陣顯示器的所有電壓組合。

下圖可以看到二極體矩陣（diode matrix）ROM 和點陣顯示器（dot matrix display）與一些支援電路連接在一起。下圖的二極體矩陣 ROM 與你剛才看到的 ROM 略有不同，但功能上相同：

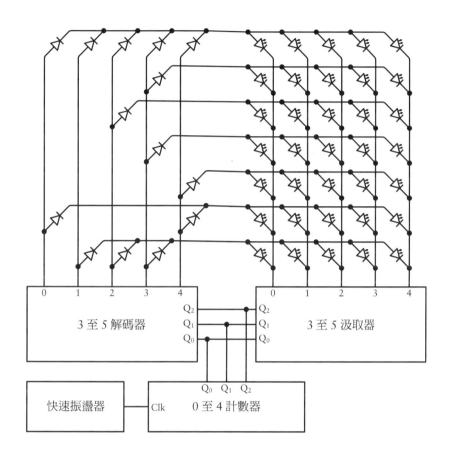

從左下角開始檢查這個電路：我們需要一個速度非常快的振盪器，快到可以快速開關燈，以至於人類視覺系統都不會注意到。這個振盪器的輸出是一個「由三個正反器所構成之計數器」的輸入。你之前見過這樣的電路：

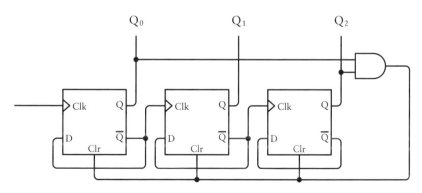

這類似於時鐘所使用的計數器，除了它只從 0 計數到 4（二進位的 000、001、010、011 和 100）。一旦達到 101，AND 閘會將三個正反器清為 0。

這些二進位數字會被輸入到左側所示的 3 至 5 解碼器（3-to-5 decoder）。這是第 10 章第 120 頁所示之 3 至 8 解碼器以及本章前面所示之 BCD 解碼器的精簡版本，因為它只需要將從 000 到 100 的三位（three-digit）二進位數字（binary numbers）解碼成五個訊號中的一個：

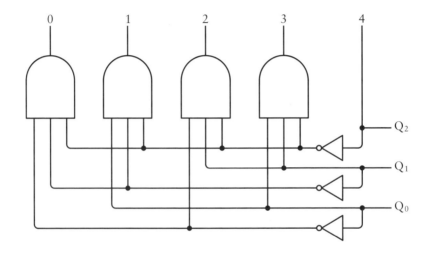

當三位二進位數字從 000 計數到 100 時，解碼器的輸出依次為 0、1、2、3、4，然後在下一個週期回到 0。請注意，標記為「4」的輸出不需要 AND 閘，因為僅有在二進位數字為 100 或十進位的 4 時，Q_2 才為 1。

這五個輸出（0 到 4）對應於大圖左側之二極體矩陣（diode matrix）ROM 的五行，然後向右側之點陣顯示器（dot matrix display）的七列提供電壓。在現實生活中，二極體矩陣和點陣顯示器之間會插入電阻器，以限制電流，避免燒壞 LED。

然後，電壓會進入到一個神秘之標有「3 至 5 汲取器」（3-to-5 Sinker）的框中，這是此電路中唯一的新元件。

我們在這個電路中需要一些有點不尋常的東西。為了與因為二極體矩陣而上升的五個訊號同步，我們需要某種方法來將點陣顯示器的五行之一接地。在本書中，我們建構了提供電壓的電路和邏輯閘。這樣的電路可以被描述為電流源（*current source*）。但現在我們需要相反的情況。我們需要一些能夠吸收電流的東西——以自動的方式將電流接地的東西。

讓我們使用我們在第 15 章中所學到的那些電晶體。這裡是其中一個（至少是其符號的形式）：

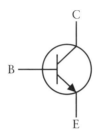

三個字母分別代表基極（base）、集極（collector）和射極（emitter）。施加到基極的電流將允許電流從集極流向射極，這意味著我們可以將射極接地。

大圖底部的 3 至 5 汲取器（3-to-5 sinker）與 3 至 5 解碼器（3-to-5 decoder）非常相似。事實上，相同的電路可以用於兩者。唯一的區別是頂部之 AND 閘的輸出（和 Q_2 輸入）與五個電晶體的基極輸入相連：

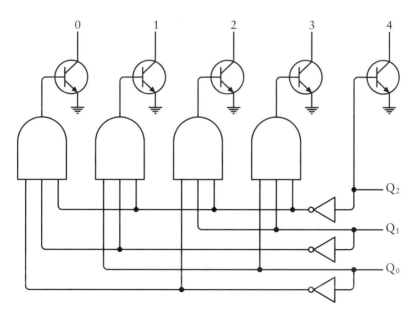

然後，通過點陣顯示器（dot matrix display）之五行（column）而下來的電流會被這些電晶體陸續接地。

現在我們有一個完整的電路，它將在點陣顯示器上顯示數字 3。當然，這不完全是我們想要的。就像 Nixie 電子管和七段顯示器一樣，我們希望這個電路能夠顯示來自時鐘的數字 0 到 9。這需要用其他九位數字擴展二極體矩陣，然後用 BCD 解碼器實現另一級選擇。

這個電路之顯示數字 0 到 9 的動畫版本，可在網站 CodeHiddenLanguage.com 上找到。

但是，無論我們在顯示「與二進位數字對應的動畫數字」時有多少樂趣，本書的目標都不是為了建造一個時鐘。

第十九章

記憶體的結構與原理

當我們每天早上從睡夢中醒來，記憶開始填補空白。我們記得自己在哪裡，昨天做了什麼，以及今天打算做什麼。這些記憶可能會突然湧現或如滴水般而來，也許幾分鐘後可能仍會有一些遺漏（有趣的是，我不記得昨晚睡覺時穿著襪子），但總的來說，我們通常可以重新組織自己的生活，並獲得足夠的連續性以開始新的一天。

當然，人類的記憶不是很有順序。試圖記住一些關於高中幾何學的知識，你可能會想到，就在老師解釋 QED 的意思時，進行了一次消防演習。

人類的記憶並非萬無一失。事實上，書寫（writing）可能是專門為彌補我們記憶的缺陷而發明的。

先書寫，然後閱讀。先保存，然後檢索。先儲存，然後取用。記憶的功能是在這兩個事件之間保持資訊的完整。每當我們儲存資訊，我們都在使用不同類型的記憶媒介。就在上個世紀，用於儲存資訊的媒介包括紙張、塑膠光碟和磁帶，以及各種類型的電腦記憶體。

即使是電報繼電器 —— 若被組裝成邏輯閘，再被組裝成正反器 —— 也可以儲存資訊。正如我們所看到的，一個正反器能夠儲存 1 位元的資訊。這不是很多資訊，但這是一個開始。一旦我們知道如何儲存 1 位元，我們很容易就可以儲存 2 位元、3 位元或更多位元。

第 17 章第 242 頁，你所看到的位準觸發（level-triggered）D 型正反器，係由一個反相器、兩個 AND 閘和兩個 NOR 閘所組成：

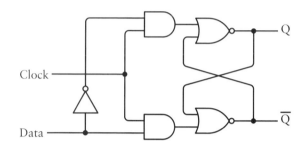

當 Clock（時鐘）輸入為 1 時，Q 輸出與 Data（資料）輸入相同。但是當 Clock 輸入變為 0 時，Q 輸出保存了 Data 輸入的最近一次值。在 Clock 輸入再次變為 1 之前，對 Data 輸入的進一步變更並不會影響輸出。

在第 17 章中，這種正反器出現在幾個不同的電路中，但在本章中，它通常只用於一種方式──儲存 1 位元的資訊。因此，我將對輸入和輸出進行重命名，以便它們更符合這個目的：

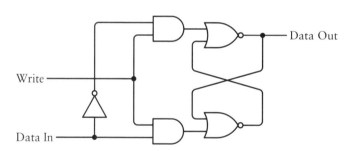

這是同一個正反器，但現在輸出 Q 被命名為 Data Out，而 Clock 輸入（在第 17 章開始時稱為 *Hold That Bit*）被命名為 Write（寫入）。就像我們可能會在紙上寫下一些資訊一樣，Write 訊號會導致 Data In 訊號被寫入或儲存在電路中。通常，Write 輸入為 0，並且 Data In 訊號對輸出沒有影響。但是每當我們想在正反器中儲存 1 位元資料時，我們都會將 Write 輸入設為 1，然後再次設為 0，如下面的邏輯表所示，輸入和輸出被縮寫為 DI、W 和 DO：

輸入		輸出
DI	W	DO
0	1	0
1	1	1
X	0	DO

正如我在第 17 章中提到的，這種類型的電路也被稱為鎖存器（latch），因為它會鎖住資料，但在本章中，我們稱之為記憶體（memory）。以下是我們如何在不繪製所有單獨元件的情況下表示 1 位元的記憶體的方式：

或者，如果你願意，可以這樣繪製：

輸入和輸出的位置無關緊要。當然，1 位元的記憶體根本不算什麼，但透過將 8 個 1 位元的記憶體連接在一起，來組裝 1 位元組的記憶體是相當容易的。你所要做的就是連接八個 Write 訊號：

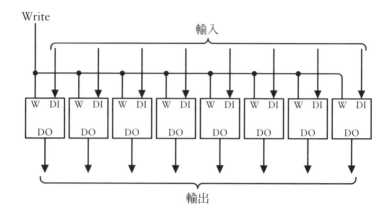

這個 8 位元記憶體具有 8 個輸入和 8 個輸出，以及一個名為 Write 的輸入，通常為 0。若要在記憶體中保存一個位元組，請將 Write 輸入設為 1，然後再設為 0。這個電路也可以畫成一個框，如下所示：

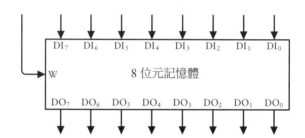

像往常一樣，用下標對 8 位元進行區分。下標 0 表示最低效位元，下標 7 表示最高效位元。

為了與 1 位元記憶體更加一致，8 位元記憶體可以使用 8 位元資料路徑（data path）來表示輸入和輸出：

還有另一種組裝八個正反器的方法，並不像這樣簡單。假設我們只需要一個 Data In 訊號和一個 Data Out 訊號。但我們希望能夠在一天中的八個不同時間、或者在下一分鐘的八個不同時間，來保存 Data In 訊號的值。我們還希望以後能夠透過檢視一個 Data Out 訊號來讀取這八個值。

換句話說，我們不是保存一個 8 位元的值，而是保存八個單獨的 1 位元值。

儲存八個單獨的 1 位元值涉及更複雜的電路，但它以其他方式簡化了記憶體：如果你計算 8 位元記憶體所需的連接數，你會發現總共有 17 個。當儲存 8 個單獨的 1 位元值時，連接數減少到只有 6 個。

讓我們看看這是怎麼一回事。

當儲存 8 個 1 位元值時，仍然需要 8 個正反器，但與前面的組態不同，Data In（資料輸入）訊號全部相連，而 Write（寫入）訊號是分開的：

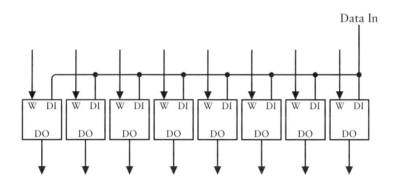

儘管所有 Data In 訊號都是相連的，但這並不意味著所有正反器都將儲存相同的 Data In 值。Write 訊號是獨立的，因此僅當相應的 Write 訊號變為 1 時，特定的正反器才會儲存 Data In 值。正反器儲存的值是當時的 Data In 值。

與其操作八個獨立的 Write 訊號，我們不如用一個 Write 訊號，並使用一個 3 至 8
解碼器（*3-to-8 decoder*）來決定要控制哪個正反器：

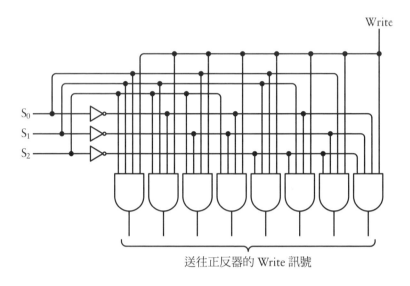

送往正反器的 Write 訊號

你以前也見過類似的電路：第 10 章末尾的第 120 頁所示之電路，允許你使用三個開
關來指定一個八進位數字，其中八個 AND 閘中的每一個，都被連接到了一個燈泡。
根據你指定的八進位數字，這八個燈泡中有一個（並且只有一個）燈泡會被點亮。
第 18 章中的類似電路在顯示時鐘數字方面發揮了作用。

S_0、S_1 和 S_2 訊號代表 Select（選擇）。每個 AND 閘的輸入包括這些 Select 訊號或其
反相訊號。這種 3 至 8 解碼器比第 10 章中的解碼器用途更廣，因為 Write 訊號與
S_0、S_1 和 S_2 等輸入相結合。如果 Write 訊號為 0，則所有 AND 閘的輸出均為 0。如
果 Write 訊號為 1，則只有一個 AND 閘的輸出為 1，具體取決於 S_0、S_1 和 S_2 訊號。

來自八個正反器的 Data Out 訊號可以輸入到一個稱為 8 至 1 選擇器（*8-to-1 selector*）的電路，該電路可以有效地從正反器中選擇八個 Data Out 訊號中的一個：

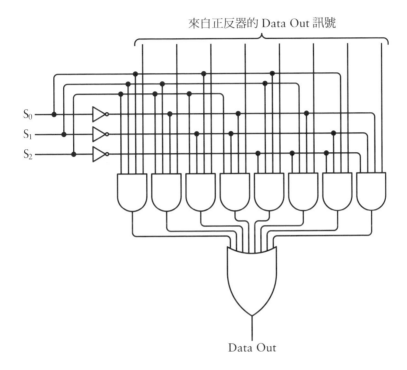

同樣，三個 Select 訊號及其反相訊號會被輸入到八個 AND 閘。根據 S_0、S_1 和 S_2 訊號，一個且只有一個 AND 閘的輸出為 1。但來自正反器的 Data Out 訊號也會被輸入到八個 AND 閘。所選之 AND 閘的輸出將是來自正反器的相應 Data Out 訊號。一個八輸入的 OR 閘提供了從八個訊號中選擇的最終 Data Out 訊號。

3 至 8 解碼器（3-to-8 decoder）和 8 至 1 選擇器（8-to-1 selector）可以與八個正反器結合，如下所示：

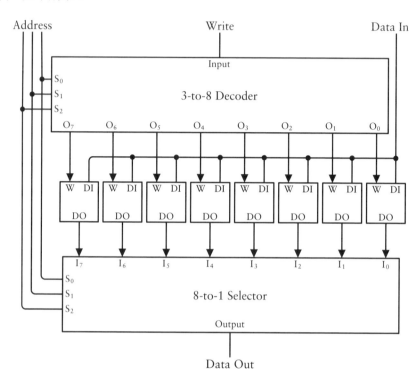

請注意，發送到解碼器和選擇器的三個 Select 訊號是相同的。我還對 Select 訊號的標籤做了一個重要的改變。它們現在被標記為 *Address*（地址），因為它是一個數字，用於指定位元在記憶體中的位置。它就像郵遞地址，除了只有八個可能的 3 位元地址值：000、001、010、011、100、101、110 和 111。

在輸入端，Address 輸入決定了 Write 訊號將觸發哪個正反器來儲存 Data 的輸入。在輸出端（圖的底部），Address 輸入控制 8 至 1 選擇器來選擇八個鎖存器中的一個輸出。

例如，將三個 Address 訊號設定為 010，將 Data In 設定為 0 或 1，將 Write 設定為 1，然後設定為 0。這稱為寫入記憶體（*writing to memory*），而 Data In 的值則被說成是儲存在地址為 010 的記憶體中。

把這三個 Address 訊號改為其他內容。第二天再回來。如果電源仍然開著，你可以再次把這三個 Address 訊號設定為 010，你將看到 Data Out 是你把 Data In 寫入記憶體時所設定的任何值。這稱為從記憶體讀取或存取記憶體。然後，你可以透過使 write 訊號為 1，然後為 0，來將其他內容寫入該記憶體地址。

你可以隨時將 Address 訊號設定為八個不同值中的一個，因此你可以儲存八個不同的 1 位元值。正反器、解碼器和選擇器的這種組合有時稱為讀 / 寫（read/write）記憶體，因為你可以儲存值（即寫入它們），然後確定這些值是什麼（即讀取它們）。因為你可以隨意將 Address 訊號更改為八個值中的任何一個，所以這種類型的記憶體通常被稱為隨機存取記憶體（random access memory）或 RAM（發音與 Ram〔公羊〕相同）。

並非所有記憶體的存取都是隨機的！在 1940 年代後期，在使用真空管建構記憶體變得可行和在電晶體被發明之前，人們使用了其他形式的記憶體。一種奇怪的技術使用長的水銀管來儲存資訊。管子一端的脈衝像池塘中的水波一樣被傳播到另一端，但這些脈衝必須按順序讀取，而不是隨機讀取。其他類型的延遲線記憶體（delay-line memory）一直被用到了 1960 年代。

我們現在建構的特定 RAM 組態，儲存了八個單獨的 1 位元值。它可以表示為：

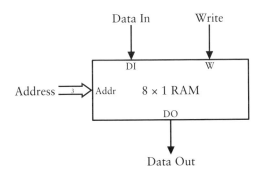

有一個特定的 RAM 組態，通常被稱為 RAM 陣列（array）。這種特殊的 RAM 陣列之組織方式被縮寫為 8×1（發音為 8 乘以 1）。陣列中的八個值，每個都是 1 位元。你可以透過將兩個值相乘來確定可以儲存在 RAM 陣列中的總位元數，在本例中為 8 乘以 1，或 8 位元。

透過將較小的陣列連接在一起，可以建立更大的記憶體陣列。例如，如果你有八個
8×1 的 RAM 陣列，你把所有的 Address 訊號連接在一起，並把所有的 Write 訊號連
接在一起，這樣就可以製作一個 8×8 的 RAM 陣列：

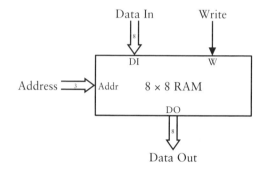

請注意，Data In 和 Data Out 訊號現在均為 8 位元寬。這個 RAM 陣列儲存了八個獨
立的位元組，每個位元組由一個 3 位元地址來引用。

然而，如果我們要用八個 8×1 RAM 陣列來組裝這個 RAM 陣列，所有的解碼邏輯
和選擇邏輯都將重複。此外，你可能之前已經注意到，3 至 8 解碼器和 8 至 1 選擇
器在許多方面都很相似。兩者都會使用八個四輸入 AND 閘，這些閘是由三個 Select
或 Address 訊號來選擇的。在現實的記憶體組態中，解碼器和選擇器將共用這些
AND 閘。

讓我們看看，我們是否能以更有效的方式來組裝 RAM 陣列。讓我們將記憶體加
倍，並建立一個儲存 16 個位元組的 16×8 RAM 陣列，而不是儲存 8 個位元組的 8×8
RAM 陣列。最終，我們應該有這樣的東西：

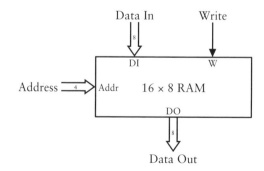

地址需要 4 位元寬才能定址 16 位元組的記憶體。此 RAM 陣列中，可以儲存的總位元數為 16 乘以 8，即 128，這意味著將需要 128 個單獨的正反器。顯然，要在本書的頁面中展示完整的 16×8 RAM 陣列是很困難的，所以我將分幾個部分來展示它。

在本章前面的部分，你看到了用於儲存 1 位元之正反器可以用一個具有 Data In 和 Write 輸入以及 Data Out 輸出的框來表示：

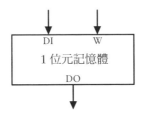

一位元的記憶體有時稱為儲存單元（memory cell）。讓我們將 128 個這樣的單元排列在一個 8 行 16 列的網格中。每列的 8 個單元格是一個位元組的記憶體。16 列（此處僅顯示其中三列）共 16 個位元組：

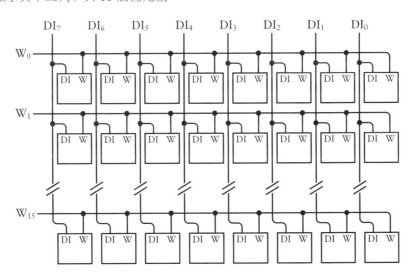

現在讓我們暫時忽略 Data Out 部分。如你所見，對於每個位元組，Write 訊號是相連的，因為一整個位元組將立即被寫入記憶體。這些相連的 Write 訊號在左側被標記為 W_0 到 W_{15}。它們對應於 16 個可能的地址。

Data In 訊號以不同的方式連接。對於每一列,位元組的最高效位元(most signifcant bit)位於左側,最低效位元(least signifcant bit)位於右側。每個位元組的相應位元被連接在一起。所有位元組都具有相同的 Data In 訊號並不重要,因為該位元組只有在 Write 訊號為 1 時才會被寫入記憶體。

為了寫入 16 個位元組中的一個,我們需要一個 4 位元寬的地址,因為 4 位元讓我們得以做出 16 個不同的值,以及選擇 16 個東西中的一個——這些東西是儲存在記憶體中的位元組。如前所述,16×8 RAM 陣列的 Address(地址)輸入確實為 4 位元寬,但我們需要一種方法將該地址轉換為適當的 Write 訊號。這就是 4 至 16 解碼器(4-to-16 decoder)的用途:

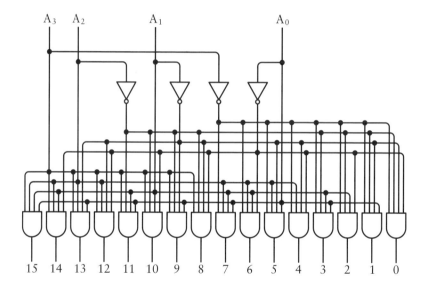

這是本書中你將看到的最複雜的解碼器! 16 個 AND 閘中的每一個都有四個輸入,它們對應於四個 Address 訊號及其反相訊號。圖中我有用數字(對應於四個地址位元的值)來標識這些 AND 閘的輸出。

這個解碼器有助於為 16×8 RAM 陣列的 16 個位元組產生 Write 訊號:解碼器中之 AND 閘的每個輸出都是另一個 AND 閘(包含單一 Write 訊號)的輸入:

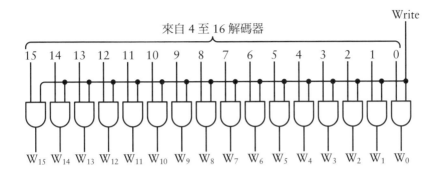

在第 299 頁的圖示中，這些是將 Data In 位元組寫入記憶體的訊號。

我們已經完成了輸入的部分，剩下的就是來自 128 個儲存單元中每個單元的 Data Out 訊號。這並不容易，因為八行位元中的每一行都必須單獨處理。例如，下面是一個縮略電路，用於處理第 299 頁上之 16×8 RAM 陣列的最左行。它顯示了如何將 16 個儲存單元的 Data Out 訊號與 4 至 16 解碼器的 16 個輸出相結合，只選擇其中一個儲存單元：

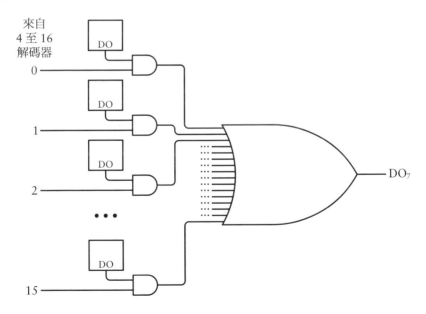

左側顯示了 4 至 16 解碼器的 16 個輸出。其中的每一個都是 AND 閘的輸入。AND
閘的另一個輸入是來自第 299 頁之圖中第一行的 16 個儲存單元中的一個 Data Out。
這 16 個 AND 閘的輸出會進入一個巨大的 16 輸入 OR 閘。結果是 DO_7，它是 Data
Out 位元組中的最高效位元。

這個電路最糟糕的部分是，它需要對位元組（8 位元）中的每一個位元進行複製！

幸運的是，有更好的方法。

在任何時候，4 至 16 解碼器（4-to-16 decoder）的 16 個輸出中只有一個輸出為 1，
這實際上是一個電壓。其餘的輸出為 0，表示接地。因此，只有一個 AND 閘的輸出
為 1——而且只有當該特定儲存單元的 Data Out 為 1 時——其餘閘的輸出才為 0。使
用巨型 OR 閘的唯一原因是檢測它的任何輸入是否為 1。

如果我們能把 AND 閘的所有輸出直接連在一起，我們就可以擺脫巨型的 OR 閘。但
一般來說，不允許直接連接邏輯閘的輸出，因為電壓可能會因而直接接地，這是短
路（short circuit）。但是有一種方法可以用電晶體來做到這一點，就像這樣：

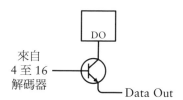

如果來自 4 至 16 解碼器的訊號為 1，那麼電晶體射極（transistor emitter）的 Data
Out 訊號將與儲存單元的 DO（Data Out）訊號相同——要嘛是電壓，要嘛是接地。
但如果來自 4 至 16 解碼器的訊號為 0，則電晶體不會讓任何訊號通過，並且電晶體
射極的 Data Out 訊號將是空的——既不是電壓也不是接地。這意味著，來自一列電
晶體的所有 Data Out 訊號都可以被連接一起，不會因而造成短路。

下面是縮略的記憶體陣列，只顯示了 Data Out 的連接。4 至 16 解碼器的輸出位於左
側，完整的 Data Out 訊號位於底部。此外，並未顯示這些 Data Out 訊號上的小電阻
（用以確保它們為 1 或 0）：

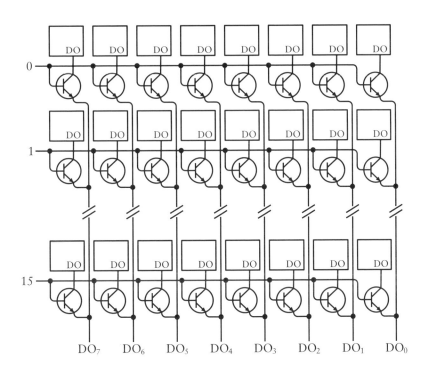

完整的 16×8 RAM 陣列可以在 CodeHiddenLanguage.com 找到。

這些電晶體是一個稱為三態緩衝器（*tri-state buffer*）之電路的基礎。三態緩衝器的輸出可以有以下三種：接地，表示邏輯 0；電壓，表示邏輯 1；或者什麼都沒有——既沒有接地也沒有電壓，就好像它沒有連接到任何東西一樣。

單個三態緩衝器的符號如下所示：

それ看起來像一個緩衝器，但有一個額外的 Enable（啟用）訊號。如果該 Enable 訊號為 1，則輸出與輸入相同。否則，輸出被稱為 float（浮接），就好像它沒有連接到任何東西一樣。

三態緩衝器允許我們打破禁止連接邏輯閘輸出的規則。多個三態緩衝器的輸出可以連接在一起而不會造成短路——只要任何時候其中有一個被啟用。

當需要以單 一 Enable 訊號來處理整個位元組時，三態緩衝器通常更有用：

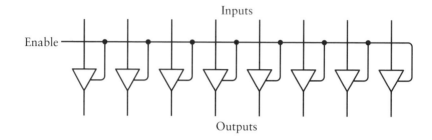

我將用如下的方框符號來表示此三態緩衝器的組態：

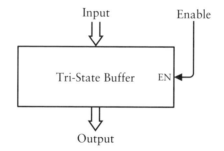

在以後的圖表中，如果我沒有空間用全名 Tri-State Buffer 來標記此方框，我將只用 Tri-State 或 TRI。

你已經瞭解三態緩衝器如何幫忙選擇 16×8 記憶體陣列內 16 個位元組中的 1 個。我還希望 16×8 記憶體陣列有自己的 Enable 輸入：

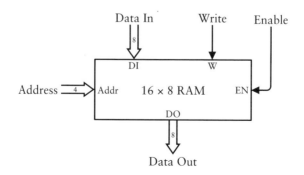

如果該 Enable 訊號為 1，那麼 Data Out 訊號代表儲存在所指定地址的位元組。如果 Enable 訊號為 0，則 Data Out 為空（nothing）。

現在我們已經建構了一個可以儲存 16 個位元組的電路，讓我們將其加倍。不，讓我們把它增加四倍。不，不，讓我們把它增加八倍。不，不，不，讓我們將記憶體增加 16 倍！

為此，你需要 16 個這樣的 16×8 記憶體陣列，連接方式如下：

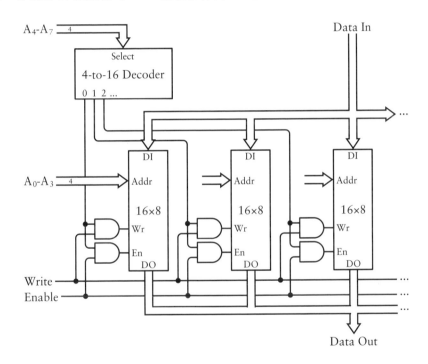

16 個 RAM 陣列中只有三個被顯示出來。它們共用 Data In 輸入。16 個 RAM 陣列的 Data Out 被安全地連接在一起，因為輸出使用了三態緩衝器。注意兩組 4 位元地址：標記為 A_0 到 A_3 的地址位元用於定址所有 16 個 RAM 陣列，而標記為 A_4 到 A_7 的地址位元則為 4 至 16 解碼器提供 Select 輸入。這用於控制 16 個 RAM 陣列中的哪一個獲得 Write 訊號，哪一個獲得 Enable 訊號。

總記憶體容量增加了 16 倍，這意味著我們可以儲存 256 位元組，我們可以將這個電路放在另一個有如下標記的方框符號中：

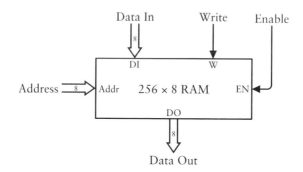

注意，地址現在為 8 位元寬。儲存 256 個位元組的 RAM 陣列就像一個擁有 256 個郵政信箱的郵局。每個內部都有一個不同的 1 位元組值（這可能比垃圾郵件好，也可能不是）。

讓我們再來一次！我們使用 16 個這樣的 256×8 RAM 陣列，並使用另一個 4 至 16 解碼器（4-to-16 decoder）透過另外四個地址位元來選擇它們。記憶體容量增加了 16 倍，總共 4096 位元組。結果如下：

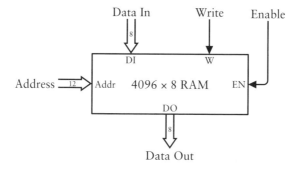

地址現在是 12 位元寬。

讓我們再來一次。我們將需要 16 個 4096×8 RAM 陣列和另一個 4 至 16 解碼器。地址增長到 16 位元，記憶體容量現在為 65,536 個位元組：

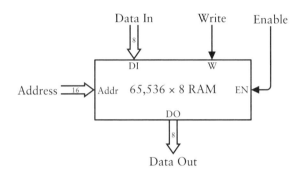

你可以繼續下去，但我要到此為止了。

你可能已經注意到，RAM 陣列所儲存值的數量與地址位元的數量直接相關。在沒有 Address 輸入的情況下，只能儲存一個值。有四個地址位元時，可以儲存 16 個值，有 16 個地址位元時，可以儲存 65,536 個值。這種關係可以總結出這個等式：

$$\text{RAM 陣列中之值的數量} = 2^{\text{Address 輸入的數量}}$$

儲存 65,536 位元組（bytes）的 RAM 也被說成是儲存 64 *kilobytes*（千位元組）或 64K 或 64 KB，乍一看似乎令人費解。透過了什麼奇怪的算術，65,536 變成了 64 KB？

2^{10} 的值是 1024，也就是通常所說之一千位元組（*one kilobyte*）的值。字首 *kilo*（來自希臘語 *khilioi*，意思是一千）最常用於公制（metric system）。例如，一公斤（kilogram）是 1000 克（grams），一公里（kilometer）是 1000 公尺（meters）。但在這裡我說的一千位元組（kilobyte）是 1024 位元組（bytes）——而不是 1000 位元組。

問題是，公制是基於 10 的次方，而二進位數字是基於 2 的次方，兩者永遠不會相遇。10 的次方是 10、100、1000、10000、100000 等等。2 的次方是 2、4、8、16、32、64 等等。10 的任何整數次方不會等於 2 的某個整數次方。

但每隔一段時間，它們就會接近。是的，1000 相當接近 1024，或者用更加數學化的「近似等於」（approximately equal to）符號來表述它：

$$2^{10} \cong 10^3$$

這種關係沒有什麼神奇之處。它所暗示的是，一個特定之 2 的次方近似等於特定之 10 的次方。這個小技巧使人們可得以方便地指稱一千位元組的記憶體，而實際上他們的意思是 1024 位元組。

此外，一個 64K 的 RAM 陣列可以儲存 64000 個位元組。它不僅僅是 64000，其實是 65,536。為了顯得你知道自己在說什麼，你可以說「64K」、「64 kilobytes」或「六萬五千五百三十六」。

每增加一個地址位元，記憶體的數量就會加倍。下面序列中的每一列都代表這種加倍：

$$1 \text{ kilobyte} = 1024 \text{ bytes} = 2^{10} \text{ bytes} \cong 10^3 \text{ bytes}$$
$$2 \text{ kilobytes} = 2048 \text{ bytes} = 2^{11} \text{ bytes}$$
$$4 \text{ kilobytes} = 4096 \text{ bytes} = 2^{12} \text{ bytes}$$
$$8 \text{ kilobytes} = 8192 \text{ bytes} = 2^{13} \text{ bytes}$$
$$16 \text{ kilobytes} = 16,384 \text{ bytes} = 2^{14} \text{ bytes}$$
$$32 \text{ kilobytes} = 32,768 \text{ bytes} = 2^{15} \text{ bytes}$$
$$64 \text{ kilobytes} = 65,536 \text{ bytes} = 2^{16} \text{ bytes}$$
$$128 \text{ kilobytes} = 131,072 \text{ bytes} = 2^{17} \text{ bytes}$$
$$256 \text{ kilobytes} = 262,144 \text{ bytes} = 2^{18} \text{ bytes}$$
$$512 \text{ kilobytes} = 524,288 \text{ bytes} = 2^{19} \text{ bytes}$$
$$1,024 \text{ kilobytes} = 1,048,576 \text{ bytes} = 2^{20} \text{ bytes} \cong 10^6 \text{ bytes}$$

請注意，左側顯示的 kilobytes（千位元組）值也是 2 的次方。

我們可以把 1024 位元組稱為 kilobytes（千位元組），同樣也可以把 1024 kilobytes 稱為 *megabyte*（百萬位元組）（希臘語 *megas* 的意思是巨大）。megabyte 的縮寫為 MB。而記憶體的加倍仍在繼續著：

$$1 \text{ megabyte} = 1{,}048{,}576 \text{ bytes} = 2^{20} \text{ bytes} \cong 10^6 \text{ bytes}$$
$$2 \text{ megabytes} = 2{,}097{,}152 \text{ bytes} = 2^{21} \text{ bytes}$$
$$4 \text{ megabytes} = 4{,}194{,}304 \text{ bytes} = 2^{22} \text{ bytes}$$
$$8 \text{ megabytes} = 8{,}388{,}608 \text{ bytes} = 2^{23} \text{ bytes}$$
$$16 \text{ megabytes} = 16{,}777{,}216 \text{ bytes} = 2^{24} \text{ bytes}$$
$$32 \text{ megabytes} = 33{,}554{,}432 \text{ bytes} = 2^{25} \text{ bytes}$$
$$64 \text{ megabytes} = 67{,}108{,}864 \text{ bytes} = 2^{26} \text{ bytes}$$
$$128 \text{ megabytes} = 134{,}217{,}728 \text{ bytes} = 2^{27} \text{ bytes}$$
$$256 \text{ megabytes} = 268{,}435{,}456 \text{ bytes} = 2^{28} \text{ bytes}$$
$$512 \text{ megabytes} = 536{,}870{,}912 \text{ bytes} = 2^{29} \text{ bytes}$$
$$1{,}024 \text{ megabytes} = 1{,}073{,}741{,}824 \text{ bytes} = 2^{30} \text{ bytes} \cong 10^9 \text{ bytes}$$

希臘文學中 *gigas* 的意思是巨人，所以 1024 megabytes 被稱為 *gigabyte*（十億位元組）縮寫為 GB。

同樣，*terabyte*（*teras* 的意思是怪物）等於 2^{40} 位元組（大約是 10^{12}），即 1,099,511,627,776 個位元組。terabyte 的縮寫為 TB。

1 kilobyte 大約是一千個位元組，1 megabyte 大約是一百萬個位元組，1 gigabyte 大約是十億個位元組，而 1 terabyte 大約是一萬億個位元組。

接著要上升到很少有人去過的區域，一個 *petabyte* 等於 2^{50} 位元組，或 1,125,899,906,842,624 位元組，大約是 10^{15} 或 quadrillion（千萬億）。一個 *exabyte* 等於 2^{60} 位元組，或 1,152,921,504,606,846,976 位元組，大約是 10^{18} 或 quintillion（五千萬億）。

為了提供你一點基礎知識，在本書第一版編寫當時（即 1999 年）市面上的桌上型電腦通常具有 32 MB 或 64 MB、或有時是 128 MB 的隨機存取記憶體。到了編寫本書第二版之際，即 2021 年，桌上型電腦通常具有 4、8 或 16 GB 的 RAM（先不要太困惑——我還沒有提到任何關於電源關閉後保存資料的儲存裝置，包括硬碟 [hard drives] 和固態硬碟 [solid-state drive 或 SSD]；我在這裡只談論 RAM）。

當然人們會用簡略的方式說話。擁有 65,536 位元組之記憶體的人會說：「我有 64K」（我來自 1980 年）。擁有 33,554,432 位元組的人會說：「我有 32 megs」。那些擁有 8,589,934,592 位元組之記憶體的人會說：「我有 8 gigs」（我不是在談論音樂）。

有時人們會提到 *kilobits* 或 *megabits*（注意是位元 [*bits*] 而不是位元組 [*bytes*]），但在談論記憶體時，這種情況很少。當人們談論記憶體時，他們談論的幾乎總是位元組數，而不是位元數。通常，當 kilobits（千位元）或 megabits（百萬位元）在對話中出現時，它將與透過電線或空氣傳輸的資料有關，通常與被稱為「寬頻」（broadband）的高速網際網路連線有關，並且會出現在諸如「每秒千位元」（kilobits per second）或「每秒百萬位元」（megabits per second）之類的語句中。

你現在知道如何以你想要的任何陣列大小來構建 RAM（至少在你的腦海中），但我已停在 65,536 位元組的記憶體上。

為什麼是 64 KB？為什麼不是 32 KB 或 128 KB？因為 65,536 是一個不錯的整數。它是 2^{16}。這個 RAM 陣列具有 16 位元的地址 —— 正好是 2 個位元祖。在十六進位中，位址範圍從 0000h 到 FFFFh。

正如我之前所暗示的，64 KB 是 1980 年左右購買之個人電腦中常見的記憶體數量，但它並不像我在這裡向你展示的那樣。由正反器構建的記憶體更準確地說是靜態（*static*）隨機存取記憶體（random access memory 或 RAM）。到了 1980 年，動態（*dynamic*）RAM 或 DRAM 開始流行並很快佔據主導地位。DRAM 的每個記憶體單元只需要一個電晶體和一個電容器。電容器是電子產品中所使用的一種裝置，它包含兩個分開的電導體。電容器可以儲存電荷，但不能無限期儲存。讓 DRAM 得以運作的關鍵是這些電荷每秒刷新數千次。

靜態（static）RAM 和動態（dynamic）RAM 皆稱為易失性記憶體（*volatile memory*）。需要恆定的電源來保存資料。當斷電時，易失性記憶體會忘記它曾經知道的一切。

擁有一個可以讓我們來管理這 64 KB 記憶體的控制面板 —— 將值寫入記憶體或檢查它們 —— 對我們來說將是有利的。

這樣的控制面板有 16 個開關用來指定地址，8 個開關用來定義我們要寫入記憶體的 8 位元值，另一個開關用於 Write（寫入）訊號本身，以及八個燈泡用來顯示特定的 8 位元值：

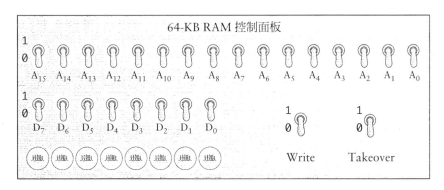

所有開關都擺在其（0）位置。我還納入了一個標記為 *Takeover*（接管）的開關。這個開關的目的是讓其他電路使用與控制面板連接的相同記憶體。當此開關設置為 0（如圖所示）時，控制面板上的其餘開關不執行任何操作。但是，當 Takeover 開關設置為 1 時，控制面板對記憶體具有獨佔控制權。

Takeover 開關是由一堆 2 至 1 選擇器來實作的，與本章中較大的解碼器和選擇器相比，這類選擇器非常簡單：

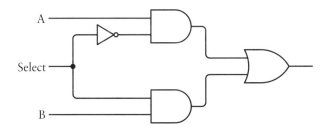

當 Select（選擇）訊號為 0 時，OR 閘的輸出與 A 輸入相同。當 Select 訊號為 1 時，會選擇 B 輸入。

我們需要 26 個 2 至 1 選擇器，其中 16 個用於 Address（地址）訊號，8 個用於 Data（資料）輸入開關，另外 2 個用於 Write（寫入）開關和 Enable（啟用）訊號。這是電路圖：

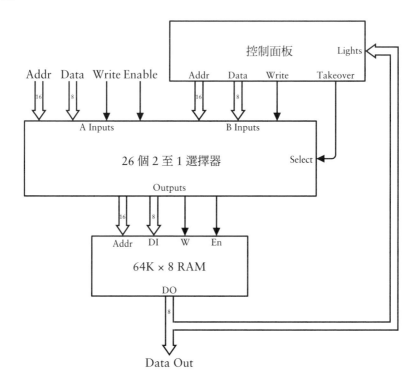

當 Takeover 開關撥至 0 時，64K×8 RAM 陣列的 Address（地址）、Data（資料）輸入、Write（寫入）和 Enable（啟用）輸入來自 2 至 1 選擇器（2-to-1 selector）左上方所示的外部訊號。當 Takeover 開關撥至 1 時，RAM 陣列的 Address、Data 輸入和 Write 訊號來自控制面板上的開關，並且 Enable 被設置為 1。無論哪種情況，來自 RAM 陣列的 Data Out（資料輸出）訊號都會返回到控制面板中的八個燈泡，也可能返回到其他地方。

當 Takeover 開關撥至 1 時，你可以使用 16 個地址開關選擇 65,536 個地址中的任何一個。燈泡會顯示當前儲存在該地址之記憶體中的 8 位元值。你可以使用八個 Data 開關來定義新值，也可以使用 Write 開關將該值寫入記憶體。

64K×8 RAM 陣列和控制面板當然可以幫你追蹤，任何你可能需要使用的 65,536 個 8 位元值。但我們也為其他東西——也許是其他電路——留下了機會，可以使用儲存在記憶體中的值，並將其他值寫進去。

如果你認為這種情況不太可能發生，你可能需要看看著名的 1975 年 1 月號《大眾電子》（*Popular Electronics*）雜誌的封面，它有一篇關於第一台家用電腦 Altair 8800 的故事：

這台電腦的正面是一個控制面板，除了開關和燈之外什麼都沒有，如果你數一數底部的一長排開關，你會發現共有 16 個。

巧合？我不這麼認為。

自動化算術

人類往往具有驚人的創造力和勤奮性，但同時又非常懶惰。很明顯，我們人類不喜歡工作。這種對工作的厭惡是如此極端——而我們的聰明才智又是如此敏銳——以至於我們熱衷於花費無數的時間來設計和製造聰明的裝置，以使我們的工作時間減少幾分鐘。很少有幻想能比「在吊床上放鬆地看著我們剛才建構的新奇裝置修剪草坪」更能刺激人類的愉快中樞。

恐怕我不會在這幾頁中展示自動割草機的計劃。但在本章中，我將開始帶你瞭解越來越複雜的機器，這些機器將使數字的加減過程自動化。我知道，這聽起來並不驚天動地。但這些機器將逐漸變得如此通用，能夠解決幾乎任何使用加法和減法以及布林邏輯的問題，而這其中包括許多問題。

當然，隨著複雜性的增加，其中一些可能會變得比較困難。如果你略過那些令人痛苦的細節，沒有人會怪你。有時，你可能會反抗，並承諾不再為數學問題尋求電子的幫助。但請堅持下去，因為最終我們將發明出一種可以合理地被稱為電腦的機器。

我們看到的最後一個加法器是在第 17 章第 251 頁。那個版本包括一個 8 位元的邊沿觸發鎖存器，該鎖存器會累積從「一組 8 個開關」所鍵入的累計和（running total of numbers）：

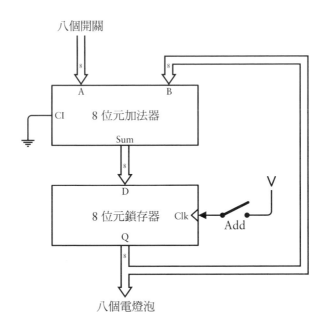

你可能還記得，8 位元鎖存器（latch）係使用正反器（flip-flop）來儲存 8 位元值。最初，鎖存器的內容全為零，輸出也是如此。你可以使用開關來鍵入你的第一個數字。加法器只需將此數字加到鎖存器的零輸出中，因此結果與你鍵入的數字相同。按下 Add 開關，將該數字儲存在鎖存器中，並打開（turn on）一些燈泡以顯示該數字。由於這是邊沿觸發的（edge-triggered）鎖存器，因此在鬆開並再次按下 Add 開關之前，鎖存器不會儲存新值。

現在，你在開關上設置了第二個數字。加法器會將這個數字與儲存在鎖存器中的數字相加。再次按下 Add 按鈕可將總數儲存在鎖存器中，並使用燈泡將其顯示出來。透過這種方式，你可以將一連串的數字相加起來，並顯示出累計和。當然，限制是八個燈泡所顯示的累計和不能大於 255。

一個用於累積（accumulate）「累計和」的鎖存器通常稱為 **累加器**（*accumulator*）。但稍後你會看到，累加器的功能不僅是累積。累加器通常是一個鎖存器，它會先保存一個數字，然後將該數字與另一個數字進行算術或邏輯的結合。

如上所示之加法機器，顯然有一個大問題：也許你有 100 個位元組要加在一起。你坐在加法機器前面，頑強地鍵入每一個數字並累積其總和。但是當你完成後，你發現其中有幾個數字是不正確的。然後你開始懷疑，也許你在鍵入這些數字時還犯了其他錯誤。現在你不得不把整個事情重新做一遍。

但也許有一個解決方案。在上一章中,你看到了如何使用正反器建構一個包含 64 KB 記憶體的 RAM 陣列。你還看到了一個包含開關和燈泡的控制面板:

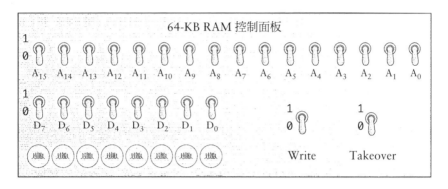

撥動標記為 *Takeover* 的開關可以讓我們接管此 RAM 陣列的所有寫入和讀取,如下所示:

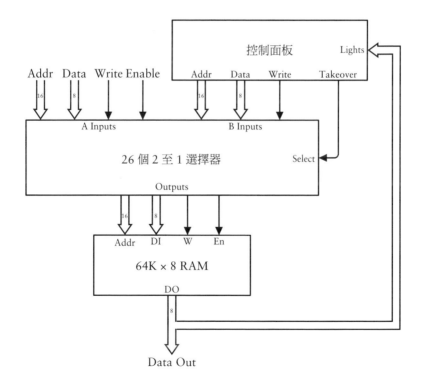

如果你已將 100 個位元組全部鍵入到這個 RAM 陣列中,而不是直接鍵入到加法機器中,那麼檢查值並進行一些更正的工作會容易得多。

為了簡化本書之後的圖表，64K×8 RAM 陣列將單獨出現，而不會伴隨著控制面板和
接管讀寫所需的 26 個選擇器：

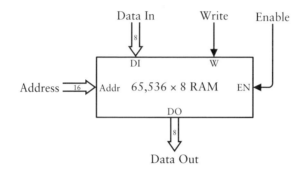

這個更簡單的圖表暗示了控制面板的存在——或讓我們人類得以將位元組寫入記憶
體陣列並讀回它們的類似東西。有時我也不會呈現 Enable 訊號。如果未出現此訊
號，你可以假設 Data Out 的三態緩衝器（tri-state buffer）已被啟用。

假設我們要相加 8 個位元組，例如，十六進位值 35h、1Bh、09h、31h、1Eh、12h、
23h 和 0Ch。如果你在程式設計人員模式（Programmer mode）下使用 Windows 或
macOS 的計算器應用程式（calculator app），你會發現總和是 E9h，但讓我們挑戰自
己，建構一些硬體，為我們相加這些數字。

使用控制面板，你可以把這 8 個位元組輸入到 RAM 陣列中，從地址 0000h 開始。當
你完成時，RAM 陣列的內容可以這樣表示：

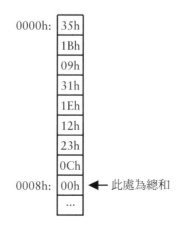

從現在開始，我將以這種方式來呈現一段記憶體的內容。這些方格代表記憶體的內容。記憶體的每個位元組位於相對應的方格裡。方格的地址位於左側。並非每個地址都需要標明，因為地址是連續的，你總是可以猜出特定方格的地址。右側是關於這段記憶體的註解。此處的註解指出，我們要建構一個東西，它會把前 8 個位元組相加，然後將總和寫入包含位元組 00h 的第一個記憶體位置，此例中，該地址為 0008h。

當然，你不僅限於儲存八個數字。如果你有 100 個數字，你將把這些數字儲存在地址 0000h 到 0063h。現在我們面臨的挑戰是把 RAM 陣列連接到第 17 章中的累加器，同樣地它看起來像這樣：

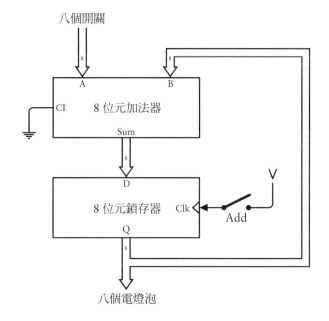

不再需要額外的開關和燈泡，因為我們在連接到記憶體陣列的控制面板上有開關和燈泡。我們可以用 RAM 陣列的 Data Out 訊號來代替加法器的開關。此外，鎖存器的輸出不是用來點亮燈泡，而是將該輸出連接到 RAM 的 Data In 輸入：

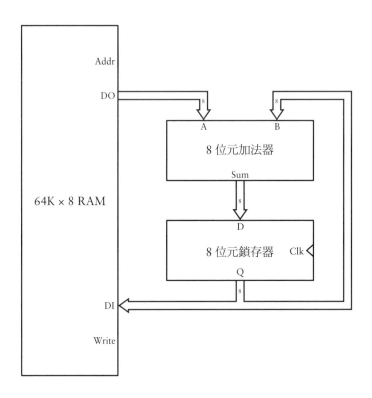

當然，還少了一些東西。圖中並未呈現鎖存器的 Clock 訊號被連接到何處，該訊號對於累計和（accumulated sum）的儲存至關重要。也沒有呈現 RAM 的 Write 訊號被連接到何處，該訊號對於最終結果的儲存至關重要。RAM 還少了存取記憶體內容所需的 16 位元地址。

RAM 的 Address 輸入必須按順序增加，從 0000h 開始，然後是 0001h、0002h、0003h，依此類推。此工作係由一個計數器（建構自一列串接〔cascading〕的正反器，正如你在第 17 章第 256 頁上所看到的那樣）來進行：

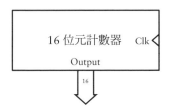

請注意，計數器輸出的資料路徑稍寬一些，是 16 位元而不是 8 位元。

此計數器的輸出被連接到 RAM 的 Address 輸入：

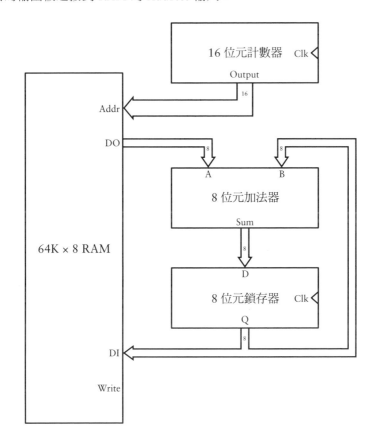

我把這台機器稱為自動累加器（Automated Accumulating Adder）。

當然，透過添加計數器來為 RAM 提供地址，我們導入了另一個必要的 Clock 訊號，用於遞增計數器的值。但我們正在路上。所有主要的 8 位元和 16 位元資料路徑都已定義。現在我們只需要三個訊號：

- 計數器的 Clock 輸入

- 鎖存器的 Clock 輸入

- 隨機存取記憶體的 Write 輸入

這類訊號有時統稱為**控制訊號**，它們通常是這樣的電路中最複雜的部分。這三個訊號必須協調和同步。

計數器的 Clock 輸入讓計數器得以遞增到下一個地址，從 0000h 遞增到 0001h，然後從 0001h 遞增到 0002h，依此類推。該地址用於存取特定的記憶體位元組，該位元組與鎖存器的輸出一起進入加法器。然後，鎖存器上的 Clock 輸入必須儲存該新總和。在現實生活中，記憶體存取和加法運算需要一點時間，這意味著鎖存器上的 Clock 輸入必須在計數器上的 Clock 訊號之後的某個時間發生，同樣，計數器上的下一個 Clock 訊號必須發生在鎖存器上的 Clock 訊號之後的某個時間。

為了達到這個目的，讓我們把兩個正反器像這樣連接起來：

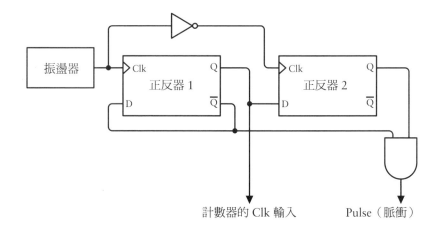

最左側的振盪器只是一個在 0 和 1 之間交替的東西。它的頻率可以非常快，例如在時鐘和電腦中使用的晶體振盪器，也可以像一個開關或按鈕那樣簡單，你可以用手指按壓它。

第一個正反器被連接成將該頻率減半，例如第 17 章的結尾所示。該正反器的 Q 輸出會成為計數器的 Clock 輸入，在從 0 到 1 的每一次轉換中，計數器的值會被遞增。以下是第一個正反器的時序圖：

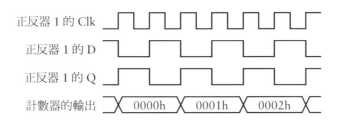

時序圖的最下面一列指出了計數器的輸出是如何變化的。

第二個正反器的 Clock 輸入與第一個正反器的 Clock 輸入是反相的，它的 D 輸入是第一個正反器的 Q 輸出，這意味著第二個正反器的 Q 輸出與第一個正反器的 Q 輸出相差一個週期。為了便於比較，下圖包括了上圖中的計數器輸出：

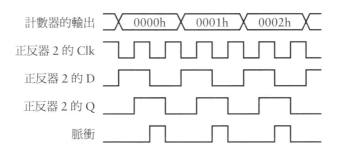

AND 閘結合了第一個正反器的 $\overline{Q}$ 輸出和第二個正反器的 Q 輸出。我將把 AND 閘的輸出稱為 Pulse（脈衝）。

這個 Pulse 訊號會成為鎖存器的 Clock 輸入：

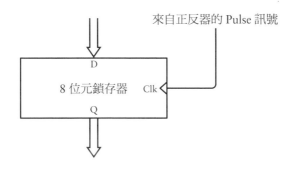

我們希望確保有足夠的時間讓計數器中的值用於定址記憶體，同時讓記憶體中的資料在保存到鎖存器之前與上一次的總和相加。目的是確保在鎖存器保存新的總和之前一切穩定。換句話說，我們要避免出差錯。這已經實現：當 Pulse 訊號為 1 時，計數器的輸出保持不變。

自動累加器（Automated Accumulating Adder）中所需的另一個訊號是記憶體 Write（寫入）訊號。我之前提到過，我們希望將累計和（accumulated sum）寫入到第一個值為 00h 的記憶體位置。該記憶體位置可以透過從 RAM 中獲取 Data Out 訊號，並將其連接到 8 位元的 NOR 閘來檢測。如果所有個別的 Data Out 值均為 0，則此 NOR 閘的輸出為 1。然後可以將該輸出與正反器所構成的 Pulse 輸出相結合：

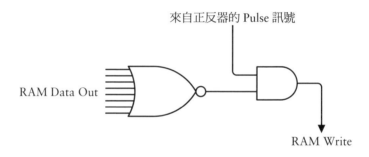

完整的自動累加器之互動式版本可在 CodeHiddenLanguage.com 網站上找到。

沒有提供停止自動累加器永遠繼續運行的措施。只要振盪器不斷產生在 0 和 1 之間交替的訊號，計數器就會繼續存取記憶體。如果記憶體中的其他位元組都等於 00h，電路就會把完成的總和寫到這些位置。

如果振盪器繼續運行下去，計數器最終將達到 FFFFh，然後它將翻轉到 0000h，並再次開始進行累加。但這一次，它會把記憶體中的所有值加到已經計算的總和中。

若要對此過程進行一些控制，你可能需要添加一個標記為 Clear（清除）的按鈕或開關。提供記憶體地址的計數器是由邊沿觸發之正反器建構的，因此它可能具有一個 Clear 輸入。鎖存器也是由邊沿觸發之正反器建構的，控制訊號的產生也使用了邊沿觸發的正反器。此 Clear 按鈕可以清除計數器和鎖存器，並停止這兩個正反器的運作。然後，你可以將新值鍵入到記憶體中，並再次開始加法的過程。

但是自動累加器的最大問題是它僅限於對位元組做加法，並且位元組的值只能從 00h 到 FFh（或十進位的 255）。

如前所述，這個自動累加器所要相加的 8 個位元組是 35h、1Bh、09h、31h、1Eh、12h、23h 和 0Ch，它們的總和為 E9h（或十進位的 233）。但假設有第九個位元組 20h。然後總和將是 109h。但這不再是 1 位元組的值。8 位元加法器的輸出僅為 09h，這就是儲存在記憶體中的值。加法器的 Carry Out（進位輸出）訊號指出總和超過了 FFh，但自動累加器並沒有對該訊號做任何處理。

假設你想使用自動累加器來驗證你支票帳戶中的存款。在美國，貨幣是用美元和美分來計算的——例如 1.25 美元——許多其他國家也有類似的系統。要將該值儲存在一個位元組中，你需要將其轉換成一個整數：將其乘以 100 得到 125 美分（即十六進位的 7Dh）。

這意味著，如果你想使用位元組來儲存貨幣金額，最多只能使用 FFh 的值，或十進位的 255，或僅為 2.55 美元。

你需要為更大的金額使用更多的位元組。兩個位元組怎麼樣？雙位元組值的範圍可以從 0000h 到 FFFFh（或者是十進位的 65,535，或者是 655.35 美元）。

這好多了，但你可能還希望能表示負的金額以及正的金額——例如，當你的支票帳戶透支時。這意味著要使用我在第 16 章中所討論之 2 的補數。對於 2 的補數，最大的 16 位元正值為 7FFFh，即十進位的 32,767，最小的負值為 8000h，即 -32,768。這將允許貨幣值的範圍在 -327.68 美元到 327.67 美元之間。

讓我們試試 3 個位元組。使用 2 的補數，3 位元組值的範圍可以從 800000h 到 7FFFFFh（或者從 -8,388,608 到 8,388,607 的十進位值，或者轉換為從 -83,886.08 美元到 83,886.07 美元的貨幣金額）。我懷疑對於大多數人的支票帳戶來說，這是一個更安全的範圍，所以我們就使用它吧。

如何增強自動加法器的功能，使其能夠相加 3 位元組的值，而不僅僅是 1 位元組的值？

簡單的答案是擴展記憶體以儲存 24 位元值，並建構 24 位元的加法器和鎖存器。

但也許這是不切實際的。也許你已經投資 64K×8 RAM 陣列的建立，並且你已經有一個 8 位元加法器，這些加法器不容易更換。

如果我們堅持使用 8 位元的記憶體，則可以透過將 24 位元值拆分為三個連續的記憶體位置來儲存它們。但關鍵的問題是：順序是什麼？

那我這句話是什麼意思呢？

假設你要儲存的是 10,000.00 美元。這就是 1,000,000 美分，或十六進位的 0F4240h，也就是 0Fh、42h 和 40h 等 3 個位元組。這 3 個位元組可以被稱為「高」（high）、「中」（middle）和「低」（low）位元組。但它們可以透過兩種方式之一儲存在記憶體中。這 3 個位元組，我們是按照這個順序來儲存？

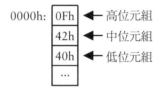

還是按這個順序？

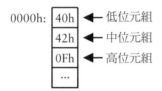

你可能會問：習慣上的做法是什麼？或者：歷史悠久的行業標準做法是什麼？不幸的是，這些問題的答案是：兩者都有。有些電腦使用前者；有些則使用後者。

這兩種儲存多位元組值的方法分別被稱為 *大端序*（*big-endian*）和 *小端序*（*little-endian*）。我在第 13 章討論 Unicode 的時候提到過其差異。這些術語來自喬納森‧斯威夫特（Jonathan Swift）的諷刺小說《*格列佛遊記*》（第一部分，第 4 章及以後），其中描述了小人國人民如何捲入一場關於是否在較小或較大的一端打破雞蛋的長期爭論。在電腦產業中，這不是一個爭議，而是一個每個人都學會了與之共存的基本差異。

乍一看，大端序的做法似乎更合理，因為它與我們通常編寫位元組的順序相同。小端序的做法是從後面開始的，因為它從最低效位元組開頭。

然而，如果你出於加法的目的，從記憶體中讀取多個位元組的值，你會希望從最低效位元組開始。最低效位元組的加法可能會生成一個進位，用於下一個次低效位元組的加法。

出於這個原因，我將以小端序儲存位元組——首先是最低效位元組。但這僅適用於儲存在記憶體中的順序。否則顯示十六進位值時，我將繼續首先顯示最高效位元組。

在描述這台新機器的功能時，我將用「存款」（deposits）和「取款」（withdrawals）來描述，就好像它是在計算銀行帳戶的餘額一樣。但它同樣適用於經營小企業時的支出和收入，或資產和負債。

讓我們從 450.00 美元和 350.00 美元的兩筆存款開始。在十六進位中，這些錢是這樣相加的：

$$
\begin{array}{r}
00\ AF\ C8 \\
+\ 00\ 88\ B8 \\
\hline
01\ 38\ 80
\end{array}
$$

當每一對位元組從右側開始相加時，會產生影響到下一對位元組的進位。

現在讓我們從這筆款項中提取 500.00 美元，即十六進位的 00C350h：

$$
\begin{array}{r}
01\ 38\ 80 \\
-\ 00\ C3\ 50
\end{array}
$$

在第 16 章中，我說明過如何進行二進位數的減法。你首先得將被減去的數字轉換為 2 的補數，然後再做加法。要取得 00C350h 之 2 的補數，將所有位元反轉（值為 0 的位元變為 1，值為 1 的位元變為 0）可得到 FF3CAFh，然後將其加 1 可得到 FF3CB0h。現在來進行加法：

$$
\begin{array}{r}
01\ 38\ 80 \\
+\ FF\ 3C\ B0 \\
\hline
00\ 75\ 30
\end{array}
$$

在十進位中，該總和為 30,000，即 300 美元。現在讓我們再提取 500 美元：

$$
\begin{array}{r}
00\ 75\ 30 \\
+\ FF\ 3C\ B0 \\
\hline
FF\ B1\ E0
\end{array}
$$

結果是一個負數。我們的餘額已降到了零以下！為了確定該負值，再次反轉所有位元，得到 004E1Fh，然後加 1，得到 004E20h，即十進位的 20,000。所以餘額為 −200.00 美元。

幸運的是，我們有更多的錢進來。這次的存款高達 2000.00 美元或 030D40h。將其加到之前的負數結果中：

$$
\begin{array}{r}
FF\ B1\ E0 \\
+\ 03\ 0D\ 40 \\
\hline
02\ BF\ 20
\end{array}
$$

我很高興地說，這是十進位的 180,000，即 1800.00 美元。

這就是我希望這台新機器所做的工作類型。我希望它能對儲存在記憶體中的 3 位元組值進行加減運算，並且希望它會把結果寫回記憶體中。

而且我**確實**希望它能夠做減法。我希望將 500 美元的提款儲存為 3 個位元組 00、C3 和 50，而不是二的補數。我希望機器為我們計算二的補數。

但如果所有的數字都以正值儲存在記憶體中，則存款和取款看起來是一樣的。如何區分它們呢？

我們需要一些東西來伴隨記憶體中的數字，以確定我們想用它們做什麼。在考慮了這個問題之後──如果你需要的話，也許在一夜之間──你可能會有一個絕妙的想法，即在記憶體中的每個數字前面加上某種代碼。一個代碼可能表示「加上以下 3 位元組值」，另一個代碼可能表示「減去以下 3 位元組值」。下面是我剛才討論的例子在記憶體中的樣子：

我選擇以代碼 02h 來表示下一個 3 位元組值將被加到累計和中,並選擇以代碼 03h 來表示減法。這些代碼有些隨意,但不完全是。(你很快就會明白我的意思)。

諸如此類的代碼有時稱為指令代碼(*instruction codes*)或運算代碼(*operation codes*)或運算碼(*opcodes*),用於指示讀取記憶體的機器做什麼,而機器透過執行某些運算(例如,加法或減法)來回應。

記憶體的內容現在可以區分為代碼和資料。在這個例子中,每個代碼位元組位於 3 個資料位元組之前。

現在我們有了加和減值的代碼,讓我們再設計一個代碼,將累計和(running total)儲存在緊隨代碼之後的記憶體中,再設計另一個代碼來停止機器,這樣它就不會在無事可做時繼續運行:

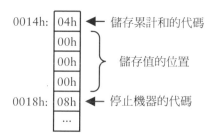

我們把完成此一壯舉的機器稱為三位元組累加器（Triple-Byte Accumulator）。與自動累加器（Automated Accumulating Adder）一樣，它將繼續存取一個 64K×8 的記憶體陣列，並將使用一個 8 位元加法器來計算累計和。但是鎖存器的數量必須增加到四個——其中，一個用於儲存指令代碼（instruction code），另外三個用於儲存累計和（running total）。下面可以看到所有的主要元件和資料路徑：

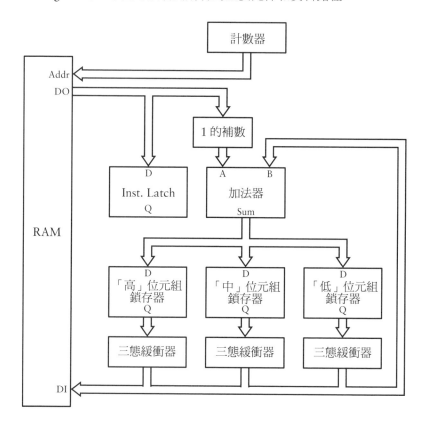

為了避免圖過於冗長，許多控制訊號都沒有被呈現出來。我將在本章餘下的大部分篇幅中呈現這些控制訊號。在這個已經很複雜的圖中，控制訊號所連接之各框的輸入也沒有被呈現出來——例如，計數器和鎖存器的 Clock（時鐘）輸入、三態緩衝器的 Enable（啟用）訊號、和 RAM 的 Write（寫入）訊號。

與自動累加器（Automated Accumulating Adder）一樣，三位元組累加器（Triple-Byte Accumulator）有一個 16 位計數器（counter）為隨機存取記憶體提供地址。此計數器的 Clock 輸入來自前面所示之兩個正反器的相同組態。

三位元組累加器具有四個鎖存器：第一個被標記為 "Inst. Latch"，代表「指令鎖存器」（instruction latch），用於保存來自記憶體地址 0000h、0004h、0008h 等的指令代碼。

其他三個鎖存器分別被標記為「高」（High）、「中」（Mid）、「低」（Low）。這三個鎖存器用來儲存 3 位元組的累計和（running total）。這三個鎖存器的輸入是加法器的 Sum（和）輸出。這三個鎖存器的輸出會進入三個被標記為 "Tri-State" 的框，這三個框是三態緩衝器（tri-state buffer），這在前一章已經介紹過了。這些框的 Enable（啟用）訊號在圖中並未被呈現出來。與任何三態緩衝器一樣，如果 Enable 訊號為 1，則輸出與輸入相同——如果輸入為 0，則輸出為 0，如果輸入為 1，則輸出為 1。但如果 Enable 訊號為 0，則輸出既不是 0 也不是 1——既不是電壓也不是接地，而是什麼都沒有。這是第三種狀態。

三位元組累加器（Triple-Byte Accumulator）內之三個「三態緩衝器」（tri-state buffers）中的每一個，都有自己的 Enable 訊號。任何時候，這三個 Enable 訊號中只有一個被設置為 1。這讓三個「三態緩衝器」的輸出得以彼此連接，而不會讓電壓和接地之間產生衝突。Enable 訊號用於控制三個鎖存器輸出中的哪一個可以輸出到 RAM 的 Data In 和加法器的 B 輸入。

這三個 Enable 訊號取決於計數器產生之記憶體地址的兩個最低效位元。記憶體中的位元組以非常有條理的方式儲存：首先是指令位元組，然後是一個 3 位元組數字的低、中和高位元組。這 4 個位元組的作用對應於記憶體地址的兩個最低效位元。這兩個位元一遍又一遍地從 00 遞增到 01 遞增到 10 遞增到 11，以便每個值對應於記憶體中特定類型的位元組：

- 若地址的 2 個最低效位元是 00，那麼該地址的位元組為指令碼。

- 若地址的 2 個最低效位元是 01，那麼該地址的位元組是要被加或減之數字中最低效的位元組（低位元組）。

- 同樣，如果 2 個最低效位元是 10，那麼它是中位元組。

- 如果 2 個最低效位元是 11，那麼它是高位元組。

三態緩衝器的三個 Enable 訊號可以由一個 2 至 4 解碼器使用記憶體地址的兩個最低效位元（此處標識為 A_0 和 A_1）產生：

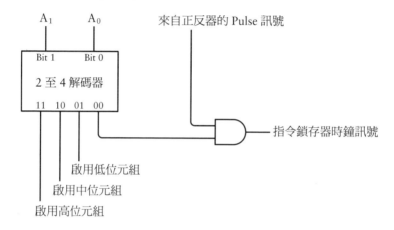

同時顯示的是指令鎖存器的時鐘輸入。當地址的最低效 2 位元為 00 且來自「雙正反器組態」（dual flip-flops configuration）的 Pulse 訊號為 1 時，指令保存在該鎖存器中，而接下來的 3 個位元組會被存取。其他三個鎖存器的時鐘訊號稍微複雜一些，但我稍後就會展示它們。

以下是三位元組累加器的工作原理。讓我們假設所有鎖存器一開始會被清除，並且不保存任何值：計數器輸出的 RAM 地址為 0000h。該地址的位元組（本例中為 02h）被鎖存在指令鎖存器中。

當計數器輸出的 RAM 地址是 0001h。這是第一個數字的低位元組在記憶體中的位置。該位元組將進入加法器（暫時忽略標有「1 的補數」（1s' Comp）的框；假設它什麼也不做，當加法發生時，這是真的）。地址的最低效 2 位元是 01，因此選擇低位元組三態緩衝器。但由於低位元組鎖存器已被清除，加法器的 B 輸入為 00h。加法器的 Sum 輸出是第一個數字的低位元組。該值會被鎖存在低位元組鎖存器中。

當計數器輸出的 RAM 地址是 0002h。這是第一個數字的中位元組，它與中間鎖存器內的值（即 00h）一起進入加法器。Sum 輸出與記憶體內之中位元組相同，並且鎖存於中位元組鎖存器中。

當計數器輸出的 RAM 地址是 0003h。這是高位元組，它通過加法器後會被鎖存在高位元組鎖存器中。

當計數器輸出的 RAM 地址是 0004h。這是一個值為 02h 的指令代碼，意思是加法。

當計數器輸出的 RAM 地址是 0005h。這是第二個數字的低位元組。它將進入加法器的 A 輸入。低位元組三態緩衝器會被啟用。因為鎖存器包含第一個數字的低位元組，成為加法器的 B 輸入。這兩個位元組相加後會被鎖存在低位元組鎖存器中。

此過程會繼續處理中和高位元組，然後是下一個數字。

在設計三位元組累加器時，我定義了四個指令代碼：

- 02h 用於加上隨後的 3 位元組數字

- 03h 用於減去隨後的 3 位元組數字

- 04h 用於將 3 位元組的「累計和」寫入記憶體

- 08h 用於停止機器

指令鎖存器中只需要儲存 4 個位元。以下是這些位元與這四個指令的對應方式：

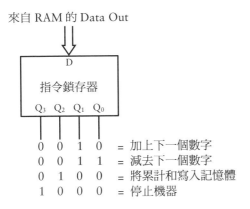

來自 RAM 的 Data Out

指令鎖存器

Q_3　Q_2　Q_1　Q_0

```
0  0  1  0  = 加上下一個數字
0  0  1  1  = 減去下一個數字
0  1  0  0  = 將累計和寫入記憶體
1  0  0  0  = 停止機器
```

當接下來的 3 個位元組被讀入到機器時，指令代碼保存在鎖存器中。指令代碼中的位元用於控制三位元組累加器的其他部分。

例如，如果要為累計和（running total）加上或減去接下來的 3 個位元組，則 Q_1 位元為 1。這意味著，該位元可用於幫忙確定 3 個資料位元組之鎖存器上的時鐘輸入。這是再次使用 2 至 4 解碼器，以顯示這些輸出是如何與 Q1 指令位元和正反器的 Pulse 訊號相結合的：

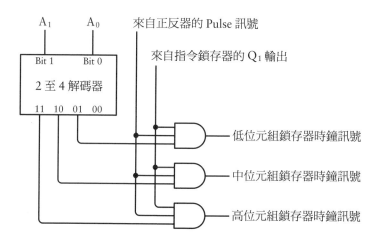

如前所述，當地址的最低效 2 位元為 00 時，指令位元組會被鎖存。當這 2 個地址位元為 01、10 和 11 時，因為有 3 個資料位元組要存取，便會使用該指令位元組。如果指令是 Add（加法）或 Subtract（減法），那麼指令鎖存器的 Q_1 輸出將為 1，這三個 AND 閘所產生的時鐘訊號會依次鎖存 3 個位元組。

我最初將 Add（加法）指令定義為 02h，將 Subtract（減法）指令定義為 03h，這可能看起來很奇怪。為什麼不是 01h 和 02h？或是 23h 和 7Ch？我這樣做是為了讓加法和減法指令代碼共用一個位元，可用於控制鎖存器的時鐘訊號。

僅當要減去下一個 3 位元組中的數字時，指令的 Q_0 位元才為 1。如果是這樣的話，那麼必須取數字之 2 的補數。2 的補數的計算方法是首先找到 1 的補數，然後加 1。1 的補數就是將所有位元反相（即值從 0 變 1 或從 1 變 0）。你在第 16 章便看到了一個做這件事的電路：

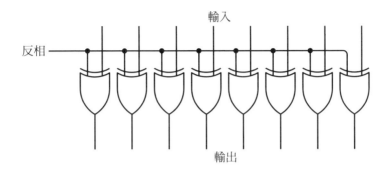

輸入來自 RAM 的 Data Out（資料輸出）。而輸出則會連接到 8 位元加法器的 A 輸入。反相（Invert）訊號直接來自指令鎖存器的 Q_0 輸出。那是指出要減去數字而不是加上數字的位元。

2 的補數就是 1 的補數加 1。加 1 的工作可以透過將加法器的 Carry In（進位輸入）設置為 1 來完成，但僅限於 3 個位元組中的第一個：

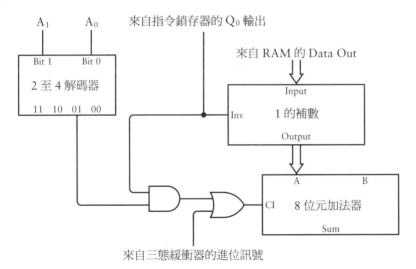

每當指令鎖存器的最低位元為 1 時，就會進行減法。來自 RAM 的所有資料位元組都必須反相。這就是標有「1 的補數」之方框的目的。此外，加法器的 Carry In 輸入必須被設置為 1，但僅限於第一個位元組。這就是 AND 閘的目的。解碼器的 01 輸出僅對第一個資料位元組為 1。

OR 閘的出現是因為加法器的 Carry In 在加或減第二個和第三個資料位元組時可能也需要設置。為了保持圖表的簡單性,我完全忽略了進位的問題,但現在我們必須勇敢地面對它。

三位元組累加器包含了 3 個鎖存器和 3 個三態緩衝器,用於儲存和取得累計和的 3個位元組:

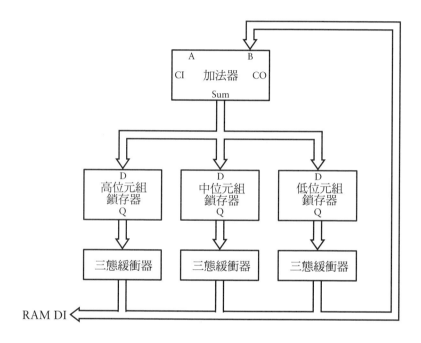

但不完全是。為了納入進位(carry)位元,其中兩個鎖存器需要儲存 9 個位元:總和(sum)的 8 個位元以及來自加法器的 Carry Out。其中兩個三態緩衝器也需要處理 9 個位元,以便中位元組加法中可以使用來自低位元組加法的進位,以及高位元組加法中可以使用來自中位元組加法的進位:

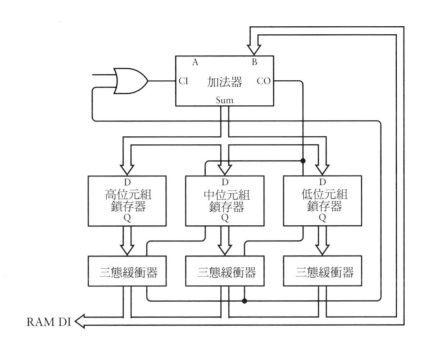

請注意，來自加法器的 Carry Out 訊號被儲存在低位元組和中位元組鎖存器中，但這些值隨後會進入中位元組和高位元組三態鎖存器，我知道這看起來很奇怪。這就是為什麼會這樣的原因：

當低位元組相加時，加法器的 Carry In 輸入為 0 表示加法，1 表示減法（這是 OR 閘的另一個輸入）。這個加法可能會導致進位。加法器的 Carry Out 輸出由低位元組鎖存器保存。但是，在中位元組相加時必須使用該進位（carry）位元。這就是為什麼低位元組鎖存器中的進位（carry）位元值是中位元組之三態緩衝器的另一個輸入。同樣，在高位元組相加時，必須使用由中位元組相加時產生的進位。

我們現在已經到了最後階段。所有的加法和減法現在都被處理了。還沒有處理的是指令代碼 04h。這是把 3 個位元組寫入記憶體的指令。此電路使用了儲存在指令鎖存器中的 Q_2 位元：

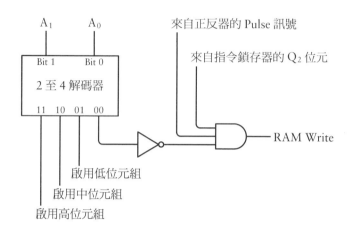

只有當 RAM 地址的最低效 2 位元為 01、10 或 11（對應於 3 個資料位元組）時，才會產生 RAM Write（寫入）訊號。這就是反相器的作用。當這些地址位元為 01、10 或 11 時，將依次啟用 3 個三態緩衝器。如果 Q_2 位元為 1（表示 Write 指令），並且來自正反器組態的 Pulse 訊號為 1，則 3 個位元組將依次寫入記憶體。

最後一條指令是 08h，意思是 Halt（停止）。這是一個簡單的指令。當指令鎖存器的 Q_3 位元為 1 時，我們基本上希望一直在運行的振盪器停下來：

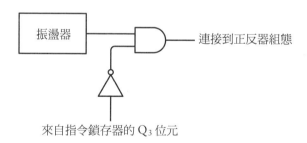

添加一個 Clear（清除）按鈕也很方便，它可以清除正反器、計數器和所有鎖存器的內容，為累積另一個累計和做準備。

完整之三位元組累加器的互動式版本可在 CodeHiddenLanguage.com 網站上找到。

現在應該很清楚，我為什麼要以這種方式定義四個指令代碼。我想直接在電路中使用這些位元。我想用一個位元來表示加法或減法，另一個位元表示減法，另一個位

元把結果寫入記憶體，另一個位元表示停止。如果我只使用 01h，02h，03h 和 04h 這些數字，那麼就需要額外的電路來將這些值解碼為單獨的訊號。

我決定使用 3 個位元組而不是 4 個位元組來儲存每個數字的原因，也應該很明顯。這讓我得以使用記憶體地址的 A0 和 A1 位元以非常直接的方式控制各個鎖存器。如果我為每個數字使用 4 個位元組，那麼運算代碼將儲存在記憶體地址 0000h、0005h、000Ah、000Fh、0012h 等等，這會使得把所有內容儲存在正確的鎖存中變得更加困難。

我現在準備定義本書標題中出現的兩個詞：硬體（*hardware*）和軟體（*software*）。三位元組累加器清楚地說明了它們的區別：硬體是所有的電路，而軟體則包括儲存在記憶體中的代碼和資料。它們被稱為「軟體」，因為它們很容易改變。如果你打錯了一個數字，或者混用了加法和減法的代碼，很容易改變這些值。同時，電路則難以改變。即使電路只是模擬的（就像 CodeHiddenLanguage.com 網站上一樣），而不是由現實世界的電線和電晶體組成，也是如此。

然而，三位元組累加器展現了硬體和軟體之間非常密切的聯繫。代碼和數字被儲存在記憶體內的正反器中，構成這些值的位元成為與硬體其餘部分整合的訊號。在最基本的層面上，硬體和軟體都只是與邏輯閘互動的電子訊號。

如果你要建構自己的三位元組累加器，並用它來追蹤你的小型企業之財務狀況，那麼如果業務開始比你預期的更成功，你可能會有理由感到緊張。你可能很容易遇到收入或支出超過機器 3 位元組容量的情況。這台機器要擴展並不容易。3 位元組的限制內置於硬體中。

很遺憾，我們必須把三位元組累加器視為一個死路。幸運的是，我們在建構過程中學到的任何東西都不會浪費。事實上，我們已經發現了一些非常重要的東西。

我們有了一個驚人的發現，那就是可以建構一台機器來回應儲存在記憶體中的代碼。三位元組累加器僅使用四個代碼，但如果將指令代碼儲存為位元組，則可以定義多達 256 個不同的代碼來執行各種任務。這 256 個不同的任務可能非常簡單，但可想而知，它們夠靈活，可以組合成更複雜的任務。

這裡的關鍵是，較簡單的任務可以在硬體中實現，而較複雜的任務則在軟體中以指令代碼的組合來實現。

如果你在 1970 年決定建構這樣一台多功能的機器,那麼你將面臨一項艱巨的任務。但到了 1980 年,你根本就不需要建構它了!你可以購買一種稱為*微處理器*(*microprocessor*)的晶片,它可以存取 64 KB 的記憶體,並解譯近 256 個不同的指令代碼。

第一台「晶片上的電腦」(computer on a chip)於 1971 年 11 月問世,由 Intel(英特爾)製造,稱為 4004。這是一個 4 位元處理器,包含 2,250 個電晶體,可以存取 4 KB 的記憶體。到 1972 年中期,Intel 發布了他們的第一顆 8 位元微處理器,8008,它可以存取 16 KB 的記憶體。

這些晶片沒有足夠的靈活性和記憶體容量,無法被塑造成帶有鍵盤和顯示器的個人電腦。它們主要是為*嵌入式系統*而設計的,它們將與其他數位邏輯協同工作,也許是為了控制某些機器或執行專門的任務。

然後在 1974 年 4 月,Intel 8080 問世。這是一個 8 位元處理器,具有大約 4,500 個電晶體,可以存取 64 KB 的記憶體。Intel 8080 被封裝在一個 40 隻腳的晶片中:

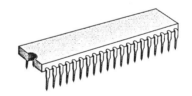

Intel 8080 已經為大時代做好了準備。這是第一台家用電腦(即出現在第 19 章末尾之《大眾電子》封面上的 Altair 8800)中使用的微處理器,它是 1981 年 8 月發布的第一台 IBM 個人電腦(Personal Computer 或 PC)中使用之 Intel 16 位元微處理器的鼻祖。

與此同時,Motorola(摩托羅拉)也在製造微處理器。Motorola 6800 也於 1974 年上市,是另一種可以存取 64 KB 記憶體的 8 位元微處理器。MOS Technology 於 1975 年發布了 6800 的簡化版本,稱為 MOS 6502。這是史蒂夫‧沃茲尼亞克(Steve Wozniak,生於 1950 年)在 1977 年 6 月發布的具有影響力之 Apple II 電腦中使用的晶片。

儘管 Intel 8080 與 Motorola 6800 在某些方面相似——它們都是封裝在 40 隻腳之晶片中的 8 位元微處理器，可以存取 64 KB 的記憶體——但它們實現的指令代碼完全不同。它們在另一個基本方面也有所不同：早些時候我所談到之儲存多位元組數字的大端序和小端序做法。Motorola 6800 是一個大端序微處理器，儲存多位元組值時係從最高效位元組開始。Intel 8080 是小端序，首先儲存的是最低效位元組。

從下一章開始，我將透過嘗試建構一個 Intel 8080，帶你進入 Intel 8080 的內部。除了你已經看到的基本元件（例如，邏輯閘、正反器、加法器、鎖存器和三態緩衝器）之外，我不會使用任何其他東西。

我不會完成這個雄心勃勃的專案。我的 Intel 8080 版本不會像真實版本那樣強大。但我會做到夠深入，等到我完成的時候，你將對電腦內部發生的事情有一個非常深刻的瞭解。

第二十一章

算術邏輯單元

現代電腦是無數元件的複雜組合，但它們大致可以分為三類：

- 記憶體
- 中央處理單元（central processing unit 或 CPU）
- 輸入和輸出（I/O）裝置，通常稱為周邊裝置（peripheral）

第 19 章中，你瞭解到了隨機存取記憶體的結構和構建方式，以及如何透過地址來存取記憶體中的每個位元組。第 20 章中，你看到了記憶體的內容是如何儲存數字的，以及儲存在記憶體中的代碼如何控制處理這些數字的電路。在更普遍的情況下，記憶體的內容還可以包含文字、圖片、音樂、電影以及任何其他可以用數位方式（即 0 和 1）表示的東西。儲存在記憶體中的指令代碼（instruction code）通常統稱為代碼（code），而其他所有內容統稱為資料（data）。換句話說，記憶體包含了代碼和資料。

電腦還包括一些輸入和輸出（I/O）裝置，通常稱為周邊裝置（peripheral）。一台特定的電腦會包括哪些周邊裝置，很大程度上取決於該電腦是放在桌上、摺疊在手臂下、放在口袋或手提包中，還是隱藏在微波爐、機器人吸塵器或汽車中。

桌上型電腦最明顯的 I/O 裝置為顯示器、鍵盤、滑鼠，也許還有一台放在角落的印表機。膝上型電腦可能具有觸控板而不是滑鼠，而手機則在一個螢幕上執行所有這些功能。所有這些電腦都會包括大容量的儲存裝置，可能是桌上型電腦中的硬碟（hard drive）、膝上型電腦中的固態硬碟（solid-state drive 或 SSD）、以及手機上的快閃儲存裝置（flash storage），也許還有拇指碟（thumb drives）等外部儲存裝置。

有些 I/O 裝置則不太明顯，例如播放聲音和音樂的電路、透過乙太網路或 Wi-Fi 連接到網際網路的電路、接收全球定位系統（Global Positioning System 或 GPS）訊號以告訴你的位置和要去哪裡的電路，甚至是檢測重力和運動以確定手機相對於地球的方向和移動方式的裝置。

但本章（以及接下來的三章）的主題是 CPU，它有時被稱為電腦的「心臟」或「靈魂」或「大腦」，這取決於你的比喻偏好。

第 20 章描述了一種三位元組累加器（Triple-Byte Accumulator），它由一個用於存取記憶體的計數器、一個加法器以及鎖存器組成。一切都由電路來控制，此電路會使用儲存在記憶體中的代碼來加減數字，然後將累計和（running total）寫入記憶體。

CPU 非常類似於三位元組累加器（Triple-Byte Accumulator），不同之處在於它被通用化以便對許多不同的代碼做出反應。因此，CPU 比以前的機器更加通用。

本書中我將著手建構的 CPU 將用於處理位元組。這意味著它可以歸類為 8 位元 CPU 或 8 位元處理器。但它將能夠定址 64K 的隨機存取記憶體，這需要 16 位元或 2 個位元組的記憶體地址。儘管 8 位元 CPU 主要處理的是位元組，但在與記憶體地址有關的情況下，它也必須能夠在有限程度上處理 16 位元值。

雖然這個 CPU 不會存在於物質世界中，但它將（至少在理論上）能夠從記憶體中讀取代碼和資料，以便執行許多不同類型的算術和邏輯任務。在算術和邏輯處理能力方面，無論多麼複雜，它都將相當於任何其他數位電腦。

多年來，8 位元 CPU 被 16 位元 CPU 所取代，然後是 32 位元 CPU 和 64 位元 CPU，這些更先進的 CPU 並沒有變得能夠處理不同類型的任務。相反，它們完成相同任務的速度更快了。在某些情況下，速度是最重要的因素——例如，當 CPU 在解碼「對電影進行編碼的資料流」時。8 位元 CPU 可以做相同的處理，但它可能太慢了，無法以預期的速度顯示電影。

儘管 8 位元 CPU 係對位元組執行數學和邏輯運算，但它也能夠處理需要多個位元組的數字。例如，假設你要將兩個 16 位元數字相加，可能是 1388h 和 09C4h（分別為 5,000 和 2,500 的十六進位值）。你將在記憶體中鍵入下面的值供 CPU 處理：

```
0000h:   3Eh
         88h
         C6h
         C4h
         32h
         10h
         00h
         3Eh
         13h
         CEh
         09h
         32h
         11h
         00h
         76h
         00h
0010h:   00h
         00h
```

當然，所有這些位元組可能沒有多少意義，因為它們是指令代碼和資料的混合體，而且你可能不知道指令代碼是什麼。下面是帶註釋的版本：

諸如此類的指令序列稱為**電腦程式**（但你可能已經猜到了！）。這是一個相當簡單的程式，用於將 1388h（十進位的 5,000）和 09C4h（十進位的 2,500）相加。首先，CPU 會將兩個 16 位元值的低位元組（88h 和 C4h）相加，並將結果儲存在記憶體地址 0010h。然後將兩個高位元組（13h 和 09h）與第一個加法可能產生的進位相加。總和（sum）會被儲存在地址 0011h。然後 CPU 停止工作。16 位元總和被存放在地址 0010h 和 0011h，可以在那裡進行檢查。

我從哪裡獲得 3Eh、C6h、32h、CEh 和 76h 這些特殊代碼？此時我甚至還沒有開始建構 CPU，所以我可以隨意編造它們。但我沒有這樣做。相反，我使用了由著名的 Intel 8080 微處理器實作的實際指令代碼，該微處理器被用於 MITS Altair 8800，它被廣泛認為是第一台商業上成功的個人電腦。第一台 IBM PC 沒有使用 8080 微處理器，但它使用了 Intel 8088（正如數字所暗示的那樣），8088 是該處理器系列的下一代。

在本章和接下來的幾章中，我將使用 Intel 8080 為模型來設計自己的 CPU。但只是作為一個模型。我的 CPU 將只實作 8080 的一個子集。Intel 8080 實作了 244 個指令代碼，但當我的 CPU 完成時，它只會實作其中的一半以上。無論如何，你仍然會對電腦的心臟（或靈魂或大腦）有一個很好的了解。

我一直將這些代碼（code）稱為指令代碼（*instruction* code）或運算代碼（*operation* code）或運算碼（*opcode*）。它們也被稱為機器代碼（*machine* code），因為它們直接由機器使用——機器就是構成中央處理單元的電路。前面所示的小型電腦程式（computer program）是機器代碼程式（*machine code program*）的一個例子。

所有的 8080 指令代碼都只有 1 個位元組。然而，其中有些指令需要在指令位元組（instruction byte）後增加 1 或 2 個位元組。在上面的例子中，指令代碼 3Eh、C6h 和 CEh 後面總是跟著另一個位元組。這些被稱為 *2 位元組指令*，因為運算代碼後面的位元組，實際上是同一指令的一部分。指令代碼 32h 後面跟著 2 個位元組，用於定義記憶體地址。這是幾個 *3 位元組指令*之一。許多指令不需要任何額外的位元組，例如代碼 76h，用於停止 CPU。指令長度的這種變化肯定會使 CPU 的設計複雜化。

前面例子中的特定代碼和資料序列並不是將兩個 16 位元數字相加的最佳方式。指令代碼和資料都混在一起了。通常，把代碼和資料保存在記憶體中不同的區域會更好。下一章中，你會對這種做法有更好的瞭解。

中央處理單元本身由幾個元件組成。本章的其餘部分主要在討論 CPU 最基本的部分，即算術邏輯單元（*arithmetic logic unit* 或 ALU）。這是 CPU 的一部分，用於加減運算以及執行其他一些有用的任務。

在 8 位元 CPU 中，ALU 只能進行 8 位元的加減法。但很多時候，我們需要處理 16 位元、或 24 位元、或 32 位元甚至更大的數字。如你所見，這些大型數字必須以位元組為單位進行加減，從最低效位元組開始。每個後續的 1 位元組加法或減法都必須考慮前一次運算的進位。

這意味著，我們的 ALU 必須能夠執行以下基本運算：

- 將一個 8 位元數字與另一個數字相加。

- 將一個 8 位元數字與另一個數字相加，再加上前一個加法可能產生的進位。這稱為*帶進位的加法*。

- 從另一個 8 位元數字中減去一個數字。

- 從另一個 8 位元數字中減去一個數字，再減去前一個減法可能產生的進位。這稱為帶進位的減法（*subtraction with carry*），或者更常被稱為帶借位的減法（*subtraction with borrow*），這只是對同一件事描述方式稍微不同的術語。

為方便起見，讓我們縮短這四個運算的描述：

- 加法

- 帶進位的加法

- 減法

- 帶借位的減法

最終，我將進一步簡化這些描述。請記住，「帶進位的加法」（Add with Carry）和「帶借位的減法」（Subtract with Borrow）運算使用的是前一個加法或減法的進位（carry）位元。該位元可以是 0 或 1，具體取決於運算是否導致進位。這意味著，ALU 必須保存一個運算的進位，以便在下一個運算中使用。

像往常一樣，處理進位（carry）位元讓基本算術比沒有進位的情況下要複雜得多。

例如，假設你需要相加一對 32 位元的數字，每個數字為 4 個位元組。你首先會相加兩個最低效位元組。這個加法可能會產生進位，也可能不會。讓我們將其稱為**進位旗標**（*Carry flag*），因為它表示加法產生了進位。該進位旗標可能是 0 或 1。然後，你將把兩個較高效的位元組與前一個加法的進位旗標相加，並繼續使用其他位元組。

相加一對 32 位元數字需要向四對位元組進行四次運算：

- 加法

- 帶進位的加法

- 帶進位的加法

- 帶進位的加法

減法的過程與此類似，只是被減去的數字被轉換為 2 的補數，如第 16 章所述：所有 0 位元都變成 1，所有 1 位元都變成 0。對於多位元組數字的第一個位元組，透過設置加法器的進位輸入來加 1。因此，從一個 32 位元數字中減去另一個 32 位元數字也需要四次運算：

- 減法

- 帶借位的減法

- 帶借位的減法

- 帶借位的減法

我想把執行這些加減法的電路封裝在一個看起來像這樣的框中：

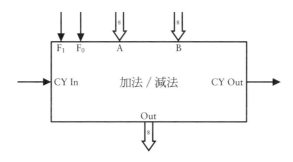

這看起來應該不會太不尋常。兩個 8 位元輸入相加或相減會得到一個 8 位元輸出。但這個框確實與你見過之類似的框有些不同。

通常在標記一個 8 位元加法器時，我會用 CI 表示 Carry In，用 CO 表示 Carry Out。但是這個框的標記有點不同。我會用縮寫 CY 來表示 Carry *flag*。如你所見，CY Out 與加法器的 Carry Out 相同，但 CY In 是上一個加法或減法的 Carry flag，這可能與加法器的 Carry In 不同。

此圖中還新增了兩個輸入標記 F_0 和 F_1 的。*F* 代表「功能」（function），這兩個輸入控制著框裡的情況：

F_1	F_0	運算
0	0	加法
0	1	帶進位的加法
1	0	減法
1	1	帶借位的減法

請記住，我們正在建構一個與儲存在記憶體中的指令代碼結合的東西。如果我們巧妙地設計這些指令代碼，那麼這些代碼中的兩個位元可能被用來為這個加法／減法（Add/Subtract）模組提供功能輸入，就像上一章中之加法和減法代碼（Add and Subtract code）的位元一樣。這個加法／減法模組的大部分內容看起來應該很熟悉：

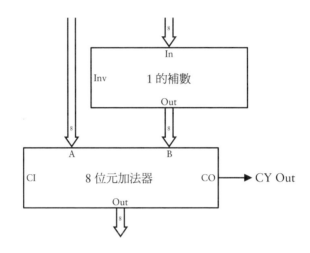

當 Inv（反相）訊號為 1 時，標有「1 的補數」的框會將輸入反相。在做減法時，這是將輸入轉換為 2 的補數之第一步。

加法器的 Carry Out 成為加法／減法模組的 CY Out。但這個圖缺少的是「1 的補數」的 Inv 訊號和加法器的 CI 訊號。減法的 Inv 訊號必須為 1，但 CI 就稍微複雜一些。讓我們來看看是否可以用邏輯圖來說明：

F_1	F_0	功能	Inv	CI
0	0	加法	0	0
0	1	帶進位的加法	0	CY
1	0	減法	1	1
1	1	帶借位的減法	1	CY

如此表所示，1 的補數反相器之 Inv 訊號與 F_1 相同。這很容易！但加法器的 CI 輸入就比較麻煩了。在減法運算中，它為 1。這是多位元組減法的第一個位元組，當需

要在 1 的補數中加 1 以獲得 2 的補數時。如果 F_0 為 1，則 CI 就是之前加法或減法的 CY flag。這一切都可以透過以下電路來實現：

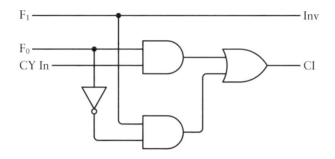

完整的加法 / 減法模組之互動式版本可以在 CodeHiddenLanguage.com 網站上找到。

除了加法和減法，你還希望算術邏輯單元做什麼？如果你的答案是「乘法和除法」，恐怕你會感到失望。如果你考慮到構建加法和減法電路是多麼困難，那就試著想像一下乘法和除法的邏輯複雜性吧！雖然這樣的電路是可能的，但它完全超出了本書的目標。由於 Intel 8080 沒有實作乘法或除法，我的 CPU 也不會。但是，如果你有耐心，你將在第 24 章結束時，看到我們正在建構的 CPU 將如何擁有執行乘法的基本工具。

與其擔心乘法，不如想想「算術邏輯單元」中的第二個詞。本書中，**邏輯**這個詞通常指的是布林運算。這些有什麼用處？

假設你在記憶體中從任意地址開始儲存了以下 ASCII 代碼：

1000h:	54h	T
	6Fh	o
	6Dh	m
	53h	S
	61h	a
	77h	w
	79h	y
	65h	e
	72h	r

也許你想把所有文字轉換為小寫。

如果你回顧一下第 13 章的第 164 頁，你會發現大寫字母的 ASCII 代碼範圍從 41h 到 5Ah，小寫字母的 ASCII 代碼範圍從 61h 到 7Ah。對應之大寫和小寫字母的 ASCII 代碼相差 20h。如果你知道一個字母是大寫的，你可以透過在 ASCII 代碼中加 20h，將其轉換為小寫。例如，你可以將 20h 加到 54h（大寫 T 的 ASCII 代碼）以獲得 74h，這是小寫 t 的 ASCII 代碼。下面是這個二進位加法：

$$
\begin{array}{r}
0\,1\,0\,1\,0\,1\,0\,0 \\
+\,0\,0\,1\,0\,0\,0\,0\,0 \\
\hline
0\,1\,1\,1\,0\,1\,0\,0
\end{array}
$$

但你不能對所有字母都這樣做。如果你把 20h 加到 6Fh（這是小寫 o 的 ASCII 代碼），你會得到 8Fh，這根本就不是一個 ASCII 代碼：

$$
\begin{array}{r}
0\,1\,1\,0\,1\,1\,1\,1 \\
+\,0\,0\,1\,0\,0\,0\,0\,0 \\
\hline
1\,0\,0\,0\,1\,1\,1\,1
\end{array}
$$

但仔細觀察這些位元模式。下面是大寫和小寫 A，分別是 ASCII 代碼 41h 和 61h：

A: 0 1 0 0 0 0 0 1
a: 0 1 1 0 0 0 0 1

下面是大寫和小寫的 Z，分別是 ASCII 代碼 5Ah 和 7Ah：

Z: 0 1 0 1 1 0 1 0
z: 0 1 1 1 1 0 1 0

對於所有字母，大寫和小寫字母之間的唯一區別是一個位元，即左起的第三位元。你可以透過將該位元設置為 1 來把大寫轉換為小寫。字母是否已經是小寫並不重要，因為該位元已經設置好了。

因此，與其加上 20h，不如在每對相應位元之間使用布林 OR 運算更有意義。你還記得第 6 章中的這張表嗎？

OR	0	1
0	0	1
1	1	1

如果兩個運算元中有任何一個為 1，則 OR 運算的結果為 1。

下面還是大寫的 T，但這次不是加 20h，而是在 54h（T）和 20h 的相應位元之間進行 OR 運算：

$$
\begin{array}{r}
0\,1\,0\,1\,0\,1\,0\,0 \\
\text{OR}\ 0\,0\,1\,0\,0\,0\,0\,0 \\
\hline
0\,1\,1\,1\,0\,1\,0\,0
\end{array}
$$

如果任何一個相應的位元是 1，則結果就是 1 位元。此方法的優點是小寫字母保持不變。下面是小寫 o 和 20h 之 OR 運算的結果：

$$
\begin{array}{r}
0\,1\,1\,0\,1\,1\,1\,1 \\
\text{OR}\ 0\,0\,1\,0\,0\,0\,0\,0 \\
\hline
0\,1\,1\,0\,1\,1\,1\,1
\end{array}
$$

如果你對記憶體中的每個字母應用 20h 的 OR 運算，那麼你可以把所有字母轉換為小寫字母：

1000h:	74h	t
	6Fh	o
	6Dh	m
	73h	s
	61h	a
	77h	w
	79h	y
	65h	e
	72h	r

我們在這裡所做的事有個名字。它稱為**逐位元**（*bitwise*）OR 運算，因為它在每對相應的位元之間進行 OR 運算。事實證明，除了將文字轉換為小寫之外，它還可以用於其他任務。因此，我想在算術邏輯單元中添加以下電路：

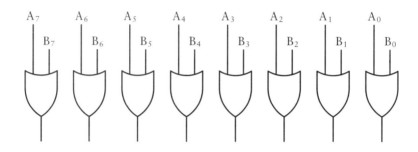

這個電路會對標記為 A 和 B 之 2 個位元組的相應 8 位元執行 OR 運算。讓我們把這個電路放在一個帶有簡單標記的框裡：

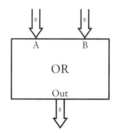

現在讓我們想想如何將一段文字轉換為大寫。這是一個有點不同的過程，因為你會希望將該位元設置為 0，而不是將該位元設置為 1。此時你需要的是 AND 運算，而不是 OR 運算。下面是來自第 6 章的表格：

AND	0	1
0	0	0
1	0	1

所以不是對 20h 做 OR 運算，而是對 DFh（二進位的 11011111，這是 20h 的反相）做 AND 運算。以下是將小寫 *o* 轉換為大寫的方式：

$$
\begin{array}{r}
0\,1\,1\,0\,1\,1\,1\,1 \\
AND\ 1\,1\,0\,1\,1\,1\,1\,1 \\
\hline
0\,1\,0\,0\,1\,1\,1\,1
\end{array}
$$

ASCII 代碼 6Fh 變為代碼 4Fh，這是大寫字母 O 的 ASCII 代碼。

如果字母已經是大寫，則對 DFh 做 AND 運算就沒效果了。下面是大寫字母 T：

$$
\begin{array}{r}
0\,1\,0\,1\,0\,1\,0\,0 \\
AND\ 1\,1\,0\,1\,1\,1\,1\,1 \\
\hline
0\,1\,0\,1\,0\,1\,0\,0
\end{array}
$$

在對 DFh 做 AND 運算後，它仍然是大寫字母。在整段文字中，AND 運算會將每個字母轉換為大寫：

1000h:	54h	T
	4Fh	O
	4Dh	M
	53h	S
	41h	A
	57h	W
	59h	Y
	45h	E
	52h	R

如果 ALU 包含了八個一組的 AND 閘，以便在 2 個位元組之間進行逐位元 *AND* 運算，這將非常有用：

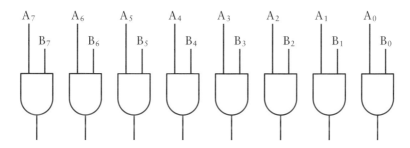

讓我們把它放在一個小框裡，以便於引用：

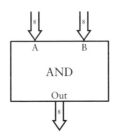

逐位元 AND 運算對於確定位元組之特定位元是 0 還是 1 也很有用。例如，假設你有一個位元組，其中包含了一個字母的 ASCII 代碼，你想知道它是小寫還是大寫。拿它對 20h 進行逐位元 AND 運算。若結果為 20h，則字母為小寫。若結果為 00h，則為大寫。

另一個有用的逐位元運算是互斥或（exclusive OR 或 XOR）。下表曾出現在第 14 章中，這種運算對加法很有用：

XOR	0	1
0	0	1
1	1	0

下面是一列八個 XOR 閘，用於在 2 個位元組之間進行逐位元 XOR 運算：

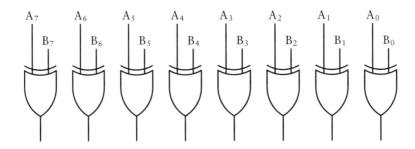

同樣地，讓我們把這個電路放在一個方便的框裡：

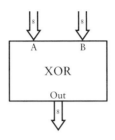

XOR 運算對於位元反相很有用。例如，若你要拿 "TomSawyer" 的 ASCII 代碼對 20h 進行 XOR 運算，則所有大寫字母將被轉換為小寫字母，而所有小寫字母將變成大寫字母！對 FFh 進行 XOR 運算將會把值中的所有位元反相。

早些時候，我為加法／減法模組定義了兩個標記為 F_1 和 F_0 的功能位元。對於整個 ALU，我們需要三個功能位元：

F_2	F_1	F_0	運算
0	0	0	加法
0	0	1	帶進位的加法
0	1	0	減法
0	1	1	帶借位的減法
1	0	0	逐位元 AND
1	0	1	逐位元 XOR
1	1	0	逐位元 OR
1	1	1	比較

我並不是任意分配這些功能代碼。如你所見，這些代碼隱含在 Intel 8080 微處理器所實作的實際指令代碼中。除了逐位元 AND、XOR 和 OR 之外，你還會看到另一個名為比較（Compare）的運算也被加到表中。我稍後會討論這個問題。

本章的開頭，我曾向你展示了一個運算代碼為 C6h 和 CEh 的小程式，它會對記憶體中的下一個位元組執行加法。C6h 代碼是普通加法，而 CEh 是帶進位的加法。這些

代碼被稱為立即指令（*immediate* instruction），因為它們會使用運算代碼的下一個
位元組。在 Intel 8080 中，這兩個代碼是八個運算代碼系列的一部分，如下所示：

指令	運算代碼
立即加法	C6h
立即帶進位加法	CEh
立即減法	D6h
立即帶借位減法	DEh
立即 AND	E6h
立即 XOR	EEh
立即 OR	F6h
立即比較	FEh

這些運算代碼的一般形式如下：

$$1\ 1\ F_2\ F_1\ F_0\ 1\ 1\ 0$$

其中 F_2、F_1 和 F_0 是上表所示的位元。這三個位元被用於下一個電路，該電路結合了
逐位元 AND、XOR 和 OR 等框：

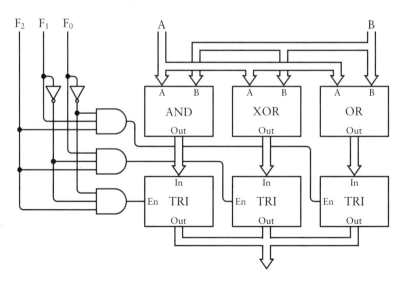

輸入 A 和 B 被連接到所有三個 AND、XOR 和 OR 框。它們都會同時履行各自的職責。但只能選擇一個作為輸出。這就是標有 TRI 之三個框的目的，它們是 8 位元三態緩衝器。三態緩衝器可根據 F_0、F_1 和 F_2 等三個功能訊號選擇其中一個（或不選擇其中一個）。如果 F_2 為 0，或者 F_2、F_1 和 F_0 均為 1，那麼就不會選擇任何一個輸出。

讓我們將該圖封裝在另一個框中：

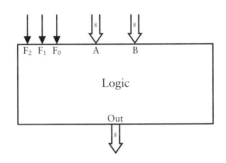

這是算術邏輯單元的邏輯（logic）元件。

如上表所示，如果 F_2、F_1 和 F_0 均為 1，那麼就會執行比較運算。這意味著什麼呢？

有時，確定一個數字是小於、大於還是等於另一個數字會很有用。你要如何做到這一點？基本上，這是一個減法。從位元組 A 中減去位元組 B。若結果為 0，你就知道這兩個數字是相等的。否則，若設置了 Carry 旗標，那麼位元組 B 大於位元組 A，若未設置 Carry 旗標，那麼位元組 A 比較大。

比較運算與減法運算相同，重要的區別在於結果不會保存在任何地方。相反，會保存 Carry 旗標。

但是對於比較運算來說，還需要知道運算的結果是否為零，這表示兩個位元組彼此是相等的。這意味著需要另一個旗標，稱為 *Zero* 旗標，必須與 Carry 旗標一起保存。

現在，讓我們再增加另一個旗標，稱為 *Sign* 旗標。如果運算結果中的最高效位元為 1，就會設置此旗標。如果數字是 2 的補數，則 Sign 旗標代表該數字是負數還是正數。如果數字是負數，則該旗標為 1，如果數字是正數，則該旗標為 0。

（Intel 8080 實際上定義了五個旗標。我不會實作 Auxiliary Carry［輔助進位］旗標，用於指示是否有進位結果從加法器的最低效 4 位元到最高效 4 位元。這是實作稱為「十進位調整累加器」（Decimal Adjust Accumulator）之 Intel 8080 指令所必需的，該指令會將累加器中的值從二進位轉換為「二進位編碼十進位」［binary-coded decimal 或 BCD］，我在第 18 章建造時鐘時曾討論過它。我的 CPU 不會實作該指令。我不會實作的另一個旗標是 Parity［同位］旗標，如果算術或邏輯運算的結果具有偶數個 1 位元，則該旗標為 1。這很容易用七個 XOR 閘來實作，但它的用處遠不如其他旗標）。

事實證明，對於某些程式設計任務，比較運算比加減法更重要。例如，假設你正在編寫一個程式，用於在網頁上找到一些文字。這涉及到比較網頁上之文字中的字符和你想找到之文字中的字符。

整個算術邏輯單元（arithmetic logic unit）結合了 Add/Subtract（加法／減法）模組和 Logic（邏輯）模組，以及一些相當混亂的支援電路：

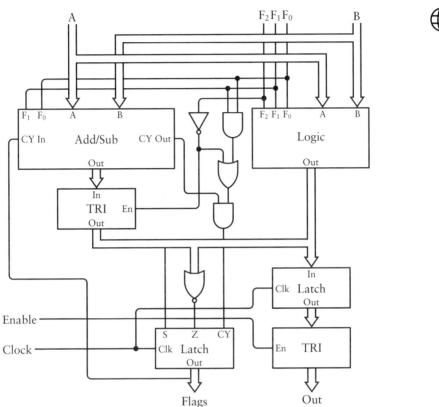

標有 TRI 的兩個框是三態緩衝器。Logic 模組僅為選擇 AND、OR 和 XOR 運算之 F_0、F_1 和 F_2 的三種組合啟用輸出。只有當 F_2 為 0（表示加法或減法）時，才會啟用 Add/Subtract 模組之輸出上的三態緩衝器。

在底部，兩個鎖存器（Latch）的 Clk 輸入連接到左下角的 Clock（時鐘）輸入，該輸入用於整個 ALU。另一個三態緩衝器由左下角的 Enable（啟用）訊號控制，該訊號也是 ALU 的一個輸入。右下角的 TRI（三態緩衝器）是 Add/Subtract 和 Logic 模組的複合輸出。

圖中的大部分邏輯閘都針對 Carry 旗標（縮寫為 CY）。如果 F_2 訊號為 0（表示加法或減法運算）或者 F_1 和 F_0 為 1（表示比較運算），則應該設置 Carry 旗標。

底部中間之鎖存器的輸入是三個旗標。一個八輸入 NOR 閘用於確定運算結果是否全
為零。這就是 Zero 旗標（縮寫為 Z）。資料輸出的高位元是 Sign 旗標（縮寫為 S）。
雖然只有三個旗標，但它們被視為一個位元組的 3 個位元，因為它們是從 ALU 輸出
的。Carry 旗標然後會回到頂部，以提供 Add/ Sub 模組的 CY In 輸入。

下一步是將所有這些混亂的邏輯隱藏在一個簡單的框中：

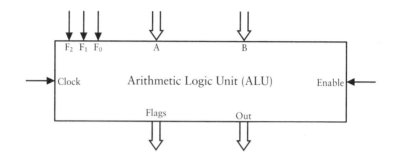

算術邏輯單元（arithmetic logic unit 或 ALU）完成了！

儘管 ALU 是中央處理單元（central processing unit）的一個極其重要的元件，但
CPU 需要的不僅僅是一種對數字進行算術和邏輯運算的方法。它需要一種將數字輸
入 ALU 的方法，以及一種儲存結果並移動它們的方法。這是下一步的工作。

第二十二章

暫存器與匯流排

電腦的許多日常操作都涉及到東西的移動，我所說的「東西」當然是指位元組。每當我們載入或保存一個檔案時，或當我們以串流傳輸音樂或電影時，或當我們進行視訊會議時，我們都會經歷這種位元組的移動。有時，如果這些位元組的移動速度不夠快，聲音或視訊就可能會凍結或變得雜亂無章。我們都經歷過這種情況。

在較微觀的層面上，位元組也在中央處理單元（central processing unit 或 CPU）內移動。位元組從記憶體移動到 CPU，然後進入算術邏輯單元（arithmetic logic unit 或 ALU）。來自 ALU 的結果有時會返回到 ALU 中進行額外的算術或邏輯運算，然後最終被移入記憶體。

CPU 內的這種位元組移動並不像 ALU 的數字處理那樣令人眼前一亮，但它同樣重要。

當這些位元組在 CPU 內移動時，它們會被儲存在一組鎖存器中。你在第 20 章之「三位元組累加器」（Triple-Byte Accumulator）中應該已經熟悉這個概念。該機器包含四個 8 位元鎖存器，一個用於儲存指令代碼，另外三個用於儲存資料位元組。

我在這些章節中建構的 CPU 是基於 Intel 8080 微處理器的，它需要的不僅僅是四個鎖存器。我不會馬上向你展示所有鎖存器。我首先想重點介紹七個非常特殊的 8 位元鎖存器，它們可以透過 CPU 指令直接控制。這些鎖存器稱為暫存器（register），這些暫存器的主要用途是在 ALU 處理位元組時儲存位元組。

所有這七個暫存器都很重要，但其中一個特別重要，這個暫存器被稱為累加器（accumulator）。

這個累加器有多特別？正如你在上一章中所看到的那樣，ALU 有兩個輸入，分別標記為 A 和 B。在 Intel 8080 中（因此，我正在建構的 CPU 也是如此），這兩個輸入的第一個始終是儲存在累加器中的值，而 ALU 的輸出總是會存回累加器。從累加器中，它可以被移動到其他的暫存器中或儲存在記憶體中。

這七個暫存器是用字母標識的。累加器也被稱為暫存器 A。其他四個暫存器被毫無想像力地標記為 B、C、D 和 E。但最後兩個暫存器不是 F 和 G。如你所見，這兩個暫存器通常一起使用，以建立用於存取記憶體的 16 位元地址。因此，它們被稱為 H 和 L，分別代表「高位元組」（high byte）和「低位元組」（low byte）。

總之，Intel 8080（和我的 CPU）定義了七個暫存器，分別稱為 A、B、C、D、E、H 和 L。

在上一章的第 346 頁中，我將運算代碼 3Eh 標註為「將下一個位元組移入 CPU 的代碼」。更準確地說，這是將記憶體中的下一個位元組移入累加器（也稱為暫存器 A）的代碼。代碼 3Eh 是 8080 實作之一系列類似代碼的一部分：

運算代碼	意義
06h	將下一個位元組移入暫存器 B
0Eh	將下一個位元組移入暫存器 C
16h	將下一個位元組移入暫存器 D
1Eh	將下一個位元組移入暫存器 E
26h	將下一個位元組移入暫存器 H
2Eh	將下一個位元組移入暫存器 L
36h	將下一個位元組移入地址 [HL] 處的記憶體中
3Eh	將下一個位元組移入暫存器 A

代碼 3Eh 位於此表的底部。是的，這些代碼的數字順序確實與暫存器的字母順序不一致，但這就是它的方式。

注意代碼 36h。此代碼與表中的其他代碼不同。它不會把運算代碼後面的位元組移入七個鎖存器中的一個。相反，該位元組被儲存在記憶體中由 H 和 L 暫存器形成的 16 位元記憶體地址，該地址的符號為 [HL]。

我還沒有完成建構一個能夠理解這些指令的 CPU，但如果我們有這樣一個 CPU（或一台使用 Intel 8080 的電腦），我們可以運行以下使用其中三個指令代碼的小型電腦程式：

```
0000h:  26h  將下一個位元組移入 H 的代碼
        00h
        2Eh  將下一個位元組移入 L 的代碼
        08h
        36h  將下一個位元組移入 [HL] 的代碼
        55h
        76h  停止的代碼
        00h
0008h:  00h  ◄── 位元組 55h 被存入的位置
```

其中三個代碼——26h、2Eh 和 36h——出現在我剛才給你看的表格中。第一個代碼會將記憶體中的下一個位元組（即 00h）移入暫存器 H。第二個代碼會將位元組 08h 移入暫存器 L。暫存器 H 和 L 現在一起形成記憶體地址 0008h。第三個代碼是 36h，用於將下一個位元組（即 55h）存入 [HL] 處的記憶體中，[HL] 是由暫存器 H 和 L 形成的地址。最後會遇到代碼 76h，這會讓 CPU 停止工作。

使用暫存器 H 和 L 形成的 16 位元記憶體地址被稱為間接定址（*indirect addressing*），雖然目前可能並不明顯，但事實證明它非常有用。

如果你檢查上表中八個運算代碼中的位元，你會發現一種模式。所有這八個代碼都是由以下位元組成：

$$00DDD110$$

其中，DDD 是一個 3 位元代碼，用於表示位元組的目的地，如下表所示：

代碼	暫存器或記憶體
000	B
001	C
010	D
011	E

代碼	暫存器或記憶體
100	H
101	L
110	[HL] 或 M
111	A

此表中的代碼 110 表示由暫存器 H 和 L 的 16 位元組合所定址的記憶體位置。我個人更喜歡將該記憶體位置表示為 [HL]，但 Intel 的 8080 文件將其稱為 M（當然是指記憶體），就好像 M 只是另一個暫存器一樣。

如果一個 8 位元處理器支援的所有運算代碼都是 1 位元組的長度，那麼可以有多少個運算代碼？顯然是 256 個。事實證明，Intel 8080 僅定義了 244 個指令代碼，剩下的 12 個 8 位元值沒有定義。到目前為止，你已經看過了兩張表，這兩張表中各有八個指令代碼，第一張表在第 21 章的第 358 頁，第二張表在第 364 頁。在第 21 章的第 346 頁，還向你介紹了代碼 32h 和 76h，前者會在指令代碼後面的記憶體地址中儲存一個位元組，而後者會停止處理器的工作。

聽好了！不要太驚訝，因為下一張表中包含 64 個運算代碼：

來源	算數或邏輯運算							
	ADD	ADC	SUB	SBB	ANA	XRA	ORA	CMP
B	80h	88h	90h	98h	A0h	A8h	B0h	B8h
C	81h	89h	91h	99h	A1h	A9h	B1h	B9h
D	82h	8Ah	92h	9Ah	A2h	AAh	B2h	BAh
E	83h	8Bh	93h	9Bh	A3h	ABh	B3h	BBh
H	84h	8Ch	94h	9Ch	A4h	ACh	B4h	BCh
L	85h	8Dh	95h	9Dh	A5h	ADh	B5h	BDh
M	86h	8Eh	96h	9Eh	A6h	AEh	B6h	BEh
A	87h	8Fh	97h	9Fh	A7h	AFh	B7h	BFh

此表包含了 Intel 8080 實作的所有運算代碼的四分之一以上。這些運算構成了 CPU 所支援的算術和邏輯功能的核心。

在八行運算代碼的頂部，你會看到三個字母的縮寫，分別代表加法（ADD）、帶進位的加法（ADC）、減法（SUB）和帶借位的減法（SBB）；邏輯運算 AND（ANA）、XOR（XRA）和 OR（ORA）；以及比較（CMP）。這些是 Intel 在其 8080 微處理器文件中使用的縮寫。你可以把它們視為**助記符**（即用簡單的單字來幫助你記住較長的運算），但在我們為 8080 編寫程式時，它們也扮演著重要的角色。

這八個算術和邏輯運算中的每一個都可以跟最左行中所顯示的來源結合，其中列出了七個暫存器和 [HL] 所存取的記憶體。

這些縮寫提供了引用指令代碼的便捷方法。例如，與其說「將暫存器 E 的內容加到累加器的代碼」或「運算代碼 83h」，不如直接說：

ADD E

將暫存器 E 與累加器的總和存回累加器中。

與其說「在累加器與儲存在 [HL] 的記憶體位元組之間執行 exclusive OR 運算」或「運算代碼 AEh」，不如直接說：

XRA M

將結果存回累加器中。

這些縮寫的正式名稱為**組合語言指令**（*assembly language instructions*）。該術語起源於 1950 年代初期，指的是組合電腦程式的過程。而助記符（mnemonics）是引用 CPU 所實作之特定指令代碼的一種非常簡潔的方式。組合語言指令 XRA M 與運算代碼 AEh 相同，反之亦然。

上表中的所有 64 條指令都具有以下位元模式：

1 0 F F F S S S

其中，FFF 是第 21 章的 ALU 中實作之算術或邏輯功能的代碼。代碼 SSS 指的是來源暫存器或記憶體，它們與第 365 頁之表格中的代碼相同。

稍早你在第 364 頁看到了一張指令代碼表，該表中的指令代碼會將指令代碼後面的位元組移動到一個暫存器或記憶體中。這些指令被稱為移動即時指令（*move immediate* instructions），縮寫為 MVI。是時候停止以文字描述來引用它們，現在可以開始使用正式的組合語言指令：

組合語言指令	運算代碼
MVI B,data	06h
MVI C,data	0Eh
MVI D,data	16h
MVI E,data	1Eh
MVI H,data	26h
MVI L,data	2Eh
MVI M,data	36h
MVI A,data	3Eh

我還把運算代碼移到了最後一行，以強調組合語言指令的首要地位。單字 *data* 是指運算代碼後面的位元組。

第 21 章的第 346 頁所看到的代碼 32h 會將累加器的內容儲存在指令代碼後面之地址所定址的記憶體中。這是一對類似代碼中的一個。代碼 3Ah 會將該地址的位元組載入到累加器中：

組合語言指令	運算代碼
STA addr	32h
LDA addr	3Ah

縮寫 STA 的意思是「儲存累加器」（store accumulator），LDA 的意思是「載入累加器」（load accumulator）。縮寫 *addr* 是指運算代碼後面的 2 個位元組所給定的 16 位元組地址。

助記符 HLT 對應於運算代碼 76h，可使 CPU 停止工作。

下面這個使用了其中一些指令的小型電腦程式，說明了運算代碼與組合語言指令的對應情況：

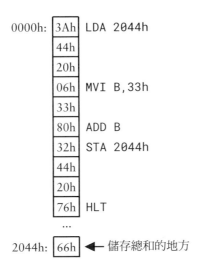

其中，LDA 指令會將地址 2044h 處的值載入到累加器中。該值為 66h。MVI 指令會將值 33h 載入到暫存器 B 中。ADD 指令會將暫存器 B 中的值加到累加器中的值。現在累加器中的值為 99h。然後，STA 指令會將該總和儲存到地址 2044h 處的記憶體中，用值 99h 覆蓋值 66h。

第 21 章第 358 頁之表格中的八個運算代碼會使用指令代碼後面的位元組來進行算術和邏輯運算。下表列出了這些指令與它們的官方 Intel 8080 助記符：

組合語言指令	運算代碼
ADI data	C6h
ACI data	CEh
SUI data	D6h
SBI data	DEh
ANI data	E6h
XRI data	EEh
ORI data	F6h
CPI data	FEh

我在第 21 章中提到，這些指令被稱為立即（immediate）指令，因為它們會使用運算代碼後面的位元組來進行算術或邏輯運算。它們可以被稱為「立即加法」（add immediate）、「帶進位的立即加法」（add with carry immediate）、「立即減法」（subtract immediate）…等。該運算總是涉及累加器，而結果又會回到累加器中。

前面所示的小程式可以被簡化成這樣：

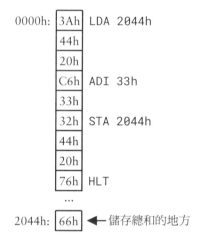

現在不是將值 33h 載入到暫存器 B 並加入到累加器中，而是使用 ADI 指令將值 33h
加到累加器中。

Intel 8080 還定義了 63 條指令，可以將位元組從一個暫存器移動到另一個暫存器、
從記憶體地址 [HL] 移動到一個暫存器，或從暫存器移動到記憶體地址：

MOV destination,source 的運算代碼								
	目標							
來源	B	C	D	E	H	L	M	A
B	40h	48h	50h	58h	60h	68h	70h	78h
C	41h	49h	51h	59h	61h	69h	71h	79h
D	42h	4Ah	52h	5Ah	62h	6Ah	72h	7Ah
E	43h	4Bh	53h	5Bh	63h	6Bh	73h	7Bh
H	44h	4Ch	54h	5Ch	64h	6Ch	74h	7Ch
L	45h	4Dh	55h	5Dh	65h	6Dh	75h	7Dh
M	46h	4Eh	56h	5Eh	66h	6Eh		7Eh
A	47h	4Fh	57h	5Fh	67h	6Fh	77h	7Fh

這些被稱為**移動**（*move*）指令，其縮寫為 8080 助記符 MOV。這 63 條指令編寫時帶有目標暫存器和來源暫存器。代碼 69h 為

$$MOV\ L,C$$

首先是目標暫存器，其次是來源暫存器。注意！這個慣例一開始可能會讓人困惑。這條指令的意思是將暫存器 C 中的位元組移動到暫存器 L 中。也許你可以這樣想像，有一個小箭頭指出位元組是如何移動的：

$$Move\ L \leftarrow C$$

暫存器 L 的先前內容被替換為暫存器 C 中的值。暫存器 C 的內容不會改變，之後 C 和 L 包含相同的值。

注意，其中七個指令實際上沒有任何作用，因為來源暫存器和目標暫存器是相同的，例如：

$$MOV\ C,C$$

將暫存器的內容移動到自己身上並沒有任何作用。

然而，沒有 MOV M, M 指令。這將是運算代碼 76h，就是用於停止電腦的指令，縮寫為 HLT。

下面是編寫小型程式的另一種方法，該程式會將一個值加到記憶體位置 2044h 處的位元組：

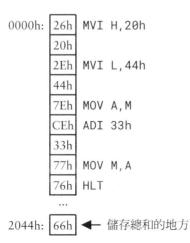

這個版本展示了使用 H 和 L 暫存器進行間接定址的便利性。只需要把它們設置為「形成 2044h 之記憶體地址的值」一次即可。第一個 MOV 指令會將該地址中的值移動到累加器。然後累加器中便包含值 66h。接著將值 33h 加入到其中。第二個 MOV 指令會將累加器中的值移動到記憶體位置 2044h，而無須再次指定該地址。

如果你檢查構成這 63 個 MOV 指令的位元，你會發現以下模式：

0 1 D D D S S S

其中，DDD 是目標暫存器，SSS 是來源暫存器。下面是你之前看過的一張表：

代碼	暫存器或記憶體
000	B
001	C
010	D
011	E
100	H
101	L
110	M
111	A

設計 CPU 的一種方法是，首先決定你希望 CPU 實作哪些指令，然後弄清楚你需要哪些電路來實作這些指令。這基本上就是我在這裡所做的。我選擇 Intel 8080 指令的子集，然後建構電路。

為了實作涉及七個暫存器的所有指令代碼，CPU 需要一種方法來把位元組儲存到七個鎖存器中，並根據這些 3 位元代碼來檢索這些位元組。現在，我將忽略代碼 110，因為它必須被視為特例。其他七個代碼可以作為 3 至 8 解碼器的輸入。

下面的電路包含七個鎖存器和七個三態緩衝器。一個 3 至 8 解碼器用於將輸入值鎖存到其中一個暫存器中，另一個 3 至 8 解碼器用於使其中一個三態緩衝器能夠從其中一個暫存器中選擇一個值：

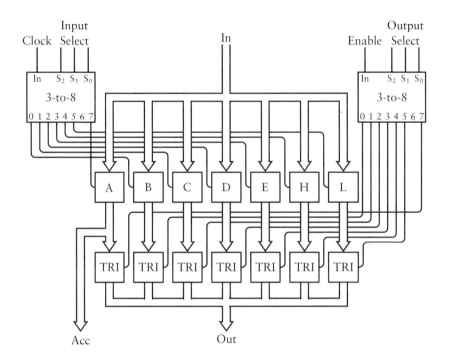

這就是所謂的**暫存器陣列**（*register array*），它是本章中你將看到的最重要的電路。我知道它一開始看起來有點複雜，但它其實非常簡單。

電路頂部是一個標有 In 的 8 位元資料路徑。這是要保存在暫存器陣列中的一個位元組。七個標有字母的框是 8 位元鎖存器。雖然沒有明確標記，但每個鎖存器在左側都有一個 Clock（時鐘）輸入，用於在鎖存器中保存一個值。

在圖頂部的左側和右側是兩個 3 至 8 解碼器，其 Select 輸入被標記為 S_2、S_1 和 S_0。這些 Select 輸入的值與前表中所示的七個鎖存器之代碼相對應。這就是為什麼標記為 6 之輸出沒有使用：該輸出對應的選擇值是 110，它指的是記憶體位置而不是鎖存器。

左上角的 3 至 8 解碼器用於控制這些鎖存器上的 Clock（時鐘）輸入。根據 S_0、S_1 和 S_2 的值，該 Clock 訊號被繞送到七個鎖存器中的一個。此過程會將輸入位元組保存在其中一個鎖存器中。

這七個鎖存器的每一個下面都有一個三態緩衝器。儘管未明確指出，但這些緩衝器中的每一個都有一個 Enable（啟用）輸入。右上角是另一個 3 至 8 解碼器。該解碼器可以啟用七個三態緩衝器中的一個，儲存在該鎖存器中的位元組會出現在底部的 Out 資料路徑中。

請注意，這裡對累加器的處理有些特別：儲存在累加器中的值總是可以用作底部所示的 Acc 輸出。

進入這個暫存器陣列的 8 位元值可以來自幾個方面：它們可以來自記憶體、其他的暫存器或 ALU。來自該暫存器陣列的 8 位元值可以儲存在記憶體中、儲存在其他暫存器中，或進入 ALU。

為了不讓你見樹不見林，下面我用一個簡化的方塊圖來呈現這些資料路徑：

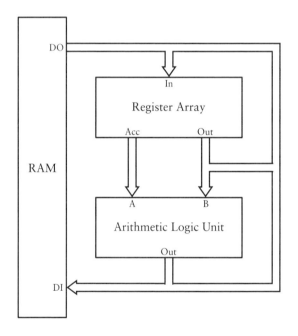

此圖中缺少很多東西。僅呈現了主要的 8 位元資料路徑。除了從暫存器陣列的 Acc 輸出到算術邏輯單元之 A 輸入的路徑，所有其他的輸入和輸出都是互連的。甚至 RAM 的資料輸出（Data Output 或 DO）也連接到 RAM 的資料輸入（Data Input 或 DI）！

這是可能的，因為這些元件的所有輸出都經過三態緩衝器，任何時候都只啟用其中一個。然後被啟用的值將可以被存入到具有 Write 訊號的記憶體中，或存入到暫存器陣列之七個暫存器中的一個，或者算術或邏輯運算的結果可以被存入到 ALU 中。

所有輸入和輸出之間的連接被稱為資料匯流排（*data bus*）。它是所有元件之輸入和輸出的共同資料路徑。當連接到資料匯流排的三態緩衝器被啟用時，該位元組在整個資料匯流排上都是可用的，並且可以被資料匯流排上的任何其他元件使用。

這個資料匯流排僅用於 8 位元資料。還有一條匯流排用於 16 位元記憶體地址，因為該地址也可以來自各種來源。該 16 位元匯流排被稱為地址匯流排（*address bus*），你很快就會看到它。

現在是一些煩人的細節。我真的希望暫存器陣列能像我在第 373 頁給你看的電路一樣簡單，但它需要一些改進。

我向你展示的暫存器陣列非常適合用於 MOV 指令，該指令涉及將一個位元組從一個暫存器移動到另一個暫存器。實際上，3 至 8 個解碼器是在考慮到 MOV 指令的情況下在暫存器陣列中實作的：一個暫存器的內容可以在資料匯流排上被啟用，而這個值可以被儲存在另一個暫存器中。

但這個暫存器陣列不適用於 STA 和 LDA 指令。這些指令會將累加器中的值儲存到記憶體中，以及將記憶體中的值載入到累加器中。其他指令也涉及累加器。所有算術和邏輯指令都會將結果儲存在累加器中。

因此，暫存器陣列中的累加器部分必須有所增強，以允許將值儲存在累加器中，然後獨立於 3 至 8 解碼器，從累加器中取回。這可以透過在暫存器陣列中僅涉及累加器鎖存器（accumulator latch）和三態緩衝器（tri-state buffer）的一點額外邏輯來實現：

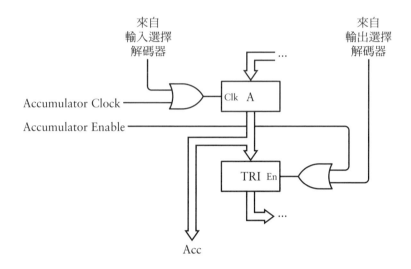

左側的兩個額外訊號是兩個 OR 閘的輸入。這些訊號允許來自資料匯流排上的值被保存在累加器（標記為 "A" 的鎖存器）中，而不依賴輸入選擇解碼器（Input Select decoder），也不依賴於輸出選擇解碼器（Output Select decoder）而在資料匯流排上被啟用。

為了使用 H 和 L 暫存器的組合來定址 RAM，需要對暫存器陣列進行另一項改進。但這種改進要嚴峻得多，所以讓我們盡可能地推延它，同時把注意力放在其他必要的地方！

另外三個 8 位元鎖存器必須連接到資料匯流排上。這些是儲存指令位元組的鎖存器：

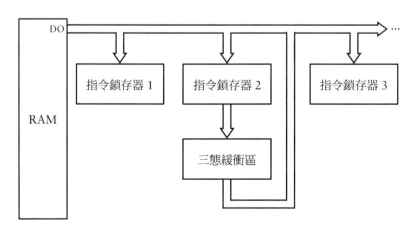

運算代碼總是儲存在指令鎖存器（Instruction Latch）1。運算代碼存入鎖存器後，可以用來產生控制 CPU 的所有其他訊號。你將在下一章中看到它是如何運作的。

指令鎖存器 2 用於有額外位元組的指令。例如，立即移動（MVI）運算代碼後面跟著一個位元組，然後該位元組會被移動到一個暫存器中。算術和邏輯立即指令（如 ADI）後面也跟著一個位元組。以 ADI 為例，該位元組會加到累加器中。因此，指令鎖存器 2 中的值必須在資料匯流排上被啟用，這就是三態緩衝器的目的。

指令鎖存器 2 和 3 被一起用於長度 3 個位元組的指令，例如 STA 和 LDA。對於這些指令，第二個和第三個位元組構成了一個用於定址記憶體的 16 位元值。

除去 8 位元資料匯流排，CPU 還需要 16 位元地址匯流排來存取高達 64K 的記憶體。據你目前所知，用於存取記憶體的地址可能有三個不同的來源：

- 稱為程式計數器（*program counter*）的值。這是存取指令的 16 位元值。它會從 0000h 開始，依次增加，直到出現 HLT 指令。

- STA 或 LDA 運算代碼後面跟著的 2 個位元組。它們共同構成了一個 16 位元地址。

- H 和 L 暫存器所形成的一個 16 位元地址 —— 例如，在 MOV A, M 指令中。當以這種方式使用時，HL 被稱為暫存器對（*register pair*）。

在三位元組累加器中，記憶體是使用 16 位元計數器按順序存取的。我不打算在我建構的 CPU 中使用計數器。正如你將在第 24 章中看到的，一些指令可以將程式計數器設置為不同的地址。因此，程式計數器將是一個 16 位元鎖存器，在指令位元組從記憶體中被取回後，其值通常會增加 1。

下面是完整的程式計數器：

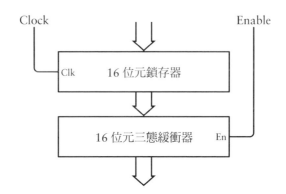

請注意，這些資料路徑明顯比前面的圖中所顯示的路徑要寬，因為它們代表 16 位元值。頂部的輸入和底部的輸出都透過地址匯流排連接。地址匯流排上的任何值都可以透過 Clock 輸入保存在鎖存器中，鎖存器中的值可以透過 Enable 訊號放在地址匯流排上。

對於 STA 或 LDA 指令，運算代碼後面的 2 個位元組儲存在指令鎖存器 2 和 3 中。這意味著，這些鎖存器還必須透過三態緩衝器連接到地址匯流排。

對於涉及記憶體地址（memory address）與 HL 暫存器對（register pair）的 MOV 指令，來自 H 和 L 鎖存器的值還必須連接到地址匯流排。在建構暫存器陣列時，我完全沒有考慮這個需要。在我的暫存器陣列設計中，H 和 L 暫存器只連接到資料匯流排。

此外，我想再介紹兩個指令：

指令	說明	運算代碼
INX HL	遞增 HL 暫存器對的值	23h
DCX HL	遞減 HL 暫存器對的值	2Bh

INX 指令會將 HL 暫存器對（register pair）中的 16 位元值加 1。DCX 指令透過從該值中減去 1 來進行遞減。

這些指令非常有用，尤其是 INX。例如，假設從地址 1000h 開始，記憶體中按順序儲存了 5 個位元組，並且你希望將它們相加。你只需設置一次 H 和 L 暫存器，然後在存取每個位元組後遞增該值：

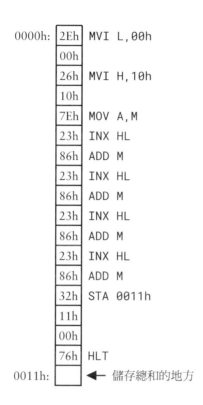

```
0000h:  2Eh  MVI L,00h
        00h
        26h  MVI H,10h
        10h
        7Eh  MOV A,M
        23h  INX HL
        86h  ADD M
        23h  INX HL
        86h  ADD M
        23h  INX HL
        86h  ADD M
        23h  INX HL
        86h  ADD M
        32h  STA 0011h
        11h
        00h
        76h  HLT
0011h:  [ ]  ← 儲存總和的地方
```

ALU 具有一些旗標，用於指示結果是否為零，或者結果是否為負數，或者是否在加法或減法中產生進位。INX 和 DCX 指令不會影響任何旗標。

（Intel 8080 還為 BC 和 DE 等暫存器對〔register pairs〕實作了 INX 和 DCX 指令，但這些指令不太有用，我不會在我的 CPU 中實作它們。Intel 8080 還為所有七個暫存器和由 HL 定址的記憶體實作了 8 位元的遞增和遞減運算，縮寫為 INR 和 DCR，但我也不會實作這些指令）。

INX 和 DCX 指令意味著我們需要一些額外的電路來進行 16 位元的遞增和遞減。

我之前提到過，程式計數器（一個鎖存器，用於儲存從記憶體存取指令的 16 位元值）也必須在「從記憶體中讀取指令的每個位元組」後遞增。這裡也需要一個 16 位元的增量。

遞增和遞減電路比加法器和減法器簡單一些,因為它只需要加和減數字 1。這是一個 8 位元的版本,你可以瞭解一下它的樣子。有下標的 I 是輸入;有下標的 O 是輸出。Dec 輸入訊號設置為 0 表示遞增該值,設置為 1 表示遞減該值:

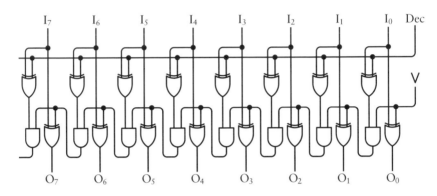

我們把這個 XOR 和 AND 閘的組合放在一個更大的元件中,該元件包括一個 16 位元鎖存器(用於儲存需要增加或減少 1 的值),以及一個三態緩衝器(提供經遞增或遞減的值):

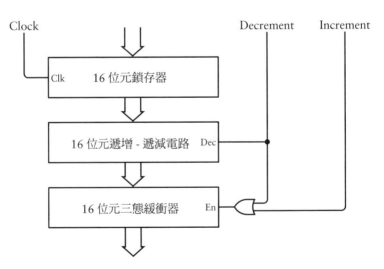

我們稱此元件為增減器(incrementer-decrementer)。與程式計數器一樣,鎖存器的 16 位元輸入和三態緩衝器的 16 位元輸出都被連接到地址匯流排。遞減或遞增輸入訊號都可以啟用三態緩衝器,但 Decrement(遞減)訊號會遞減鎖存器中的值,而 Increment(遞增)訊號會對其進行遞增。

16 位元地址匯流排主要是為 RAM 提供地址，但它還必須能夠在 CPU 元件之間移動 16 位元的值。

例如，當從記憶體存取指令時，程式計數器被用於定址 RAM。在程式計數器中的值 存取了一條指令後，該值必須移動到增減器（incrementer-decrementer）中以進行遞 增，然後保存回程式計數器鎖存器（program counter latch）中。

另一個例子：一條 MOV A, M 指令使用 HL 暫存器對（register pair）存取記憶體中的 位元組。但通常這之後是一條 INX HL 指令，該指令會將 HL 的值移動到增減器中以 增加 1，然後保存回 HL 暫存器對。

最後，我一直迴避的問題不能再迴避了。我之前向大家展示的暫存器陣列非常整 潔、優雅和可愛，但它沒有提供將 H 和 L 的值放在 16 位元地址匯流排上的方法。這 裡有一個解決方案：

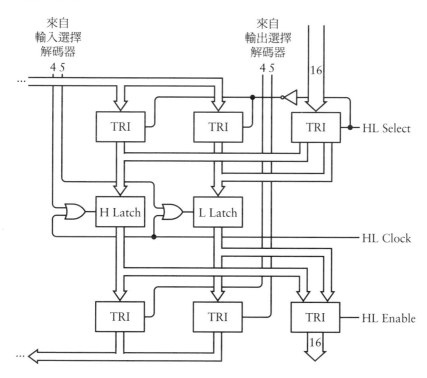

注意最右側的 16 位元輸入和輸出。此二者都將被連接到地址匯流排，以允許在 H 和 L 暫存器中保存 16 位元值並取回它。

這張加強 H 和 L 暫存器的圖，可以看到暫存器陣列添加了幾個新訊號和元件：

- 右側的 HL Select（選擇）訊號控制最上面一排新的三態緩衝器。該訊號決定了 H 和 L 暫存器的輸入是來自暫存器陣列的正常輸入還是來自 16 位元輸入。

- 右側的 HL Clock（時鐘）訊號會進入兩個 OR 閘，這些 OR 閘已附加到鎖存器的 Clock（時鐘）輸入端，以允許從地址匯流排上保存值。

- 右側的 HL Enable（啟用）訊號用於啟用新的 16 位元三態緩衝器，因此 H 和 L 鎖存器的複合輸出可以出現在地址匯流排上。

真是一團糟！但從來沒有人聲稱建構電腦很容易。

 CodeHiddenLanguage.com 網站上有提供一個完整的暫存器陣列之互動式版本。

現在讓我們把這些 16 位元組件連接到 16 位元地址匯流排。下面的方塊圖可以看到頂部資料匯流排的一部分成為指令鎖存器（Inst. Latch）2 和 3 的輸入，其輸出在一個連接到地址匯流排的三態緩衝器（Tri-State Buffer）中被合併：

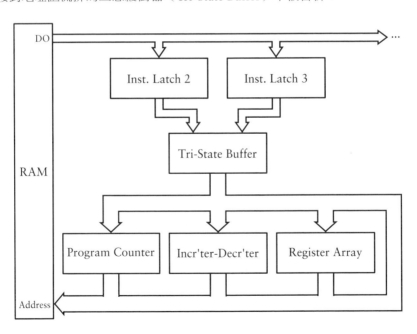

明顯更寬的 16 位元地址匯流排本身，圍繞底部的組件，作為其輸入和輸出，並且還向 RAM 提供地址。

與前面的資料匯流排方塊圖一樣，地址匯流排的方塊圖缺少了一些基本訊號：啟用三態緩衝器的訊號，以及將該匯流排上的值保存在各種鎖存器中的訊號。

正是這些訊號——適當地協調和同步——導致指令被 CPU 執行。正是這些訊號成為電腦脈動的生命力，它們值得擁有自己的一章。接下來就是了。

第二十三章

CPU 控制訊號

在 工程界經常聽到的一句老格言：一個專案的最後 10% 需要 90% 的工作。儘管這個想法可能讓人感到沮喪，但值得牢牢記住。我們已經在建構電腦方面取得了很大進展，但還沒有完成。剩下還不到 90% 的工作，但最後的階段可能比看起來要遠一些。

我所設計的中央處理單元（central processing unit 或 CPU）係基於 Intel 8080 微處理器。前兩章所介紹的算術邏輯單元（arithmetic logic unit 或 ALU）和暫存器陣列是這個 CPU 的主要部分。ALU 可以對位元組進行算術和邏輯運算。暫存器陣列包含由字母 A、B、C、D、E、H 和 L 標識之七個暫存器的鎖存器。你還可以看到，需要另外三個鎖存器來保存指令位元組以及某些指令後面的一到兩個附加位元組。

這些元件透過兩條資料匯流排相互連接，並與隨機存取記憶體（random access memory 或 RAM）相連：一條 8 位元資料匯流排在各元件之間傳輸位元組，另一條 16 位元地址匯流排用於記憶體地址。在上一章中，你還看到了一個維護該 RAM 地址的程式計數器和一個增減器（incrementer-decrementer），該增減器可以增加和減少一個 16 位元記憶體地址。

這兩條資料匯流排提供了這些元件之間的主要連接源，但這些元件還透過一個更複雜的**控制訊號**集合相連接，之所以為控制訊號，是因為它們控制這些元件一同執行儲存在記憶體中的指令。

這些控制訊號大多有兩種常見類型：

- 為兩條匯流排之一**賦值**的訊號

- 從兩條匯流排之一**保存值**的訊號

本章主要在探討進入和離開匯流排的值。

將值放在匯流排上的訊號,被附接到各個三態緩衝器的 Enable(啟用)輸入,而這些三態緩衝器會將元件的輸出連接到匯流排。從匯流排上保存值的訊號,通常會控制各個鎖存器的 Clock(時鐘)輸入,而這些鎖存器會將匯流排連接到匯流排上的元件。唯一的例外是使用 RAM 的 Write(寫入)訊號將資料匯流排上的值保存到記憶體時。

這些訊號的同步是使 CPU 能夠執行儲存在記憶體中之指令的關鍵。這就是 8 位元和 16 位元值在 CPU 元件和記憶體之間移動的方式。這也是儲存在記憶體中的代碼控制電腦硬體的基本方式。正如本書標題所暗示的那樣,這是硬體和軟體的結合方式。你可以把這個過程想像成一個木偶演員在一場精心編排的算術和邏輯舞蹈中控制著一群牽線木偶。CPU 控制訊號就是線。

下面是六個主要元件,顯示了它們與資料匯流排和地址匯流排的連接方式,以及它們所需的控制訊號。

記憶體的 Address(地址)輸入與 16 位元的地址匯流排相連。記憶體還透過其 Data In 輸入和 Data Out 輸出連接到 8 位元資料匯流排:

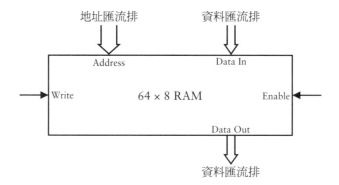

圖中的兩個控制訊號是:Write(寫入)和 Enable(啟用),前者會將資料匯流排上的值寫入記憶體,後者會啟用 RAM 之 Data Out 上的三態緩衝器,從而使內容出現在資料匯流排上。一個控制面板可能被附接到此記憶體陣列,以允許人類將位元組寫入記憶體並檢查它們。

最複雜的元件無疑是第 22 章中的暫存器陣列（register array），有時你會看到它被縮寫為 RA：

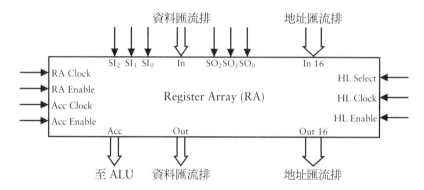

暫存器陣列有兩組 Select（選擇）輸入，顯示在頂部。SI 訊號用於決定由哪個暫存器將值保存在資料匯流排上。左側的 RA Clock 訊號用於決定何時保存該值。SO 訊號與左側的 RA Enable 訊號用於將其中一個暫存器的值放在資料匯流排上。

正如你在上一章中看到的，這個暫存器陣列在兩個方面很複雜。首先，它必須為累加器（Accumulator，有時縮寫為 Acc）實作兩個額外的控制訊號。Acc Clock 訊號可將資料匯流排上的值保存在累加器中，Acc Enable 訊號可使三態緩衝器將累加器的值放在資料匯流排上。

其次，暫存器陣列的 H 和 L 暫存器也會按照圖右側的三個控制訊號連接到地址匯流排：HL Select 可選擇地址匯流排作為 H 和 L 暫存器的輸入，HL Clock 可將地址匯流排的內容保存在 H 和 L 暫存器中，HL Enable 可使三態緩衝器將 H 和 L 暫存器的內容放在地址匯流排上。

第 21 章的 ALU 具有 F_0、F_1 和 F_2 等輸入，用於控制 ALU 是否執行加法、減法、比較或邏輯功能：

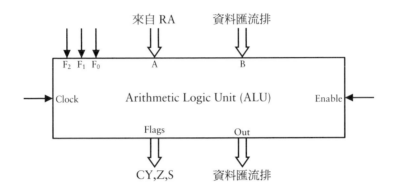

請注意，ALU 的 B 輸入和 Out 輸出都連接到資料匯流排上，但 A 輸入被直接連接到暫存器陣列的 Acc 輸出上。由於需要保存進位旗標（Carry flag 或 CY）、零旗標（Zero flag 或 Z）和正負號旗標（Sign flag 或 S），ALU 變得有些複雜，這些旗標是根據正在進行之算術或邏輯運算設置的。

ALU 還實作了一個 Clock 訊號，用於將算術或邏輯運算的結果保存在鎖存器中（並將旗標保存在另一個鎖存器中），以及一個 Enable 訊號，使三態緩衝器能夠將 ALU 的結果放在資料匯流排上。

另一個 16 位元鎖存器保存著程式計數器的當前值，用於定址記憶體中的位元組：

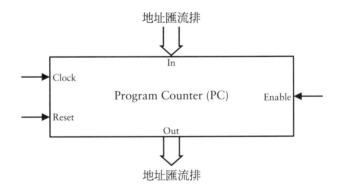

程式計數器（program counter）有時縮寫為 PC。它有三個控制訊號：Clock 訊號可將地址匯流排上的 16 位元值保存在鎖存器中。Enable 訊號可使三態緩衝器能夠將鎖存器的內容放在地址匯流排上。左側的 Reset 訊號可將鎖存器的內容設置為全零，以便開始從地址 0000h 的記憶體存取位元組。

三個額外的 8 位元鎖存器可以保存一個指令的 3 個位元組。這些被包裝在如下的框中：

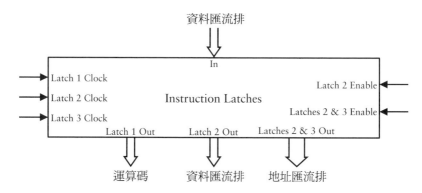

有些指令只是由一個運算代碼組成。有些指令後面跟著 1 或 2 個附加位元組。左側的三個 Clock 訊號最多可以保存構成指令的 3 個位元組。

第一個位元組也是運算代碼（operation code），通常稱為運算碼（opcode）。如果指令具有第二個位元組，則可以透過右側的 Latch 2 Enable 訊號在資料匯流排（data bus）上啟用該位元組。如果運算代碼後面跟著 2 個位元組，則構成了 16 位元的記憶體地址，並且可以透過右側的 Latches 2 & 3 Enable 訊號將其放到地址匯流排（address bus）上。

最後一個元件是一個可以遞增或遞減 16 位元值的電路。該電路有時會縮寫為 Inc-Dec：

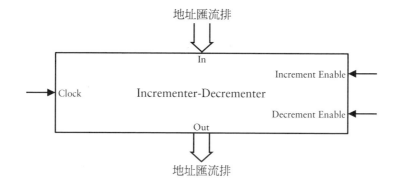

Clock 訊號可將地址匯流排上的值保存在增減鎖存器（Incrementer-Decrementer latch）中。右側的兩個 Enable 訊號可將經遞增或遞減的值放在地址匯流排上。

為了讓你稍微瞭解一下必須如何協調這些不同的控制訊號，讓我們來看一個僅包含六條指令的小型 8080 程式。有些指令只是一個位元組，而有些指令在運算代碼後面需要 1 或 2 個額外的位元組：

```
0000h:  3Eh   MVI A,27h
        27h
0002h:  47h   MOV B,A
0003h:  C6h   ADI 61h
        61h
0005h:  80h   ADD B
0006h:  32h   STA 000Ah
        0Ah
        00h
0009h:  76h   HLT
000Ah:  [  ]  ◄─ 儲存總和的地方
```

這個程式沒有多大作用。第一條指令會將值 27h 移入暫存器 A（也稱為累加器）中。然後，MOV 指令會將該值複製到暫存器 B。值 61h 會被加到累加器中，於是累加器中的值為 88h。然後將暫存器 B 中的值加到累加器中，於是累加器中的值為 AFh。STA 指令會將該值儲存在地址 000Ah 的記憶體中。HLT 指令會讓 CPU 停止工作，因為這個程式已無工作可做。

讓我們思考一下 CPU 執行這些指令需要做什麼。CPU 使用稱為程式計數器（program counter）的值來定址記憶體，並將指令移入指令鎖存器（instruction latches）中。程式計數器的值會被初始化為 0000h，以便從記憶體取得第一條指令。該指令是 MVI（或 Move Immediate），用於將值 27h 移入累加器中。

處理第一條指令需要五個步驟。每個步驟都涉及將某些內容放在地址匯流排上並將其保存在其他位置，或者將某些內容放在資料匯流排上並將其保存在其他位置，或兩者兼而有之。

第一步是用程式計數器中的值 0000h 來定址 RAM，並將記憶體中的值 3Eh 儲存在指令鎖存器 1（Instruction Latch 1）中。這需要四個涉及地址匯流排和資料匯流排的控制訊號：

- 程式計數器啟用（Program Counter Enable）：將程式計數器中的值放在地址匯流排上。該值為 0000h。

- RAM 資料輸出啟用（RAM Data Out Enable）：將 RAM 於該地址中的值放在資料匯流排上。該值為 3Eh。

- 增減器時鐘（Incrementer-Decrementer Clock）：將地址匯流排上的值存入增減器中。

- 指令鎖存器 1 時鐘（Instruction Latch 1 Clock）：將資料匯流排上的值存入指令鎖存器 1（Instruction Latch 1）。

第二步是遞增程式計數器。這只涉及到地址匯流排：

- 遞增啟用（Increment Enable）：將增減器中經遞增的值放在地址匯流排上。該值現在為 0001h。

- 程式計數器時鐘（Program Counter Clock）：將經遞增的值儲存在程式計數器中。

現在第一個指令位元組已被保存在指令鎖存器 1（Instruction Latch 1）中，可用於控制後續的步驟。在這種情況下，第三步和第四步與第一步和第二步相同，只是它們存取的是記憶體地址 0001h 處的位元組，並將其保存在指令鎖存器 2（Instruction Latch 2）中。

從記憶體中讀取指令位元組的這些步驟稱為*指令提取*（*instruction fetch*）。它們的目的是從記憶體中存取指令位元組並將其儲存在指令鎖存器中。對於指令 MVI A,27h，值 27h 現在位於指令鎖存器 2（Instruction Latch 2）中。該值必須移入累加器中。這是第五步，稱為指令的*執行*（*execution* of the instruction）：

- 指令鎖存器 2 啟用（Instruction Latch 2 Enable）：將該鎖存器中的值放在資料匯流排上。

- 累加器時鐘（Accumulator Clock）：將資料匯流排上的值存入累加器。

請注意，所有這些步驟最多只涉及地址匯流排上的一個值和資料匯流排上的一個值。然後，這兩條匯流排上的任何值都將保存在其他位置。

現在進入第二條指令，即 MOV B,A。因為這條指令的長度只有 1 個位元組，所以指令提取只需要兩個步驟。執行步驟為：

- 暫存器陣列啟用（Register Array Enable）：將暫存器陣列中的值放入資料匯流排上。

- 暫存器陣列時鐘（Register Array Clock）：將資料匯流排上的值存入暫存器陣列中。

等一下！此執行步驟的描述僅提及暫存器陣列，而未提及暫存器 A 和 B，這正是此步驟所要求的！為什麼會這樣呢？

這很簡單：構成 8080 MOV 指令之位元的形式為

01DDDSSS

其中，DDD 是目標暫存器，SSS 是來源暫存器。運算代碼已保存在指令鎖存器 1 中。暫存器陣列具有兩組 3 位元的 Select（選擇）訊號，用於決定哪個暫存器是來源，哪個是目標。如你所見，這些訊號來自指令鎖存器 1 中儲存的運算碼，所以只需要啟用暫存器陣列並鎖存暫存器陣列即可完成執行。

接下來是 Add Immediate（立即加法）指令：

ADI 61h

這是八個類似指令中的一個，其形式為

11FFF110

其中，FFF 代表指令所執行的**功能**：加法、帶進位的加法、減法、帶借位的減法、AND、XOR、OR 或比較。你可能還記得，ALU 具有與這些值相對應的 3 位元功能輸入。這意味著，指令鎖存器 1 中之運算碼的三個功能位元可以直接繞送到 ALU。

在提取 ADI 指令的 2 個位元組後，指令的執行還需要兩個步驟。第一個是：

- 指令鎖存器 2 啟用：將值 61h 放在資料匯流排上。

- ALU 時鐘：將 ALU 的結果和旗標保存在鎖存器中。

需要第二個執行步驟將該結果移入累加器：

- ALU 啟用：將 ALU 的結果放在資料匯流上。

- 累加器時鐘：將該值儲存在累加器中。

接下來的 ADD 指令同樣需要兩個執行步驟。第一個是：

- 暫存器陣列啟用：將暫存器 B 中的值放在資料匯流排上。

- ALU 時鐘：保存加法的結果和旗標。

第二個執行步驟與 ADI 指令的執行相同。

STA 指令需要六個步驟來提取指令。STA 指令後面的 2 個位元組儲存在指令鎖存器 2 和 3 中。執行步驟需要以下控制訊號：

- 指令鎖存器 2 和 3 啟用：將第二個和第三個指令位元組放在地址匯流排上來定址 RAM。

- 累加器啟用：將累加器中的值放在資料匯流排上。

- 記憶體寫入：將資料匯流排上的值寫入記憶體。

HLT 指令會做一些獨特的事情，即停止 CPU 執行進一步的指令。本章後面將會實作它。

我所描述的這些步驟也稱為週期（*cycles*），就像洗衣機的洗滌、沖洗和脫水週期一樣。從技術上講，它們被稱為機器週期（*machine cycles*）。在我建構的 CPU 中，指令位元組是在一個週期內從記憶體中存取的，而在這個週期之後，總是有另一個週期來遞增程式計數器。因此，根據指令是否具有 1、2 還是 3 個位元組，CPU 必須執行兩個、四個或六個週期。

指令的執行需要一個或兩個機器週期，這取決於正在執行的指令。下表列出了到目前為止我介紹之所有指令的第一個執行週期中必須發生的事情：

第一個執行週期

指令	16 位元地址匯流排	8 位元資料匯流排
MOV r,r		Register Array Enable Register Array Clock
MOV r,M	HL Enable	RAM Data Out Enable Register Array Clock
MOV M,r	HL Enable	Register Array Enable RAM Write
MVI r,data		Instruction Latch 2 Enable Register Array Clock
MVI M,data	HL Enable	Instruction Latch 2 Enable RAM Write
LDA	Instruction Latch 2 & 3 Enable	RAM Data Out Enable Accumulator Clock
STA	Instruction Latch 2 & 3 Enable	Accumulator Enable RAM Write
ADD r ...		Register Array Enable ALU Clock
ADD M ...	HL Enable	RAM Data Out Enable ALU Clock
ADI data ...		Instruction Latch 2 Enable ALU Clock
INX/DCX HL	HL Enable Incrementer-Decrementer Clock	

注意表中第一行有三列包含省略號（...）。有 ADD 指令的項目還包括 ADC、SUB、SBB、ANA、XRA、ORA 和 CMP；有 ADI 的項目還包括 ACI、SUI、SBI、ANI、XRI、ORI 和 CPI。

該表底部的四列是還需要第二個執行週期的指令。下表列出了在第二個執行週期中必須發生的事情：

第二個執行週期

指令	16 位元地址匯流排	8 位元資料匯流排
ADD r ...		ALU Enable
		Accumulator Clock
ADD M ...		ALU Enable
		Accumulator Clock
ADI data ...		ALU Enable
		Accumulator Clock
INX HL	Increment Enable	
	HL Select	
	HL Clock	
DCX HL	Decrement Enable	
	HL Select	
	HL Clock	

為了完成這一切，運算代碼必須被解碼並轉換為控制訊號，以操縱所有這些元件和 RAM。這些控制訊號用於啟用三態緩衝器、各種鎖存器的 Clock（時鐘）輸入、RAM 的 Write（寫入）輸入以及一些其他輸入。

本章的其餘部分將告訴你如何做到這一點。這是一個需要幾個步驟和幾個不同策略的過程。

下表列出了所有這些指令的運算代碼：

指令	運算代碼
MOV r, r	0 1 D D D S S S
MOV r, M	0 1 D D D 1 1 0
MOV M, r	0 1 1 1 0 S S S
HLT	0 1 1 1 0 1 1 0
MVI r, data	0 0 D D D 1 1 0
MVI M, data	0 0 1 1 0 1 1 0
ADD, ADC, SUB, SBB, ANA, XRA, ORA, CMP r	1 0 F F F S S S
ADD, ADC, SUB, SBB, ANA, XRA, ORA, CMP M	1 0 F F F 1 1 0
ADI, ACI, SUI, SBI, ANI, XRI, ORI, CPI data	1 1 F F F 1 1 0
INX HL	0 0 1 0 0 0 1 1

指令	運算代碼
DCX HL	0 0 1 0 1 0 1 1
LDA addr	0 0 1 1 1 0 1 0
STA addr	0 0 1 1 0 0 1 0

你應該記得，這些運算代碼中的 SSS 和 DDD 序列指的是特定的來源或目標暫存器，如下表所示：

SSS 或 DDD	暫存器
0 0 0	B
0 0 1	C
0 1 0	D
0 1 1	E
1 0 0	H
1 0 1	L
1 1 1	A

此表中缺少位元序列 110，因為該序列指的是以 HL 暫存器定址的記憶體。

對於算術和邏輯指令，FFF 位元代表**功能**，指的是八種算術或邏輯運算中的一個。

CPU 控制電路的一個簡易部分是指令鎖存器 1（Instruction Latch 1）與暫存器陣列的輸入選擇（Input Select）和輸出選擇（Output Select），以及 ALU 的功能選擇（Function Select）之間的簡單連接：

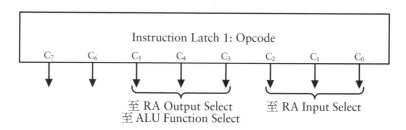

C 代表 code（代碼）。該鎖存器的輸出位元 C_0、C_1 和 C_2 會直接進入暫存器陣列（register array 或 RA）的輸入選擇（Input Select），而位元 C_3、C_4 和 C_5 會進入暫存器陣列的輸出選擇（Output Select）和 ALU 的功能選擇（Function Select）。這是利用運算代碼中之模式的一種方法。

你可能會在運算碼中看到一些其他的模式：所有以 01 開頭的運算代碼都是 MOV 指令，76h 除外，這是 HLT 指令。所有的算術和邏輯指令（ADI、ACI 等立即指令除外）都以位元 10 開頭。

對運算碼（opcode）進行解碼的第一步是將上面所示的指令鎖存器 1 之輸出位元連接到三個解碼器：一個 2 至 4 解碼器以及兩個 3 至 8 解碼器。這些都用於產生額外的訊號，其中一些直接對應於指令，一些對應於指令組：

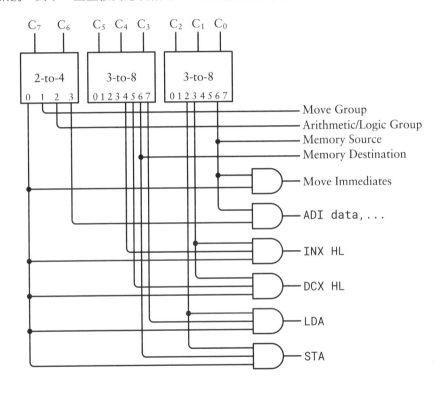

右上角的 Move Group（移動指令組）訊號對應於以位元 01 開頭的指令，而 Arithmetic/Logic Group（算術／邏輯指令組）訊號對應於以位元 10 開頭的指令。

區分「涉及在暫存器之間移動位元組的 MOV 指令」與「在暫存器和記憶體之間移動值的 MOV 指令」非常重要。這些記憶體指令的來源和目標值都是 110。前面電路中的 Memory Source（記憶體來源）和 Memory Destination（記憶體目標）訊號指出何時來源和目標位元是 110。最後，Move Immediates（立即移動）是那些以 00 開頭並以 110 結尾的指令。

電路圖右上角的那五個訊號被進一步解碼如下：

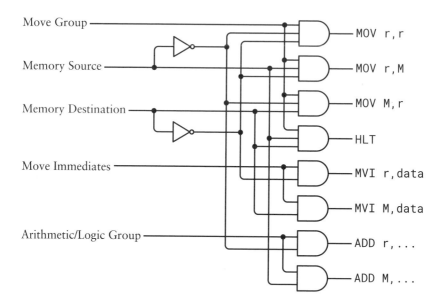

現在每個指令或類似指令組都是由一個訊號來表示。當運算代碼被保存在指令鎖存器 1（Instruction Latch 1）中時，這些訊號是可用的，並且可以用其他方式來管理該指令的處理。

接下來需要使用運算碼（opcode）來確定必須從記憶體中提取多少額外的指令位元組，以及執行指令需要多少個機器週期：

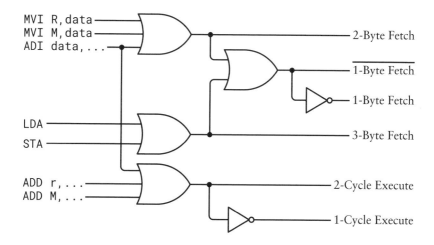

如果運算碼未對應到這些指令中的任何一個，會發生什麼情況？例如，我還沒有提到的一個名為 NOP（發音為 "no op"，意思是 "no operation"［沒有運算］）的特殊 8080 指令，其運算碼為 00h。

如你所見，若左側的這些輸入訊號都不是 1，則 OR 閘的輸出均為 0，代表右側的訊號 1-byte fetch（1 位元組提取）和 one-cycle execute（1 週期執行）是 1。

CPU 的基本時序（basic timing）是由你在第 20 章的第 322 頁中首次遇到的一個小電路之增強版本來建立的：

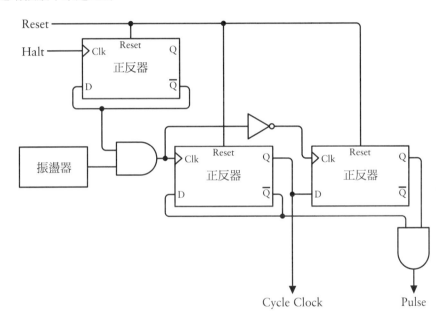

左側的振盪器是一個輸出訊號在 0 和 1 之間交替的裝置，通常交替的速度非常快。這就是讓 CPU 得以運行的原因。它就像 CPU 的心跳。

頂部所顯示的 Reset（重置）訊號來自 CPU 外部。它通常由使用電腦的人控制，以便從頭開始啟動 CPU。通常，Reset 訊號為 0，但當它為 1 時（例如，當有人按下標記為 Reset 的按鈕時），CPU 就會停止運行，一切都會回到起點。

在這個電路中，Reset 訊號會重置三個正反器，使所有 Q 輸出為 0，所有 $\overline{Q}$ 輸出為 1。當 Reset 訊號回到 0 時，允許正反器正常工作，於是 CPU 開始運行。

CPU 被重置後，頂部之正反器的 $\overline{Q}$ 輸出為 1。它是 AND 閘的兩個輸入之一，這讓振盪器得以控制圖底部之兩個正反器的 Clock（時鐘）輸入。

頂部的 Halt 訊號用於表明 HLT 指令已被執行。這將導致頂部之正反器的 $\overline{Q}$ 輸出變為 0，從而有效地阻止振盪器控制 CPU。CPU 可以透過 Reset 訊號「被解除停止」（unhalted）。

如果 CPU 沒有被停止，則圖底部的兩個正反器將產生兩個標記為 Cycle Clock（週期時鐘）和 Pulse（脈衝）的訊號，如下面的時序圖所示：

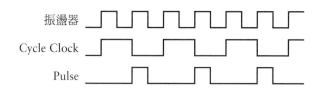

Cycle Clock（週期時鐘）的每個週期對應於一個機器週期（machine cycle）。每次 Cycle Clock 從低到高（從 0 到 1）時，就會發生一個新的機器週期。

例如，在前面所看到的小型範例程式中，第一個立即移動（Move Immediate 或 MVI）指令。此指令需要五個機器週期：

- 提取運算碼。

- 遞增程式計數器。

- 提取運算碼後面的位元組。

- 遞增程式計數器。

- 執行指令。

下面是這五個週期，並被標記了縮寫標籤：

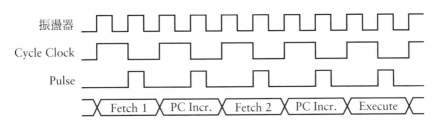

所有這些週期都與不同的三態緩衝器被啟用有關，這會導致不同的值出現在地址匯流排和資料匯流排上。例如，在 Fetch 1 週期中，程式計數器（program counter）在地址匯流排上被啟用，RAM 的 Data Out（資料輸出）在資料匯流排被啟用。Pulse（脈衝）訊號用於控制「指令位元組 1 鎖存器」（Instruction Byte 1 latch）上的 Clock（時鐘）輸入和增減器（incrementer-decrementer）上的 Clock 輸入。

在 PC increment（程式計數器遞增）週期內，增減器的輸出會在地址匯流排上，Pulse（脈衝）訊號用於將「遞增的值」（incremented value）保存在程式計數器中。

之前你看到的電路會指出某指令是由 1、2 還是 3 個位元組構成，以及某指令是否只需要一個週期還是兩個週期來執行。

對運算碼進行解碼的下一步是產生訊號，用於指示當前正在執行的週期類型——無論是第一個、第二個或第三個 Fetch（提取）週期、還是 PC Increment（程式計數器遞增）週期，或是第一個或第二個 Execution（執行）週期。

此工作由以下相當複雜的電路來處理：

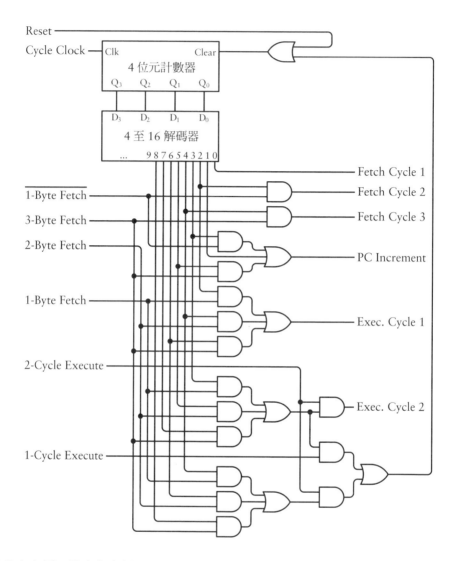

輸入在左側,輸出在右側。這些輸入和輸出有時具有類似的名稱,所以此圖一開始可能有點令人困惑!例如,"2-Byte Fetch" 輸入表示該指令的長度為 2 個位元組。"Fetch Cycle 2" 輸出表示當前正在提取該指令的第二個位元組。

頂部的 Reset 訊號與前一個電路中的 Reset 訊號相同;這是由使用 CPU 的人發起的,以便從頭開始啟動 CPU。此外,4 位元計數器也可以透過電路底部的訊號進行重置(reset)。

Cycle Clock（週期時鐘）可使計數器前進。因為這是一個 4 位元計數器，所以它可以從二進位的 0000 計數到 1111，也就是十進位的 0 到 15。這些輸出會直接進入計數器下方的 4 至 16 解碼器。來自計數器的二進位數字被解碼為可能的 16 個不同的循序輸出，但該電路僅使用前 9 個。這些輸出中的每一個都表示一個新的機器週期，無論是提取週期、程式計數器遞增週期，還是執行週期。

當解碼器的輸出通過 0、1、2、3⋯等時，將產生以下訊號：

0. Fetch Cycle 1（提取週期 1）

1. Program Counter Increment（程式計數器遞增）

2. Fetch Cycle 2（提取週期 2），但前提是指令不是 1-byte fetch（1 位元組提取）

3. 2-byte fetch（2 位元組提取）或 3-byte fetch（3 位元組提取）的 Program Counter Increment（程式計數器遞增）

4. Fetch Cycle 3（提取週期 3），但前提是 3-Byte Fetch（3 位元組提取）訊號為 1

5. 3-Byte Fetch（3 位元組提取）的 Program Counter Increment（程式計數器遞增）

Fetch Cycle 1 訊號和第一個 Program Counter Increment 訊號總是會被產生。之後，運算碼會被提取，載入到 Instruction Latch 1（指令鎖存器 1）中，並進行部分解碼，因此圖中左側的所有輸入訊號都可以使用。

一個指令最多需要 3 個提取週期（fetch cycles），每個提取週期之後是 1 個程式計數器遞增週期（PC increment cycle）和 2 個執行週期（execution cycles），總共 8 個，對應於解碼器輸出 0 到 7。

考慮到多位元組提取（multibyte fetches）和多執行週期（multiple execution cycles）的組合，邏輯很混亂。例如，右側的 Execution Cycle 1（執行週期 1）訊號可以是需要 1-byte fetch（1 位元組提取）的指令之第三個週期，或者是需要 2-byte fetch（2 位元組提取）的指令之第五個週期，或者是需要 3-byte fetch（3 位元組提取）的指令之第七個週期。

底部的重置邏輯（reset logic）是最複雜的。對於需要一個提取週期和一個執行週期的指令，它最早可以發生在第四個週期，對於需要三個提取週期和兩個執行週期的指令，它最早可以發生在第九個週期。

在三個提取週期中，程式計數器在 16 位元匯流排（16-bit bus）上被啟用，RAM Data Out（資料輸出）在 8 位元匯流排（8-bit bus）上被啟用。Pulse（脈衝）訊號會將地址匯流排（address bus）上的值存入增減器（incrementer-decrementer），以及將資料匯流排（data bus）上的值存入三個指令鎖存器中的一個。這就是下面這個電路的目的，它會為指令提取週期（但不是 PC 遞增週期）產生所有訊號：

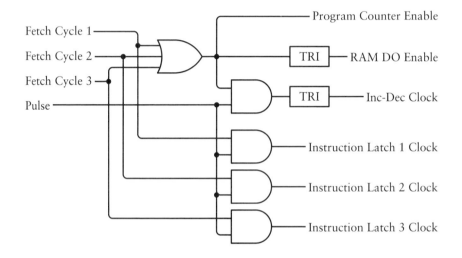

無論是第一次、第二次還是第三次提取，程式計數器都會在地址匯流排上被啟用，RAM Data Out 會在資料匯流排上被啟用。在這三種情況下，Pulse 訊號總是控制增減器鎖存器（Incrementer-Decrementer latch）上的 Clock 輸入。對於這三個提取週期，Pulse 訊號還控制相應指令鎖存器（instruction latch）上的時鐘。

注意其中兩個訊號上的三態緩衝器。這是因為其他電路（即將出現）也可能控制 RAM Data Out 三態緩衝器上的 Enable 訊號，以及 Incrementer-Decrementer 鎖存器上的 Clock 訊號。三態緩衝器左側的訊號既是輸入訊號也是 Enable（啟用）訊號。

PC 遞增週期所需的訊號完全由此電路處理：

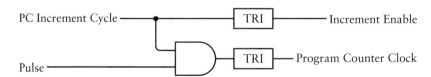

指令提取週期和 PC 遞增週期的所有訊號現在都已建立。剩下的就是執行週期的訊號。這些更複雜，因為它們取決於正在執行的特定指令。

第 402 頁上的大型電路有兩個輸出訊號，分別標記為 Exec. Cycle 1 和 Exec. Cycle 2。這兩個執行週期可以縮寫為 EC1 和 EC2，如下面的電路所示：

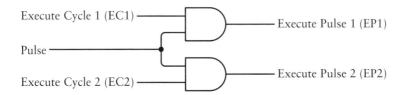

這兩個訊號與 Pulse 訊號相結合，形成兩個額外的 Execute Pulse 訊號，分別縮寫為 EP1 和 EP2。

有一個指令的處理相當簡單。就是可讓 CPU 停止工作的 HLT 指令：

左側的 HLT 訊號來自第 398 頁的指令解碼器；右側的 Halt 訊號會進入第 399 頁上的振盪器電路。

其他指令與必須產生的相應訊號之間的關係相當複雜，因此最好避免使用大量混亂的邏輯閘，而是用一些二極體 ROM 矩陣來處理它們，例如你在第 18 章中看到的那些。

對於第一和第二執行週期，下面這個二極體 ROM 矩陣用於處理與 16 位元地址匯流排相關的所有 Enable（啟用）和 Clock（時鐘）訊號：

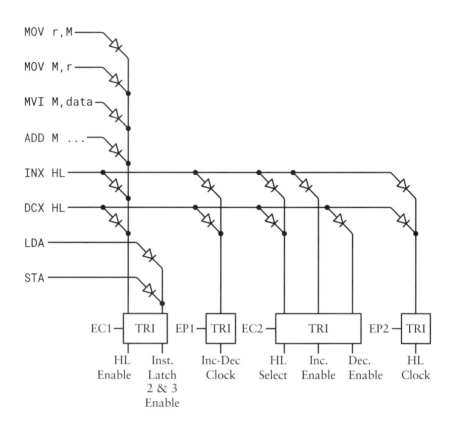

請記住，底部的訊號僅用於地址匯流排。你很快就會看到 8 位元資料匯流排的訊號。此圖對應於第 394 頁和第 395 頁之表格中的「16 位元地址匯流排」欄位。

圖中左下角的三態緩衝器（TRI）由執行週期 1（Execution Cycle 1 或 EC1）訊號啟用。在第一個執行週期中，它控制著地址匯流排上的值。對於所有涉及使用 HL 暫存器定址記憶體的 MOV、MVI 和算術指令，這就是 HL 暫存器。

此外，INX 和 DCX 指令也會啟用 HL 暫存器。這些是遞增和遞減 HL 暫存器的指令。但是，對於 LDA 和 STA 指令，用於載入或儲存位元組的記憶體地址是從指令鎖存器 2 和 3 獲得的。

對於 INX 和 DCX 指令，執行脈衝 1（Execution Pulse 1 或 EP1）訊號會將 HL 暫存器的值保存在增減器鎖存器（incrementer-decrementer latch）中。

INX 和 DCX 指令是唯一兩個在第二個執行週期中涉及地址匯流排的指令。這兩個指令會導致 HL 暫存器被遞增的值或被遞減的值出現在地址匯流排上。然後，執行脈衝 2（Execution Pulse 2 或 EP2）訊號會導致 HL 的新值保存在 H 和 L 暫存器中。

用於 8 位元資料匯流排的二極體 ROM 矩陣稍微複雜一些。我將其分為兩張圖，分別對應於兩個指令週期。這是第一個指令週期：

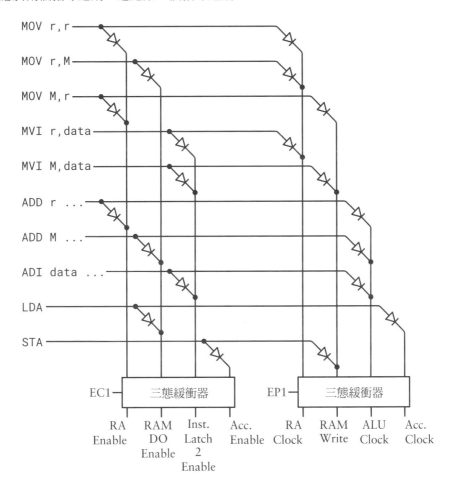

這個電路是第 394 頁之表格中「8 位元資料匯流排」欄位的實作。底部的兩個三態緩衝器是由執行週期 1（Execution Cycle 1 或 EC1）和執行脈衝 1（Execution Pulse 1 或 EP1）訊號啟用的。第一個三態緩衝器用於控制資料匯流排上的內容；第二個三態緩衝器用於控制該值的儲存位置。

頂部的三種 MOV 指令後面跟著一個目標和一個來源。這些目標和來源可以是任何一個暫存器，也可以是 HL 暫存器定址的記憶體。當來源是暫存器時，會在資料匯流排上啟用暫存器陣列（圖中被縮寫為 RA）；當來源是記憶體時，會啟用 RAM 的 Data Out（請記住，在此期間，RAM 是由 16 位元匯流排定址的，地址匯流排的二極體 ROM 矩陣會將該值設定到 HL 暫存器中）。當目標是暫存器時，第二個三態緩衝器控制暫存器陣列的 Clock（時鐘）輸入。當目標是記憶體時，RAM 的 Write（寫入）訊號會將該值保存在記憶體中。

對於兩種類型的 MVI（立即移動）指令，指令鎖存器 2（Instruction Latch 2）的內容會在資料匯流排上被啟用；該值要嘛儲存在暫存器陣列中，要嘛保存在記憶體中。

此圖中，所有的算術和邏輯指令都由 ADD 和 ADI（立即加法）指令表示。資料匯流排上啟用的值可能是暫存器陣列（register array）、RAM 的資料輸出（Data Out）或指令鎖存器 2（Instruction Latch 2），具體取決於指令。在所有情況下，該值都鎖存於算術邏輯單元中。這些指令需要在第二個執行週期中進行額外的工作，你很快就會看到。

對於 LDA（從累加器載入）和 STA（存入累加器）指令，地址匯流排的二極體 ROM 矩陣可確保 RAM 由指令鎖存器 2 和 3（Instruction Latches 2 and 3）的內容定址。對於 LDA，RAM 的資料輸出（Data Out）會在資料匯流排上被啟用，並將值儲存在累加器中。對於 STA 指令，累加器在資料匯流排上會被啟用，並將值儲存在記憶體中。

算術和邏輯指令需要一個涉及資料匯流排的第二執行週期。這些情況下的二極體 ROM 矩陣比其他情況簡單得多：

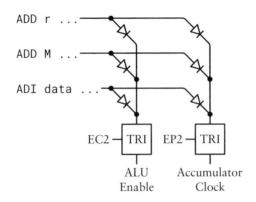

對於這些指令，來自 ALU 的值會在資料匯流排上被啟用，並且該值必須被保存在累加器中，如第 395 頁之表格中的「8 位元資料匯流排」欄位所示。

於是，我在過去三章中所建構之 8080 微處理器的子集已經完成，並且在 CodeHiddenLanguage.com 網站上提供了一個可用的模擬。

設計電腦的工程師經常花大量時間，試圖讓電腦的速度盡可能快。數位邏輯電路的不同設計可能比其他設計更快或更慢。通常情況下，欲使數位電路更快需要添加更多的邏輯閘。

如果我想加速我所描述的 CPU，我會首先關注指令提取。每個指令提取都需要第二個機器週期，其唯一目的是遞增程式計數器。我會嘗試在指令提取週期本身中合併該邏輯，以同時執行這兩件事。這可能涉及一個專用的遞增器。這種改進將使「從記憶體載入指令」所需的時間減少一半！

即使是微小的變化也會帶來巨大的好處。如果你設計的 CPU 被用於數百萬台電腦中，每台電腦每秒可執行數百萬個指令，那麼消除機器週期對每個使用者來說都將大有裨益。

讓我們看一下這個 CPU 可能執行的簡單程式。假設你有 5 個位元組儲存在從地址 1000h 開始的記憶體中，並且你需要一個將它們相加的程式，如下所示：

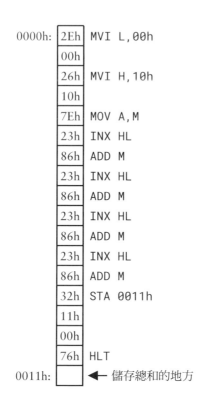

頭兩個指令用於設置 H 和 L 暫存器的值。然後，程式使用 HL 存取位元組並累加總和，在每次記憶體存取後遞增 HL。

如你所見，這裡有一些重複的內容。一個 INX 指令後面跟著一個 ADD 指令，共四次。對於這個特定的程式來說，這還好，但如果你想把 20 個（或 100 個）值加起來呢？

如果這些不是你要相加的位元組，而是需要更多指令才能累加的 16 位元或 32 位元值？

這樣的重複可以避免嗎？是否有一個指令可導致其他指令重複執行？但那是什麼樣子的呢？它是如何運作的呢？

這個主題非常重要，以至於需要一整章的篇幅專門討論它！

第二十四章

迴圈、跳躍和調用

我們的生活充滿了重複。我們透過地球自轉、月球繞地球公轉和地球繞太陽公轉的自然節奏來計算日子。儘管每一天皆不同，但我們的生活往往是由標準的例行公事所構成，每一天皆類似。

從某種意義來說，重複也是計算的本質。只是把兩個數字相加，沒有人需要用到電腦（無論如何，我們希望不要！），但把一千或一百萬個數字加在一起呢？這就是電腦的工作。

計算和重複的這種關係在早期就很明顯了。在艾達·洛夫萊斯（Ada Lovelace）於 1843 年對查爾斯·巴貝奇的分析機（Charles Babbage's Analytical Engine）之著名的討論中，她寫道：

> 為了簡潔和明確起見，重複出現的一組運算稱為循環（cycle）。因此，循環的運算必須被理解為重複多次的任何一組運算。無論是只重複兩次，還是重複無數次，同樣都是循環；因為正是重複發生的事實構成了它。在許多分析案例中，會有重複出現的一個或多個循環；也就是說，一個循環的循環（a cycle of a cycle）或一個循環的循環的循環（a cycle of cycles）。

在現代術語中，這些循環（cycles）通常被稱為迴圈（loops）。她所說的一個循環的循環（a cycle of a cycle），現在被稱為巢狀迴圈（nested loop）。

在過去幾章中，我所建構的 CPU 在這方面似乎存在缺陷。在上一章的末尾，我展示了一支小程式，它會將「從地址 1000h 開始儲存在記憶體中」的 5 個位元組相加：

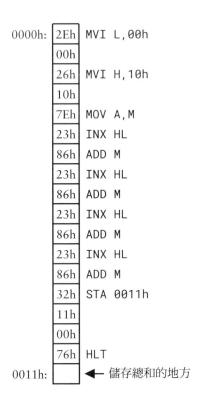

HL 暫存器對（register pair）用於定址記憶體。第一個位元組透過 MOV 指令從記憶體被讀取到累加器中，隨後的 ADD 指令會將其他 4 個位元組加入到累加器中。從記憶體讀取每個位元組後，HL 暫存器對中的值會透過 INX 指令被遞增。最後，STA 指令會將結果儲存在記憶體中。

如何加強該程式，使其能將一百或一千個位元組加在一起？你會繼續添加 INX 和 ADD 指令以符合你需要相加的位元組數量嗎？這似乎不太對。這不是一個能夠很好地滿足其他需求的解決方案，不是一個通用的解決方案。

取而代之的可能是一條允許重複「某些指令序列」（在本例中為 INX 和 ADD 指令）的新指令。但那會是什麼樣子呢？

起初，這樣的指令似乎與現存的指令有很大不同，以至於你可能擔心它需要對 CPU 進行徹底的改造。但不要絕望。

通常，在 CPU 提取每個指令位元組後，程式計數器會被遞增。這就是 CPU 從一條指令前進到下一條指令的方式。執行迴圈的指令也必須以某種方式變更程式計數器，但方式不同。

你已經知道 LDA 和 STA 等指令後面是如何由 2 個位元組構成 16 位元記憶體地址的。讓我們思考一個後面跟著兩個位元組的指令，就像 LDA 和 STA 一樣，但指令後面的 2 個位元組並不用於記憶體定址。相反，這 2 個位元組會被鎖存在程式計數器中。這樣的指令會改變正常的執行過程，因為它會導致程式計數器有效地跳躍到不同的地址。

我們稱此指令為 JMP，意思是「跳躍」（jump）。Intel 8080 微處理器中就是這麼叫的（Motorola 6809 也有一個類似的指令叫 BRA，意思是「分支」[branch]）。

JMP 指令後面跟著 2 個位元組，形成一個 16 位元地址。在下面的例子中，此地址為 0005h。下面是它可能的樣子：

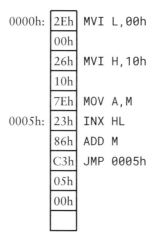

每次執行 INX 和 ADD 指令時，這個 JMP 指令就會在地址 0005h 處繼續執行另一輪的 INX 和 ADD 指令。這就是迴圈（loop）。

將這個 JMP 指令添加到 CPU 非常容易。但我們暫且不談這個問題，我們得先承認一個問題：這個帶有 JMP 指令的小程式將永遠持續下去。沒有辦法停止迴圈，因此它被稱為無限迴圈（infnite loop）。HL 的值將繼續被遞增，該地址的位元組將繼續被加到累加器中的總和。最終，HL 的值將等於 FFFFh，也就是記憶體的最末端。再次被遞增後，它將翻轉成為 0000h，並開始向累加器添加指令位元組！

迴圈在程式設計中非常重要，但同樣重要的是迴圈的循環次數是有限的並非無限的。

CPU 中是否已經有一些東西可以控制是否發生跳躍？

是的，有。你應該記得，第 21 章中建構的算術邏輯單元（arithmetic logic unit 或 ALU）在鎖存器中保存了好幾個旗標。有 Carry 旗標、Zero 旗標和 Sign 旗標，分別用於指出 ALU 運算是否導致進位、結果是否等於零、以及結果的高位元是否為 1（表示一個負數之 2 的補數）。

我們可以設想一個指令，只有在設定了 Zero 旗標或未設定 Zero 旗標的情況下才會跳躍。事實上，我們可以定義一些跳躍指令：

指令	說明	運算碼
JMP addr	跳躍	C3h
JNZ addr	跳躍，如果 Zero 旗標未設定	C2h
JZ addr	跳躍，如果 Zero 旗標被設定	CAh
JNC addr	跳躍，如果 Carry 旗標未設定	D2h
JC addr	跳躍，如果 Carry 旗標被設定	DAh
JP addr	跳躍，如果是正數（Sign 旗標未設定）	F2h
JM addr	跳躍，如果是負數（Sign 旗標被設定）	FAh

這些指令和運算代碼不是我發明的！這些是由 Intel 8080 微處理器實作的指令，我將其用作建構我自己的 CPU 子集的指南。第一行中的 *addr* 是運算碼後面的 2 位元組記憶體地址。

JMP 指令稱為無條件跳躍（*unconditional* jump）。它會導致 CPU 改變其正常的執行過程，而不管 ALU 旗標的設置如何。其他指令稱為條件跳躍（*conditional* jump）。僅當在 ALU 中設置或未設置某些旗標時，這些指令才會改變程式計數器（8080 CPU 還實作了另外兩個基於 Parity 旗標的條件跳躍。我在第 21 章中提到過該旗標，但我的 CPU 沒有實作它）。

讓我們看看這些條件跳躍在程式中是如何運作的。假設你想把儲存在從地址 1000h 開始之記憶體中的 200 個位元組相加。

這裡的訣竅是使用其中一個暫存器來儲存一個稱為計數器（*counter*）的值。計數器的值從 200 開始，這是要相加的位元組數目。每當一個位元組被存取和被相加時，此計數器就會被遞減。在任何時候，計數器的值都指出了還需要相加的位元組數目。當它達到零時，工作就完成了。

這意味著，程式需要同時處理兩個算術運算。它需要維護位元組的累計和（running total），並且每次加入一個新位元組時，都需要遞減計數器。

這會有一點麻煩：如你所知，所有的算術和邏輯運算都會使用累加器，這意味著，程式必須將位元組從暫存器移動到累加器中，才可以進行一些運算；然後，需要把新位元組移回暫存器。

讓我們把位元組的累計和保存在暫存器 B 中，並將計數器保存在暫存器 C 中。對於任何算術運算，這些值必須移動到累加器，然後在下一次重複執行指令時移回 B 和 C 中。

因為這個程式比你以前看到的要長一些，所以我把它分成了三個部分。

電腦程式的第一部分通常稱為初始化（*initialization*）：

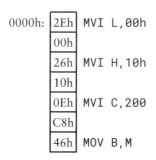

```
0000h:  2Eh   MVI L,00h
        00h
        26h   MVI H,10h
        10h
        0Eh   MVI C,200
        C8h
        46h   MOV B,M
```

本節將 HL 暫存器對（register pair）的 16 位元複合值設置為 1000h，這是要相加之數字的存放位置。暫存器 C 被設定為十進位的 200（十六進位的 C8h），這是必須相加之數字的數量。最後，暫存器 B 被設定為該清單中的第一個數字。

此程式的第二部分包含重複的指令：

```
0007h: 79h   MOV A,C
       D6h   SUI 1
       01h
       CAh   JZ 0015h
       15h
       00h
       4Fh   MOV C,A
       23h   INX HL
       78h   MOV A,B
       86h   ADD M
       47h   MOV B,A
       C3h   JMP 0007h
       07h
       00h
```

這個部分首先會將計數器的值複製到累加器。SUI 指令會從該數字中減去 1。第一次執行時，值 200 變為 199。如果該值為零（顯然還不是），則 JZ 指令會跳躍到地址 0015h，這是該區塊之後的下一個地址。這種指令稱為脫離（*breaking out*）迴圈。

否則，累加器中的值（在第一次運行時為 199）將被移回暫存器 C。現在 HL 的值會被 INX 遞增。累計和（儲存在暫存器 B 中）會被移動到 A。記憶體地址 HL 處的值會與該值相加，然後將新的總和複製回暫存器 B。然後，無條件的 JMP 指令會跳躍到頂部，以供下一次執行。

這些程式碼的每次執行通常稱為迭代（*iteration*）。最終，暫存器 C 中的值將為 1，當從中減去 1 時，它會等於零，JZ 指令便會跳躍到地址 0015h：

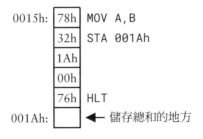

```
0015h: 78h   MOV A,B
       32h   STA 001Ah
       1Ah
       00h
       76h   HLT
001Ah: [ ]   ← 儲存總和的地方
```

現在暫存器 B 包含這 200 個數字的最終總和。它會被移動到累加器中,以便為 STA 指令的執行做好準備,該指令會將值儲存在記憶體中。然後停止程式的執行。

請注意,如果要相加的數字位於不同的記憶體位置,或者如果有多於或少於 200 個數字,則程式非常容易修改。所有這些資訊都在程式的最頂部設置,可以輕鬆修改。在編寫電腦程式時,考慮將來如何修改它,總是一個好主意。

電腦程式只能以一種方式編寫的情況很少見。我們可以用一種稍微不同的方式來編寫此程式,僅涉及一個跳躍指令。這個版本的開頭幾乎和第一個版本一樣:

```
0000h: 2Eh   MVI L,00h
       00h
       26h   MVI H,10h
       10h
       0Eh   MVI C,199
       C7h
       46h   MOV B,M
```

唯一的區別是,暫存器 C 中的值被設置為 199 而不是 200。你很快就會看到其中的原因。

程式的中間部分已被重新安排。現在,它首先會遞增 HL 並對清單中的下一個值求和:

```
0007h: 23h   INX HL
       78h   MOV A,B
       86h   ADD M
       47h   MOV B,A
       79h   MOV A,C
       D6h   SUI 1
       01h
       4Fh   MOV C,A
       C2h   JNZ 0007h
       07h
       00h
```

在下一個值加入後，暫存器 C 中的計數器值會被移動到 A 中，減去 1 後，新的值會被移回暫存器 C。然後，如果 SUI 指令的結果不為零，則 JNZ 指令會跳躍到迴圈的頂部。

如果 SUI 指令的結果為零，則程式會繼續執行 JNZ 之後的下一個指令。這便是程式的最後部分，將累計和儲存在記憶體中並停止執行：

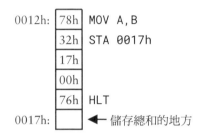

透過刪除其中一個跳躍指令，程式縮短了 3 個位元組，但它看起來似乎更複雜一些。你知道為什麼暫存器 C 需要被設置為 199 而不是 200 嗎？這是因為在加入了記憶體中的值之後，該值會正在被修改和檢查。如果清單中只有兩個數字要相加，那麼在 JNZ 指令的第一次迭代之前，將存取這兩個數字。因此，C 必須初始化為 1，而不是 2。該程式根本不適用於清單中只有一個位元組的情況。你知道為什麼嗎？

在確定一個迴圈必須被迭代多少次時，出錯是很常見的。像這樣的問題在程式設計中非常普遍，以至於它們被賦予了一個名字，稱為「差一錯誤」（off-by-one errors）。

也許你不知道需要相加多少個數字，但你知道清單中的最後一個數字是 00h。這個 00h 值用於通知你的程式清單已完成。這樣的值有時稱為哨兵（sentinel）。在這種情況下，你需要使用比較指令將記憶體中的值與 00h 進行比較，以確定何時脫離迴圈。

從這個使用哨兵的替代程式開始，我將不再展示記憶體中的值，而只是列出指令。我將不再展示記憶體地址，而是使用被稱為標籤（labels）的單字。它們可能看起來像單字，但它們仍然代表記憶體中的位置。標籤後面跟冒號：

```
Start:      MVI L,00h
            MVI H,10h
            MVI B,00h
Loop:       MOV A,M
            CPI 00h
            JZ End
            ADD B
            MOV B,A
            INX HL
            JMP Loop
End:        MOV A,B
            STA Result
            HLT
Result:
```

在 MOV A,M 指令將記憶體中的下一個值載入累加器後，CPI 指令會將其與 00h 進行比較。如果 A 等於 00h，則設置 Zero 旗標，於是 JZ 指令會跳躍到標籤 End 處。否則，該值將被加到 B 中的累計和，並且為下一次迭代遞增 HL。

使用標籤我們就不需要計算指令的記憶體地址，但我們總是可以計算這些標籤的記憶體位置。如果程式從記憶體位置 0000h 開始，那麼前三個指令各自需要 2 個位元組，因此標籤 Loop 代表記憶體地址 0006h。接下來的七個指令總共佔用 12 個位元組，因此標籤 End 是記憶體地址 0012h，而標籤 Result 是 0017h。

如果你還沒有推測到這一點，條件跳躍（conditional jump）是 CPU 的一個非常重要的功能，但它可能比你意識到的重要得多。讓我告訴你為什麼。

1936 年，劍橋大學一位名叫艾倫·圖靈（Alan Turing）的 24 歲畢業生著手解決了德國數學家大衛·希爾伯特（David Hilbert）提出的一個數理邏輯問題，該問題被稱為判定問題（*Entscheidungsproblem*）或決策問題（*decision problem*）──也就是，能否確定任何陳述是真還是假？

在回答這個問題時，艾倫·圖靈採取了一種極其不尋常的做法。他假設存在一台簡單的計算機器（computing machine），它會按照簡單的規則運行。他實際上並沒有製造這台機器。相反，它是一台心智電腦。但是，除了證明判定問題（*Entscheidungsproblem*）是錯誤的，他還建立了數字計算（digital computing）的一些基本概念，這些概念在數理邏輯中的影響遠遠超出了這個問題。

圖靈發明的虛構計算機器（imaginary computing machine）
現在被稱為圖靈機（Turing machine），就計算能力而言，
它在功能上相當於此後建構的所有數位電腦。（如果你對
探索「圖靈描述其假想電腦」的原始論文感到好奇，可閱
讀我的書《帶註釋的圖靈：艾倫·圖靈關於可計算性
和圖靈機之歷史性論文的導覽》（The Annotated Turing:
A Guided Tour through Alan Turing's Historic Paper on
Computability and the Turing Machine）可能會有所幫助。）

Pictures from History/Universal Images Group/ Getty Images

不同的數位電腦以不同的速度運行；它們可以存取不同數量
的記憶體和儲存裝置；它們被附接著不同類型的硬體。但在
處理能力方面，它們在功能上都是等效的。它們都可以完成相同類型的任務，因為
它們都有一個非常特殊的功能：基於算術運算結果的條件跳躍。

所有支援條件跳躍（或與之等效的東西）的程式語言基本上都是等效的。這些程式
語言被稱為具有圖靈完備性（Turing complete）。幾乎所有程式語言都滿足此條件，
但標記語言（例如，網頁中使用的超文字標記語言 [HyperText Markup Language 或
HTML]）並不具圖靈完備性。

除了我在本章前面列出的跳躍指令之外，還有另一個指令對於執行跳躍很有用。這
個指令是基於 HL 中之值的：

指令	說明	運算碼
PCHL	將 HL 複製到程式計數器	E9h

七個跳躍指令和 PCHL 很容易被納入上一章所示的計時電路中。在第 23 章第 397 頁
的電路中，有三個解碼器的輸入對應於運算碼的 8 個位元：

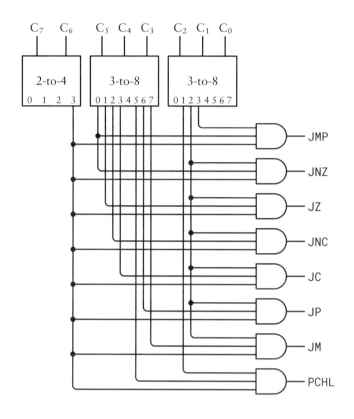

當運算碼對應於跳躍指令時，這些解碼器之輸出的各種組合被用於產生訊號。

除 PCHL 之外，所有的跳躍指令都可以用一個七輸入的 OR 閘合併成一個指令群：

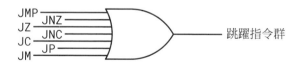

這可用於將跳躍指令整合到第 23 章第 398 頁的電路中，該電路決定了必須從記憶體中取回多少指令位元組、以及執行每個指令需要多少週期。跳躍指令群（Jump Group）訊號指出必須從記憶體中取回 3 個位元組：運算代碼（operation code）和 2 個位元組的地址。PCHL 指令的長度僅為 1 個位元組。所有這些指令只需要一個週期來執行，並且僅涉及地址匯流排。

為了執行跳躍指令，讓我們建立一個訊號來指示是否應該發生條件跳躍。解碼指令位元組的訊號必須與第 21 章中之 ALU 的旗標組合：

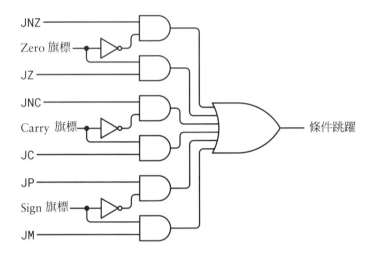

然後，將這些訊號合併到第 23 章之第 406 頁所示的二極體 ROM 矩陣中，是相當簡單的：

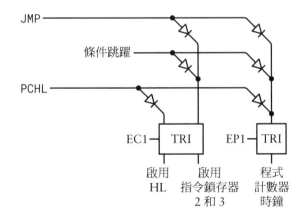

JMP 和條件跳躍指令會在地址匯流排上啟用指令鎖存器 2 和 3，而 PCHL 指令會在地址匯流排上啟用 HL。在所有情況下，該地址都儲存在程式計數器中。

 網站 CodeHiddenLanguage.com 上可以找到這個增強型 CPU 的互動式版本。

幾乎任何你需要在電腦程式中進行的實質性工作都涉及重複，並成為迴圈的絕佳候選者。乘法就是一個很好的例子。早在第 21 章，我就承諾要向你展示如何讓此 CPU 進行乘法運算，現在是時候來看看它是如何做到的。

讓我們看一下最簡單的情況，即 2 個位元組的乘法 —— 例如，132 乘 209，或十六進位的 84h 乘 D1h。這兩個數字分別稱為乘數（*multiplier*）和被乘數（*multiplicand*），其運算結果是乘積（*product*）。

通常，將一個位元組乘以另一個位元組會產生一個寬度 2 個位元組的乘積。對於我的這個例子，很容易計算出乘積為 27,588 或 6BC4h，但讓 CPU 來做吧。

過去，我使用暫存器 H 和 L 來儲存 16 位元的記憶體地址，但你也可以將 H 和 L 當作普通的 8 位元暫存器，或者你可以使用暫存器對（register pair）HL 來儲存 2 個位元組的值。在這個例子中，我將使用 HL 來儲存乘積。下面的程式碼首先會將 B 暫存器設置為被乘數，將 C 暫存器設置為乘數，將 H 和 L 暫存器設置為零：

```
Start:   MVI  B,D1h    ; 將 B 設置為被乘數
         MVI  C,84h    ; 將 C 設置為乘數
         MVI  H,00h    ; 將 HL 初始化為零
         MVI  L,00h
```

我在右側的分號後面添加了一些簡短的說明。這些說明被稱為註解（*comments*），你可以在 Intel 的 8080 CPU 原始文件中找到使用分號作為註解前綴的方法。

我首先要向你展示一種將兩個數字相乘的簡單方法，它只是重複進行加法。我將把乘數加入 HL 暫存器中，而加入的次數等於被乘數。

第一步是檢查被乘數（儲存在暫存器 B 中）是否為零。如果是，那麼乘法就完成了：

```
Loop:    MOV  A,B      ; 檢查 B 是否為零
         CPI  00h
         JZ   Done     ; 如果是這樣的話，一切都完成了
```

如果不是這樣，那麼乘數（儲存在暫存器 C 中）將被加入暫存器 H 和 L 的內容中。請注意，這本質上是一個 16 位元加法：首先將 L 的內容移動到累加器，接著將 C 加到入 L，然後將零加入 H，並加上第一次加法可能產生的進位：

```
        MOV A,L        ; 將 C 加到 HL
        ADD C
        MOV L,A
        MOV A,H
        ACI 00h
        MOV H,A
```

現在暫存器 B 中的被乘數會被遞減，表示要加到 HL 的數字少了一個，程式會跳回到 Loop 標籤進行另一次迭代：

```
        MOV A,B        ; 遞減 B
        SBI 01h
        MOV B,A
        JMP Loop       ; 重複計算
```

當先前跳躍到 Done 標籤時，代表乘法運算已經完成，HL 暫存器包含了乘積：

```
    Done:   HLT            ; HL 包含結果
```

這並不是將兩個位元組相乘的最佳方法，但它的優點是易於理解。這種類型的解決方案有時稱為暴力法（brute-force approaches）。沒有考慮儘快執行乘法。這段程式碼甚至不會比較這兩個數字，以使用其中較小的數字進行迭代。只要在程式中多加一些程式碼，就可以對 209 進行 132 次加法，而不是對 132 進行 209 次加法。

是否有更好的方法來進行這種乘法？想想我們是如何在紙上進行十進位乘法的：

$$
\begin{array}{r}
132 \\
\times\,209 \\
\hline
1188 \\
264 \\
\hline
27588
\end{array}
$$

第一條底線下的兩個數字是 132 乘 9，然後是 132 乘 2 並向左移動兩個空格，實際上是 132 乘 200。注意，你甚至不需要寫下 132 乘 0，因為那只是 0。不需要執行 209 次加法或 132 次加法，只需要將兩個數字相加！

這個乘法在二進位中是什麼樣子的？乘數（十進位的 132）在二進位中為 10000100，被乘數（十進位的 209）在二進位中為 11010001：

$$
\begin{array}{r}
10000100 \\
\times\, 11010001 \\
\hline
10000100 \\
10000100 \quad\;\; \\
10000100 \quad\quad\;\; \\
10000100 \quad\quad\quad\;\; \\
\hline
110101111000100
\end{array}
$$

對於被乘數（11010001）中每個位元，從右邊開始，用乘數（10000100）乘以該位元。如果該位元是 1，那麼結果就是乘數，每個位元都向左移。如果該位元是 0，那麼結果為 0，因此可以忽略它。

在第一條底線之下只有四個乘數（10000100）。只有四個是因為被乘數（11010001）中只有四個 1。

此做法可將加法的次數減少到最低限度。如果你要進行 16 位元或 32 位元數字的乘法，以這種方法來進行乘法就變得更加重要。

但它在某些方面似乎也更加複雜。我們將需要測試被乘數的哪些位元是 1，哪些位元是 0。

這種位元測試可以利用 8080 的 ANA（對累加器進行 AND 運算）指令。此指令會在兩個位元組之間執行逐位元（bitwise）AND 運算。之所以稱為逐位元 AND 運算，是因為對於每個位元來說，如果兩個位元組的相應位元是 1，則結果是 1，否則為 0。

讓我們將被乘數放到暫存器 D 中。在這個例子中，就是位元組 D1h：

```
MVI D,D1h
```

你如何判斷暫存器 D 的最低效位元是否為 1？要在暫存器 D 和值 01h 之間進行 ANA 運算。你可以先將暫存器 E 設定為 01h：

```
MVI E,01h
```

由於 ALU 只對累加器工作，因此你需要先將其中一個數字移到累加器中：

```
MOV A,D
ANA E
```

如果暫存器 D 的最右邊位元（最低效位元）是 1，這個 AND 運算的結果是 1，否則是 0。這意味著，如果 D 的最右邊位元是 0，那麼 Zero 旗標就會被設置。該旗標讓條件跳躍得以進行。

對於下一個位元，你需要進行的是 02h 而不是 01h 的 AND 運算，對於其餘位元，你將進行 04h、08h、10h、20h、40h 和 80h 的 AND 運算。看一下這個序列，你可能會意識到每個值都是前一個值的兩倍：01h 的加倍是 02h，再加倍是 04h，再加倍是 08h，依此類推。這是個有用的資訊！

暫存器 E 的起點是 01h。你可以透過把它加到自身來加倍它：

```
MOV A,E
ADD E
MOV E,A
```

現在 E 中的值等於 02h。再次執行這三個指令，它就等於 04h，然後是 08h，依此類推。這個簡單的運算本質上是將一個位元從最低效的位置逐步移動到最高效的位置，亦即從 01h 到 80h。

還需要對乘數進行移位，以便加到結果中。這意味著，乘數將不再適合在 8 位元暫存器，並且必須以某種方式將其視為 16 位元值。因此，先將乘數儲存在暫存器 C 中，但將暫存器 B 設置為 0。你可以把暫存器 B 和 C 看成一對，用於儲存這個 16 位元乘數，並且可以針對 16 位元加法進行移位。暫存器 B 和 C 的組合可以稱為 BC。

下面是這個經改進的新乘法器初始化暫存器的方式：

```
Start:  MVI D,D1h    ; 被乘數
        MVI C,84h    ; 將乘數存入 BC
        MVI B,00h

        MVI E,01h    ; 位元測試器
        MVI H,00h    ; 將 HL 用於儲存 2 個位元組的結果
        MVI L,00h
```

Loop 部分首先會測試被乘數中的位元是 1 還是 0：

```
Loop:   MOV A,D
        ANA E        ; 測試位元是 0 還是 1
        JZ Skip
```

如果該位元是 1，則結果不為零，執行下面的程式碼將 BC 暫存器對的值加到 HL 暫存器對中。但 8 位元暫存器需要單獨處理。請注意，ADD 用於低位元組，而 ADC 用於高位元組以納入進位：

```
MOV A,L        ; 將 BC 的值加入 HL
ADD C
MOV L,A
MOV A,H
ADC B
MOV H,A
```

如果你使用的是真正的 Intel 8080，而不是我構建的子集，你可以用 DAD BC 來代替這六個指令，輕易就能將 BC 加到 HL。DAD 是能夠處理 16 位元值的幾個 8080 指令之一。

下一個工作是將 BC 的值加倍，基本上就是將其向左移動，以進行下一次的加法。無論 BC 是否已被加到 HL 中，都會執行下面的程式碼：

```
Skip:   MOV A,C        ; 將 BC（乘數）加倍
        ADD C
        MOV C,A
        MOV A,B
        ADC B
        MOV B,A
```

下一步是將暫存器 E（即位元測試器）的值加倍。如果該值不為零，則它會跳回到 Loop 標籤進行另一次迭代。

```
        MOV A,E        ; 將 E（即位元測試器）的值加倍
        ADD E
        MOV E,A
        JNZ Loop
```

Loop 標籤後面的程式碼正好執行八次。在 E 加倍八次後，8 位元暫存器發生溢位（overflow），E 現在等於零。乘法運算便告完成：

```
Done:   HLT            ; HL 中包含結果
```

如果你需要將兩個 16 位元值或兩個 32 位元值相乘，則工作顯然會變得更加複雜，並且需要使用更多暫存器。當用於儲存中間值的暫存器被用完時，你可以使用一段記憶體空間來作為臨時儲存區。以這種方式使用的一小塊記憶體通常稱為暫存記憶體（*scratchpad* memory）。

這個練習的目的不是為了嚇唬你，也不是勸阻你不要從事電腦程式設計的職業。這是為了證明，對儲存在記憶體中的程式碼做出反應之邏輯閘的組合，確實可以組合非常簡單的運算來完成複雜的任務。

在現實生活裡的電腦程式設計中，使用高階語言（因為它們被這樣稱呼），乘法要容易得多，我將在第 27 章中討論。這是軟體的神奇之處，別人已經完成了艱苦的工作，而你不必再這樣做。

機器代碼（machine code）中的乘法需要移動位元，這在前面是透過將值自己加自己來完成的。如果你使用的是真正的 Intel 8080 微處理器，而不是我建構的子集，你將有一個更好的方法來移動位元。Intel 8080 包含四個指令，這些指令可以進行位元的移動，並可免去將暫存器自己加自己的麻煩。它們被稱為循環移位（rotate）指令：

指令	說明	運算碼
RLC	使累加器循環左移	07h
RRC	使累加器循環右移	0Fh
RAL	帶進位的累加器循環左移	17h
RAR	帶進位的累加器循環右移	1Fh

這些指令總是對累加器中的值執行運算，並且它們會影響到 Carry 旗標。

RLC 指令會將累加器的位元向左移動。但是，最高效位元用於設置 Carry 旗標和最低效位元：

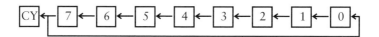

RRC 指令類似，只是它會將位元向右移動。最低效位元用於設置 Carry 旗標和最高效位元：

RAL 指令類似於將累加器加倍，只是現有的 Carry 旗標被用來設置最低效位元。這在移動多位元組的值時很有用：

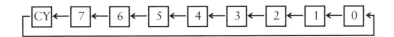

RAR 指令類似於 RAL，只是會向右循環移動位元：

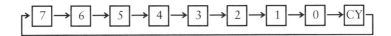

雖然這些循環移位指令在某些情況下肯定很有用，但它們不是必要的，我不會將它們添加到我正在建構的 CPU 中。

你已經瞭解了如何使用跳躍和迴圈來反覆執行一組指令。但經常有這樣的情況，你想用更靈活的方式來執行一組指令。也許你已經編寫了一組指令，你需要從電腦程式的不同部分來執行這些指令（也許多用途的乘法就是其中之一）。這些指令組通常稱為函式（*functions*）或程序（*procedures*）或副常式（*subroutines*），或簡稱為常式（*routines*）。

Intel 8080 CPU 使用了一個名為 CALL 的指令來實作副常式。CALL 指令的語法看起來很像 JMP，因為它後面跟著一個記憶體地址：

    CALL addr

與 JMP 指令一樣，CALL 指令會跳躍到該地址繼續執行。但與 JMP 不同的是，CALL 會先保存它是從哪裡跳躍過來的提示——具體來說，就是 CALL 指令後面之指令的地址。正如你很快就會看到的，此地址儲存在一個非常特殊的地方。

另一個指令稱為 RET（意為 return［返回］），也類似於 JMP，但它跳躍的地址是 CALL 指令所保存的地址。副常式通常以一個 RET 陳述（statement）結尾。

下面是 8080 的 CALL 和 RET 指令：

指令	說明	運算碼
CALL	跳躍到副常式	CDh
RET	從一個副常式返回	C9h

Intel 8080 還支援條件調用（conditional call）和條件返回（conditional return），但與 CALL 和 RET 相比，它們的使用頻率要低得多。

我們來看一個實際的例子。假設你正在編寫一支程式，用於顯示一個位元組的值——例如，位元組 5Bh。第 13 章曾介紹如何以 ASCII 來顯示字母、數字和符號。但你不能用 ASCII 代碼 5Bh 來顯示位元組 5Bh 的值。這是一個左方括號字符的 ASCII 代碼！相反，像 5Bh 這樣的位元組需要轉換為兩個 ASCII 代碼：

- 35h，即字符 5 的 ASCII 代碼

- 42h，即字符 B 的 ASCII 代碼

這種轉換以人們（或至少知道十六進位的人）理解的方式來顯示位元組的值。

這裡的策略是先將位元組分成兩部分：高 4 位元和低 4 位元，有時稱為半位元組（nibbles）。在這個例子中，位元組 5Bh 被分為 05h 和 0Bh。

然後，將這兩個 4 位元值都轉換為 ASCII。對於 0h 到 9h 之間的值，字符 0 到 9 的 ASCII 代碼為 30h 到 39h（如果你需要複習 ASCII，請參閱第 13 章之第 163 頁到第 165 頁上的表格）。對於 Ah 到 Fh 之間的值，字符的 ASCII 代碼為 41h 到 46h。

下面是一個將累加器中的 4 位元值轉換為 ASCII 的小型副常式：

1532h:	FEh	Digit:	CPI 0Ah
	0Ah		
	DAh		JC Number
	39h		
	15h		
	C6h		ADI 07h
	07h		
1539h:	C6h	Number:	ADI 30h
	30h		
	C9h		RET

我現在又開始呈現記憶體位置，因為它們對於演示此處發生的事情很重要。這個副常式恰好從記憶體位置 1532h 開始，但這並沒有什麼特別之處。它恰好是我決定這個副常式駐留在記憶體中的位置。

這個副常式會假定累加器包含了要轉換的值。這樣的假定值通常稱為副常式的**引數**（*argument*）或**參數**（*parameter*）。

這個副常式以一個「立即比較」（Compare Immediate）指令開頭，該指令會設置 ALU 旗標，就好像它執行了減法一樣。如果累加器包含 05h（例如），則從該數字中減去 0Ah 需要借用，因此指令會設置 Carry 旗標。由於設置了 Carry 旗標，JC 指令會跳躍到標籤為 Number 的指令，該指令會將 30h 加到累加器，使其成為 35h，即數字 5 的 ASCII 代碼。

相反，如果累加器包含 0Bh 這樣的值，則在減去 0Ah 時不需要借用。CPI 指令不會設置 Carry 旗標，因此不會發生跳躍。首先，將 07h 加到累加器（在本例中為 0Bh 加 07，即 12h），然後第二個 ADI 指令會加上 30h，使其為 42h，即字母 B 的 ASCII 代碼。將兩個值相加是一個小技巧，可以將第二個 ADI 指令用於子母和數字。

無論哪種情況，下一個指令都是 RET，用於結束副常式的執行。

我說過我們會寫一個副常式，將一整個位元組轉換為兩個 ASCII 代碼。這個副常式有兩個 CALL 指令來調用 Digit，先處理低半位元組，再處理高半位元組。在這個副常式的開頭，要轉換的位元組在累加器中，結果會儲存在暫存器 H 和 L 中。這個稱為 ToAscii 的副常式恰好從記憶體地址 14F8h 開始：

```
14F8h:  47h   ToAscii: MOV B,A
        E6h            ANI 0Fh
        0Fh
        CDh            CALL Digit
        32h
        15h
14FEh:  6Fh            MOV L,A
        78h            MOV A,B
        0Fh            RRC
        0Fh            RRC
        0Fh            RRC
        0Fh            RRC
        E6h            ANI 0Fh
        0Fh
        CDh            CALL Digit
        32h
        15h
1509h:  67h            MOV H,A
        C9h            RET
```

這個副常式首先會將原始位元組保存在 B 中，接著 ANI（AND Immediate）指令會對 0Fh 進行逐位元 AND 運算，只保留低四位元。然後對位於地址 1532h 的 Digit 副常式進行調用。調用結果保存在 L 中。從暫存器 B 取回原始位元組，然後用四個 RRC 指令將高半位元組（high nibble）向下移動到低 4 位元。在執行另一個 ANI 指令之後是對 Digit 的另一次調用。調用結果儲存在暫存器 H 中，最後以 RET 指令結束。

讓我們來看看這是如何運作的。某處可能有一小段程式碼，其中包含調用 ToAscii 副常式（位於 14F8h）的 CALL 指令：

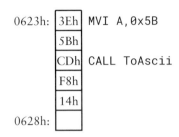

當程式在地址 0628h 繼續執行時，H 和 L 的值包含 5Bh 之兩位數的 ASCII 代碼。

CALL 和 RET 是如何運作的？

我之前提到過，當 CALL 指令被執行時，會有一個地址儲存在一個**非常特殊的地方**，讓程式得以在副常式完成後繼續執行。這個非常特殊的地方被稱為**堆疊**（stack）。這是一個盡可能遠離其他一切的記憶體區域。在像 Intel 8080 這樣的 8 位元 CPU 中，堆疊位於記憶體的最末端。

Intel 8080 包含了一個稱為堆疊指標（stack pointer）的 16 位元暫存器。重置（reset）8080 時，堆疊指標會被初始化為地址 0000h。但是，程式可以使用指令 SPHL（set stack pointer from HL；從 HL 來設置堆疊指標）或 LXI SP（load stack pointer from immediate addres；從立即地址載入到堆疊指標）來改變該地址。但是，讓我們將其留在預設值 0000h。

當 Intel 8080 執行 CALL ToAscii 指令時，會依次發生以下幾件事：

- 遞減堆疊指標。由於它最初被設置為值 0000h，因此遞減會導致它成為值 FFFFh，這是最大的 16 位元值，指向 16 位元記憶體的最後一個位元組。

- 將 CALL 指令後之地址（即地址 0628h，此為程式計數器之當前值）的高位元組保存在記憶體中「堆疊指標所定址的位置」。這個位元組是 06h。

- 遞減堆疊指標，現在變為值 FFFEh。

- 將 CALL 指令後之地址的低位元組保存在記憶體中「堆疊指標所定址的位置」。這個位元組是 28h。

- CALL 陳述中之地址（14F8h）被載入到程式計數器中，實際上是跳躍到該地址。這是 ToAscii 常式的地址。

RAM 的末端現在看起像這樣：

FFFEh: 28h   ToAscii 調用完成後的返回地址
        06h

CALL 指令有效地留下了一點麵包屑的痕跡，讓它得以找到回家的路。

ToAscii 常式現在正正在執行，該常式中還包含了一個調用 Digit 常式的 CALL 指令。ToAscii 常式中跟在 CALL Digit 指令後面的記憶體位置是 14FEh，因此當 CALL Digit 指令發生時，該地址會被儲存在堆疊上，現在堆疊看起來像這樣：

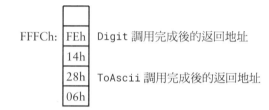

FFFCh: FEh   Digit 調用完成後的返回地址
        14h
        28h   ToAscii 調用完成後的返回地址
        06h

堆疊指標的值現在為 FFFCh，並且 Digit 常式現在正正在進行中。當 Digit 常式中的 RET 指令被執行時，會發生以下情況：

- 存取堆疊指標所定址之記憶體位置上的位元組。該位元組是 FEh。

- 遞增堆疊指標。

- 存取堆疊指標所定址之記憶體位置上的位元組。該位元組是 14h。

- 遞增堆疊指標。

- 將這兩個位元組載入到程式計數器中，從而有效地跳躍到 ToAscii 常式中之記憶體位置 14FEh，以便返回到調用 Digit 的常式。

堆疊現在被返回到第一次調用 Digit 之前的狀態：

```
              ┌────┐
       FFFEh: │ 28h│  ToAscii 調用完成後的返回地址
              ├────┤
              │ 06h│
              └────┘
```

堆疊指標現在是 FFFEh。地址 14FEh 仍然保存在記憶體中，但它已經變得無關緊要
了。下一次對 Digit 的調用會導致一個新的返回地址被保存在堆疊上：

```
              ┌────┐
       FFFCh: │ 09h│  Digit 調用完成後的返回地址
              ├────┤
              │ 15h│
              ├────┤
              │ 28h│  ToAscii 調用完成後的返回地址
              ├────┤
              │ 06h│
              └────┘
```

這是 ToAscii 常式中跟在 Digit 之第二次調用後面的地址。當 Digit 再次執行 RET
指令時，它會跳躍到 ToAscii 常式中的地址 1509h。堆疊現在看起來像這樣：

```
              ┌────┐
       FFFEh: │ 28h│  ToAscii 調用完成後的返回地址
              ├────┤
              │ 06h│
              └────┘
```

現在，可以執行 ToAscii 常式中的 RET 指令了。這會從堆疊中取出地址 0628h，並
分支到該地址，也就是跟在 ToAscii 調用之後的地址。

而這就是堆疊的運作方式。

從形式上講，堆疊（stack）被歸類為後進先出（Last-In-First-Out 或 LIFO）的儲存
形式。最新添加到堆疊中的值將成為從堆疊中取回的下一個值。通常，堆疊會被想
像成自助餐廳的一堆盤子，由彈性支撐物高高舉起。盤子可以被添加到這一堆盤子
上，然後以相反的順序取回。

當某件東西被添加到堆疊中時，被稱為「推入」（pushed），當某件東西從堆疊中移
除時，被稱為「彈出」（popped）。Intel 8080 還支援若干 PUSH 和 POP 指令，以便將
暫存器保存在堆疊上，並在稍後取回它們：

指令	說明	運算碼
PUSH BC	將暫存器 B 和 C 保存在堆疊上	C5h
PUSH DE	將暫存器 D 和 E 保存在堆疊上	D5h
PUSH HL	將暫存器 H 和 L 保存在堆疊上	E5h
PUSH PSW	將程式狀態字保存在堆疊上	F5h
POP BC	從堆疊取回暫存器 B 和 C	C1h
POP DE	從堆疊取回暫存器 D 和 E	D1h
POP HL	從堆疊取回暫存器 H 和 L	E1h
POP PSW	從堆疊取回程式狀態字	F1h

縮寫 PSW 代表 Program Status Word（程序狀態字），這並不是什麼新鮮事。它只是一個位元組中所包含的累加器值和另一個位元組中所包含的 ALU 旗標。

PUSH 和 POP 指令是在調用副常式時，保存暫存器內容的便捷方法。有時調用副常式的程式碼，會在調用之前先將暫存器的內容推入堆疊，並在調用之後將它們從堆疊中彈出。這讓副常式在使用暫存器時，不必擔心這將會對調用副常式的程式碼造成什麼影響。或者副常式本身會在開始時將暫存器推入堆疊，並在 RET 執行之前彈出它們。

PUSH 和 POP 指令的調用次數必須平衡，CALL 和 RET 指令也是如此。如果一個副常式調用 PUSH 兩次，但只調用 POP 一次，然後執行 RET 指令，程式碼將跳躍到你可能不希望它去的位置！

錯誤的程式碼可能會彈出堆疊太多次，從而導致堆疊指標開始定址記憶體的開頭而不是結尾！這個問題被稱為**堆疊下溢**（*stack underfow*），它可能會導致堆疊的內容覆蓋程式碼。一個相關的問題是，當堆疊上推入太多內容，它的大小會不斷增加，也可能覆蓋程式碼。這被稱為**堆疊上溢**（*stack overfow*），這種情況還成為了一個流行之網際網路論壇的名稱，這個論壇可供程式員尋求技術問題的答案。

CALL 和 RET 指令並非 CPU 實現圖靈完備性（Turing complete）的必要條件，但實際上它們非常方便，有些人甚至會稱它們為不可或缺的。副常式是組合語言（assembly-language）程式的主要組成元素，它們在許多其他類型的程式語言中也發揮重要的作用。

恐怕我不會將 CALL、RET、PUSH 和 POP 添加到我在過去幾章中所設計的 CPU 中。我對此感到非常遺憾，但它們需要一個比我所展示的更通用的設計。

但我相信你可以很容易地想像它們是如何實作的：一個新的 16 位元鎖存器（latch），名為堆疊指標（stack pointer），將被添加到地址匯流排（address bus）。這看起來很像保存程式計數器（program counter）的鎖存器。這是簡單的部分。但也有必要在 CALL 指令期間將程式計數器推入到堆疊上，並在 RET 指令期間將其從堆疊中彈出，這將要求程式計數器的 2 個位元組也在資料匯流排（data bus）上。目前的設計並非如此。

雖然我沒有將「與堆疊相關的指令」添加到我正在建構的 CPU 中，但我在 CodeHiddenLanguage.com 網站上建立了一個完整的 8080 模擬器。

在過去的幾章中，你已經瞭解像 Intel 8080 這樣的 8 位元微處理器是如何執行指令代碼的。Intel 於 1974 年所推出的 8080，與此後的所有產品相比，現在被認為是相當原始的。隨著 CPU 為了適應 16 位元、32 位元甚至 64 位元的處理不斷擴大規模，它們也變得更加複雜。

然而，所有 CPU 的運作方式基本相同：它們會執行指令，從記憶體中提取位元組，對其執行算術和邏輯運算，並將結果存回記憶體中。

是時候探索製造一台真正的電腦還需要什麼了。

第二十五章

周邊裝置

央處理單元（central processing unit 或 CPU）當然是電腦最重要的元件，但必須輔以其他硬體。如你所見，電腦還需要隨機存取記憶體（random access memory 或 RAM），其中包含處理器要執行的機器代碼（machine-code）指令和供這些指令存取的資料。此外，RAM 是揮發性記憶體——當電源被切斷時，它會丟失其內容。因此，電腦的另一個有用元件是可長期保存內容的大容量儲存裝置，以便在沒有電源的情況下保留程式碼和資料。

電腦還必須包含一些讓這些指令進入 RAM 的方法，以及一些讓程式的結果得到檢驗的方法。現代的電腦還有麥克風、攝影鏡頭和揚聲器，和連接到 Wi-Fi、藍牙裝置、以及全球定位系統（Global Positioning System 或 GPS）衛星的無線電發射器和接收器。

這些裝置稱為輸入裝置（*input* devices）和輸出裝置（*output* devices），通常用縮寫 *I/O* 來統稱，並更廣泛地稱為周邊裝置（*peripherals*）。

最明顯的周邊裝置可能是視訊顯示器（video display），因為無論你使用的是桌上型電腦、筆記型電腦、平板電腦還是手機，你都會經常盯著它。也許你在閱讀這本書時，就盯著視訊顯示器看呢！

當今常用的視訊顯示器都會建立一個由像素（小的色點）矩陣所構成的圖像，如果你用放大鏡檢視顯示器，就可以看到。像素的行數和列數通常稱為螢幕解析度（display *resolution*）。

例如，標準的高清晰度電視（high-definition television 或 HDTV）之解析度被表示為 1920×1080，這意味著水平方向有 1,920 個像素（pixels），垂直方向有 1,080 個像素，總共大約有 200 萬個像素，每個像素可以是不同的顏色。這幾乎已經成為電腦機顯示器的最低解析度。

這些像素不會一下子全部被點亮。顯示器的內容儲存在一個特殊的記憶體區塊中，顯示器的各個圖素會按順序被刷新，從頂部的列開始，從左到右，然後繼續這樣向下刷新顯示器。為了防止抖動，此過程發生得非常快，整個顯示器通常每秒至少刷新 60 次。控制此過程的電路稱為顯示卡（*video display adapter*）。

儲存 1920×1080 顯示器的內容需要多少記憶體？

這 200 萬個像素中的每一個都是一種特定的顏色，它是紅、綠和藍三原色（primary colors）的組合，也稱為 RGB 顏色（如果你是個藝術家，你可能熟悉一組不同的原色，但這是視訊顯示器中使用的三種顏色）。改變這些單獨原色的強度，可以在視訊顯示器上建立所有可能的顏色。每個原色的強度通常由 1 個位元組控制，00h 表示沒有顏色，FFh 表示最大強度。這個方案使視訊顯示器能夠具有 256 種級別的紅色、256 種級別的綠色和 256 種級別的藍色，總共 256×256×256 或 16,777,216 種不同的顏色。（在關於電腦的一切都可以改進的理念下，一些公司正在努力提高顏色的範圍和解析度。這樣做需要每個原色超過 8 個位元）。

如果你在設計網頁時使用 HTML，你可能會知道，顏色可以用六位的十六進位值來指定，並在前面加上一個井字號。下面是 1999 年之 HTML 4.01 規範所建立的 16 種標準顏色：

顏色	十六進位值	顏色	十六進位值
Black（黑）	"#000000"	Green（綠）	"#008000"
Silver（銀）	"#C0C0C0"	Lime（酸橙綠）	"#00FF00"
Gray（灰）	"#808080"	Olive（橄欖綠）	"#808000"
White（白）	"#FFFFFF"	Yellow（黃）	"#FFFF00"
Maroon（栗棕）	"#800000"	Navy（海軍藍）	"#000080"
Red（紅）	"#FF0000"	Blue（藍）	"#0000FF"
Purple（紫）	"#800080"	Teal（藍綠）	"#008080"
Fuchsia（紫紅）	"#FF00FF"	Aqua（青）	"#00FFFF"

其他顏色則是使用不同的值來定義。井字號後面是三對十六進位數字：第一對是紅色的級別，從 00h 到 FFh，第二對是綠色的級別，第三對是藍色的級別。當所有三個原色都是 00h 時，會產生黑色，當所有三個原色都是 FFh 時，會產生白色。當所有三個原色都相同時，可能會出現灰色的陰影。

對於 1920×1080 顯示器，200 萬個像素中的每一個都需要 3 個位元組用於紅色、綠色和藍色，總共需要 600 萬個位元組或 6 MB。

在前幾章中，我將 CPU 存取的 RAM 視為一整塊記憶體。實際上，包含程式碼和資料的記憶體通常與專用於視訊顯示器的記憶體共用。這種組態讓電腦得以透過將位元組寫入 RAM 來非常快速地更新視訊顯示，從而實現非常高速的圖形動畫。

我在過去幾章中建構的 8 位元 CPU 具有 16 位元的記憶體地址，能夠定址 64 KB 的記憶體。顯然，你不能把 6 MB 的視訊記憶體放入 64 KB 的記憶體中！（實際上，你可能會安裝一些東西，將多個記憶體區塊從 CPU 的記憶體空間中換入和換出，但這肯定會減慢速度）。

這就是為什麼只有當記憶體變得便宜，並且更強大的 CPU 可以更敏捷地存取此記憶體時，高解析度的視訊顯示器才變得可行。32 位元 CPU 能夠以 32 位元的資料區塊來存取記憶體，因此，視訊顯示記憶體通常被安排為每像素 4 個位元組，而不僅僅是紅、綠、藍三原色所需的 3 個位元組。這意味著 1920×1080 顯示器的視訊記憶體需要的是 8 MB 的記憶體，而不是 6 MB。

該視訊記憶體通常按刷新顯示器的相同順序排列。首先是第一列，從最左邊的像素開始：紅、綠和藍三原色有 3 個位元組，還有一個未使用的位元組。在螢幕上繪製任何內容（無論是文字還是圖形）都需要程式來確定要在圖形記憶體中設置什麼像素。

電腦圖學（Computer graphics）通常涉及與解析幾何相關的數學工具。整個顯示器（或顯示器的較小矩形區域）可以被視為一個簡單的座標系，其中每個像素都是一個點，可以用水平和垂直 (x, y) 座標來參照。例如，位置 (10, 5) 處的像素是從左側算起 10 個像素，向下 5 個像素。繪製一條從該點到位置 (15, 10) 的對角線，需要給位置 (10, 5)、(11, 6)、(12, 7)、(13, 8)、(14, 9) 和 (15, 10) 上的像素著色。當然，其他類型的直線和曲線更複雜，但有許多軟體工具可以提供協助。

文字（text）是圖形的一個子集。特定字型的每個字符都是由一組直線和曲線所定義，並帶有額外的資訊（稱為 "hints"），使文字能夠呈現最大的可讀性。

三維圖形（3D graphics）變得更加複雜，涉及各種類型的陰影，以顯示光影的效果。如今，程式通常由圖形處理單元（graphics processing unit 或 GPU）來協助，它可以完成三維圖形常需要進行的一些繁重的數學運算。

當個人電腦首次問世時，高解析度的顯示器是不可行的。IBM PC 上第一個可用的圖形顯示器稱為彩色圖形介面卡（Color Graphics Adapter 或 CGA），它能夠使用三種圖形格式（或模式）：160×100 像素，16 種顏色（但每像素使用 1 個位元組），320×200 像素，4 種顏色（每像素 2 個位元），以及 640×200 像素，兩種顏色（每像素 1 個位元）。無論哪種圖形模式，都只需要 16,000 個位元組的記憶體。例如，水平 320 個像素乘以垂直 200 個像素，每像素 1/4 個位元組，等於 16,000。

一些早期的電腦顯示器根本無法顯示圖形，只能顯示文字。這是降低記憶體需求的另一種方法，這也是早期 IBM PC 提供的另一種顯示器 —— 單色顯示介面卡（Monochrome Display Adapter 或 MDA）—— 的基本原理。MDA 只能以一種顏色顯示 25 列 80 個字符的文字，即黑底綠字。每個字符都由一個 8 位元的 ASCII 代碼來指定，並伴隨一個「屬性」（attribute）位元組，可用於亮度、反轉視訊、底線或閃爍。因此，儲存顯示內容所需的位元組數為 25×80×2 或 4,000 個位元組。視訊介面卡（video adapter）包含了「使用唯讀記憶體將每個 ASCII 字符轉換為像素之列與行」的電路。

正如 CPU 包含了內部匯流排可以在 CPU 元件之間移動資料一樣，CPU 本身通常連接到外部匯流排可以在 CPU、記憶體和周邊裝置之間移動資料。視訊顯示器的記憶體佔用 CPU 的常規記憶體空間。其他周邊裝置也可能這樣做。這稱為記憶體映射（memory-mapped）I/O。但 CPU 可能會定義用於存取周邊裝置的單獨匯流排，並且它可能包括用於處理這些輸入 / 輸出裝置的特殊設施。

在前面幾章中，我一直在建構基於 Intel 8080 微處理器的 CPU。在 8080 實作的 244 個指令中，有兩個指令名為 IN 和 OUT：

指令	說明	運算碼
IN port	從輸入讀取一個位元組	DBh
OUT port	將一個位元組寫到輸出	D3h

這兩個指令後面都有一個 8 位元的**埠號**（*port* number），埠號類似於一個記憶體地址，但只有 8 位元寬，專門用於 I/O 裝置。IN 指令可讀取該埠並將結果保存在累加器中。OUT 指令可將累加器的內容寫入該埠。8080 有一個特殊訊號用於指示它是在存取 RAM（正常情況下）還是在存取 I/O 埠。

例如，考慮桌上型或筆記型電腦的鍵盤。鍵盤上的每個鍵都是一個簡單的開關，按下該鍵時開關會閉合。每個鍵都由一個唯一的代碼來識別。此鍵盤可能被設置為對埠號 25h 進行存取。程式可以執行如下指令：

```
IN 25h
```

然後，累加器將包含一個代碼，指出按下了哪個鍵。

我們很想假設此代碼就是按鍵的 ASCII 代碼。但是，設計出能夠識別 ASCII 代碼的硬體既不實用也不可取。例如，鍵盤上的 A 鍵可能對應於 ASCII 代碼 41h 或 61h，這取決於使用者是否還按下了 Shift 鍵，Shift 是用於確定所鍵入的字母是小寫還是大寫的鍵。此外，電腦鍵盤上有許多鍵（如功能鍵和箭頭鍵）並不對應於 ASCII 字符。一個簡短的電腦程式就可以辨認出哪個 ASCII 代碼（如果有的話）對應於鍵盤上按下的特定鍵。

但程式如何知道何時按下了鍵盤上的某個鍵？一種方法是讓程式非常頻繁地檢查鍵盤。此方法稱為**輪詢**（*polling*）。但更好的方法是讓鍵盤在按下某個鍵時以某種方式通知 CPU。在一般情況下，I/O 裝置可以透過發出**中斷**（*interrupt*）來通知 CPU 此類事件，而中斷只是一個發送給 CPU 的特殊訊號。

為了協助處理中斷，8080 CPU 實作了八個指令，稱為**重啟**（*restart*）指令：

指令	說明	運算碼
RST 0	調用地址 0000h	C7h
RST 1	調用地址 0008h	CFh
RST 2	調用地址 0010h	D7h
RST 3	調用地址 0018h	DFh
RST 4	調用地址 0020h	E7h
RST 5	調用地址 0028h	EFh
RST 6	調用地址 0030h	F7h
RST 7	調用地址 0038h	FFh

這些指令中的每一個都會導致 CPU 將當前的程式計數器保存在堆疊上，然後跳躍到記憶體地址 0000h、0008h、0010h⋯等。RST　0 本質上與 CPU 重置相同，但其他指令可能包含跳躍或調用指令。

下面是其運作原理：8080 CPU 包含一個外部中斷訊號。當周邊裝置（像是一個實體鍵盤）設置此中斷訊號時，它還會將這些重置指令之一的位元組放在資料匯流排上。該記憶體位置包含用於處理該特定 I/O 裝置的程式碼。

這稱為中斷驅動的（*interrupt-driven*）I/O。CPU 不必費力輪詢 I/O 裝置。它可以執行其他任務，直到 I/O 裝置使用中斷訊號通知 CPU 有新的情況發生。這就是鍵盤通知 CPU 有一個鍵被按下的方式。

在桌上型或筆記型電腦上使用的滑鼠、筆記型電腦上使用的觸控板（touchpad）、平板電腦或手機上使用的觸控螢幕（touchscreen）也需要使用中斷。

滑鼠似乎非常直接地連接到視訊顯示器。畢竟，你在桌面向上、向下、向左或向右地移動滑鼠，而滑鼠指標也會相應地在螢幕上移動。但這種聯繫實際上只是一種幻覺。滑鼠會發送指示其移動方向的電氣脈衝。軟體負責在不同位置重繪滑鼠指標。除了移動之外，滑鼠還會在按下滑鼠按鈕、鬆開滑鼠按鈕或轉動滾動按鈕時向電腦發出訊號。

觸控螢幕通常是視訊顯示器上面的一層膜，當被手指觸摸時可以偵測到電容的變化。觸控螢幕上可以顯示一或多個手指的位置，因為程式可以使用相同的 (x, y) 座標將圖形顯示在螢幕上。手指接觸到螢幕、在螢幕上移動、從螢幕移開等情況都可以通知程式。然後，此資訊可以協助程式執行各種任務，例如滾動螢幕或在螢幕上拖動一個圖形物件。程式還可以解釋雙指手勢的移動，例如捏拉和縮放。

電腦中的所有內容都是數位化的。一切都是數字。然而，現實世界往往是類比的。我們對光和聲音的感知似乎是連續的，而不是離散的數值。

為了能將真實世界的類比資料轉換為數字並再次轉換回來，人們發明了兩種裝置：

- 類比數位轉換器（analog-to-digital converter 或 ADC）

- 數位類比轉換器（digital-to-analog converter 或 DAC）

ADC 的輸入是一個可以在兩個值之間連續變化的電壓，而輸出是一個代表該電壓的二進位數字。ADC 通常具有 8 位元或 16 位元的輸出。例如，一個 8 位元 ADC 的輸出若為 00h，則代表輸入電壓為零伏；若為 80h，則代表 2.5 伏；若為 FFh，則代表 5 伏。

DAC 則相反。輸入是一個二進位數字，寬度可能是 8 位元或 16 位元，而輸出是對應於該數字的電壓。

DAC 在視訊顯示器中用於將像素的數字值轉換為電壓，以控制每個像素之紅、綠、藍原色所發出之光的強度。

數位相機中使用的主動像素感測器（active-pixel sensors 或 APS）陣列會透過發送電壓來對光線做出反應，然後透過 ADC 將該電壓轉換為數字。結果是一個稱為點陣圖（bitmap）的物件，它是一個矩形的像素陣列，其中每個像素都是一個特定的顏色。與視訊顯示器中的記憶體一樣，點陣圖中的像素會按順序儲存，從頂部列開始到底部結束，每列中的像素從左到右儲存。

點陣圖可能很大。我手機上的相機可以建立寬 4032 像素、高 3024 像素的圖像。但並非所有這些資料都是重現圖像所必需。因此，工程師和數學家設計了幾種技術來減少儲存點陣圖所需的位元組數目。這稱為壓縮（compression）。

點陣圖壓縮（bitmap compression）是一種簡單的運行長度編碼（run-length encoding 或 RLE）。例如，若一列中有十個相同顏色的像素，則點陣圖只需儲存該像素和數字 10。但這僅適用於包含大量相同顏色的圖像。

圖形交換格式（Graphics Interchange Format 或 GIF）是一種更為複雜且仍在廣泛使用的檔案壓縮方案，其發音與花生醬的品牌一樣，唸成 jif（儘管不是每個人都同意）。它是 1987 年由前「線上服務提供商」CompuServe 所開發。GIF 檔案使用了一種稱為 LZW（代表其建立者 Lempel、Zif 和 Welch）的壓縮技術，它會檢測不同值的像素，而不僅僅是一連串相同值的像素。GIF 檔案還包含使用多個圖像的基本動畫功能。

比 GIF 更複雜的是「可攜式網路圖形」（Portable Network Graphics 或 PNG），可追溯到 1996 年。PNG 有效地將相鄰的像素值轉換為值之間的差異，這些差異通常是較小的數字，可以更有效地進行壓縮。

GIF 或 PNG 檔案的尺寸不一定比原始未壓縮的點陣圖小！如果某些點陣圖的尺寸被特定的壓縮過程縮小了，那麼其他點陣圖的尺寸必然會增加。這可能發生在具有多種顏色或大量細節的圖像上。

在這種情況下，其他技術就變得有用了。1992 年推出的 JPEG（發音為 *jay-peg*）檔案格式已經成為真實世界圖像大受歡迎的點陣圖檔案。今日的手機相機所建立的 JPEG 檔案，隨時可以共享或傳輸到另一台電腦。

JPEG 是 Joint Photographic Experts Group（聯合圖像專家小組）的縮寫，與以前的壓縮技術不同，它是以心理視覺研究為基礎來利用人眼感知圖像的方式。特別是，JPEG 壓縮可以丟棄顏色之間的急遽過渡，從而減少再現圖像所需的資料量。它使用了相當複雜的數學！

JPEG 的缺點是它不可逆：壓縮後，無法完全回到原始圖像。相比之下，GIF 和 PNG 是可逆的；在壓縮過程中不會丟失任何內容。因此，GIF 和 PNG 被稱為無損壓縮技術，而 JPEG 被歸類為有損壓縮的一種形式。資訊會丟失，在極端情況下，這可能會導致視覺失真。

電腦通常會有一個麥克風，可偵測來自現實世界的聲音，還有一個揚聲器來產生聲音。

聲音就是振動。人的聲帶會振動，大喇叭會振動，森林中倒下的樹會振動，這些物體會導致空氣分子的移動。空氣交替地推拉、壓縮和變薄，每秒來回數百或數千次。空氣反過來振動我們的耳膜，我們就會感知到聲音。

麥克風對這些振動的反應是產生電流，此電流的電壓與聲波相似。與這些聲波類似的還有，湯瑪斯‧愛迪生（Thomas Edison）於 1877 年在第一台留聲機中用來錄製和播放聲音之錫箔圓桶表面的凸和凹，以及仍然受到現代發燒友和復古技術愛好者喜愛的黑膠唱片之聲槽中的凸和凹。

但對於電腦來說，這個電壓需要被數位化，也就是轉換成數字，這是 ADC 的另一項工作。

1983 年，數位化聲音隨著光碟（compact disc 或 CD）的出現在消費者面前大放異彩，成為有史以來最大的消費電子產品成功案例。CD 由飛利浦和索尼公司開發，可在直徑 12 公分之光碟的一面儲存 74 分鐘的數位化聲音。選擇 74 分鐘的長度是為了讓貝多芬的第九交響曲能夠在一張 CD 上播放（傳說是這樣的）。

聲音使用稱為脈碼調變（*pulse code modulation* 或 PCM）的技術在 CD 上編碼。儘管名字很花哨，但 PCM 在概念上是一個相當簡單的過程：代表聲波的電壓以恆定速率轉換為數字並儲存。在播放過程中，這些數字透過 DAC 再次轉換為電流。

聲波的電壓以稱為取樣率（*sampling rate*）的恆定速率轉換為數字。1928 年，貝爾電話實驗室（Bell Telephone Laboratories）的哈利·奈奎斯特（Harry Nyquist）表明，取樣率必須至少是需要記錄和回放之最大頻率的兩倍。一般普遍認為，人類聽到的聲音範圍從 20 Hz 到 20,000 Hz。用於 CD 的取樣頻率是最大值的兩倍多一點，具體為每秒 44,100 個樣本。

每個樣本的數字決定了 CD 的動態範圍，也就是可以錄製和回放之最大聲和最小聲之間的差異。這有點複雜：當電流作為聲波的模擬物來回變化時，它達到的峰值代表波形的振幅（*amplitude*）。我們所感知的聲音**強度**（*intensity*）與振幅的兩倍成正比。**貝爾**（*bel*；紀念發明家 Alexander Graham Bell［亞歷山大·格拉漢姆·貝爾］）是強度的十倍；**分貝**（*decibel*）是貝爾的十分之一。一分貝大約代表一個人能夠感知的最小響度增量。

事實證明，每個樣本使用 16 位元可以使動態範圍達到 96 分貝，這大約是聽力臨界值（低於該臨界值，我們什麼也聽不見）與疼痛臨界值之間的差異，比這個臨界值更大可能會促使我們用手摀住耳朵。光碟每個樣本使用 16 位元。

對於每秒的聲音，一張光碟包含 44,100 個樣本，每個樣本 2 個位元組。但你可能還需要立體聲，因此要加倍，總共每秒 176,400 個位元組。這就是每分鐘 10,584,000 個位元組的聲音（現在你知道為什麼在 1980 年代之前聲音的數位錄製並不普遍了）。CD 上完整的 74 分鐘立體聲需要 783,216,000 個位元組。後來的 CD 在一定程度上增加了這個容量。

儘管近年來 CD 的重要性有所下降，但數位聲音的概念仍保持不變。由於在家用電腦上錄製和播放聲音時並不總是需要 CD 品質，因此通常可以使用較低的取樣率，包括 22,050 Hz、11,025 Hz 和 8000 Hz。你可以使用 8 位元的較小樣本量進行錄製，並且可以透過單音錄製將資料量減半。

與點陣圖一樣，壓縮音訊檔案以減少儲存空間和減少在電腦之間傳輸檔案所需的時間通常很有用。一種流行的音訊壓縮技術是 MP3，它起源於稱為 MPEG（Moving Picture Experts Group 的縮寫）之電影壓縮技術的一部分。MP3 是有損壓縮（lossy compression），因為 MP3 壓縮算法會根據人耳的聽覺特性，去除那些對音樂聆聽體驗影響不大的資料。

使用 GIF、PNG 或 JPEG 壓縮的點陣圖、以及使用 MP3 壓縮的音訊都會佔用記憶體，尤其是在程式處理這些資訊時，但它們通常會被當作檔案保存在某種儲存裝置上。

如你所知，隨機存取記憶體（無論是由繼電器、真空管還是電晶體構成）在電源關閉時會丟失其內容。因此，一台完整的電腦還需要一些東西來進行長期儲存。一種歷史悠久的方法是在紙或紙板上打孔，例如 IBM 打孔卡片（punch cards）。在小型電腦的早期，會在紙帶卷上打孔以保存程式和資料，然後將它們重新載入到記憶體中。比這更進一步的是使用錄音帶，這種磁帶在 1980 年代也很流行，用於錄製和播放音樂。這些只是大型電腦用於大量儲存資料之磁帶的較小版本。

然而，磁帶並不是儲存和取回資料的理想介質，因為它不可能快速移動到磁帶上的任意位置。快進或快退可能需要很長的時間。

磁碟是一種在幾何學上更有利於快速存取的介質。磁盤本身圍繞其中心旋轉，而一或多個連接到臂上的磁頭可以從磁盤的外部移動到內部。磁盤上的任何區域都可以被非常快速地存取。透過磁化磁碟上的小區域來記錄位元資料。1956 年，IBM 發明了第一個用於電腦的磁碟機：Random Access Method of Accounting and Control（計算和控制的隨機存取方法，或 RAMAC），包含 50 個直徑為 2 英尺的金屬磁碟，可以儲存 5 百萬位元組的資料。

在個人電腦上流行的是較小的單片塗層塑膠，放在由紙板或塑膠製成的保護殼內。這些被稱為**軟碟**（*floppy disks* 或 *diskettes*），開始時直徑為 8 英寸，後來是 5.25 英寸，再來是 3.5 英寸。軟碟可以從磁碟機中移除，這讓它們得以在電腦之間傳輸資料。軟碟也是商業軟體的一個重要分發媒介。除了 3.5 英寸軟碟的小圖示外，軟碟幾乎都已經消失了，它在許多電腦應用程式中成為 Save 圖示而倖存了下來。

某些個人電腦中仍然可以找到包含多個金屬磁碟的**硬碟**（*hard disk*）。硬碟通常比軟碟快，可以儲存更多資料，但磁碟本身無法輕易被取出。

如今，儲存裝置通常以固態硬碟（solid-state drive 或 SSD）的形式建構在電腦（或平板電腦或手機）內，或成為可攜式拇指碟（thumb drive）中的快閃記憶體（fash memory）。

大容量儲存裝置必須容納可能來自電腦上各種來源之不同大小的檔案。為了促進這一點，大容量儲存裝置被劃分為具有一定大小的區域，稱為**扇區**（*sectors*）。軟碟和硬碟的扇區大小通常為 512 位元組。SSD 的扇區大小通常為 512 位元組和 4,096 位元組。

每個檔案都被儲存在一或多個扇區中。如果扇區大小為 512 位元組且檔案小於 512 位元組，則儲存檔案只需要一個扇區，但任何剩餘空間都不能用於其他任何內容。513 位元組的檔案需要兩個扇區。一個大小為 1 百萬位元組的檔案需要 2,048 個扇區。

與特定檔案相關聯的扇區不一定是連續的。它們可以分佈在整個磁碟中。當刪除檔案時，扇區會釋放出來供其他檔案使用。建立新扇區時，將使用可用的扇區，但這些扇區不一定組合在一起。

追蹤所有這些——包括儲存和取回檔案的整個過程——是稱為**作業系統**（*operating system*）之極其重要軟體的領域。

第二十六章

作業系統

至少在我們的想像中，我們終於組裝了一台完整的電腦。這台電腦有一個中央處理單元（central processing unit 或 CPU）、一些隨機存取記憶體（RAM）、一個鍵盤、一個視訊顯示器（其記憶體是 RAM 的一部分）以及某種大容量的儲存裝置。所有硬體都已到位，我們興奮地注視著 on/off 開關，這將為其供電並使其恢復活力。也許這個專案讓你想起了維克多·弗蘭肯斯坦（Victor Frankenstein）所組裝的怪物，或者傑佩托（Geppetto）所建造的木偶（他將被取名為皮諾丘 [Pinocchio]）。

但我們還是缺少一些東西，既不是閃電的力量，也不是對星星的純潔禱告。來吧：打開這台新電腦，告訴我們你看到了什麼。

當螢幕閃爍時，它顯示的是純粹的隨機垃圾。如果你構建了一個圖形介面卡（graphics adapter），則會有許多顏色的點，但沒有任何連貫性。對於純文字的視訊介面卡（video adapter），你會看到隨機的字符。這和我們預期的一樣。半導體記憶體在斷電後會丟失其內容，並在首次通電時以隨機和不可預測的狀態開始。替微處理器構建的所有 RAM 都會包含隨機位元組。於是微處理器開始執行這些隨機位元組，就好像它們是機器碼一樣。這不會導致任何不好的事情發生——例如，電腦不會爆炸——但它也不會有什麼成效。

我們在這裡缺少的是軟體。當微處理器首次被開啟或被重置時，它會開始在特定的記憶體地址執行機器代碼（machine code）。對於 Intel 8080，該地址為 0000h。

在一台設計合理的電腦上，該記憶體地址應該包含一個機器代碼指令（很可能是許多指令中的第一個），當電腦打開時，CPU 將執行該指令。

機器代碼指令是如何出現在那裡的呢？將軟體放入新設計之電腦的過程是該專案中比較令人困惑的部分。一種方法是使用類似於第 19 章中的控制面板（control panel），將位元組寫入隨機存取記憶體，然後讀取它們：

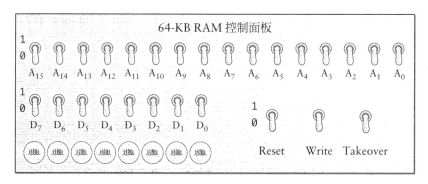

與早期的控制面板不同，這個控制面板有一個標記為 Reset（重置）的開關。Reset 開關連接到 CPU 的 Reset 輸入。只要該開關是打開的（on），微處理器就不會做任何事情。當該開關是關閉的（off），微處理器會開始執行地址 0000h 處的機器代碼。

要使用這個控制面板，請打開 Reset 開關以重置微處理器並阻止它執行機器代碼。打開 Takeover（接管）開關以接管地址匯流排和資料匯流排。此時，你可以使用標記為 A_0 到 A_{15} 的開關來指定一個 16 位元的記憶體地址。標記為 D_0 到 D_7 的燈泡用於顯示該記憶體地址的 8 位元內容。要將一個新的位元組寫入該地址，可在開關 D_0 到 D_7 上設置該位元組，並打開 Write（寫入）開關，然後再關閉它。在你將位元組插入記憶體後，關閉 Takeover 開關和 Reset 開關，微處理器將開始執行程式。

這就是你把第一個「機器代碼程式」鍵入到你剛剛從頭開始建構之電腦中的方式。是的，這實在太費力了。這是不言而喻的。你偶爾會犯一些小錯誤是理所當然的。你的手指會起水泡，你的大腦會變得無法清楚思考，這是一種職業危害。

但是，當你開始使用視訊顯示器來展示你的小程式之結果時，這一切都是值得的。你要編寫的第一段代碼是一個將數字轉換為 ASCII 的小型副常式。例如，如果你編寫了一個程式，執行結果是 4Bh，你不能直接將該值寫入視訊顯示器的記憶體中。在這種情況下，你在螢幕上看到的將是字母 K，因為這是對應於 ASCII 代碼 4Bh 的字母。相反，你需要顯示兩個 ASCII 字符：34h（4 的 ASCII 代碼）和 42h（B 的 ASCII 代碼）。你已經看過了這樣的代碼：第 24 章中之第 432 頁的 ToAscii 常式。

你的首要任務之一可能是擺脫那個可笑的控制面板，這涉及到編寫**鍵盤處理程序**（*keyboard handler*）：這是一個程式，用於讀取從鍵盤鍵入之字符，將其儲存在記憶體中，並將其寫入螢幕。將字符從鍵盤傳輸到螢幕有時稱為**回聲**（*echoing*），它給人一種鍵盤和顯示器之間直接連接的錯覺。

你可能希望將此鍵盤處理程序擴展為可以執行簡單**命令**（*command*）的東西——也就是，對鍵盤處理程序有用的東西。為處理這些命令而編寫的代碼，現在稱為**命令處理程序**（*command processor*）。一開始為了簡單起見，你只決定了三個命令。這三個命令對應於在文字列上鍵入的第一個字母：

- W 代表 Write（寫入）

- D 代表 Display（顯示）

- R 代表 Run（執行）

當你按下 Enter 鍵用以表示你已經完成命令的鍵入時，你的鍵盤處理程序便會執行這些命令。

如果文字列以一個 W 開頭（代表寫入命令），則會將一些位元組寫入記憶體。你在螢幕上鍵入如下的文字列：

```
W 1020 35 4F 78 23 9B AC 67
```

此命令用於指示命令處理程序將 35h、4Fh 等十六進位的位元組寫入從地址 1020h 開始的記憶體中。對於這項工作，鍵盤處理程序需要將 ASCII 代碼轉換成位元組——這與我之前介紹的 `ToAscii` 轉換相反。

如果文字列以 *D* 開頭（代表顯示命令），則會顯示記憶體中的一些位元組。你在螢幕上鍵入如下的文字列：

```
D 1030
```

命令處理程序的回應是，顯示從位置 1030h 開始儲存的位元組。你可以使用顯示命令來檢查記憶體的內容。

如果文字列以 *R* 開頭（代表執行命令），則會執行程式。此時命令看起來像這樣：

```
R 1000
```

此命令的意思是「執行從地址 1000h 開始儲存的程式」。命令處理程序可以在暫存器對 HL 中儲存 1000h，然後執行指令 PCHL，該指令會將暫存器對 HL 中的值載入到程式計數器，有效地跳躍到該地址。

讓這個鍵盤處理程序（keyboard handler）和命令處理程序（command processor）運作是一個重要的里程碑。這樣你就不再需要忍受控制面板的不便了。從鍵盤鍵入資料更容易、更快速、更優雅。

當然，你仍然存在一個問題，就是當你關閉電源時，你鍵入的所有代碼都會消失。因此，你可能希望將所有這些新代碼儲存在唯讀記憶體（read-only memory 或 ROM）中。在早期的微處理器（例如 Intel 8080）中，你可以在家中對 ROM 晶片進行程式設計。可程式化唯讀記憶體（*programmable read-only memory* 或 PROM）晶片只能進行一次程式設計。抹除式可程式化唯讀記憶體（*erasable programmable read-only memory* 或 EPROM）晶片在暴露於紫外線下被完全抹除後，可以進行程式設計和重新程式設計。

這個包含了你的鍵盤處理程序的 ROM 將佔用從 0000h 開始的地址空間，該地址空間以前由 RAM 佔用。當然，RAM 的空間仍然可以被保留下來，但它將佔用記憶體空間中較高的地址。

命令處理程序的建立是一個重要的里程碑，不僅因為它提供了一種更快的方法來將位元組鍵入到記憶體，而且還因為電腦現在是互動式的（*interactive*）。

一旦在 ROM 中具有命令處理程序後，你就可以開始嘗試將資料從記憶體寫入磁碟機並將資料讀回記憶體。將程式和資料儲存在磁碟上比將它們儲存在 RAM 中（如果電源發生故障，它們將會消失）安全得多，並且比將它們儲存在 ROM 中要靈活得多。

最終你可能想給命令處理程序添加一些新命令。例如，*S* 命令可能意味著將一些記憶體內容儲存在一組特定的磁碟扇區中，而 *L* 命令則是將這些磁碟扇區的內容載入到記憶體中。

當然，你必須追蹤哪些磁碟扇區中儲存了什麼。為此，你可能會隨身攜帶筆記本和鉛筆。並且要小心：你不能只是把一些代碼儲存在一個地址，然後將其載入到另一個地址的記憶體中，並期望它正常運作。所有的跳躍和調用指令都將是錯誤的，因為它們指示的是舊地址。此外，你可能有一個比磁碟的扇區尺寸還大的程式，因此

你需要將其儲存在多個扇區中。磁碟上的某些扇區已被其他程式或資料佔用，因此可用來儲存較長程式的空閒扇區，在磁碟上可能不是連續的。

最終，你可能會認為，追蹤磁碟上所有內容的儲存位置所涉及的文書工作太多了。此刻該是使用*檔案系統*（*file system*）的時候了。

檔案系統就是將資料組織成*檔案*（*files*）的軟體。檔案只是佔用磁碟上一或多個扇區之相關資料的集合。最重要的是，每個檔案都有一個*名稱*（*name*），可以幫助你記住檔案所包含的內容。你可以將磁碟想像成一個檔案櫃（file cabinet），其中每個檔案都有一個指示其名稱的小標籤（tab）。

檔案系統（file system）幾乎總是*作業系統*（*operating system*）這個更大軟體集合的一部分。我們在本章中建構的鍵盤處理程序和命令處理程序當然可以演變成作業系統。但是，與其跋涉於漫長的進化過程，不如讓我們看看一個真實的作業系統，感受一下它的功能和工作原理。

歷史上，對 8 位元微處理器來說最重要的作業系統是 CP/M，最初代表 Control Program/Monitor（控制程式／監控程序），但後來更名為 Control Program for Microcomputers（微電腦控制程式）。它是由加里·基爾德爾（Gary Kildall，1942-1994）在 1970 年代中期為 Intel 8080 微處理器編寫的，他後來創立了數位研究公司（Digital Research Incorporated 或 DRI）。

CP/M 儲存在磁碟上，但磁碟的大部分空間可用於儲存你自己的檔案。CP/M 檔案系統相當簡單，但它滿足兩個主要要求：首先，磁碟上的每個檔案都有一個用於識別的名稱，該名稱也儲存在磁碟上。其次，檔案不必佔用磁碟上的連續扇區。經常發生的情況是，隨著不同大小的檔案被建立和刪除，磁碟上的可用空間將變得碎片化（fragmented）。檔案系統在非連續扇區儲存大檔案的能力非常有用。與檔案對應的磁碟扇區表格也儲存在磁碟上。

在 CP/M 下，每個檔案都用一個「由兩部分組成的名稱」（two-part name）來識別。第一部分稱為*檔名*（*filename*），最多可以有八個字符，第二部分稱為*檔案類型*（*file type*）或*副檔名*（*file extension*），最多可包含三個字符。有幾個標準的檔案類型。例如，*TXT* 代表文字檔（即僅包含 ASCII 代碼且可由我們人類讀取的檔案），而 *COM*（*command* 的縮寫）代表包含 8080 機器代碼指令的檔案——就是一個程式。

這種檔案命名慣例（file-naming convention）後來被稱為 8.3（發音為八點三），表示點號之前最多八個字母，點號之後有三個字母。儘管現代的檔案系統已經取消了八個字符和三個字符的限制，但這種命名檔案的一般慣例仍然很常見。

使用 CP/M 的電腦包含了帶有一小段代碼的 ROM，這段代碼稱為*引導載入程序*（*bootstrap loader*），之所以這樣稱呼，是因為該代碼能有效地引導作業系統的其餘部分。引導載入程序會將磁碟中的第一個扇區載入到記憶體中並運行它。此扇區包含將 CP/M 的其餘部分載入到記憶體中的代碼。整個過程稱為*啟動*（*booting*）作業系統，這個術語仍然被廣泛使用著。

CP/M 本身是按層次結構組織的：最底層是基本輸入／輸出系統（Basic Input/Output System 或 BIOS［發音為 *BY-ohss*］）。其中包含了直接存取電腦硬體的代碼，包括讀取和寫入磁碟扇區。每個運行 CP/M 之電腦的製造商都會為其特定的硬體組合提供自己的 BIOS。

下一個層次是基本磁碟作業系統（Basic Disk Operating System 或 BDOS［發音為 *BE-doss*］）。BDOS 的主要功能是將 BIOS 處理的磁碟扇區組織成檔案。

當 CP/M 載入到記憶體中時，它會運行一個名為主控台命令處理器程序（Console Command Processor 或 CCP）的程式，以便在螢幕上顯示一個提示符號：

```
A>
```

在具有多個磁碟機的電腦中，A 指的是第一個磁碟機，CP/M 就是從該磁碟機載入的。提示符號用於提醒你鍵入某些內容並按下 Enter 鍵。大多數命令用於處理檔案，例如列出檔案（`DIR` 代表 directory［目錄］）、刪除檔案（`ERA`）、重命名檔案（`REN`）和顯示內容（`TYPE`）。CP/M 無法識別的名稱會被假定為儲存在磁碟某處的程式。

CP/M 還包含了一組副常式，程式可以使用這些副常式從鍵盤讀取資料、將字符寫入視訊顯示器、將資料保存在磁碟上的檔案中，以及將檔案的內容載入到記憶體中。

在 CP/M 下執行的程式不需要直接存取電腦的硬體，因為 CP/M 的 BDOS 部分會使用 BIOS 部分來存取硬體。這意味著，為 CP/M 編寫的程式可以在運行 CP/M 的任何電腦上執行，而不需要瞭解底層硬體的情況。這是一個被稱為*裝置獨立性*（*device independence*）的原則，此原則對商業軟體的開發至關重要。後來，這類程式被稱為*應用程式*（*applications* 或 apps）。

作業系統提供了一組副常式，稱為「應用程式之程式設計介面」（*application programming interface* 或 API）。在理想情況下，應用程式的程式員只需要瞭解 API，而不需要瞭解 API 的實作方式或它存取的硬體。實際上，有時多瞭解一點知識是有幫助的。

對於電腦的使用者來說，作業系統是使用者介面（*user interface* 或 UI）。對於 CP/M 來說，這是由 CCP 實作的命令列介面（command-line interface 或 CLI）。對程式員來說，作業系統也是 API——即可用於應用程式的一組副常式。

在 CP/M 的情況下，這些副常式在記憶體位置 0005h 處有一個共同的入口點（entry point），並且程式將透過調用該記憶體位置來指定想要使用的副常式：

```
CALL 0005h
```

或簡化成

```
CALL 5
```

這就是所謂的 "Call 5" 介面！

可以透過暫存器 C 的值來指定所要調用的副常式。下面有幾個例子：

C 暫存器	CP/M 的 Call 5 副常式
01h	主控台輸入（從鍵盤讀取一個字符）
02h	主制台輸出（在顯示器上寫入一個字符）
09h	印出字串（顯示一個字符串）
15h	開啟檔案（使用現有的檔案）
16h	關閉檔案（停止使用檔案）
20h	按順序讀取（從檔案中讀取位元組）
21h	按順序寫入（將位元組寫入檔案）
22h	製作檔案（建立一個新檔案）

通常，這些副常式會需要更多資訊。例如，當 C 為 09h 時，暫存器對（register pair）DE 中包含了要寫入顯示器之 ASCII 字符的地址。錢號（＄）用於標記字串的結束。

`CALL` 5 實際上做了什麼？0005h 之記憶體位置被 CP/M 設定為一個跳躍（JMP）指令，該指令會跳躍到 CP/M 之 BDOS 部分中的一個位置，然後檢查 C 暫存器的值並跳躍到相應的副常式。

CP/M 曾經是 8080 的一個非常流行的作業系統，並且仍然具有重要的歷史意義。CP/M 是「西雅圖電腦產品公司」（Seattle Computer Products）的蒂姆·帕特森（Tim Paterson）為 Intel 之 16 位元的 8086 和 8088 晶片所編寫的名為 QDOS（Quick and Dirty Operating System）之 16 位元作業系統的主要影響者。QDOS 最後被更名為 86-DOS，並由微軟公司（Microsoft Corporation）授權。接著在 MS-DOS（Microsoft Disk Operating System，發音為 *em ess dahs*，像德語中的 *das*）的名稱之下，該作業系統被授權給 IBM，用於 1981 年推出的第一台 IBM 個人電腦。雖然 IBM PC 也有一個 16 位元版本的 CP/M（稱為 CP/M-86），但 MS-DOS 很快成為了標準。MS-DOS（在 IBM 的電腦上稱為 PC-DOS）也被授權給其他製造與 IBM PC 相容之電腦的製造商。

顧名思義，MS-DOS 主要是一個磁碟作業系統，就像 1978 年為 Apple II 創建的 Apple DOS 一樣。除了將檔案寫入磁碟並隨後讀取這些檔案的能力外，幾乎沒有提供其他功能。

從理論上講，應用程式應該只能透過作業系統提供的介面來存取電腦的硬體。但 1970 年代和 1980 年代的許多程式員卻經常繞過作業系統，特別是在處理視訊顯示器的時候。直接將位元組寫入視訊顯示器之記憶體的程式比不寫入視訊顯示器之記憶體的程式運行得更快。事實上，對於某些應用程式（例如，需要在視訊顯示器上顯示圖形的應用程式），作業系統完全不夠用。許多程式員最喜歡這些早期作業系統的一點是，它們「置身事外」，讓程式員編寫的程式在硬體允許的範圍內運行得最快。

家用電腦與其更大、更貴之表親大不相同的第一個跡象可能是應用程式 VisiCalc。VisiCalc 由丹·布里克林（Dan Bricklin，生於 1951 年）和鮑勃·弗蘭克斯頓（Bob Frankston，生於 1949 年）設計和編寫，並於 1979 年推出 Apple II 版本，它利用螢幕為使用者提供試算表（spreadsheet）的二維視圖。在 VisiCalc 之前，試算表是一張很寬的紙，上面有列和行，通常用於進行一系列計算。VisiCalc 用視訊顯示器取代了紙張，允許使用者在試算表中移動，輸入數字和公式，並在更改後重新計算所有內容。

VisiCalc 的驚人之處在於，它是一個**無法重現在大型電腦上**的應用程式。像 VisiCalc 這樣的程式需要非常快速地更新螢幕。因此，它會直接寫入 Apple II 之視訊顯示器的隨機存取記憶體。此記憶體是微處理器地址空間的一部分。這不是大型電腦的設計或運作方式。

電腦回應鍵盤和改變視訊顯示的速度越快，使用者和電腦之間的潛在互動就越緊密。在個人電腦的第一個十年（直到 1980 年代）編寫的大多數軟體會直接寫入視訊顯示器記憶體。由於 IBM 制定了其他電腦製造商遵守的硬體標準，軟體製造商可以繞過作業系統並直接使用硬體，而不必擔心他們的程式無法在某些機器上正常運行（或根本無法運行）。如果所有 PC 相容機器都有不同的視訊顯示器硬體介面，那麼軟體製造商就很難適應所有不同的設計。

但隨著應用程式的激增，問題開始浮出水面。最成功的應用程式佔據了整個螢幕，並實作了基於鍵盤的複雜 UI。但每個應用程式對 UI 都有自己的想法，這意味著在一個應用程式中學到的技能無法用於其他應用程式。程式也不能很好地共存。從一個程式移動到另一個程式，通常需要結束正在運行的程式並啟動下一個程式。

帕羅奧圖研究中心（Palo Alto Research Center 或 PARC）多年來一直對個人電腦的使用有著截然不同的看法，該中心由 Xerox 公司於 1970 年創立，部分原因是為了幫忙開發出使該公司能夠進入電腦行業的產品。

PARC 的第一個大型專案是 Alto，該專案設計和建構於 1972 年和 1973 年。按照當時的標準，這是一件令人印象深刻的作品。落地式系統單元具有 16 位元處理能力、兩個 3 MB 的磁碟機和 128 KB 的記憶體（可擴展到 512 KB）。Alto 出現在 16 位元單晶片微處理器之前，因此該處理器必須建構自大約 200 個積體電路。

視訊顯示器是 Alto 幾個不尋常的方面之一。螢幕的尺寸和形狀與一張紙（8 英寸寬，10 英寸高）差不多。它以水平 606 像素、垂直 808 像素（總計 489,648 像素）的圖形模式運行。每個像素都有一個專用的記憶體位元，這意味著每個像素不是黑色就是白色。專用於視訊顯示器的記憶體總量為 64 KB，這是處理器之地址空間的一部分。

透過向此視訊顯示器記憶體寫入內容，軟體可以在螢幕上繪製圖片或以不同的字體和大小顯示文字。螢幕不再只是以視訊顯示器來回顯（echo）鍵盤鍵入的文字，而是變成一個二維的高密度資訊陣列和一個更直接的使用者輸入源。

Alto 還包含一個叫做滑鼠（*mouse*）的小裝置，它可以在桌子上滾動並包含三個按鈕。這是工程師兼發明家道格拉斯・恩格爾巴特（Douglas Engelbart，1925-2013）在桑福德研究中心（Stanford Research Center）的一項發明。透過在桌面上滾動滑鼠，Alto 的使用者可以將指標放在螢幕上並與螢幕上的物件互動。

在 1970 年代的剩餘時間裡，為 Alto 編寫的程式發展出了一些非常有趣的特徵。多個程式被放入視窗並同時顯示在同一螢幕上。Alto 的視訊圖形使軟體超越了文字，真正反映了使用者的想像力。圖形物件（例如按鈕［buttons］和選單［menus］以及稱為圖示［*icons*］的小圖片）成為使用者介面的一部分。滑鼠用於選擇視窗或觸發圖形物件以執行程式功能。

這是一個超越了使用者介面而與使用者親密接觸的軟體，這個軟體促使電腦擴展到簡單的數字運算之外的領域，這個軟體的設計是 —— 引用道格拉斯・恩格爾巴特（Douglas Engelbart）在 1963 年撰寫的一篇論文之標題 ——「為了增強人類的智力」。

Alto 是圖形使用者介面（*graphical user interface* 或 GUI［通常發音為 *gooey*]）的開端，許多開創性的概念工作都歸功於艾倫・凱（Alan Kay，生於 1940 年）。但是 Xerox 並沒有賣掉 Alto（如果有的話，售價將超過 30,000 美元），十多年後，Alto 的理念才體現在一款成功的消費產品中。

1979 年，史蒂夫・賈伯斯（Steve Jobs）和蘋果電腦公司（Apple Computer）的一個代表團參觀了 PARC 公司，並對他們的所見所聞印象深刻。但他們花了三年多的時間才推出了具有圖形介面的電腦。這就是 1983 年 1 月命運多舛的 Apple Lisa。然而，一年後，蘋果電腦公司推出了更為成功的 Macintosh。

最初的 Macintosh 有一顆 Motorola 68000 微處理器、包含作業系統的 64 KB ROM、128 KB 的 RAM、一個 3.5 英寸的軟碟機（每張軟碟 400 KB）、一個鍵盤、一個滑鼠和一個水平 512 像素、垂直 342 像素的視訊顯示器（顯示器本身的對角線長度僅為 9 英寸）。總共有 175,104 像素。每個像素與對應到記憶體的 1 位元，不是黑色就是白色，因此視訊顯示器的 RAM 需要大約 22 KB。

最初 Macintosh 的硬體很優雅，但幾乎沒有革命性的變化。使 Mac 與 1984 年的其他電腦如此不同的是 Macintosh 作業系統，當時它通常被稱為**系統軟體**（*system software*），後來稱為 *Mac OS*，目前稱為 *macOS*。

一個基於文字的單使用者作業系統（例如 CP/M 或 MS-DOS 或 Apple DOS）並不是很大，而且大多數 API 都支援檔案系統。但是，像 *macOS* 這樣的圖形作業系統則要大得多，並且具有數百個 API 函式。它們中的每一個都由一個描述函式功能的名稱來識別。

雖然基於文字的作業系統（例如 MS-DOS）提供了幾個簡單的 API 函式，讓應用程式以電傳打字機（teletypewriter）的方式在螢幕上顯示文字，但圖形作業系統（例如 *macOS*）必須為程式提供一種在螢幕上顯示圖形的方法。理論上，這可以透過實作單一 API 函式來達成，該函式允許應用程式在特定水平和垂直座標上設置像素的顏色。但事實證明，這是不必要的，並會導致圖形變得非常慢。

若作業系統能夠提供完整的圖形程式設計系統則更有意義，這意味著作業系統中包括繪製線條、矩形和曲線以及文字的 API 函式。線條可以是實線，也可以由虛線或點組成。矩形和橢圓可以填充各種圖案。文字可以用各種字體和大小顯示，並具有粗體和底線等效果。圖形系統負責確定如何將這些圖形物件呈現為顯示器上之點的集合。

在圖形作業系統下運行的程式，使用相同的 API 在電腦的視訊顯示器和印表機上繪製圖形。因此，文字處理應用程式可以在螢幕上顯示文件，使其看起來與後來列印的文件非常相似，這一功能稱為 WYSIWYG（發音為 *wizzy wig*）。WYSIWYG 是 "What you see is what you get"（所見即所得）的首字母縮寫，這是喜劇演員富勒普·威爾森（Flip Wilson）在他的 Geraldine 角色中對電腦術語的貢獻。

圖形使用者介面的部分吸引力在於，不同的應用程式具有相似的 UI 以及使用者體驗。這意味著，作業系統還必須支援 API 函式，讓應用程式得以實作使用者介面的各種元件，例如按鈕和選單。雖然 GUI 通常被視為使用者的一個簡單環境，但對程式員來說，它也是一個更好的環境。程式員可以在不重新發明輪子的情況下，實作出現代的使用者介面。

甚至在 Macintosh 推出之前，一些公司已經開始為 IBM PC 和相容產品創建圖形作業系統。從某種意義上說，蘋果公司之開發人員的工作更容易，因為他們的硬體和軟體是一起設計的。Macintosh 系統軟體只需支援一種軟碟、一種視訊顯示器以及兩種印表機。然而，為 PC 實作圖形作業系統卻需要支援多種不同的硬體。

此外，儘管 IBM PC 在 1981 年推出，但許多人已經習慣於使用他們最喜歡的 MS-DOS 應用程式，並且不準備放棄它們。人們認為 PC 的圖形作業系統非常重要，它可以運行 MS-DOS 應用程式以及專門為新作業系統設計的應用程式（Macintosh 無法運行 Apple II 軟體，主要是因為它使用了了不同的微處理器）。

1985 年，Digital Research（CP/M 背後的公司）推出了 GEM（圖形環境管理器），VisiCorp（行銷 VisiCalc 的公司）推出了 VisiOn，微軟發布了 Windows 1.0 版，該版本很快被認為是「Windows 大戰」的可能贏家。但直到 1990 年 5 月發布 Windows 3.0 之後，Windows 才開始吸引大量使用者，最終成為桌上型和筆記型電腦的主要作業系統。儘管 Macintosh 和 Windows 的外觀非常相似，但這兩個系統的 API 完全不同。

然而，手機和平板電腦是另一回事。儘管手機、平板電腦和個人電腦的圖形介面有許多相似之處，但這些 API 也有不同之處。目前，手機和平板電腦市場由 Google 和 Apple 創建的作業系統所主導。

雖然對大多數電腦使用者來說不是很明顯，但作業系統 UNIX 的遺產和影響仍然很強大。UNIX 是在 1970 年代初期在貝爾電話實驗室（Bell Telephone Laboratories）誕生的，主要的開發者是 Ken Thompson（生於 1943 年）和 Dennis Ritchie（1941-2011），他們也是電腦行業中的佼佼者。這個作業系統的有趣名稱是在玩文字遊戲：UNIX 的原型是 UNICS（代表 Uniplexed Information and Computing Service），取名 UNICS 是要有別於 Multics（代表 Multiplexed Information and Computing Services），因為 UNICS 簡單，而 Multics 複雜 ——Multics 由貝爾實驗室（Bell Labs）與麻省理工學院（MIT）和奇異公司（GE）共同開發，但後來貝爾實驗室退出 Multics 計劃並發展出 UNIX。

在死硬派的（hardcore）電腦程式員中，UNIX 是有史以來最受歡迎的作業系統。雖然大多數作業系統都是為特定的電腦編寫的，但 UNIX 被設計成具**可移植性**，這意味著它可以被調整為在各種電腦上運行。

在 UNIX 開發時，貝爾實驗室（Bell Labs）是美國電話電報公司（American Telephone & Telegraph 或 AT&T）的子公司，因此受到法院法令的約束，旨在遏制 AT&T 在電話行業的壟斷地位。最初，AT&T 被禁止行銷 UNIX；該公司被迫向其他公司授權。因此，從 1973 年開始，UNIX 被廣泛授權給大學、公司和政府。1983 年，AT&T 被允許重返電腦行業並發布了自己的 UNIX 版本。

結果，沒有單一版本的 UNIX。相反，各種不同版本的 UNIX，以不同的名稱在不同的電腦上運行，由不同的供應商銷售。許多人曾涉足 UNIX，留下了他們的痕跡和貢獻。然而，流行的 "UNIX 哲學" 似乎在引導人們向 UNIX 添加組件。這種哲學的一部分是以文字檔為共同要素。許多小型的 UNIX 命令列程式（稱為公用程式）會讀取文字檔，對它們進行處理，然後寫入另一個文字檔。UNIX 公用程式可以串在一起，對這些文字檔進行不同類型的處理。

近年來 UNIX 最有趣的發展是自由軟體基金會（Free Software Foundation 或 FSF）和 GNU 專案，兩者都是理查德·斯托曼（Richard Stallman，生於 1953 年）創立的。GNU（發音不像動物 gnu［牛羚］，而是在開頭有一個明顯的 G）代表 "GNU's Not UNIX"（GNU 不是 UNIX），當然，它不是。相反，GNU 旨在與 UNIX 相容，但以一種防止軟體成為專利的方式發布。GNU 專案促成了許多與 UNIX 相容之公用程式和工具的產生，以及 Linux，這是一個與 UNIX 相容之作業系統的內核（core）或核心（*kernel*）。

Linux 主要由芬蘭程式員（Finnish programmer）萊納斯·托沃茲（Linus Torvalds，生於 1969 年）編寫，近年來變得非常流行。Android 作業系統便基於 Linux 核心，大型超級電腦完全使用 Linux，而且 Linux 在網際網路伺服器上也很常見。

但網際網路（internet）是本書最後一章的主題。

第二十七章

撰碼

所有的電腦都會執行機器代碼（machine code），但是用機器代碼來進行程式設計就像用牙籤吃飯一樣。咬得那麼小口，過程又費力，以至於晚餐需要花很長時間。同樣，機器代碼的位元組所執行的是最小和最簡單的計算任務——將一個數字從記憶體載入到處理器，將它與另一個數字相加，將結果存回記憶體——因此很難想像它們如何為一整頓飯做出貢獻。

我們至少已經從上一章開頭的原始時代（primitive era）取得了進展，當時我們使用控制面板上的開關將二進位數字鍵入記憶體。在該章中，我們發現我們可以編寫簡單的程式，讓我們使用鍵盤和視訊顯示器來鍵入和檢查機器代碼的十六進位位元組。這當然更好，但這並不是最好的改進。

如你所知，機器代碼的位元組與某些簡短的助記符（mnemonics）相關聯，例如MOV、ADD、JMP 和 HLT，讓我們可以用類似於英語的東西來引用機器代碼。這些助記符通常與運算元一起編寫，進一步指出機器代碼指令的作用。例如，8080 的機器代碼位元組 46h，可使微處理器將儲存在暫存器對 HL 中的 16 位元值所引用之記憶體地址處的位元組移入暫存器 B 中。這可以更簡潔地寫成

    MOV B,M

其中 M 代表 memory（記憶體）。這些助記符（具有一些附加功能）的總集合是一種稱為 組合語言（*assembly language*）的程式語言。用組合語言編寫程式比用機器碼編寫程式要容易得多。唯一的問題是 CPU 不能直接瞭解組合語言！

在使用這種原始電腦的早期,你可能會花費大量時間在紙上編寫組合語言程式。只有當你確信自己擁有了可運行的東西,你才會手工組譯(*hand-assemble*)它,這意味著你會使用圖表或其他參考資料,手工將組合語言的陳述轉換為機器代碼位元組,然後將它們鍵入記憶體。

讓手工組譯如此困難是因為有跳躍(jumps)和調用(calls)。要手工組譯 JMP 或 CALL 指令,你必須知道目標(destination)的確切二進位地址,而這取決於所有其他機器代碼指令是否就位(in place)。最好讓電腦幫你進行這種轉換。但要如何做呢?

你可以先編寫一個文字編輯器(*text editor*),這是一個讓你得以鍵入文字列(lines of text)並將它們保存為檔案的程式(不幸的是,你必須手工組譯此程式)。然後,你可以建立包含組合語言指令的文字檔。你還需要手工組譯另一個程式,稱為組譯器(*assembler*)。這個程式將會讀取包含組合語言指令的文字檔,並將這些指令轉換為機器代碼,這些機器代碼將保存在另一個檔案中。然後可以將該檔案的內容載入到記憶體中執行。

如果你在 8080 電腦上運行 CP/M 作業系統,則大部分的工作已經為你完成了。你已經擁有所需的所有工具。文字編輯器名為 ED.COM,讓你得以建立和修改文字檔(簡單的現代文字編輯器包括 Windows 所提供的 Notepad,以及 Apple 電腦上 macOS 所提供的 TextEdit)。假設你建立了一個名為 PROGRAM1.ASM 的文字檔。ASM 檔案類型指出此檔案中包含了組合語言程式。該檔案看起來可能如下所示:

```
        ORG 0100h
        LXI DE,Text
        MVI C,9
        CALL 5
        RET
  Text: DB 'Hello!$'
        END
```

這個檔案有幾個我們以前從未見過的陳述(statement)。第一個是 ORG(代表 *Origin* [開始])陳述。此陳述並非 8080 指令。相反,它表示下一個陳述的地址從地址 0100h 開始,這是 CP/M 將程式載入到記憶體中的地址。

下一個陳述是 LXI(代表 *Load Extended Immediate*)指令,它會將一個 16 位元值載入到暫存器對 DE 中。但我的 CPU 並未實作這個 Intel 8080 指令。就此例而言,該

16 位元值是透過 Text 標籤給出的。該標籤位於程式底部附近的 DB（代表 *Data Byte*〔資料位元組〕）陳述前面，這是我們以前從未見過的東西。DB 陳述後面可以跟著幾個用逗號隔開的位元組，或者（就像我在這裡所做的那樣）用單引號括起來的文字。

MVI（代表 *Move Immediate*〔立即移入〕）陳述會將值 9 移入暫存器 C 中。CALL 5 陳述會調用 CP/M 作業系統，而作業系統會查看暫存器 C 中的值並跳躍到相應的函式。該函式會顯示一個字符串，該字符串始於 DE 暫存器所給出的地址，終於美元符號（注意，程式最後一列中的文字以美元符號結束。使用美元符號來表示字串的結尾是很奇怪的，但這碰巧就是 CP/M 的工作方式）。最後的 RET 陳述用於結束程式並將控制權交回給 CP/M（這實際上是結束 CP/M 程式的幾種方法之一）。END 陳述用於指出組合語言的結束。

所以現在你有一個包含七列文字的文字檔。下一步是組譯它。CP/M 包含了一個名為 ASM.COM 的程式，它是 CP/M 組譯器（*assembler*）。你可以從 CP/M 的命令列來執行 ASM.COM，如下所示：

```
ASM PROGRAM1.ASM
```

ASM 程式會檢查檔案 PROGRAM1.ASM 並建立一個名為 PROGRAM1.COM 的新檔案，該檔案中包含與我們編寫之組合語言陳述相對應的機器代碼（實際上，在這個過程中還有另一個步驟，但在對所發生事情的描述中，這並不重要）。

PROGRAM1.COM 檔案中包含以下 16 個位元組：

```
11 09 01 0E 09 CD 05 00 C9 48 65 6C 6C 6F 21 24
```

前 3 個位元組是 LXI 指令，接下來的 2 個是 MVI 指令，接下來的 3 個是 CALL 指令，接下來是 RET 指令。最後 7 個位元組是「Hello」的五個字母、驚嘆號和美元符號的 ASCII 字符。然後，你可以從 CP/M 命令列執行 PROGRAM1 程式：

```
PROGRAM1
```

作業系統會將該程式載入到記憶體中並執行。而出現在螢幕上的將是照樣的問候語

```
Hello!
```

像 ASM.COM 這樣的組譯器，會讀取組合語言程式（通常稱為原始碼檔案），並寫出到包含機器代碼的檔案——成為一個可執行的（*executable*）檔案。從宏觀層面上

看，組譯器是相當簡單的程式，因為組合語言助記符和機器代碼之間存在一對一的對應關係。組譯器的工作原理是將每列文字分成助記符和引數，然後將這些小單字和字母與組譯器維護的所有可能之助記符和引數的清單進行比較。這是一個稱為解析（*parsing*）的過程，它涉及到大量的 CMP 指令，然後是條件跳躍。這些比較揭示了與每個陳述對應的機器代碼指令。

PROGRAM1.COM 檔中包含的位元組串（string of bytes）以 11h 開頭，這是 LXI 指令。後面是位元組 09h 和 01h，它們構成了 16 位元地址 0109h。組譯器會為你計算出以下地址：如果 LXI 指令本身位於 0100h（就像 CP/M 將程式載入到記憶體中運行時一樣），則地址 0109h 是文字串（text string）開始的位置。通常，使用組譯器的程式員不需要擔心與程式的不同部分相關的特定地址。

當然，第一個編寫「第一個組譯器」（first assembler）的人必須手工組譯（hand-assemble）程式。為同一台電腦編寫新的（可能是經改進之）組譯器的人，可以用組合語言來編寫它，然後使用「第一個組譯器」來組譯它。一旦組譯好了新的組譯器，就可以用新的組譯器來組譯自己。

每次開發新的微處理器時，都需要一個新的組譯器。然而，新的組譯器可以先使用現有電腦的組譯器，在現有電腦上編寫。這稱為交叉組譯器（*cross-assembler*）。組譯器在電腦 A 上運行，但所建立的代碼在電腦 B 上運行。

組譯器消除了組合語言程式中創造性較差的方面（手工組譯部分），但組合語言仍然存在兩個主要問題。你可能已經猜到，第一個問題是，用組合語言進行程式設計可能非常乏味。你是在 CPU 的層面上工作，你必須擔心每一件小事。

第二個問題是，組合語言是不可移植的。如果你為 Intel 8080 編寫組合語言程式，它將無法在 Motorola 6800 上執行。你必須使用 6800 組合語言重寫該程式。這可能不會像編寫原始程式那樣困難，因為你已經解決了主要的組織和演算法問題。但這仍然有很多工作要做。

電腦所做的大部分工作是數學計算，但用組合語言進行數學運算的方式既笨拙又彆扭。最好使用歷史悠久的代數符號來表示數學運算，例如：

```
Angle = 27.5
Hypotenuse = 125.2
Height = Hypotenuse × Sine(Angle)
```

如果這段文字實際上是電腦程式的一部分，那麼這三列中的每一列都將被稱為一個陳述（*statement*）。在程式設計中，就像在代數中一樣，Angle（角度）、Hypotenuse（斜邊）和 Height（高度）等名稱叫做變數（*variables*），因為它們可以設置為不同的值。等號代表賦值（*assignment*）：變數 Angle 的值被設置為 27.5，Hypotenuse 被設置為 125.2。Sine 是一個函數（*function*）。某處有一些代碼，用於計算所給定角度的三角正弦值（trigonometric sine）並傳回結果。

還要記住，這些數字並非組合語言中常見的整數；這些是帶有小數點（decimal points）和小數部分（fractional parts）的數字。在計算的術語中，它們被稱為浮點數（*foating-point* numbers）。

如果這樣的陳述出現在文字檔中，應該可以編寫一個組合語言程式來讀取文字檔，並將代數運算式（algebraic expressions）轉換為機器代碼來進行計算。嗯，為什麼不呢？

你在這裡即將建立的東西稱為高階程式語言（*high-level programming language*）。組合語言被認為是一種低階語言（*low-level* language），因為它非常接近電腦的硬體。儘管術語「高階」（*high-level*）用於描述組合語言以外的任何程式設計語言，但有些語言比其他語言更高階。如果你是一家公司的總裁，你可以坐在電腦前打字（或者更好的是，把你的腳放在桌子上並口述）「計算今年的所有盈虧，寫一份年度報告，列印幾千份，然後寄給我們所有的股東」，你會使用一種非常高階的語言工作！在現實世界中，程式設計語言並沒有達到這個理想。

人類語言是數千年來複雜的影響、隨機變化和適應的結果。即使是像世界語（Esperanto）這樣的人工語言也暴露了它們在真實語言中的起源。然而，高階電腦語言是更深思熟慮的概念。發明程式設計語言的挑戰，對某些人來說非常有吸引力，因為這種語言定義了人向電腦傳達指令的方式。當我撰寫本書的第一版時，我發現 1993 年的估計是，自 1950 年代初期以來，已經發明和實現了 1000 多種高階語言。截至 2021 年底，一個名為「程式設計語言線上歷史百科全書」（Online Historical Encyclopedia of Programming Languages；http://hopl.info/）的網站則認為總數為 8,945 種。

當然，僅僅定義一種高階語言是不夠的，這涉及開發一種語法來表達你想用該語言做的所有事情。你還必須編寫一個編譯器（*compiler*），它會將高階語言的陳述轉換為機器代碼。與組合程式一樣，編譯器必須逐字符（character by character）讀取原

始程式碼檔案，並將其分解為簡短的單字、符號和數字。但是，編譯器比組譯器複雜得多。組譯器在某種程度上被簡化了，因為組合語言陳述和機器代碼之間是一對一的對應關係。編譯器通常必須將高階語言的單一陳述翻譯成許多機器代碼指令。編譯器不容易編寫。編譯器的設計和構建需要一本書的篇幅來講解。

高階語言有優點也有缺點。一個主要的優點是，高階語言通常比組合語言更容易學習和編寫。用高階語言編寫的程式通常更清晰、更簡潔。高階語言通常是可移植的，也就是說，它們不像組合語言那樣依賴於特定的處理器。它們讓程式員得以在不瞭解運行程式的機器之底層結構的情況下工作。當然，如果你需要在多個處理器上運行程式，你將需要使用能夠為這些處理器產生機器代碼的編譯器。實際的可執行檔仍然是因 CPU 而異。

另一方面，一個優秀的組合語言程式員，通常可以寫出比編譯器更快、更有效的代碼。這意味著，用高階語言編寫之程式所產生的可執行檔，將比用組合語言編寫之功能相同的程式更大、更慢（然而，近年來，隨著微處理器變得越來越複雜，編譯器在優化代碼方面也變得更加複雜，這一點已經變得不那麼明顯了）。

雖然高階語言通常會讓處理器更易於使用，但並沒有讓它更強大。某些高階語言不支援 CPU 上常見的運算，例如位元移位（bit shifting）和位元測試（bit testing）。使用高階語言時，這些任務可能會更加困難。

在早期的家用電腦中，大多數應用程式都是用組合語言編寫的。然而，如今除非特殊用途，已經很少使用組合語言了。隨著硬體被添加到實作了流水線（pipelining——同時逐步執行多個指令代碼）的處理器中，組合語言變得更加棘手和困難。與此同時，編譯器也變得更加複雜。當今電腦上更大的儲存和記憶體容量，也在這一趨勢中發揮了作用：程式員不再覺得有必要建立在少量記憶體上執行的代碼和在小型軟碟上執行的代碼。

早期電腦的設計者試圖用代數符號來提出問題，但第一個真正可行的編譯器（working compiler）通常被認為是算術語言版本 0（Arithmetic Language version 0 或 A-0），由葛麗絲·穆雷·霍普（Grace Murray Hopper，1906-1992）於 1952 年在雷明頓蘭德公司（Remington-Rand）為 UNIVAC 創建的。霍普博士還創造了「編譯器」（compiler）一詞。1944 年，當她為霍華德·艾肯（Howard Aiken）在 Mark I 上工作時，她很早就開始使用電腦。在她八十多歲的時候，她仍在電腦業工作，為迪吉多公司（Digital Equipment Corporation 或 DEC）做公關。

今天仍在使用之最古老的高階語言（儘管經過多年的廣泛修訂）是 FORTRAN。許多早期的電腦語言名稱都是大寫的，因為它們是各種的首字母縮寫。FORTRAN 是 FORmula 的前三個字母和 TRANslation 的前四個字母之組合。它是 IBM 在 1950 年代中期為 704 系列電腦開發的。多年來，FORTRAN 一直被認為是科學家和工程師的首選語言。它具有非常廣泛的浮點支援，甚至支援複數，即實數和虛數的組合。

COBOL（代表 COmmon Business Oriented Language）是另一種仍在使用的古老程式設計語言，主要用於金融機構。COBOL 由美國工業和美國國防部的代表組成之委員會從 1959 年開始創建，但它受到葛麗絲·霍普（Grace Hopper）早期編譯器的影響。在某種程度上，COBOL 的設計是為了讓管理人員雖然可能不做實際的撰碼工作，但至少可以閱讀程式碼並檢查它是否在做它應該做的事情（然而，在現實生活中，這種情況很少發生）。

ALGOL 是一種極具影響力的程式設計語言，但至今沒有被使用（除了可能被業餘愛好者使用）。ALGOL 代表 ALGOrithmic Language，但 ALGOL 也與英仙座中第二亮的恆星同名。ALGOL 最初由一個國際委員會於 1957 年和 1958 年設計，它是過去半個世紀中許多流行之通用語言的直系祖先。它開創了一個最終被稱為結構化程式設計（*structured programming*）的概念。即使在今天，有時人們也會提到「類似 ALGOL」（ALGOL-like）的程式設計語言。

ALGOL 建立了現在幾乎所有程式設計語言通用的程式設計結構。這些都與某些關鍵字相關聯，這些關鍵字是程式設計語言中用來表示特定運算的單字。多個陳述被組合成區塊（*blocks*），在特定條件下執行或以特定的迭代次數執行。

if 陳述會根據邏輯條件執行一道陳述（statement）或陳述區塊（block of statements）——例如，如果變數 height 小於 55。for 陳述會多次執行一道陳述或陳述區塊，通常基於變數的遞增。陣列（*array*）是同類型值（例如，城市名稱）的集合。程式被組織成區塊和函式。

雖然 FORTRAN、COBOL 和 ALGOL 的版本已經可以用於家用電腦，但它們對小型機器的影響都沒有 BASIC 那麼大。

BASIC（代表 Beginner's All-purpose Symbolic Instruction Code）由達特茅斯數學系（Dartmouth Mathematics department）的約翰·柯梅尼（John Kemeny）和托馬斯·庫爾茨（Thomas Kurtz）於 1964 年針對達特茅斯的分時系統（Dartmouth's time-sharing system）開發的。達特茅斯學院的大多數學生都不是數學或工程專業的學生，因此不能指望他們能應付電腦的複雜性和不同的程式語法。坐在終端前的達特茅斯學生可以透過簡單地鍵入前面帶有數字的 BASIC 陳述來建立 BASIC 程式。這個數字表示程式中陳述的順序。最早出版之 BASIC 說明手冊中的第一個 BASIC 程式是

```
10 LET X = (7 + 8) / 3
20 PRINT X
30 END
```

BASIC 的許多後續實作都是以解釋器（*interpreter*）而不是編譯器（*compiler*）的形式出現的。編譯器會讀取原始程式碼檔案並建立機器代碼的可執行檔，而解釋器會讀取原始程式碼並直接執行它，而無須建立可執行檔。解釋器比編譯器更容易編寫，但經解釋之程式的執行時間往往比經編譯之程式慢。在家用電腦上，BASIC 起步較早，1975 年，比爾・蓋茨（Bill Gates，生於 1955 年）和保羅・艾倫（Paul Allen，生於 1953 年）為 Altair 8800 編寫了一個 BASIC 解釋器，並啟動了他們的公司——微軟公司（Microsoft Corporation）。

Pascal 程式設計語言從 ALGOL 繼承了大部分結構，但包含了 COBOL 的特性。Pascal 是在 1960 年代後期由瑞士電腦科學教授尼克勞斯・沃思（Niklaus Wirth，生於 1934 年）設計的。它非常受早期 IBM PC 程式員的歡迎，但形式非常特殊：產品 Turbo Pascal，由 Borland International 於 1983 年推出，價格僅為 49.95 美元。Turbo Pascal 由丹麥學生安德斯・海爾斯堡（Anders Hejlsberg，生於 1960 年）編寫，並帶有整合開發環境（*integrated development environment* 或 IDE）。文字編輯器和編譯器組合在一個程式中，有助於快速進行程式設計。整合開發環境在大型主機上很受歡迎，但 Turbo Pascal 預示著它們在小型機器上的到來。

Pascal 也對 Ada 產生了重大的影響，Ada 是一種為美國國防部開發的語言。該語言以奧古斯塔・阿達・拜倫（Augusta Ada Byron）的名字命名，第 15 章中他曾以查爾斯・巴貝奇分析機（Charles Babbage's Analytical Engine）的編年史家出現。

然後是 C，一種廣受喜愛的程式設計語言，主要由貝爾電話實驗室（Bell Telephone Laboratories）的丹尼斯・里奇（Dennis M. Ritchie）於 1969 年至 1973 年間所創建。人們經常會問為什麼該語言被稱為 C。簡單的答案是，它源自一種名為 B 的早期語言，B 是 BCPL（代表 Basic CPL）的簡化版本，而 BCPL 源自 CPL（代表 Combined Programming Language）。

大多數程式設計語言都試圖消除組合語言的殘餘物，例如記憶體地址。但 C 沒有。C 包含了一個稱為指標（*pointer*）的功能，它基本上是一個記憶體地址。指標對於知道如何使用它們的程式員來說非常方便，但對幾乎所有其他人來說都是危險的。由於指標能夠覆蓋重要的記憶體區域，因此它們是錯誤的常見來源。程式員艾倫·霍爾布（Alan I. Holub）寫了一本關於 C 語言的書，名為《*Enough Rope to Shoot Yourself in the Foot*》。

C 語言成為一系列語言的祖父，這些語言比 C 語言更安全，並增加了處理**物件**（*object*）的工具，物件是以非常結構化的方式組合代碼和資料的程式設計實體（programming entities）。這些語言中最著名的是 C++，由丹麥電腦科學家比雅尼·史特勞斯特魯普（Bjarne Stroustrup，生於 1950 年）於 1985 年創建；Java，由詹姆斯·高斯林（James Gosling，生於 1955 年）於 1995 年在甲骨文公司（Oracle Corporation）設計；C#，最初由微軟的安德斯·海爾斯堡（Anders Hejlsberg）於 2000 年設計。在撰寫本文當時，使用最多的程式設計語言之一，是另一種受 C 語言影響的語言，名為 Python，最初由荷蘭程式員吉多·范羅蘇姆（Guido von Rossum，生於 1956 年）於 1991 年設計。但是，如果你在 2030 年代或 2040 年代閱讀這本書，你可能會對那些甚至還沒有發明的語言感到熟悉！

不同的高階程式設計語言迫使程式員以不同的方式思考。例如，一些較新的程式設計語言專注於操作函數而非變數。這些被稱為**函數式**程式設計語言（*functional* programming languages），對於習慣於使用傳統**程序式**語言（*procedural* languages）的程式員來說，它們最初看起來很奇怪。然而，它們提供了替代解決方案，可以激勵程式員完全重新調整他們解決問題的方式。但是，無論使用哪種語言，CPU 執行的仍然是相同的舊機器代碼。

然而，有一些方法可以讓軟體順利克服各種 CPU 及其原生機器代碼之間的差異。軟體可以模擬各種 CPU，讓人們可以在現代電腦上運行舊的軟體和古老的電腦遊戲（這並不是什麼新鮮事：當比爾·蓋茨和保羅·艾倫決定為 Altair 8800 編寫 BASIC 解釋器時，他們在哈佛大學的 DEC PDP-10 大型電腦上編寫的 Intel 8080 模擬器程式上對其進行了測試）。Java 和 C# 程式可以被編譯成類似機器代碼的中間代碼，然後在程式執行時轉換為機器代碼。一個名為 LLVM 的專案，旨在任何高階程式設計語言和 CPU 實作的任何指令集之間提供虛擬連結（virtual link）。

這就是軟體的神奇之處。憑藉充足的記憶體和速度，任何數位電腦都可以做任何其他數位電腦所能做的任何事情。這就是艾倫‧圖靈（Alan Turing）在 1930 年代關於可計算性工作的含義。

然而，圖靈還證明了，某些演算法問題將永遠無法透過數位電腦來解決，其中一個問題具有驚人的影響：你無法編寫一個電腦程式來確定另一個電腦程式是否正常工作！這意味著我們永遠無法保證我們的程式正在按照其應有的方式運行。

這是一個發人深省的想法，這就是為什麼廣泛的測試和除錯是軟體開發過程中如此重要的一部分。

最成功之受 C 語言影響的語言之一是 JavaScript，最初由布倫丹‧艾奇（Brendan Eich，生於 1961 年）在 Netscape 設計，並於 1995 年首次出現。JavaScript 是網頁用來提供互動功能的語言，這些功能超越了由 HTML（超文字標記語言）所管理之文字和點陣圖的簡單呈現。在撰寫本文當時，排名前 1000 萬個網站中，幾乎有 98% 至少使用了一些 JavaScript。

今天所有常用的 web 瀏覽器都能理解 JavaScript，這意味著你可以開始在桌上型或筆記型電腦上編寫 JavaScript 程式，而無須下載或安裝任何其他程式設計工具。

所以…你想自己嘗試一下 JavaScript 嗎？

你所需要做的就是使用 Windows 的 Notepad 或 macOS 的 TextEdit 程式來建立一個包含了一些 JavaScript 的 HTML 檔案。你可以將其保存到一個檔案中，然後將其載入到你喜歡的 web 瀏覽器中，例如 Edge、Chrome 或 Safari。

在 Windows 上，執行 Notepad（記事本）程式（你可能需要使用「開始」功能表上的「搜索」功能對其進行查找）。它已準備好供你鍵入一些文字。

在 macOS 上，執行 TextEdit 程式（你可能需要使用 Spotlight Search 來找到它）。在出現的第一個螢幕上，按兩下 New Document 按鈕。TextEdit 被設計為能夠建立包含文字格式資訊的富文字（rich-text）檔案。你不想要這樣。你需要純文字檔，因此在 Format 功能表中，選擇 Make Plain Text（製作純文字）。此外，在 Edit 功能表的 Spelling and Grammar（拼寫和語法）部分，取消 check and correct your spelling（檢查和更正你的拼寫）的選項。

現在鍵入以下內容：

```
<html>
    <head>
        <title>My JavaScript</title>
    </head>
    <body>
        <p id="result">Program results go here!</p>
        <script>
            // JavaScript programs go here
        </script>
    </body>
</html>
```

這就是 HTML，它基於圍繞檔案各個部分的標記（tag）。整個檔案以 `<html>` 標記開頭，以包含其他所有內容的 `</html>` 標記結束。其中，`<head>` 部分包含了一個 `<title>`，它將顯示在網頁頂部。`<body>` 部分包含一個 `<p>`（"paragraph"），其內容為文字 "Program results go here!"。

`<body>` 部分還包含了一個 `<script>` 部分。這就是你的 JavaScript 程式所在的位置。那裡已經有一個小程式，它僅由一列以兩個斜線符號開頭的內容組成。這兩個斜線符號表示該列是一個註解（comment）。這兩個斜線符號之後到列尾的所有內容都是為了方便人類閱讀程式。當 JavaScript 被執行時，它會被忽略。

當你在 Notepad 或 TextEdit 中鍵入這些列時，你不需要像我那樣縮排所有內容。你甚至可以把大部分內容放在同一列上。但為了避免出錯，請將 `<script>` 和 `</script>` 標記放在不同列上。

現在將該檔案保存在某個位置：在 Notepad 或 TextEdit，從 File 功能表中選擇 Save。選擇保存檔案的位置；電腦的桌面（Desktop）是個方便的地方。將檔案命名為 MyJavaScriptExperiment.html 或類似名稱。點號後面的副檔名（filename extension）非常重要。確保它是 html。TextEdit 會要求你確認這是否真是你想要的。

保存檔案後，暫時不要關閉 Notepad 或 TextEdit。保持開啟的狀態，以便你可以對檔案進行其他修改。

現在找到你剛剛保存的檔案並雙擊（double-click）它。Windows 或 macOS 應該會將該檔案載入到預設的 web 瀏覽器中。網頁的標題應該是 "My JavaScript"，網頁的左上角應該是 "Program results go here!"，如果沒有，請檢查所有內容是否已正確無誤地被鍵入到檔案中。

以下是使用 JavaScript 進行試驗的過程：在 Notepad 或 TextEdit 中，你在 `<script>` 和 `</script>` 標記之間鍵入了一些 JavaScript，然後再次保存檔案。現在轉到 web 瀏覽器並刷新頁面，可透過單擊圓形箭頭（circular arrow）圖示。使用這種方式，你可以透過兩個步驟運行不同的 JavaScript 程式或某些程式的變體：保存新版本的檔案；然後在 web 瀏覽器中刷新頁面。

下面是第一個可行的程式，你可以在 `<script>` 和 `</script>` 標記之間的區域鍵入：

```
let message = "Hello from my JavaScript program!";
document.getElementById("result").innerHTML = message;
```

這個程式包含兩個陳述，每個陳述佔用不同的列，並以一個分號結尾。

在第一個陳述中，單字 `let` 是一個 JavaScript 關鍵字（意味著，它是一個在 JavaScript 中具有含義的特殊單字），而 `message` 是一個變數。你可以使用 `let` 關鍵字將該變數設置為某些內容，稍後可以將其設置為其他內容。你不需要使用單字 `message`。你可以使用 `msg` 或任何其他以字母開頭且不包含空格或標點符號的內容。在此程式中，變數 `message` 被設置為以引號開頭和結尾的字串。你可以在這些引號之間放入任何你想要的訊息。

第二陳述無疑更加晦澀和複雜，但它是允許 JavaScript 與 HTML 互動的必要條件。關鍵字 `document` 指的是網頁。在網頁中，`getElementById` 用於搜索一個名為 "result" 的 HTML 元素。這就是 `<p>` 標記，`innerHTML` 的意思是將 `message` 變數的內容放在 `<p>` 和 `</p>` 標記之間，就像你最初在那裡鍵入它一樣。

第二個陳述又長又亂，因為 JavaScript 必須能夠存取或更改網頁上的任何內容，因此它必須夠靈活才能做到這一點。

編譯器和解釋器對拼寫比老式英語教師更挑剔，所以一定要按圖索驥，鍵入第二個陳述。JavaScript 是一種大小寫有別的語言，這意味著它會區分大寫和小寫。確保你正確地鍵入了 `innerHTML`；單字 `InnerHTML` 或 `innerHtml` 都不會有作用！這就是

為什麼你要在 macOS 的 TextEdit 程式中關閉拼寫校正的功能。否則，TextEdit 會把 let 改成 Let，這樣就不會有作用了。

當你保存這個新版本的檔案並在 web 瀏覽器中刷新頁面時，你將在左上角看到該訊息。如果你沒有看到，請檢查你的檔案內容！

讓我們嘗試另一個使用相同檔案的簡單程式。如果你不想刪除已編寫的程式，請將其放在兩個特殊符號序列之間：

```
/*
let message = "Hello from my JavaScript program!";
document.getElementById("result").innerHTML = message;
*/
```

對於 JavaScript 來說，在 /* 和 */ 之間的任何內容都被視為註解，並被忽略。就像許多受 C 影響的語言一樣，JavaScript 有兩種註解：使用 /* 和 */ 的多列註解，以及使用 // 的單列註解。

下一個程式會做一些算術運算：

```
let a = 535.43;
let b = 289.771;
let c = a * b;
document.getElementById("result").innerHTML = c;
```

與許多程式設計語言一樣，乘法使用星號而不是乘號來指定，因為標準的乘法符號不是 ASCII 字符集的一部分。

請注意，最後一個陳述與前面的程式相同，只是現在 <p> 標記之間的 innerHTML 被設置為變數 c，也就是兩個數字的乘積。JavaScript 並不在乎你是否將 innerHTML 設置為字串或數字。它將做必要的事情來顯示結果。

高階語言中最重要的功能之一是迴圈（*loop*）。你已經瞭解了如何在組合語言中使用 JMP 指令和條件跳躍來完成迴圈。一些高階語言包含一個名為 goto 的陳述，它與跳躍非常相似。但是，除非有特殊目的，否則不鼓勵使用 goto 陳述。一個需要多次跳躍的程式很快就會變得非常難以管理。此時會用到「麵條式代碼」（*spaghetti code*）這個術語來形容，因為跳躍似乎彼此糾纏在一起。因此，JavaScript 甚至沒有實作 goto。

現代的高階程式設計語言在管理迴圈時不會到處亂跳。例如，假設你要將 1 到 100 之間的所有數字相加。下面是使用 JavaScript 迴圈編寫程式的一種方法：

```javascript
let total = 0;
let number = 1;

while (number <= 100)
{
    total = total + number;
    number = number + 1;
}

document.getElementById("result").innerHTML = total;
```

不要擔心那些空白列。為了清楚起見，我用它們來分隔程式的各個部分。它以一個初始化（*initialization*）部分開始，其中有兩個變數被設置為初始值。迴圈由 while 陳述和大括號之間的代碼區塊組成。如果 number 變數小於或等於 100，則會執行代碼區塊。這會把 number 加到 total 中，並把 number 加 1。當 number 大於 100 時，程式將繼續執行右大括號後面的陳述。該陳述將會顯示結果。

如果你遇到下面這兩個陳述的代數問題，你可能會感到困惑：

```javascript
total = total + number;
number = number + 1;
```

total 如何等於 total 加 number 呢？這不是意味著 number 是零嗎？數字又怎麼能等於數字加 1 呢？

在 JavaScript 中，等號（equals sign）並不表示相等（equality）。相反，它是一個賦值（*assignment*）運算符。等號左側的變數被設置為等號右側的求值結果。換句話說，等號右側的值會「進入」左側的變數。在 JavaScript 中（如同在 C 語言中），測試兩個變數是否相等涉及兩個等號（==）。

對於這兩個陳述，JavaScript 實作了幾個從 C 語言借來的快捷方式。這兩個陳述可以這樣簡寫：

```javascript
total += number;
number += 1;
```

加號和等號的組合意味著將右側的值加到左側的變數中。

將變數遞增 1 是很常見的，比如這裡的 number，所以遞增 number 的陳述可以這樣簡寫：

```
number++;
```

此外，這兩個陳述可以合併成一個：

```
total += number++;
```

number 的值被加到 total 中，然後 number 被加 1！但對於那些不像你那麼擅長程式設計的人來說，這可能有點晦澀難懂和困惑，所以你可能想避免這樣做。

編寫此程式的另一種常見方法是使用基於關鍵字 for 的迴圈：

```
let total = 0;

for (let number = 1; number <= 100; number++)
{
    total += number;
}
document.getElementById("result").innerHTML = total;
```

for 陳述中包含三個用分號隔開的子句：第一個子句會將 number 變數初始化為 1。僅當第二個子句為 true（即 number 小於或等於 100）時，才會執行大括號中的代碼區塊。執行該代碼區塊後，number 將遞增。此外，由於代碼區塊僅包含一個陳述，因此可以刪除大括號。

下面有一個小程式，它會依次通過從 1 到 100 的數字，並顯示這些數字的平方根：

```
for (let number = 1; number <= 100; number++)
{
    document.getElementById("result").innerHTML +=
        "The square root of " + number + " is " +
            Math.sqrt(number) + "<br />";
}
```

在迴圈中執行的代碼區塊只有一個陳述，但該陳述太長了，以至於我用三列來編寫它。注意，這三列的第一列以 += 結尾，這意味著接下來的內容將加到 <p> 標記的內部（inner）HTML 中，從而在迴圈的每次迭代中建立更多文字。添加到內部（inner）HTML 的是文字和數字的組合。特別注意 Math.sqrt，它是一個計算平方根的 JavaScript 函式。它是 JavaScript 語言的一部分（此類函式有時稱為**內建函式**）。另請注意
 標記，這是一個 HTML 換列符（line break）。

當程式被初始化時，你會看到一長串文字。你可能需要捲動頁面才能看到所有內容！

我將向你展示的下一個程式，實作了一種著名的尋找質數之演算法，稱為埃拉托斯特尼篩法（sieve of Eratosthenes）。埃拉托斯特尼（Eratosthenes，西元前 176-194年）是傳說中之亞歷山大圖書館（library at Alexandria）的圖書管理員，也因他準確計算了地球的周長而被人們銘記。

質數（prime number）是那些只能被自己和 1 整除的整數（whole number）。第一個質數是 2（唯一的偶數），接著是 3、5、7、11、13、17、19、23、29…等。

埃拉托斯特尼的方法從一個以 2 開頭的正整數列表開始。因為 2 是質數，所以劃掉所有 2 的倍數（這是除 2 之外的所有偶數）。這些數字不是質數。因為 3 是質數，所以劃掉所有 3 的倍數。我們已經知道 4 不是質數，因為它已被劃掉。下一個質數是 5，所以劃掉 5 的所有倍數。以這種方式繼續。最後剩下的就是質數了。

這個實作此演算法的 JavaScript 程式，使用了一個稱為陣列（array）的通用程式設計實體（common programming entity）。陣列很像變數，因為它有一個名稱，但陣列可以儲存多個項目，每個項目皆由陣列名稱之後方括號中的索引（index）來引用。

該程式中的陣列名為 primes，它包含了 10,000 個布林值（Boolean values）。在 JavaScript 中，布林值要嘛是 true，要嘛是 false，它們皆為 JavaScript 關鍵字（從第 6 章開始，你已經熟悉了這個概念！）。

下面是程式建立名為 primes 之陣列的方式，以及它最初如何將該陣列的所有值設置為 true：

```
let primes = [];

for (let index = 0; index < 10000; index++)
{
    primes.push(true);
}
```

有一個更短的方法可以做到這一點，但它有點晦澀難懂：

```
let primes = new Array(10000).fill(true);
```

主要的計算包括兩個 for 迴圈,一個在另一個裡面(第二個 for 迴圈稱為*被嵌套在*第一個 for 迴圈中)。需要兩個變數來索引陣列,我沒有使用單字 *index* 的變體,而是使用更短的 i1 和 i2。變數名稱可以包含數字,但名稱必須以字母開頭:

```
for (let i1 = 2; i1 <= 100; i1++)
{
    if (primes[i1])
    {
        for (let i2 = 2; i2 < 10000 / i1; i2++)
        {
            primes[i1 * i2] = false;
        }
    }
}
```

第一個 for 迴圈將變數 i1 從 2 遞增到 100(也就是 10,000 的平方根)。if 陳述僅在該陣列元素為 true 時(表明它是一個質數)才執行下一部分。第二個 for 迴圈從 2 開始遞增變數 i2。因此,i1 和 i2 的乘積是 2 乘 i1、3 乘 i1、4 乘 i1,依此類推,並且這些數字不是質數,因此陣列元素被設置為 false。

i1 只遞增到 100,i2 僅遞增到 10,000 除以 i1,可能看起很奇怪,但這就是包含所有 10,000 以內的質數所需要的。

程式的最後部分用於顯示結果:

```
for (let index = 2; index < 10000; index++)
{
    if (primes[index])
    {
        document.getElementById("result").innerHTML +=
            index + " ";
    }
}
```

如果你對 JavaScript 程式設計感興趣,請不要繼續使用 Notepad 或 TextEdit!有更好的工具可以讓你知道拼寫錯誤或其他方面的錯誤。

如果你想檢查一些簡單的 JavaScript 程式,這些程式已被大量註解以提供某種說明,請參閱 CodeHiddenLanguage.com 上有關本章的部分。

有時人們會為程式設計（programming）是一門藝術（art）還是一門科學（science）爭論不休。一方面，你有大學課程被稱為電腦科學（Computer *Science*），但另一方面，你有高德納（Donald Knuth）著名的《電腦程式設計的藝術》（*The Art of Computer Programming*）系列書籍。程式設計既有科學的元素，也有藝術的元素，但它實際上是另一回事。「相反」，物理學家理查·費曼（Richard Feynman）寫道：「電腦科學就像工程學——都是為了做些什麼。」

通常，這是一場艱苦的戰鬥。正如你可能已經發現的那樣，在電腦程式中犯錯誤是非常容易的，而且要花很多時間去追蹤這些錯誤。除錯本身就是一門藝術（或一門科學，或一項工程壯舉）。

你所看到的只是 JavaScript 程式設計中眾所周知的冰山一角。但歷史告訴我們，在冰山周圍要小心！有時，電腦本身會做一些意想不到的事情。例如，試試下面這個小型的 JavaScript 程式：

```
let a = 55.2;
let b = 27.8;
let c = a * b;
document.getElementById("result").innerHTML = c;
```

這個程式顯示的是 1534.5600000000002，這看起來不對，實際上也不對。正確的結果只是 1534.56。

發生了什麼事？

浮點數在計算中非常重要，因此電氣和電子工程師協會（Institute of Electrical and Electronics Engineers 或 IEEE）於 1985 年制定了一個標準，並得到了美國國家標準協會（American National Standards Institute 或 ANSI）的認可。ANSI/IEEE Std 754-1985 被稱為 *IEEE 二進位浮點運算標準*（*Standard for Binary Floating-Point Arithmetic*）。作為標準，它並不長，只有 18 頁，但它以一種方便的方式詳述了浮點數字的編碼細節。它是所有電腦中最重要的標準之一，幾乎所有你可能遇到的當代電腦和電腦程式都在使用它。

IEEE 浮點數標準定義了兩種基本格式：單精度（每個數字需要 4 個位元組）和雙精度（每個數字需要 8 個位元組）。有些程式設計語言可以讓你選擇使用哪一種；JavaScript 只使用雙精度。

IEEE 標準是以科學符號中的數字表示為基礎的，其中數字分為兩部分：有效位數（*significand*）或尾數（*mantissa*）乘以 10 的整數次方（稱為指數）：

$$42,705.7846 = 4.27057846 \times 10^4$$

這種特殊的表示方法稱為正規化格式（*normalized* format），因為尾數在小數點左側只有一個位數。

IEEE 標準以相同的方式表示浮點數，但以二進位方式表示。到目前為止，你在本書中看到的所有二進位數字都是整數，但也可以使用二進位表示法來表示小數。例如，考慮下面的二進位數字：

$$101.1101$$

不要把此處的點號稱為「小數點」（decimal point）！因為這是一個二進位數字，所以該點號稱為**二進位小數點**（*binary point*）更為恰當。「二進位小數點」左側的數字構成整數部分，「二進位小數點」右側的數字構成小數部分。

在第 10 章中將二進位轉換為十進位時，你看到了數字如何對應於 2 的次方。「二進位小數點」右側的數字也是類似的，只是它們對應於 2 的**負次方**。將二進位數字 101.1101 從左到右依次乘以相應之 2 的正、負次方，即可轉換為十進位：

$$
\begin{aligned}
1 \times 2^2 + \\
0 \times 2^1 + \\
1 \times 2^0 + \\
1 \times 2^{-1} + \\
1 \times 2^{-2} + \\
0 \times 2^{-3} + \\
1 \times 2^{-4}
\end{aligned}
$$

可以透過從 1 開始並反覆除以 2 來計算 2 的負次方：

$$
\begin{aligned}
1 \times 4 + \\
0 \times 2 + \\
1 \times 1 + \\
1 \times 0.5 + \\
1 \times 0.25 + \\
0 \times 0.125 + \\
1 \times 0.0625
\end{aligned}
$$

透過此計算，101.1101 的十進位等效值為 5.8125。

在十進位科學表示法的正規化形式中，有效數在小數點左側只有一個位數。同樣，在二進位科學符號中，正規化有效位數也只有一個數字在「二進位小數點」左側。數字 101.1101 表示為

$$1.011101 \times 2^2$$

此規則的一個影響是，正規化的二進位浮點數在二進位小數點的左側總是只有一個 1，沒有其他東西。

雙精度浮點數的 IEEE 標準需要 8 個位元組。而這 64 個位元的配置方式如下所示：

s = 1 位元的正負號	e = 11 位元的指數	f = 52 位元的有效小數

因為正規化（normalized）之二進位浮點數的有效位數（significand）在二進位小數點（binary point）的左側總是有一個 1，所以該位元並不包括在 IEEE 格式中之浮點數的儲存中。有效位數之 52 位元的小數部分（fractional part）是唯一被儲存的部分。因此，即使只以 52 位元來儲存有效位數，**精度**（precision）也可以說是 53 位元。稍後你會瞭解 53 位元精度的含義。

11 位元的指數部分（exponent part）可以從 0 到 2047。這稱為**偏移指數**（biased exponent），因為必須從指數中減去一個稱為**偏差**（bias）的數字，才能得到實際使用的有號指數（signed exponent）。對於雙精度浮點數，此偏差為 1023。

由 s（正負號位元）、e（指數）和 f（有效小數）這些值表示的數字為

$$(-1)^s \times 1.f \times 2^{e-1023}$$

負 1 的 s 次方是數學家令人討厭的聰明方式，「如果 s 為 0，則數字為正數（因為任何數字的 0 次方等於 1）；如果 s 為 1，則數字為負數（因為 -1 的 1 次方是 -1）。

運算式的下一部分是 1.f，這意味著 1 之後是二進位小數點，然後是 52 個位元的有效小數。這要乘以 2 的次方。而指數是儲存在記憶體中之 11 位元的偏移指數減去 1023。

我掩蓋了一些細節。例如，根據我所描述的內容，沒有辦法表示零！這是一種特殊情況，但 IEEE 標準也可以容納負零（表示非常小的負數），正和負無窮大，以及稱為 NaN（代表 Not a Number［不是數字］）的值。這些特殊情況是浮點標準的重要組成部分。

我之前用來舉例的數字 101.1101，其 52 位元的尾數被儲存為

0111 0100 0000 0000 0000 0000 0000 0000 0000 0000 0000 0000 0000

我每隔四位數加了空格，以使其更具可讀性。偏移指數為 1025，因此這個數字是

$$1.011101 \times 2^{1025-1023} = 1.011101 \times 2^2$$

除了零外，最小的正或負雙精度浮點數為

$1.0000000000000000000000000000000000000000000000000000 \times 2^{-1022}$

這是二進位小數點之後的 52 個零。最大的是

$1.1111111111111111111111111111111111111111111111111111 \times 2^{1023}$

十進位的範圍大約是 $2.2250738585072014 \times 10^{-308}$ 到 $1.7976931348623158 \times 10^{308}$。10 的 308 次方是一個非常大的數字。它是 1 後面跟著 308 個十進位零。

53 位元的有效位數（包括未包含的 1 位元）是一個相當於 16 位的十進位數字，但它有其侷限性。例如，140,737,488,355,328.00 和 140,737,488,355,328.01 這兩個數字的儲存是完全一樣的。在你的電腦程式中，這兩個數字是相同的。

另一個問題是，絕大多數的十進位小數都沒有被精確儲存。例如，考慮十進位數字 1.1。這個數字的 52 位元尾數是

0001 1001 1001 1001 1001 1001 1001 1001 1001 1001 1001 1001 1010

這是二進位小點右側的小數部分。十進位 1.1 的完整二進位數字如下：

1.0001 1001 1001 1001 1001 1001 1001 1001 1001 1001 1001 1001 1010

如果你想把這個數字轉換為十進位，你將像這樣開始：

$$1 + 2^{-3} + 2^{-4} + 2^{-7} + 2^{-8} + 2^{-11} + \cdots$$

這相當於

$$1+0.0625+0.03125+0.00390625+0.001953125+0.000244140625+\cdots$$

最終你會發現，它不等於十進位的 1.1，而是等於

$$1.10000000000000008881\cdots$$

一旦你開始對沒有準確表示的數字執行算術運算，你也會得到不精確的結果。這就是為什麼 JavaScript 指出將 55.2 和 27.8 相乘會得到 1534.5600000000002 的結果。

我們習慣於認為數字存在於一個沒有任何間隙的連續體中。但電腦必須儲存離散值。**離散數學**（*discrete mathematics*）的研究為數位電腦的數學提供了一定的理論支援。

浮點運算的另一層複雜性涉及計算有趣的東西，例如根（roots）和指數（exponents）、以及對數（logarithms）和三角函數（trigonometric function）。但所有這些工作都可以透過四個基本的浮點運算來完成：加法、減法、乘法和除法。

例如，三角正弦（trigonometric sine）函數可以用級數展開（series expansion）來計算，如下所示：

$$\sin(x) = x - \frac{x^3}{3!} + \frac{x^5}{5!} - \frac{x^7}{7!} + \cdots$$

x 引數必須以**弧度**（*radians*）為單位，其中 360 度有 2π。驚嘆號是一個**階乘**（*factorial*）符號。這意味著，將從 1 到「指定數字」的所有整數（integers）相乘。例如，5! 等於 1×2×3×4×5。這只是一個乘法。每一項中的指數也是一個乘法。其餘的只是除法、加法和減法。唯一真正可怕的部分是末尾的省略號，這意味著**不斷**計算下去。然而，實際上，如果你將自己限制在 0 到 $\pi/2$ 的範圍內（所有其他正弦值都可以從中導出），那麼就不必不斷計算下去。經過大約十幾項之後，你可以精確到雙精度數字的 53 位元解析度。

當然，電腦應該讓事情變得容易，所以編寫一堆常式（routines）來做點浮點運算的苦差事，似乎與這個目標不一致。不過，這就是軟體的美妙之處。一旦有人為特定機器編寫了浮點常式，其他人就可以使用它們。浮點運算對於科學和工程應用非常重要，所以傳統上它被賦予了非常高的優先順序。在電腦發展的早期，編寫浮點常式始終是建構新型電腦後的第一批軟體工作之一。程式設計語言通常包含整個數學函數程式庫。你已經看過了 Javascript 的 `Math.sqrt` 函式。

設計特殊硬體直接執行浮點計算也是有意義的。第一台包含可選浮點硬體的商用電腦是 1954 年的 IBM 704。704 將所有數字儲存為 36 位元值。對於浮點數，它會被分解為 27 位元的有效位數、8 位元的指數和 1 位元的正負號。浮點硬體可以進行加法、減法、乘法和除法。其他浮點函數則必須在軟體中實作。

硬體浮點運算於 1980 年進入桌上型電腦，當時 Intel 發布了 8087 數值資料協同處理器（Numeric Data Coprocessor）晶片，這是一種積體電路，如今通常稱為數學協同處理器（*math coprocessor*）或浮點單元（*floating-point* unit 或 FPU）。8087 之所以稱為協同處理器，因為它不能單獨使用。它只能與 Intel 首款 16 位元微處理器 8086 和 8088 一起使用。當時，8087 被認為是有史以來最複雜的積體電路，但最終數學協同處理器被包含在 CPU 中。

今日的程式員使用浮點數，就好像它們只是電腦的一部分，事實上它們確實如此。

第二十八章

世界之腦

1936 年和 1937 年，英國作家赫伯特・喬治・威爾斯（Herbert George Wells 或 H. G. Wells）就一個相當奇特的話題發表了一系列公開演講。此時，威爾斯已經七十出頭了。他著名的科學小說——《時間機器》（*The Time Machine*）、《攔截人魔島》（*The Island of Doctor Moreau*）、《隱形人》（*The Invisible Man*）和《世界大戰》（*The War of the Worlds*）——於 1890 年代出版，使他聲名大噪。但威爾斯已經發展成為一個公共知識份子（public intellectual），他深入思考社會和政治問題，並與公眾分享這些想法。

威爾斯在 1936 年和 1937 年發表的演講，於 1938 年以書籍形式出版，標題為《世界之腦》（*World Brain*）。在這些演講中，威爾斯提出了一種百科全書（encyclopedia），但不是為了商業目的而創作並挨家挨戶銷售的百科全書。這部《世界百科全書》（*World Encyclopedia*）將以一種前所未有的方式囊括全球知識。

這是歐洲的一個不穩定時期：二十年前的大戰（Great War）記憶猶新，但歐洲似乎正朝著另一場席捲整個大陸的衝突邁進。作為一個樂觀主義者和烏托邦主義者，威爾斯認為科學、理性和知識是引導世界走向未來的最佳工具。他提議的世界百科全書將包含

> ……我們社會秩序的主導概念，各知識領域的概況和主要細節，我們宇宙的精確且合理的詳細圖像，世界通史，以及……一個可靠且完整的主要知識來源參考系統。

簡而言之，它將呈現「對現實的共同解釋」和「精神上的統一」。

這樣一部百科全書需要隨著我們對世界的不斷瞭解而不斷更新，但在它的發展過程中，它將成為

> …一種心靈的交換所，一個接收、分類、總結、消化、澄清及比較知識和思想的倉庫……。它將構成一個真正的世界之腦（World Brain）的物質開端。

1930 年代，第一台數位電腦的雛型剛剛問世，威爾斯不太可能對它們有任何瞭解，所以他真的別無選擇，只能以書籍的形式構思這部百科全書：「二十或三十或四十卷」。但他熟悉微縮膠片的新興技術：

> 似乎在不久的將來，我們將擁有微型記錄圖書館，其中將存放世界上每本重要書籍和文件的照片，方便學生查閱…。世界上任何地方的任何學生都可以在他或她方便的時候坐在自己的書房裡，用投影機來檢視任何書籍、任何文件的精確複製品。

多麼美好的未來！

不到十年後的 1945 年，工程師兼發明家范尼瓦爾・布希（Vannevar Bush）也有類似的遠見，但稍微先進一些。

布希已經在計算史（history of computing）上留下了自己的印記。從 1927 年開始，布希和他在麻省理工學院（Massachusetts Institute of Technology 或 MIT）電機工程系（electrical engineering）的學生建造了一台微分分析儀（diferential analyzer），這是一種解決微分方程（diferential equations）的開創性類比電腦（analog computer）。到了 1930 年代初期，他是 MIT 的工程學院院長（dean of engineering）和副校長（vice president）。

1974 年，《紐約時報》（New York Times）在布希的訃聞稱他為「工程師的典範──一個把事情做好的人」，無論是解決技術問題，還是打破政府官僚作風。在第二次世界大戰（Second World War 或 WWII）期間，布希負責協調 30,000 多名科學家和工程師參與戰爭，包括監督製造第一顆原子彈的曼哈頓計劃（Manhattan Project）。幾十年來，布希一直是科學家和工程師參與公共政策的主要宣導者。

二戰快結束時，布希為 1945 年 7 月號的《大西洋月刊》（Atlantic Monthly）寫了一篇著名的文章。標題為「正如我們所想的那樣」（As We May Think），回想起來似乎

很有預言性。這篇文章的刪節版發表在《生活》（*Life*）雜誌九月號上，並附有一些奇特的插圖。

像威爾斯一樣，布希專注於資訊以及跟上資訊的困難：

> 研究越來越多。但越來越多的證據表明，隨著專業化的擴展，我們今日陷入了困境。調查人員被成千上萬其他工作人員的發現和結論所震驚——他沒有時間掌握這些結論，更別說記住它們了，因為它們似乎出現了…。困難似乎不是我們鑒於當今利益的範圍和多樣性發表了不恰當的文章，而是發表的範圍遠遠超出了我們目前真正利用記錄的能力。人類經驗的總和正在以驚人的速度擴展，我們用來穿過隨之而來的迷宮找到瞬息萬變之重要項目的手段，與在方舟時代使用的手段相同。

布希意識到快速發展的技術，可能有助於未來的科學家。他設想在額頭上綁著一台相機，每當需要錄製某些東西時，就可能會被觸發。他談到了微縮膠片（microfilm），談到了文件的「傳真傳輸」（facsimile transmission），以及能夠直接記錄人類語音並將其轉換為文字的機器。

但在文章的最後，布希指出了一個仍然存在的問題：「……因為我們可以極大地擴展記錄；然而，即使是目前的數量，我們也很難查閱它。」大多數資訊都是按字母順序組織和索引的，但這顯然是不夠的：

> 人的思維並不是這樣運作的。它透過聯想（association）來運作。掌握了一個項目（item）後，它會根據大腦細胞攜帶的一些錯綜複雜的線索，立即跳到聯想所建議的下一個項目上。

布希設想了一台機器，一個「機械化的私人檔案和圖書館」，一個精心設計的桌子，可以存放微縮膠並使其易於取用。他給它起了一個名字：「memex」。

> memex 的大多數內容都是以微縮膠片的形式購買的，隨時可以插入。各式各樣的書籍、圖片、當前的期刊、報紙，都是這樣取得並就定位的。商務信函也採用相同的路徑。並且有直接進入的規定。memex 的頂部是一個透明的壓板。上面放著長籤、照片、備忘錄和各式各樣的東西。當一個就定位時，按一下槓桿，就會導致它被拍攝到 memex 中的下一個空白處…。

但最重要的是，邊註（marginal notes）和註釋（comments）可以添加到這些文件中，並透過「關聯索引」（associative indexing）統一起來。

> 這是 memex 的基本功能。將兩個項目（items）繫結在一起的過程很重要⋯。此外，當許多項目因此連接在一起而形成一條線索時，可以透過像翻書頁那樣的槓桿來快速或緩慢地依次查看它們。就好像這些實體項目（physical items）是從相去甚遠的來源收集在一起，並裝訂在一起形成一本新書一樣⋯。全新形式的百科全書將會出現，它們是現成的，有網狀的聯想線索貫穿其中，隨時可以被放入 memex 中，並在那裡得到放大。

布希甚至預料到不被強迫記住任何東西的懶惰便利，因為這台機器的使用者「可以重新獲得忘記手上不需要之各種東西的特權，並保證如果它們被證明很重要，可以再次找到它們。」

1965 年，在布希寫下 memex 二十年後，以電腦形式實現這一夢想的前景正在成為可能。電腦夢想家泰德·尼爾森（Ted Nelson，生於 1937 年）在一篇題為「複雜資訊處理：一個複雜、變化和不確定的檔案結構」（Complex Information Processing: A File Structure for the Complex, the Changing and the Indeterminat）的文章中，接受了使 memex 現代化的挑戰，該文章發表在 *ACM '65* 上，這是計算機械協會（Association for Computing Machinery）的會議論文集。摘要的開頭為

> 如果我們要將電腦用於個人檔案，並作為創造力的輔助工具，所需的檔案結構類型在性質上與商業和科學資料處理中的習慣性結構完全不同。它們需要提供複雜和特殊的安排、完全的可修改性、未決定的替代方案和詳盡的內部文件。

引用布希關於 memex 的文章，尼爾森（Nelson）斷言「硬體已經準備好」實現電腦。他提出的檔案結構既雄心勃勃又誘人，他需要發明一個新詞來描述它：

> 讓我來介紹一下「超文字」（hypertext）這個詞，它指的是以如此複雜的方式相互關聯的書面或圖片材料，以至於不方便地在紙上呈現或表示。它可能包含摘要，或其內容及其相互關係的映射；它可能包含來自檢視過它之學者的註釋（annotations）、補充（additions）和腳註（footnotes）。讓我建議，這樣一個物件和系統，如果設計和管理得當，可能具有巨大的教育潛力，增加學生的選擇範圍，自由感，動機和智力掌握。這樣一個系統可

能會不斷發展，逐漸包括世界上越來越多的書面知識。然而，必須建構其內部檔案結構以接受增長、變化和複雜的資訊安排。

在 H. G. Wells、Vannevar Bush 和 Ted Nelson 的這些著作中，很明顯，至少有一些人早在互聯網（internet）變得可行之前，就已經在考慮網際網路了。

電腦之間的遠距離通訊是一項艱巨的任務。網際網路本身起源於美國國防部在 1960 年代的研究。先進研究計劃署網路（Advanced Research Projects Agency Network 或 ARPANET）於 1971 年開始運作，並建立了網際網路的許多概念。也許最關鍵的是封包交換（packet switching），這是一種將資料分成較小封包的技術，這些封包伴隨著稱為標頭（header）的資訊。

例如，假設電腦 A 包含了一個大小為 30,000 位元組的文字檔。電腦 B 以某種方式與電腦 A 相連。它透過連線向電腦 A 發出請求，要求得到此文字檔。電腦 A 的回應是首先將此文字檔分成 20 個部分，每個部分 1500 個位元組。其中每個封包都包含一個標頭部分，用於標識來源（電腦 A）、目標（電腦 B）、檔案的名稱以及標識封包的數字——例如，20 個封包中的第 7 個部分。電腦 B 將確認（acknowledge）收到的每個封包，然後重新組裝檔案。如果它缺少一個特定的封包（可能在傳輸中丟失了），它將請求該封包的另一個副本。

標頭還可能包含校驗值（checksum），校驗值是以某種標準方式從檔案的所有位元組計算出的數字。每當電腦 B 收到一個封包時，它都會進行這種計算，並根據校驗值檢查結果。如果不相符，則必須假定封包在傳輸中損壞了。它會請求封包的另一個副本。

與完整發送檔案相比，封包交換有幾個優點。首先，兩台電腦之間的連線將可以與其他交換自己封包的電腦共享。沒有一台電腦可以用一個大型檔案的請求來捆綁系統。此外，如果在一個封包中檢測到錯誤，則只有該封包需要重新發送，而不是整個檔案。

在本書中，你已經看到了數位資訊是如何透過電線傳遞的。當導線有電流通過是二進位的 1，沒有通過電流是二進位的 0。但本書所示電路中的導線很短。長距離傳輸數位資訊需要不同的策略。

固網電話（telephone landline）成為最早的長途數位通訊方式，主要是因為它們已經存在並且使用方便。但電話系統是為人們互相交談和傾聽而設計的。從技術上講，

電話系統可以傳輸 300 Hz 至 3400 Hz 範圍內的音頻訊號，這被認為足以用於人類語音。

將二進位的 0 和 1 轉換為音頻訊號的一種簡單方法是透過調變的過程，該過程以某種方式改變類比音頻訊號，以便對數位資訊進行編碼。

例如，Bell 103 這個早期的調變裝置，由 AT&T 從 1962 年開始製造，但其影響一直持續到 1990 年代。該裝置可以在全雙工模式下運行，這意味著它可以同時發送和接收資訊。電話線的一端是*始發站*（*originating* station），另一端是*應答站*（*answering* station）。這兩個站以每秒 300 位元的速率進行通訊。

Bell 103 使用一種稱為*頻移鍵控*（*frequency-shift keying* 或 FSK）的技術對音頻訊號中的 0 和 1 進行編碼。始發站會將二進位 0 編碼為 1,070 Hz，以及將二進位 1 編碼為 1,270 Hz。下面可以看到 W 的 8 位元 ASCII 代碼被編碼為這兩個頻率的情況：

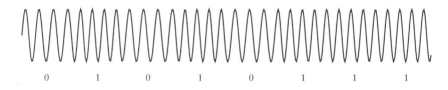

在此圖中可能很難看出，但位元 0 的週期間隔比位元 1 的週期間隔稍寬，因為頻率較低。應答站的工作方式類似，只是使用了 2,025　Hz 和 2,225 Hz 的頻率。通常還包含同位位元（parity bit）以便進行簡單的錯誤檢查。

調變此音調（tone）以便對二進位資料進行編碼的裝置，還能夠解調變（*demodulating*）傳入的音調並將其轉換回 0 和 1。因此，這些裝置稱為調變器 - 解調器（modulator-demodulators）或數據機（*modems*）。

Bell 103 數據機能夠以每秒 300 位元的速率傳輸資料。它也被稱為 300 *baud* 裝置，這種量測方法是以 Émile Baudot（埃米爾‧鮑多，第 13 章曾提到他）的名字來命名的。鮑率（baud rate）是符號速率（symbol rate），有時與每秒位元數相同，有時則不相同。例如，假設你設計了一個 FSK 方案，該方案使用四個不同的頻率來表示位元序列 00、01、10 和 11。如果代表這些音調的波形每秒變化 1000 次，它將被歸類為 1000 baud，但它每秒傳輸 2000 位元。

一個 300 baud 數據機在連接兩台電腦時會發生很大的噪音。這種聲音經常用於電視節目和電影中，以重現 1980 年代和 1990 年代家用電腦的使用情況。

最終，在數位電話線上運作的數據機達到了每秒 56 千位元（kilobits）的速度。這些被稱為 56K 數據機，它們仍然在某些地區使用。使用數位用戶迴路（digital subscriber line 或 DSL）、同軸電纜（coaxial cable）和衛星可以實現更快的連線速度。它們以無線電頻率傳輸波形，非常複雜的調變技術允許在波形中編碼更多的數位資訊，以實現更高的數位傳輸速率。

不同的通訊介質用於大部分的洲際 internet 佈線以及沿海地區的連線。埋在海底的是大量的光纖（fiber-optic）纜線。這些是由玻璃或塑膠製成的電纜，可承載紅外線光束。當然，光線通常不會彎曲，但光線會在光纖的內表面反射，因此光纖可以彎曲並且仍然可以正常運作。

數百根這樣的光纖通常會被捆綁在一起而形成電纜，允許每根光纖可以進行單獨的傳輸。一些光纖本身可以承載多個訊號。數位資訊是透過脈衝光在光纖中編碼的：燈光有效地快速關閉和打開，其中關閉是 0，打開是 1。這就是現代網際網路需要高速通訊的原因。

拓撲結構也至關重要：網際網路（internet）可以透過在世界某個地方構建一台大型電腦，並將所有其他電腦連接到這台電腦來建立。在某些方面，這將使網際網路變得更加簡單。但這種簡單的方案顯然有缺點：住在離中央電腦很遠的人會遭受較大的延遲，而且如果那台大型電腦一旦崩潰，這將導致整個世界的網際網路癱瘓。

相反，網際網路是去中心化的（decentralized），有很多冗餘並且沒有單點故障。確實存在儲存大量資料的非常大型的電腦。此類電腦稱為伺服器（server），而存取這些資料的較小型電腦有時稱為客戶端（client）。但我們使用的客戶端電腦並不直接連接到伺服器。相反，你可以透過網際網路服務提供者（internet service provider 或 ISP）來存取網際網路。你可能知道你的 ISP 是誰，因為你可能會每月向他們支付費用。如果你透過手機存取網際網路，那麼你的電話運營商（phone carrier）也是你的 ISP。

除了電線、纜線和無線電波，網際網路上的一切都是透過路由器（之所以這樣稱呼，是因為它們提供了客戶端和伺服器之間的路由）網際網路。為了存取網際網路，你的家中可能有一台路由器，它可能是數據機的一部分，或是 Wi-Fi 集線器的一部分。這些路由器包含乙太網路電纜的插孔，可用於實體連接電腦和印表機。

構成網際網路的路由器比這些家用路由器更複雜。這些路由器中的大多數都連接到其他路由器，它們將封包傳送到其他路由器，而這些路由器又連接到其他路由器，從而構成一個複雜的網格。路由器包含自己的 CPU，因為需要儲存路由表或描述封包到達目的地之最佳路由的路由演算策略。

另一個無處不在的硬體是網路卡（*network interface controller* 或 NIC）。每個 NIC 都有一個唯一的標識符，它是硬體的一個固定部分。此標識符是媒體存取控制（*media access control* 或 MAC）地址。MAC 地址由 12 個十六進位數字組成，有時分為六組，每組兩位數字。

連接到網際網路的每個硬體都有自己的 MAC 地址。桌上型和筆記型電腦通常有多個地址，用於電腦的乙太網路連線、Wi-Fi 和藍牙，這些地址可以透過無線電波連接到附近的裝置。你可以透過電腦上的設置資訊發現這些 MAC 地址。你的數據機和 Wi-Fi 集線器也有 MAC 地址，這些地址可能印在這些裝置的標籤上。你的手機可能有 Wi-Fi 和藍牙的 MAC 地址。MAC 地址使用了 12 個十六進位數字，這代表世界不會很快用完它們。地球上每個人都可以擁有超過 30,000 個 MAC 地址。

雖然網際網路支援多種不同的服務，例如電子郵件和檔案共享，但大多數人還是透過全球資訊網（World Wide Web 或 WWW 或 web）與網際網路（internet）互動，WWW 主要由英國科學家蒂姆·伯納斯 - 李（Tim Berners-Lee，生於 1955 年）於 1989 年發明。在建立 web 時，他採用了「超文字」（hypertext）一詞，這是泰德·尼爾森（Ted Nelson）在伯納斯 - 李 10 歲時創造的。

web 上文件的基本類型稱為頁面（*page*）或網頁（*webpage*），由使用超文字標記語言（Hypertext Markup Language 或 HTML）的文字組成。你在上一章中就有看到若干 HTML。HTML 文件包含了文字標記（text tag），例如 <p> 用於段落（paragraph）、<h1> 用於頂級標題、<img> 用於點陣圖圖像（bitmap image）。

<a> 是最重要的 HTML 標記之一，代表錨點（*anchor*）。錨點標記（anchor tag）包含一個超連結（*hyperlink*），該超連結通常是一個短文字串，其格式不同（通常帶有底線），並且在單擊（clicked）或點擊（tapped）時，會載入一個不同的網頁。這就是多網頁的連結方式。有時，連結可能是較大型文件的不同部分（很像書籍中的目錄），有時連結可以提供參考來源或其他資訊，繼續調用連結就可以更深入瞭解一個主題。

在它存在的幾十年裡，web 已經有了巨大的發展。赫伯特·喬治·威爾斯（Herbert George Wells）和范尼瓦爾·布希（Vannevar Bush）都不可能想像到它在線上研究、購物和娛樂的潛力，也不可能體驗到貓視訊（cat videos）的樂趣，以及與陌生人進行惡性政治爭端的反常吸引力。事實上，現在回想起來，網際網路之前的電腦革命似乎並不完整。網際網路已經成為電腦革命的巔峰和高潮，這場革命的成功必須根據網際網路使世界變得更美好的程度來判斷。對於比我有更深刻思考能力的人來說，這是一個主題。

web 上的頁面是用統一資源定位符（Uniform Resource Locator 或 URL）來標識的。我為本書建構之網站上的一個頁面具有如下的 URL

https://www.CodeHiddenLanguage.com/Chapter27/index.html

這個 URL 包含了網域名稱（www.CodeHiddenLanguage.com）、目錄（Chapter27）和 HTML 檔案（index.html）。URL 以稱為協定（*protocol*）的內容開頭。*http* 前綴代表超文字傳輸協定（Hypertext Transfer Protocol），而 *https* 是 HTTP 的安全變體。這些協定描述了 web 瀏覽器等程式如何從網站獲取頁面。

（有點令人困惑的是，還有一種稱為統一資源標識符（Uniform Resource *Identifer* 或 URI）的東西，它具有與 URL 大致相同的格式，但可以作為唯一的標識符，而不是引用網頁）。

在現代電腦上運行的任何應用程式，都可以對作業系統進行調用，發起所謂的 *HTTP* 請求。該程式只需要將 URL 指定為一個字串，例如 "https://www. CodeHiddenLanguage.com"。稍後（但希望不會太久），應用程式就會收到一個 *HTTP 回應*，向應用程式提供其所請求的頁面。如果請求失敗，回應將是錯誤代碼。例如，如果客戶端請求一個不存在的檔案（例如，https://www.CodeHidden Language.com/FakePage.html），則回應將是熟悉的 404 代碼，這表示找不到該網頁。

在請求和回應之間發生的事情是，發出請求的客戶端和回應它的伺服器之間非常複雜的通訊。

網站的 URL 只是網站真正標識符的人性化假名，它是一個網際網路協定（Internet Protocol 或 IP）地址，例如 50.87.147.75。這是一個第 4 版 IP 地址，也是一個 32 位元數字。第 6 版 IP 地址使用的是 128 位元。為了獲取網站的 IP 地址，web 瀏覽器

（或其他應用程式）會存取網域名稱系統（Domain Name System 或 DNS），DNS 就像一個將 URL 映射到 IP 地址的大型目錄。

網站的 IP 地址是固定的；客戶端電腦也具有一個 IP 地址，可能是由 ISP 分配給電腦的。越來越多的家用電器具有 IP 地址，可以透過你的電腦在本地進行存取。這些電器是物聯網（internet of things 或 IOT）的例子。

無論如何，當你的 web 瀏覽器對一個網頁發出 HTTP 請求時，客戶端會透過一組統稱為 TCP/IP（代表 Transmission Control Protocol 和 Internet Protocol）的協定與伺服器進行通訊。這些協定會將一個檔案分成多個封包，並在資料前面加上標頭訊息。標頭包括來源和目標 IP 地址，這些地址在封包透過連接客戶端和伺服器之各種路由器的整個過程中保持不變。標頭還包含來源和目標 MAC 地址。當封包從一個路由器移動到另一個路由器時，這些 MAC 地址會發生變化。

這些路由器大多包含一個路由表（routing table）或路由策略（routing policy），它指示了最有效的路由器來繼續從客戶端到伺服器的請求之旅（trip of the request），以及從伺服器到客戶端的回應之旅（trip of the response）。這種透過路由器繞送封包的做法無疑是網際網路中最複雜的部分。

當你第一次存取 CodeHiddenLanguage.com 網站時，你可能會將如下內容

CodeHiddenLanguage.com

鍵入你的 web 瀏覽器。你不需要像我一樣選擇性地將網域名稱大寫。網域名稱是不區分大小寫的。

瀏覽器本身將在發出 HTTP 請求時，在該網域名稱之前加上 https。請注意，並未指定任何檔案。當伺服器收到對 CodeHiddenLanguage.com 網站的請求時，與該網站相關的資訊包括一個清單，該清單用於指示應該傳回哪些檔案。對於此網站，這個清單開頭的檔案將會是 default.html。這就像你把

CodeHiddenLanguage.com/default.html

鍵入到 web 瀏覽器一樣。這是網站的主頁（home page）。web 瀏覽器允許你直接透過「檢視頁面原始碼」（View Page Source）之類的選項來查看 HTML 檔案。

當 web 瀏覽器獲得 default.html 檔案時,它就會著手解析的工作,我在第 27 章中曾對此做過描述。這涉及了逐字符瀏覽 HTML 檔案中的文字,識別所有標記,並對頁面進行布局。在 CPU 層面上,解析通常涉及大量的 CMP 指令和條件跳躍。這項工作通常由稱為 HTML 引擎的軟體負責,該軟體可能是用 C++ 編寫的。在顯示頁面時,web 瀏覽器會使用作業系統的圖形工具。

在解析 default.html 時,web 瀏覽器將發現此檔案引用了另一個名為 style.css 的檔案。這是一個包含階層式樣式表(Cascading Style Sheets 或 CSS)資訊的文字檔,用於描述頁面格式設置的詳細資訊。web 瀏覽器會發出另一個 HTTP 請求來獲取此檔案。在 default.html 頁面的下方,web 瀏覽器會引用一個名為 Code2Cover.jpg 的 JPEG 檔案。那是本書封面的圖片。另一個 HTTP 請求係用於取回該檔案。

頁面的更下方是本書中一些章節的列表,其中具有指向網站其他頁面的連結。瀏覽器尚未載入這些其他頁面,而是將它們顯示為超連結。

例如,當你單擊(click)第 6 章(Chapter 6)的連結時,瀏覽器會對 https://www.codehiddenlanguage.com/Chapter06 發出 HTTP 請求。同樣,沒有指定檔案,但伺服器會檢查其清單。default.html 檔案位於開頭,但該檔案並不存在於 Chapter06 資料夾中。清單中的下一個是 index.html,這就是所傳回的檔案。

然後瀏覽器開始解析該頁面。該頁面還引用了 style.css 檔案,但 web 瀏覽器已快取(cached)該檔案,這意味著,它已保存該檔案以供將來使用,無須再次下載。

該 index.html 頁面上可以看到幾個引用其他 HTML 檔案的 <iframe> 標記。這些檔案也會被下載。這些檔案的 <script> 部分,列出了幾個 JavaScript 檔案。這些 JavaScript 檔案現在已下載,以便解析和執行 JavaScript 代碼。

過去,JavaScript 代碼在解析時由 web 瀏覽器負責解譯的工作。然而,如今,web 瀏覽器中包含了用於編譯 JavaScript 代碼的 JavaScript 引擎——不是一次全部編譯,而是只在需要時編譯。這是一種稱為即時(just-in-time 或 JIT)編譯的技術。

儘管 CodeHiddenLanguage.com 網站向你的桌面(desktop)提供互動式圖形,但 HTML 頁面本身是靜態的。伺服器也可以提供動態的 web 內容。當伺服器收到一個特定的 URL 時,便可以對它做任何想做的事情,伺服器可以動態建立 HTML 檔案,並將它們傳回客戶端。

有時，一個 URL 會附加一系列的查詢字串（*query strings*）。這些字串通常跟在一個問號後面，並用 & 符號隔開。伺服器也可以解析和解釋這些內容。伺服器還支援稱為 REST（代表 representational state transfer）的 URL 樣式，該樣式可用於將資料從伺服器移動到客戶端。這些設施被稱為伺服端（*server-side*），因為它們涉及在伺服器上運行的程式，而 JavaScript 是一種客戶端（*client-side*）程式設計語言。JavaScript 中的客戶端程式可以與伺服器上的伺服端程式進行互動。

web 程式設計提供了驚人的豐富選擇，正如無數種網站所證明的那樣。隨著越來越多的處理（processing）和資料儲存（data storage）被轉移到伺服器，這些伺服器已被統稱為雲端（*cloud*）。隨著越來越多的用戶的個人資料被儲存在雲端，人們用來建立或存取該資料的電腦變得不那麼重要。雲端讓電腦操作的體驗以用戶為中心，而不是以硬體為中心。

你想知道威爾斯（H. G. Wells）或布希（Vannevar Bush）對網際網路有什麼看法嗎？

威爾斯和布希都樂觀地認為，改善我們獲取世界知識和智慧的機會至關重要。很難反駁這一點。但同樣明顯的是，提供這種獲取途徑並不能自動將文明推進到一個黃金時代。而今人們往往比以前任何時候都更容易被現有的資訊量所淹沒，而不是覺得他們可以管理這些資訊。

從某種意義上說，網際網路代表了許多不同類型的人、個性、信仰和興趣的樣本，它當然是某種世界之腦（World Brain）。但這絕對不是威爾斯想要的「對現實的共同解釋」（common interpretation of reality）。古怪的科學和陰謀論之令人不安的表現，幾乎與真實的知識一樣普遍。

我想威爾斯會喜歡 Google Books（books.google.com）的想法，它是透過掃描和數位化不同圖書館的書籍和雜誌而形成的。這些書籍中有許多——尚未受版權保護——是可以完整獲取的。不幸的是，Google Books 的建立者顯然忘記了目錄卡（catalog cards），而是強迫使用者完全依賴搜索工具，而這些搜索工具本身就是一種嚴重的困擾。此一根本問題往往使在 Google Books 中找到特定的東西變得非常困難。

與 Google Books 幾乎完全相反的是 JSTOR（www.jstor.org），它是 Journal Storage 的縮寫，是學術期刊的集合，其文章以非常細緻的方式組織和編目。JSTOR 最初是一個受限制的網站，但在一次可恥的事件之後，一名決定免費提供 JSTOR 內容的程式員被起訴並不幸自殺，它已經變得更容易為公眾所取用。

對於那些能夠閱讀傳統西方樂譜的人來說，國際樂譜庫專案（International Music Score Library Project，imslp.org）之於樂譜就像 Google Books 之於書籍一樣。IMSLP 是一個巨大的數位化樂譜庫，這些樂譜不再受版權保護，幸運的是，它們以高度可用的方式做了編目和索引。

如果你想一想布希（Vannevar Bush）和尼爾森（Ted Nelson）關於建立我們自己的 web 文件之能力的想法，似乎缺少了一些東西。像 Google Books、JSTOR 和 IMSLP 這樣的網站，對他們所設想的任意連結類型是有阻力的。現代的文字處理和電子試算表應用程式，接受儲存指向資訊來源的連結，但不是以非常靈活的方式。

最接近威爾斯之世界百科全書概念的網站顯然是維基百科（wikipedia.org）。維基百科的基本概念——用戶可以編輯的百科全書——很容易導致一些東西退化為混亂和無用。但在吉米・威爾士（Jimmy Wales，生於 1966 年）的勤奮和認真的指導下，它反而成為網際網路上最重要的網站。

在《世界之腦》（*World Brain*）中，H. G. 威爾斯寫道：

> 一部吸引全人類的百科全書，無法在不接受糾正性批評（corrective criticism）的情況下接受狹隘的教條（narrowing dogmas）。它必須受到編輯的保護（guarded editorially），並對狹隘宣傳（narrowing propaganda）的不斷入侵，懷著最大的忌恨心。它將普遍支持許多人所說的懷疑主義（scepticism）。神話，無論多麼受人尊敬，都必須被視為神話，而不是將其視為某種更高真理的象徵性呈現或任何此類的規避。願景、專案和理論必須與基本的事實區分開來。它必然會強烈反對民族自大的錯覺，反對所有宗派主義（sectarian）的假設。它必然是為了這個國際社會，而不是與國際社會相區別，它最終必須成為國際社會的一個重要組成部分。如果這就是你所說的偏見，那麼《世界百科全書》（World Encyclopedia）肯定會有偏見。它將對組織、比較、構建和創造產生偏見，而且這將是不可避免的。這本質上是一個創造性的專案。它必須是指導新世界發展的主導因素。

這些都是雄心勃勃的目標，令人印象深刻的是，維基百科（Wikipedia）已經接近滿足這些要求。

我懷疑我們中的大多數人，仍然不像威爾斯那樣樂觀，認為知識體系的簡單存在，有助於引導世界走向更美好的未來。我們有時會被告知，如果我們建構它，他們就會來，無論我們多麼願意相信這一點，這都不能保證。人類的本性很少符合預期。

然而，我們都必須盡自己所能。

索引

※ 提醒您：由於翻譯書籍排版的關係，部分索引內容的對應頁碼會與實際頁碼有一頁之差。

Code：隱藏在電腦軟硬體底下的
秘密 第二版

作　　者：Charles Petzold
譯　　者：蔣大偉
企劃編輯：蔡彤孟
文字編輯：王雅雯
設計裝幀：張寶莉
發 行 人：廖文良

發 行 所：碁峰資訊股份有限公司
地　　址：台北市南港區三重路 66 號 7 樓之 6
電　　話：(02)2788-2408
傳　　真：(02)8192-4433
網　　站：www.gotop.com.tw
書　　號：ACL065900
版　　次：2023 年 10 月初版
建議售價：NT$680

商標聲明：本書所引用之國內外公司各商標、商品名稱、網站畫
面，其權利分屬合法註冊公司所有，絕無侵權之意，特此聲明。

版權聲明：本著作物內容僅授權合法持有本書之讀者學習所用，
非經本書作者或碁峰資訊股份有限公司正式授權，不得以任何形
式複製、抄襲、轉載或透過網路散佈其內容。
版權所有 ● 翻印必究

國家圖書館出版品預行編目資料

Code：隱藏在電腦軟硬體底下的秘密 / Charles Petzold 原著；
　蔣大偉譯. -- 初版. -- 臺北市：碁峰資訊, 2023.10
　　面；　　公分
　譯自：Code: The Hidden Language of Computer Hardware
and Software, 2nd Edition
　ISBN 978-626-324-597-6(平裝)
　1.CST：電腦程式語言　2.CST：電腦程式設計　3.CST：編碼
312.3　　　　　　　　　　　　　　　　　　　　112012395

讀者服務

● 感謝您購買碁峰圖書，如果您
對本書的內容或表達上有不清
楚的地方或其他建議，請至碁
峰網站：「聯絡我們」\「圖書問
題」留下您所購買之書籍及問
題。(請註明購買書籍之書號及
書名，以及問題頁數，以便能
儘快為您處理)
http://www.gotop.com.tw

● 售後服務僅限書籍本身內容，
若是軟、硬體問題，請您直接
與軟體廠商聯絡。

● 若於購買書籍後發現有破損、
缺頁、裝訂錯誤之問題，請直
接將書寄回更換，並註明您的
姓名、連絡電話及地址，將有
專人與您連絡補寄商品。